KB065632

박희주 지음

머리말

관광의 환경은 날로 변화하고 있습니다. 최근의 관광객은 관광지를 대상으로 단순한 구경뿐 아니라 방문지의 자원에 대한 정보를 보다 정확하고 풍부하게 획득하고자 하는 학습욕구를 지니고 있으며 관광객 자신이 자원 보존에 대한 필요성을 스스로 인식하고 있습니다. 그러나 관광객 스스로 관광의 자유로움을 통제하기란 쉽지 않은 일이므로 학습욕구의 달성과 자원보전을 위한 가장 친근하고 편리한 방법으로서 가이드의 활동이 주목 받고 있습니다.

가이드나 관광해설사에 의해 행해지는 관광자원 해설은 관광지에서 이문화(異文化)를 쉽고 친근하게 받아들이게 함으로써 인식의 전환을 유도할 수 있습니다. 즉, 자원해설의 제공은 관광지를 찾은 관광객에게 해당 관광지가 지닌 특성과 매력을 이해시켜 대상에 대한 긍정적이며 우호적인 관계를 갖게 하는 것이다(박희주, 2001). 궁극적으로 자원해설은 관광자원에 대한 이해, 보호 및 관리의식을 증대시킬 수 있는 기술인 것이다(박석희, 1997).

이러한 편익을 달성하는 데 중요한 역할을 수행할 수 있도록 돕는 자원해설과목은 관광통역안내사 자격검증을 위한 여타의 다른 과목들과 함께 매우 중요한 과목일 뿐 아니라 현장에서의 행사 진행에 있어서도 매우 중요한 과목이라 할 수 있습니다. 다만, 일반적인 공교육과정에서 접하지 못한 다양한 내용을 다루고 있어서 우리민족의 문화자원임에도 불구하고 낯설고 어렵게 느껴지는 것도 사실입니다.

이에 본 교재를 구성하며 저자는 다년간의 해설활동과 해설사 양성을 위한 교육과정에 대한 경험을 바탕으로 관광통역안내사 자격시험에 응시하고자 하는 수험생들의 준비와 함께 현장에서 활용할 수 있는 폭넓은 범위에서 국내 문화자원 및 기타 관광자원에 대해 소개하고 있습니다. 본 교재와 함께 시험을 준비하거나 현장에서의 가이드 활동을 준비하는 여러분들 모두에게 행운이 함께 하길 바랍니다. 끝으로 이 책이 나오기까지 도움을 주신 많은 분들께 감사를 드립니다.

박희주 씀

목 차

• 제9장 • 한국의 음악과 무용

• 제10장 • 회화와 도자기

• 제11장 • 음식문화

• 제13장 • 한국의 풍수지리의식과 명당

• 제14장 • 특별 주제(기출문제를 중심으로)

제 1 장

관광자원

제 1 절 관광자원의 개념과 특성

1 관광자원의 개념

자원의 개념이 관광분야에도 적용되어 관광자원이란 용어를 사용하게 되었으며, 관광자원의 개별 요소가 상호유기적으로 결합하여 관광욕구를 충족시키는 특성을 지닌다. 특히, 관광자의 욕구충족과 동기를 유발시키는 것이며, 자원의 특성상 보존 · 보호가 필요한 동시에 그 가치가 시간변화에 따라 달라지는 상대적 의미를 지니고 있으며, 이용의 특성상 현장성과 장소성을 지닌다. 관광자원에 관한 정의는 표〈1-1〉과 같다.

〈표 1-1〉 관광자원의 정의

연구자	정의
이장춘(1974)	인간의 관광동기를 충족시켜 줄 수 있는 생태계 내의 유 · 무형의 모든 자원으로서 보존 · 보호하지 않으면 가치를 상실하거나 감소할 성질을 내포하고 있는 자원이다.
일본관광협회(1976)	산업자원이 아닌 생활자원으로서 관광사업자가 관광객에게 공급하는 재화와 서비스들은 포함되지 않으며 크게 자연자원과 인문자원으로 나뉜다. 이 중 관광자원은 보호를 필요로 하며 관광객이 이용하여도 소모되지 않는 특징을 지니고 있다.
김홍운(1988)	관광객의 욕구나 동기를 일으키는 매력성을 갖고 있으며, 관광행동을 유발시키는 유인성을 지닌다. 관광자원은 개발을 통해 관광대상이 되며, 자연과 인간의 상호작용의 결과인 동시에 자원의 범위는 자연 · 인문자원과 유 · 무형의 자원으로 나눌 수 있다. 사회구조와 시대에 따라 가치가 달라져 보호 또는 보존이 필요하다.
김성기(1988)	관광대상지를 구성하는 구성요소들로서 그 유형은 매우 다양하며, 각 요소들의 특성에 따라 각기 다른 역할을 담당하면서 상호간에 유기적 관계를 맺음으로써 관광자의 욕구를 충족시키고 아울러 관광활동을 원활히 하는 데 직접적으로 수반되는 제반 요인 및 요소들의 총체를 의미한다.

박석희(1989)	관광자원은 관광자의 관광동기나 관광행동을 유발하게끔 매력(魅力)과 유인성(誘引性)을 지니고 있으면서 관광자의 욕구를 충족시켜주는 유·무형의 소재이며, 관광활동을 원활히 하기 위해 필요한 제반 요소이다. 이것은 보전·보호가 필요하고 관광자원이 지닌 가치는 관광자와 시대에 따라 변화하며, 비소모성과 비이동성의 특징을 지닌다.

이상의 견해를 종합해 보면, 관광자원에 대한 개념을 관광자의 욕구충족과 동기를 유발시키는 것, 자원의 특성상 보존·보호가 필요한 동시에 그 가치가 시간변화에 따라 달라지는 상대적 의미를 지닌 것, 이용의 특성상 현장성과 장소성을 지닌 것이라고 정의할 수 있다.

이러한 특성을 지닌 관광자원을 소비하는 행위인 관광행위는 자연적 매력, 인문적 매력, 관광시설 매력, 부대시설, 기반시설, 인력, 시간, 여행 등 8가지 생산요소가 적절히 배합됨으로써 성립될 수 있다. 이 중 3가지 생산요소, 즉 자연적 매력, 인문적 매력, 관광시설 매력은 협의의 관광자원에 해당되며, 그 밖의 공급처리시설, 편의시설, 인력, 시간, 여행 등 5가지 생산요소는 광의의 관광자원개념에 포함된다.

〈그림 1-1〉 관광자원의 개념

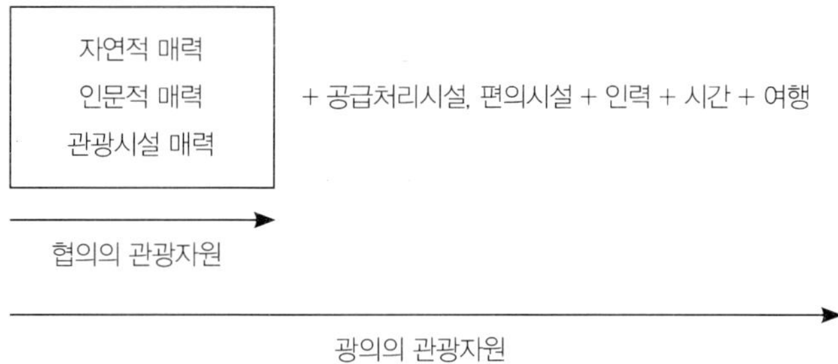

2 관광자원의 특성과 가치

1) 관광자원의 특성

관광자원은 관광자가 욕구충족을 위해서는 어떤 대가를 지불한다는 점에서 볼 때 경제재에 포함된다, 그러나 일반적인 경제재와는 비교되는 관광자원(관광재)만의 특별한 성격을 가지고 있다. 첫째, 희소성(稀少性)의 원칙이다. 이는 관광자원이 갖는 특성으로는 일반적인 상품과는 달리 누구나 원하는 만큼 소비할 수 없는 희소성을 지니는 것을 의미한다. 둘째, 관광자원은 소득탄력성[1]이 1보다 큰 우등재(優等財)에 속하며, 셋째, 유형재의 경우를 제외하고는 생산과 동시에 소비되

1 소득의 변화에 대한 수요의 변화를 나타냄

거나 생산자와 소비자가 상호 대면하게 되는 특징을 지닌다. 그 외에 이동이 불가능하다는 특성과 누구나 함께 즐겨야 하는 공공재적 성격이 강하다. 이러한 공공재적 성격은 관광자원의 개발에 있어서 복지적 측면을 고려해야 하는 이유가 된다.

2) 관광자원의 가치결정 요인

관광을 유발하는 원인으로 관광자원의 가치가 논의되는데, 이에 대해 버카트와 메드릭(Burkart & Medlik, 1975)은 관광자원의 가치를 다음의 5가지를 기준으로 결정할 수 있다고 하였다.

(1) 접근성

관광객의 거주지에서 목적지까지의 근접성에 근거한 개념으로 관광객의 행동에 크게 영향을 준다. 거리에 대한 관광객의 개념은 '경제적, 물리적, 심리적'인 3가지 측면으로 구분할 수 있다. 관광객은 물리적인 거리보다는 시간과 비용에 의한 경제적 거리, 나아가서는 관광동기나 관광대상에 대한 이미지에 의해 영향을 받은 심리적 거리에 의해서 관광자원에 접근하는 경향이 강하다.

(2) 매력성

관광자를 유인할 수 있는 흡인력으로 다양한 자원들이 집중되어 있을 수록 매력성이 커진다고 할 수 있다.

(3) 이미지

자원에 대해 갖고 있는 일련의 신념으로 관광객의 관광대상에 대한 방문 전의 선경험(先經驗) 지식이다. 관광객은 관광대상에 대한 이미지를 확인하기보다는 이미지에 대비하여 현장의 경험을 확인하는 경향이 있다.

(4) 관광시설

숙박시설, 유원시설, 휴게시설, 식당시설, 관광안내시설 등이 이에 해당되며, 관광부대시설은 직접적으로 관광동기를 일으키지는 않지만 관광지의 가치를 결정하는 데 영향을 줄 수 있다.

(5) 하부구조

교통수단, 전기, 도로, 통신시설, 상 · 하수도 시설, 의료시설 등이 이에 해당되며, 이러한 시설은 접근성, 이미지 등에 많은 영향을 주어 관광지의 가치를 결정하는 요소가 된다.

3 문화관광자원

최근 관광개발에 있어서 가장 주목받고 있으며 가장 큰 매력성을 지닌 관광자원 중 문화자원은 "유적, 유물, 전통공예, 예술 등이 보존되거나 지역 또는 사람의 풍요로왔던 과거에 초점을 두고 관광하는 행위이다"라고 정의하고 있으며, 문화자원에 대한 정의는 〈표 1-2〉와 같다.

〈표 1-2〉 문화 관광자원에 대한 정의

연구자	정의
이선희(1993)	지방과 국가복지, 기업체 그리고 환경요건과 관광객의 욕구와 균형을 맞추면서 일상적 또는 충동적 의사결정을 통해 그 지방 주민과 방문객을 위해 풍요로운 환경을 창출하기 위하여 시도되기도 한다.
김상무(1991)	다른 지방의 문화를 습득하고, 동시에 그 고장 문물의 참뜻을 음미하는 데 목적을 두는 관광이다. 그 예로는 전시회, 문화행사, 명승고적지, 고고학적 발굴 등의 목적을 가진다.
세계관광기구(WTO)	"문화관광은 유적지와 기념물을 찾아가는 데 그 목적이 있다"고 하였으며 문화관광이란 협의로는 예술문화, 축제 및 기타 문화행사, 유적지 및 기념비, 자연민속예술연구, 성지순례 등 본질적으로 문화적 동기에 의한 인간들의 산물, 광의의 문화관광은 개인의 문화수준을 향상시키고 새로운 지식 · 경험 · 만남을 증가시키는 등 인간의 다양한 욕구를 충족시킨다는 의미에서 인간의 모든 행동을 포함하는 것이다.
박명희(1999)	타국 · 타 지역의 생활양식이나 전통적 행동양식과 관련된 일련의 인간산출물이라고 정의할 수 있으며 문화자원은 어떤 하나의 단순한 유형이라는 측면보다는 인간의 정신과 물질세계 전반을 포함하는 총체적인 개념으로 인식되어야 하며 지역 또는 국가 발전을 도모할 수 있는 의식의 토대가 된다.

제 2 절 관광자원의 분류

관광자원을 분류하는 목적은 동질의 자원을 한 종류로 묶어 이용 및 보전에 효율성을 꾀하기 위한 자원의 특성유지, 관광동기 및 요구충족의 효율화를 위해 자원의 개발 및 이용에 특성을 부여하는 것이다.

1 관광시장 특성에 따른 분류 (M. Clawson, 1960)

이용자와 자원입지 지역간의 거리와 이용형태, 위락기회의 연속성에 따라 분류하는 방식이다.

① 이용자중심형지역(User-oriented)

일과 후 쉽게 접근할 수 있는 소규모 공간 또는 시설지역으로 지역주민의 일상생활권에 위치하여 이용자의 활동 중심이 되는 지역이다. 지역주민의 일상적 여가시간에 이용이 가능한 위치와 적절한 시설의 구비가 일차적으로 중요한 의미를 갖는 지역으로서 놀이터와 도시공원, 실내수영장 등이 이에 속한다. 즉, 관광자원의 성격보다 여가 · 위락자원(광의의 관광자원)의 성격이 강하다.

② 중간형지역(Midterm area)

보통 거주지에서 1~2시간 정도 소요되는 거리에 위치하면서 이용자의 활동과 자연자원의 매력도가 대등한 조건을 갖는 지역으로서, 일일 및 주말을 이용하여 일상권을 벗어나 수영, 낚시 등을 즐길 수 있는 수변위락형과 피크닉, 캠핑행위 등이 이에 해당된다.

③ 자원중심형지역(Resource-oriented)

자원의 매력과 성질의 보전을 우선적으로 고려해야 하는 지역으로 관광활동보다는 자원의 질적 가치의 보전이 중시되는 지역이다. 사적지나 문화재보호지역 등이 이에 속한다.

2 관광지역 특성에 따른 분류 (미국의 관광자원조사위원회, ORRRC, 1962)

관광 · 위락 수요의 효율적인 활용을 위해 개발대상지역에서 예상되는 관광 · 위락활동을 연결시켜 효율적인 관광자원의 개발계획을 수립하기 위한 분류 방식으로 자원의 특성에 근거한 시설 및 활동의 종류를 추출함으로써 관광자의 이용유형에 접근하고 있다는 장점이 있다.

〈표 1-3〉 ORRRC의 위락자원 분류

구분	특징	시설 · 활동의 종류	입지	이용시기	비고
Ⅰ	대단위 투자가 필요하며, 행락활동의 범위가 다양함, 집약적 개발	도로망, 주차지구, 일광욕, 해수욕장, 인공호수, 운동장, 음주지역	대도시와 인접, 도시공원 내에 위치	1일 및 주말 (연중 이용)	도 · 시 또는 국가 관리의 형태가 대부분
Ⅱ	이용밀도가 Ⅰ보다는 낮으며, 규모와 활동유형이 상당히 큼, 덜 집약적	캠핑, 피크닉, 낚시, 등산, 야외운동	공원 및 산림지, 스키장, 계곡, 호수, 해안, 수렵지	주말, 휴가	민간과 공공기관이 대등하게 운영 및 관리
Ⅲ	통상 자연을 있는 그대로 즐기도록 유도하는 지역, 대규모지역	하이킹, 수렵, 캠핑, 피크닉, 카누, 관광	도립공원, 국립공원	주말, 휴가	민간소유지의 개발이 권장됨, 공공소유지가 대부분

Ⅳ	경관이 수려한 지역, 자연경관이 특별히 유명한 지역	관광, 관찰, 학습과 같은 소극적 위락활동	경관, 명소	주말, 휴가	경관적 가치를 갖는 동일한 지역을 관리하는 공공기구가 필요
Ⅴ	천연의 자연지역으로 야생상태 유지지역	사냥, 관찰, 야생의 생태체험	원격지, 국립공원	휴가	국가가 자연보호적 측면에서 관리
Ⅵ	주요 역사·문화적 유적지	역사유적	전 지역에 분포 가능	평일, 주말, 휴가	공공기관, 민간, 국가가 관리

3 자원의 가시성에 따른 분류

관광자원의 유형성을 기준으로 하여 관광자원을 분류하기도 하는데 한국관광공사 및 이장춘에 의한 분류는 〈그림 1-2〉와 같다.

〈그림 1-2〉 자원의 가시성에 따른 분류

– 이장춘의 분류 (1974년)

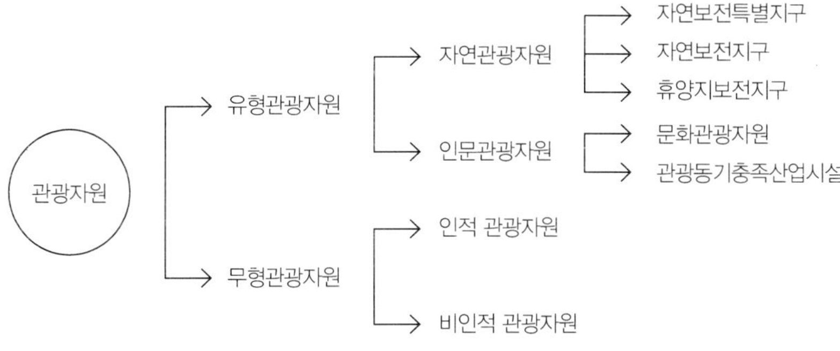

– 한국 관광공사의 분류 (1983년)

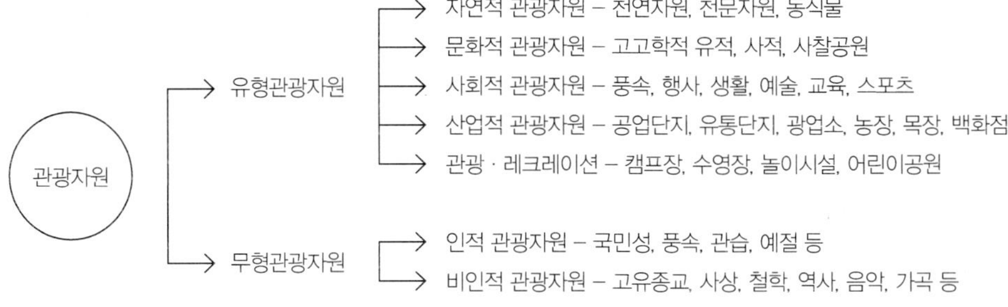

4 자원성격 및 토지이용 단위를 기준으로 한 분류 (Clare A. Gunn, 1988)

건(Gunn)은 자원의 성격을 자연적, 문화적, 인공적 3가지로 구분하고 여기에 다시 토지이용단위를 기준으로 관광자원이 토지의 어떠한 특성에 의존하여 관광매력을 보유하게 되는가를 파악하여 자연자원 의존형(해변, 캠핑, 동계스포츠, 사냥, 마리나(Marina), 하계휴양지), 문화자원 의존형, 인공시설자원 의존형(공예품전시장, 연극공간, 테마파크, 골프장, 경마장)으로 구분하고 있는데, 이 분류의 특징은 자연이나 문화자원이 일정한 토지이용단위로 개발되지 않고서는 그 자체의 매력을 충분히 발휘하지 못한다는 사실에 기인한다.

5 자원의 생성기원에 따른 분류

관광자원을 생성기원에 따라 자연적 생성물과 인공적 생성물, 혼합적 생성물로 나누는 분류방식이다.

1) 일본관광협회(1976)

① **자연자원 :** 산악, 고원, 호수, 협곡, 하천, 폭포, 해안, 괴암, 괴석, 동 · 식물, 자연현상
② **인문자원 :** 사적, 사찰, 성곽, 공원, 역사경관, 민속행사

2) 한국관광지개발연구소(1982)

① **자연자원 :** 관상적 관광자원, 보양관광자원
② **인문자원 :** 문화적 관광자원, 사회적 관광자원, 산업류

3) 김진섭(1999)

① **자연적 관광자원 :** 산악, 해양, 하천, 호수, 산림, 수림, 화초, 동물, 온천
② **문화적 관광자원 :** 유 · 무형문화재, 기념물, 민속자료, 매장문화재
③ **사회적 관광자원 :** 국민성, 민족성, 생활, 예절, 음식물, 스포츠, 교육, 사회, 문화시설
④ **산업적 관광자원 :** 공장시설, 농장, 사회공공시설, 박람회, 전시회

6 환경보전의 관점에 의한 분류방식(Dasman, 1973)

관광자원의 성격이 이용과 보존이라는 상호협동적이고 상호의존적이라는 개념보다는 환경보호의 관점과 보호를 최우선으로 하는 분류방식이다.

① 인류학적 보호구역(Protected anthropological Area)
② 역사유적 보존지역(Protected historical or Archeo-logical Area)
③ 자연보호구역(Protected Natural Area)
④ 다목적 이용구역(Multiple-use Area)

제 3 절 관광자원해설 관련 사이트

관광자원의 해설을 위해서는 관광자원의 분류와 각 부류의 특성을 아는 것도 중요하지만 각 관광지와 관광자원의 최근 현황과 그 이용방법을 하는 것도 관광의 품질을 향상시키는데 중요하다. 우리나라의 다양한 관광지와 관광자원에 대한 최근 정보는 아래의 사이트를 통해 확인하는 것이 가능한데 각 사이트는 무료회원등록을 통해 지속적인 해당 관광지와 관련 관광자원의 소식을 전해주고 있다.

- 한국관광공사
- 문화재청
- 국립공원관리공단
- 서울시청
- 국립중앙박물관
- 서울역사박물관
- 대한민국역사박물관
- 국립고궁박물관
- 국립민속박물관

기타로는 국립경주박물관 등의 지역박물관

이 외에도 각 지자체 공식사이트 및 축제관기협회 등의 사이트를 활용할 수 있다.

위 사이트는 공공의 목적을 위해 제공하는 사이트로 방문하여 관광지와 해당 관광지 관련 관광자원의 특성은 물론 현재의 전시 · 관람현황을 확인하는 것이 가능하다. 그리고 각 사이트에 소식을 지속적으로 받도록 등록하여 두면 새로운 정보와 변동되는 상황에 대한 소식을 받아 볼 수 있어서 자원해설의 정확성과 관광지의 이용을 용이하게 할 수 있다.

토막 상식

우리나라는 전국을 지역의 특성과 기능을 고려해 몇 개의 권역으로 나누어 관리 · 개발 · 발전시켜오고 있다. 한국의 관광권역 개발의 흐름을 살펴보면, 1972년 전국을 10대 관광권으로 하는 관광개발 5개년 계획을 시작으로 한국관광진흥 장기종합계획(1979)에 따라 8대 흡인권 24개발소권으로 국민관광종합 개발계획(1983)에 따라 8대 이용권 26개발소권으로 전국관광종합 개발계획(1990)에 의한 5대 관광권 24개발소권으로 진행되었다. 1998년부터는 7대 문화관광권으로 나누어 관리 · 개발을 시도하였으며, 현재는 기존 관광권인 5+2의 광역경제권을 기반으로 하는 문화관광권역에 초광역 관광벨트 6개가 추가되어 운영되고 있다. 5+2 광역경제권은 수도관광권, 강원관광권, 충청관광권, 대구 · 경북관광권, 호남관광권, 부산 · 울산 · 경주 관광권, 제주관광권이다. 6개의 관광벨트는 해안을 중심으로 하는 3개의 벨트, 즉 동해안 관광벨트(강원, 대구 · 경북, 부산, 울산, 경주), 서해안 관광벨트(수도권, 충청, 호남), 남해안 관광벨트(부산, 울산, 경주, 호남) 그리고 한반도 평화생태 관광벨트(수도권, 강원), 백두대간 생태문화 관광벨트, 강변생태문화 관광벨트로 구성된다.

제 2 장

관광자원해설

제 1 절 관광자원해설의 개념, 목적 및 편익

1 관광자원해설의 개념

Interpretation의 사전적 의미는 '의미를 설명하다'이다. 즉, 단순한 설명이 아니라 자원이 지닌 의미를 연구하여 이를 쉽게 풀어서 밝힌다는 의미를 지닌다. 이러한 자원해설에 대한 정의를 몇 가지 살펴보면 〈표 2-1〉과 같다.

〈표 2-1〉 관광자원해설의 정의

학자	문화유산해설의 정의
Freeman Tilden	단순히 사실적 정보(factual information)를 주고받는 것보다는 실제의 목적물을 보여주며, 직접경험을 통하거나 보는 적절한 매체를 통하여 현지에 내재된 의미와 관련성을 나타내 보이려고 하는 교육적 활동
Walahheron & Stevens	장소, 대상, 사건에 대하여 이야기를 전개하는 기초예술
Interpretation Canada (협회)	단순히 정보를 제공해 주는 것이 아니라 관광지의 매력을 관광객들에게 전달해주는 의사과정
Yorke Edwards	정보, 안내, 교육, 여흥, 선전, 영감적 서비스 등 6가지가 적절하게 조합된 것으로서 관광객에게 새로운 이해, 통찰력, 열광, 흥미를 불러일으킬 수 있는 활동
Don Aldridge	관광객에게 그가 있는 곳을 설명해 주는 기술로 관광객으로 하여금 환경의 상호관련성의 중요성에 대한 인식을 키워주며 동시에 환경보호에 대한 필요성을 일깨워 주는 활동
박석희	관광객에 대한 교육적 활동이고 지각발달도모의 활동이며 새로운 이해, 통찰력, 열광, 흥미를 불러일으키는 활동일 뿐만 아니라 자원보전에 기여할 수 있는 설명 기술
엄서호	방문자에게 해당관광자원의 특징과 의미를 설명함으로써 방문자의 관심과 이해, 그리고 즐거움을 증진시켜 지속 가능한 관광지 관리에 기여할 수 있는 행위

박희주	대상의 특성, 의미, 가치에 대한 이해와 방문경험의 극대화를 위한 행위로 대상에 대한 관심과 애정을 키우려는 커뮤니케이션기술

주 : 박희주(2018)

이상의 정의들에서 보면 관광자원해설이란 방문자에 대한 다음에 나열되어 있는 다섯 가지의 역할을 수행하는 활동으로 정의된다. ① 교육적 활동, ② 지각발달도모 활동, ③ 새로운 이해, 통찰력, 열광, 흥미를 불러일으키는 활동, ④ 관광객과 해설사의 커뮤니케이션활동, ⑤ 자원보전에 기여할 수 있는 설명활동

2 관광자원해설의 목적

관광자원해설의 목적은 방문자의 만족, 자원관리, 이미지 개선에 있다. '방문자 만족'이란 방문자가 방문하는 곳에 대하여 보다 잘 알고, 보다 잘 느끼고, 보다 잘 이해할 수 있도록 하는 것을 말하며, '자원관리'란 방문자로 하여금 방문하는 곳에서 적절한 행동을 취할 수 있도록 교육하여 자원의 훼손을 막는 것을 말한다. 또한 '이미지 개선'은 관리자의 관리 노력에 대해 홍보하여 관리자의 이미지를 바람직한 방향으로 부각시키는 것을 말한다.

〈표 2-2〉 관광자원해설의 목적

목적	세부내용
방문자 만족	– 방문자로 하여금 관광자원에 대해 보다 잘 알고, 잘 이해할 수 있도록 한다. – 방문자에게 안전함과 영감을 줄 수 있으며, 심적 여유와 풍요로움, 그리고 즐거운 경험을 제공한다. – 방문자로 하여금 원하는 방문지역을 용이하게 이용하도록 한다. – 연령계층에 따라 다양한 프로그램을 제공한다. – 관광지에 대한 호기심을 자극하고 일상생활에 적용할 수 있도록 관련성을 부여한다.
자원관리	– 자원과 시설에 대한 사려 깊은 이용을 유도한다. – 방문객의 지식 부족으로 어떠한 피해가 발생하는지를 인식하게 한다.
이미지 개선	– 양질의 자원해설 프로그램과 방문자 센터를 통하여 대중과의 긍정적인 관계를 창출한다. – 대상지 관리자의 관리노력에 대한 이용자의 이해를 높인다. – 이용자로 하여금 관리자가 이용자의 만족을 위해 노력하고 있다는 사실을 알 수 있게 한다.

3 관광자원해설의 편익

자원해설을 통해서 다음과 같은 편익을 기대할 수 있다(박석희, 1989).

① 방문자의 경험을 풍부하게 한다.

② 방문자들이 그들이 위치해 있는 곳을 전체환경의 관점에서 인식할 수 있게 하며, 그들이 그 환경과 공존하고 있는 복잡미묘함을 이해할 수 있게 한다.

③ 관광지에서 관광객의 시야를 넓혀줌으로써 전체적인 경관에 대한 이해를 도울 수 있다.

④ 자원해설을 통하여 사람들에게 유익한 정보를 제공해 줌으로써, 자연자원이나 인문자원의 관리와 관련된 의사결정을 보다 현명하게 할 수 있게 한다.

⑤ 관광지의 불필요한 훼손 · 손상을 감소시킴으로써 결과적으로 관리 또는 대체비용을 절감시킬 수 있다.

⑥ 관광객으로 인한 피해가 심한 지역에 있는 사람들을 피해가 심하지 않은 지역으로 이동하게 하여 자원을 잘 보호할 수 있다.

⑦ 방문자들의 향토애나 조국애를 북돋우거나 지역문화유산에 대한 긍지를 갖게 한다.

⑧ 보다 많은 관광객이 방문하도록 촉진함으로써 지역 또는 국가경제에 도움이 될 수 있다.

⑨ 지역민들의 자연 및 인문관광자원에 대한 관심을 고조시킴으로써 자원의 보전 · 보호에 효과적이다.

⑩ 관광지관리에 관한 공공의 관심과 지지를 받을 수 있다.

이렇듯 자원해설을 효과적으로 하게 되면 이상과 같은 10가지의 직접 또는 간접적인 편익을 가져올 수 있음이 지적되고 있다.

관광자가 갖는 관광욕구는 심리적으로 무엇인가 부족한 상태로서 관광자의 행동을 유발하는 근원이 되는 심리적 원동력이다(Manning, 1986; Lundberg, 1990; Prentice, 1993; 김원수, 1998; 박석희, 1998). 이러한 관광욕구는 관광자 개인의 심리적 · 사회적 상황에 따라 가변적인 성격이 강하다.

4 자원해설가의 역할 〈Pond의 연구를 중심으로 재구성〉

1) 리더, Leader

① 관광안내원의 역할 중 가장 상위에 해당한다.

② 경험과 지식보다는 관광객과 함께 하면서 관광객을 선도하는 역할이다.

③ 권위와 통제에 의한 선도가 아닌 적절한 환경을 조성함으로써 의견일치를 이끌어내야 한다.〈Karl. J〉

④ 관광객과의 부단한 의사소통과 상호작용을 통해 그들의 만족을 위해 운영계획을 바꿀 수 있는 권한이 있다.

2) 교육자, Teacher

① 관광여행을 통해 쉽고 편하게 지식을 제공 받을 수 있도록 돕는다.

② 다른 사람을 가르치는 것이 아니라 자극하는 것이다. 〈Tilden〉

③ 가르치는 것과 자극하는 것 사이의 균형 유지가 필요하다. 〈France〉

④ 단, 너무 많은 것을 가르치려 하지 않는다.

3) 홍보담당 대변인, Marketer

① 특별한 메시지나 이미지를 제시한다.

② 조직과 지역을 대표한다.

③ 열정은 오랜 기간 위장될 수 없으며 거짓으로 열정을 보이면 그 누구도 만족시킬 수 없다.

4) 초대자, Invitor

① 별다른 노력 없이도 즐거움을 느낄 수 있는 역할

② **훌륭한 초대자** : 손님을 즐겁게, 편안하게, 스스로 즐길 수 있도록 분위기 조성, 상대의 장점을 부각, 필요한 시점과 상황에 민감하게 반응하여 도움을 주고, 전체적으로 활기를 불어넣어 주는 연예인의 역할

③ **유머** : 교육적이며 만족스러운 것이며 의사소통의 표시, 문화의 차이와 유머의 폐단에 대한 이해가 중요

5) 파이프, Pipe

① 가장 중요한 역할

② 관광객, 지역문화, 그리고 관광객의 경험의 중요성을 강조

③ 관광객의 경험에 코드를 맞추려고 노력하여 메신저가 아닌 매체로 활약

제 2 절 관광자원해설 기법

관광해설의 유형은 크게 두 가지로 나누어 볼 수 있다. 첫째, 인적 기법(personal services)으로 해설사가 직접 해설하는 안내자 해설기법이며, 둘째, 비인적 기법(nonpersonal services)으로 해설사 없이 관광자가 유인물이나 해설간판을 보며 자신이 직접 해설하는 자기안내(self-guiding) 해설과 오디오, 비디오 등의 장비를 이용해 해설을 하는 매체이용(gadgetry) 해설이 이에 해당된다.

1 인적해설

해설기법 중에서 보다 효과적이고 바람직한 것으로 안내자서비스해설기법을 들 수 있는데(Jubenville, 1987), 이는 자원해설사(혹은 가이드)가 여행객을 동반하여 이동하거나 보행하면서 관람대상물을 설명하는 동행해설기법과 대상에 대하여 직접 방문객과 일정한 프로그램을 갖고 대화하며 진행하는 담화해설기법으로 관람자와 자원해설사 사이 또는 관람자와 자원 사이의 교감을 가능하게 하여 자기안내해설기법에 비하여 더 효율적이다. 그러나 많은 인적자원이 필요하며 그 인원에 대한 교육 등 재정적인 부담이 있다.

1) 담화해설기법(talks)

담화해설기법은 안내자 해설의 대표적인 것으로 대화기능을 이용하는 것이다. 말, 몸짓, 표정으로 방문자의 감동을 유도하는 것으로 그 효과는 해설사의 감수성과 관광자의 이해수준에 따른 상관성을 가지므로 다음과 같은 사항이 해설사에게 요구된다.

① 청중의 기대욕구를 파악하고 분석하기 위해 필요한 것으로 청중에 대해서 유용한 정보를 획득할 필요성이 있다.

② 선호적 평가이미지의 구축으로 단정한 용모, 올바른 자세, 친절한 태도, 유머있는 인사와 대화방법으로, 좋은 이미지를 기초로 한 신뢰감을 형성하도록 유도한다.

③ 담화구조의 형성을 체계적으로 준비한다.

2) 동행해설기법(walks)

관광자원 해설의 고전적인 기법으로 해설사가 관광객과 동반해서 이동하거나 보행하는 동안에 관람대상을 직접적으로 해설하는 것이다. 동행해설기법의 장점은 해설사가 관광객에게 흥미를 제공하거나 동기를 부여할 수 있다는 점과 관광자가 질문한 사항에 대해서 즉각적인 응답을 할 수 있다는 점이다.

이러한 동행해설기법 시 주의해야 할 사항으로는 첫째, 최소한 15분 전에는 해설장소에 도착하여 해설장소의 확인 및 점검을 하고 장소변화의 가능성에 대비해야 하며, 둘째, 해설속도를 적정하게 유지해야 한다. 셋째, 해설내용은 간략하고 정확해야 하며 명료한 제시를 해주어야 한다. 넷째, 관광객과 보행을 시작하면 탐방도중에 출현하는 관람대상에 대해 적극적으로 자세한 해설을 하여야 하며 주요 해설대상에 대해서는 질문과 응답을 실시하도록 한다. 해설이 마무리될 때는 해설내용을 요약해서 다시 한 번 들려주고 동행이 끝났음을 알리고 끝인사를 한다.

이러한 안내자 해설이 성공하기 위해서 자원해설사는 장소에 대한 풍부한 자료를 수집, 적합한 주제를 선택하며, 당일 해당 관광객의 나이 · 출신 · 기대하는 것 · 공통점 · 차이점 등에 대한 정보를 수집하여 각각에 맞는 해설을 계획해야 한다(박명희, 1999). 관광객은 듣고 보는 것뿐만 아니라 모든 감각기관을 통한 체험이 가능한 해설을 선호하며, 재미있는 말과 행동, 재치 있는 언어구사를 원하며, 이해할 수 있는 최신의 정보, 그리고 열정적인 해설을 좋아한다. 이에 반하여 지루하고 재미없는 단순한 지식, 정보의 전달을 위한 해설, 지나치게 세부적인 설명이 많은 해설, 기교적인 프로그램, 길고 열의 없는 발표 같은 해설은 싫어한다.

2 비인적 해설

1) 자기안내해설기법(Self-guiding program)

자기안내해설기법은 관광자가 해설사의 도움이 없는 상태에서 스스로 내용을 파악할 수 있도록 시설을 제공하는 것으로 관람대상을 추적하면서 제시된 안내문에 따라 그 내용을 이해하고 인식수준을 제고하는 방법이다. 이 해설기법은 특수한 경관, 자원의 의의와 특징, 특정사건의 역사적 경과, 환경의 변화과정, 특이한 생물의 특성 등을 해설대상으로 하고 있다. 이것은 전문직에 종사하는 사람, 지적 욕구가 강한 사람, 교육수준이 높은 사람에게 효과적인 해설기법이라 할 수 있다. 대표적인 예로는 방문객 센터(visitor center)가 있다. 방문자 센터란 국립공원의 입구 혹은 매표소 등에 위치하여, 이용자의 경험을 도울 수 있는 전시 및 해설자료를 구비하고 있는 시설이다. 방문자는 이곳 방문자센터 내에서 간단한 유인물 혹은 슬라이드 등을 이용하여 안내해 주는 서비스를 제공 받을 수 있다.

이외에도 안내판(sign), 전시판(display), 안내 브로셔(brochure), 음성기기 및 전자장치 등을 이용하게 된다. 안내 브로셔는 관광객들이 관광을 즐기는 동안 주의 깊게 무엇을 읽으려고 하지 않기 때문에 단순하게 제작되어야 효과적이다(Kundson & Cable & Beck, 1995). 이러한 안내시설의 해설내용의 구조는 일관성을 유지해야 한다. 기본구조의 결정요소는 해설수단과 내용의 설정, 관람대상자에 따른 전달내용이며, 기본구조의 윤곽에서는 해설제목의 결정과 단락별 세부내용, 끝맺음이 분명하게 나타나야 한다.

자기안내 해설기법의 장점으로는 비용의 저렴함, 운영 및 유지비용의 감소, 이용자별 독해속도에 따른 신속성과 완만성 보장, 독해내용 선택의 임의성 확보, 이정표 기능의 수행으로 탐방자의 길잡이 역할, 기념성의 부여로 사진촬영 대상으로 선택 가능, 방문의 증거 등을 들 수 있다. 단점으로는 독해자의 인식수준과 정신적 노력이 요구된다는 것이며 일방적 의사전달로 쌍방간의 질의응답 능력의 결여, 의문감 해소능력의 부족, 풍화작용, 부식, 야생동물이나 관광객에 의한 훼손의 가능성이 있다.

2) 전자장치이용 기법(Gadgetry)

매체이용해설은 여러 장치들을 이용하여 해설하는 것으로 방문객에게 여러 상황을 경험하게 할 수 있기 때문에 재현에 있어서 특히 효과적인 해설유형이다. 문화적 혹은 역사적인 것의 경우 이를 재현하여 보여주는 역사적 사실의 재현기법은 관광객에게 문화관광자원을 효과적으로 인식시키고 이해시키는 수단이 된다. 재현대상은 역사적 시점 · 생활 · 사건 등이 된다. 재현내용은 역사의식, 민속문화 등에 사실감을 구현하여 역사적 사실을 추적 · 묘사하고, 해설대상에 생동감을 부여하여 민속문화의 현장성을 제시함과 동시에 교육적 효과를 높여 역사적 · 문화적 · 인종적 이해수준을 향상시키는 것이다.

이러한 매체이용 해설기법의 종류를 보면 책자, 표지판에 의한 해설, 음성안내 막대기해설, 모형(확대모형, 실물모형, 축소모형)에 의한 해설, 시뮬레이션(가상체험실) 해설, 스크린에 의한 해설이 있다. 스크린에 의한 해설로는 멀티비전, 매직비전, 모형설명식 화면, 극장식 화면, 원형입체화면, 기둥부착식 화면, 터치스크린 등을 이용한 해설이 있다. 버튼에 의한 해설에는 수화기 청취, 버튼 레코드 등이 있으며 이외에도 사진, 판넬 등에 의한 전시기법이 있다. 이러한 매체이용 해설기법들은 우리나라에서는 국립박물관과 유사시설을 제외하고는 찾아보기 힘들지만 외국의 경우에는 유적관광지에 도입되어 활용되고 있다.

〈표 2-3〉 자원해설기법의 유형

구분		기법
인적 서비스 기법		담화기법 동행기법(이동식, 거점식)
비인적 서비스 기법	자기안내해설기법	해설센터, 해설판, 전시판, 해설브로셔 경고판, 재현기법
	전자장치이용기법	전자전시판, 멀티미디어 시스템 가상체험 시스템, 무인정보 안내소 라디오방송, 헤드폰, 슬라이드, 비디오 상영

주 : Jubenville(1987), Pond(1993), Knudson et. al.(1995), 이명진(2001)의 연구를 중심으로 재구성

제 3 절 자원해설의 테마와 해설운영기법

1 자원해설 테마의 선택과 개발

1) 테마란?

해설에서 가장 중요한 도구 중 하나로 전달하는 내용의 색깔을 결정하고 내용의 정리를 돕는 도구이다. 잘 만들어진 해설의 테마는 해설의 내용을 준비하는 해설사에게도 쉬운 준비를 가능하게 하며 해설청취자의 경험을 강화하는 훌륭한 도구이다. 청취자에게 전달되는 테마는 하나의 문장으로 제목처럼 인식될 수 있다. 이 제목 속에는 오늘 해설의 중심생각 또는 전하고 싶은 메시지를 담고 있다(Hollinshed).

테마 = 이야깃거리 + 독특한 이야기 각도

테마가 있는 해설은 다음과 같은 장점을 지니게 된다(Lewis).

① 테마는 이해를 분명하게 해준다.

② 테마는 그 자체가 이야기할 범위를 한정시킴으로써 통일감 있고, 내면에 깔린 것까지 해설할 수 있게 한다.

③ 테마를 이용하면 일어난 일들을 죽 나열해주거나, 시시콜콜한 것을 이야기하는 것에서 벗어날 수 있다.

④ 테마를 말로 표현함으로써 이야깃거리를 정교하게 다듬을 수 있다.

2) 테마의 선택

테마의 선택 요령은 다음과 같다.

① 역사적 인물에 대한 사실과 개념

② 역사적 사건의 사실과 개념

③ 역사적 · 대표적 지역에 대한 사실과 개념

④ 미(美)에 대한 사실과 개념

다음으로 테마선택을 보다 잘하기 위해서는 다음과 같은 5가지의 의문을 떠올려 볼 수 있다(Regnier et.al.).

① 나의 테마가 한 문장으로 진술될 수 있을까?

② 나의 테마가 방문자의 경험을 풍부하게 해줄 수 있을 정도로 이 지점에 관한 중요한 이야기를 들려주고 있는가?

③ 이야기를 듣고 있는 청중들이 관심을 가질 수 있는 테마인가?

④ 내가 개인적으로 좋아하는 테마인가?

⑤ 만약 어떤 방문자에게 이야기해주고 있던 것에 관해 물어볼 때 그들은 나의 테마를 알아낼 수 있을까?

2 자원해설의 운영기법

1) 해설의 핵심요소

해설은 단순하게 설명한다고 되는 것이 아니고, 해설과정의 핵심요소 하나하나가 제 기능을 다할 때 훌륭한 해설이 될 수 있다. 그 핵심요소란 관여, 짜임새, 생명 불어넣기, 전달의 4가지를 가리킨다. 루이스(Lewis)의 견해를 중심으로 한 박석희(2001)의 해설과정의 핵심요소에 대한 내용은 다음과 같다.

(1) 관여(involvement)시켜라

① 첫 대면이 중요하다.

② 방문자들의 지식과 관심을 이용하라.

③ 질문을 던져라.

④ 모든 감각기관을 활용하라.

⑤ 소그룹을 형성시켜 다양하게 하라.

(2) 골격의 짜임새(organization)가 있어야 한다

어떠한 종류의 해설이든지 짜임새가 있어야 한다. 짜임새가 없으면 해설작업이 산만해지고 목적성도 없어진다. 짜임새 있는 해설을 하려면 다음과 같은 과정을 거쳐야 한다.

① 이야깃거리(topic)를 선택한다.

② 테마를 선택하고 개발한다.

③ 서두를 잘 꺼낸다.

④ 호의적인 분위기를 형성한다.

⑤ 테마에 대한 관심을 환기시킨다.

⑥ 마무리를 짓는다.

(3) 골격에 생명을 불어넣어라

해설을 위한 골격에 생명을 불어넣기 위해서는 지원할 수 있는 재료를 선택해야 하는데, 이를 위해서 다음과 같은 방법을 동원해 볼 수 있다.

① 테마를 살리기 위해서 실제로 있었던 이야기를 테마와 관련시킨다.

② 일화나 예를 이용한다.

③ 증언을 이용한다.

④ 비교한다.

⑤ 시각재료를 사용한다.

(4) 전달(delivery)되어야 한다

전달이란 메시지가 전해지는 물리적 과정이다. 여기에는 사람이 걷고, 일어서고, 앉고, 움직이는 방법, 음성, 시선 등이 포함된다. 이들 전달에 관하여 일반적인 원칙으로 만들기는 어려운 일이나 몇 가지 전달에 도움이 될 수 있는 것을 살펴보자.

① 열정적이어야 한다. 효과적인 의사전달에서 가장 중요한 요인 가운데 하나로 역동성(dynamism)은 비인적 해설과 차별화 시킬 수 있는 인적해설의 장점이다.

② 다양한 테마, 다양한 진행방식을 시도해보라.

③ 스스로 확신을 느껴야 한다.

④ 눈을 마주쳐라.
⑤ 몸짓을 많이 활용하라.
⑥ 자연스럽고 친절하며 즐거워하라.
⑦ 상황에 맞추어 빠르기를 조정하라.

2) 담화하는 기법

(1) 무대 설치하기

공간적으로는 해설사를 쉽게 찾을 수 있고 모두에게 이야기가 잘 전달될 수 있는 장소와 방향을 설정한다. 다음으로는 가벼운 눈맞춤과 대화를 통해 해설 시작을 위한 분위기를 조성한다.

(2) 시작

첫인사 및 오늘의 해설에 대한 소개와 해당장소의 편의 시설 소개 등을 통해 본격적인 해설의 시작을 알린다.

(3) 메모

해설에 필요한 내용을 확인이 용이하게 정리해 지참할 수 있으며 확인이 필요한 시점에서는 당당하게 메모를 활용한다.

(4) 목소리의 4가지(Pond)

① 음의 높낮이(pitch): 소리의 전체 폭을 활용하여 변화를 주라고 권한다.
② 공명(resonance)
③ 음량(volume)
④ 목소리 돌보기

(5) 언어구사

소리를 내는 양식의 8가지 중요한 특성(Pond)에는 '목소리의 억양(intonation), 똑똑한 발음(articulation), 어휘(vocabulary), 문법(grammar), 빠르기(rate of speaking), 나쁜 언어습관, 단어사용, 마이크 사용' 등이 있다. 이 8가지 특성을 잘 살펴 관람객의 이해를 용이하게 할 수 있도록 준비하고 보완하는 것이 중요하다.

(6) 몸짓언어

① 표정을 통하여 의사소통을 하라.
② 자세를 통하여 의사소통을 하라.
③ 산만한 매너리즘은 피하라.
④ 제스처를 통하여 의사소통을 하라.
⑤ 목적을 가지고 걸어라.
⑥ 눈 마주침(eye contact)을 활용하라.

3) 소도구의 사용

소도구는 호기심을 더욱 고조시키는데, 그것이 자극적인 것일 때 더욱 그렇다. 대상이 혁신적인 방법으로 사용될 경우 사람들이 친숙한 대상에 반응하는 관광객의 소극적인 면도 무시할 수 없는 특성이다. 관광객의 흥미를 유도하고 지속할 수 있는 소도구의 특성은 다음과 같다.
① 색깔이 주의를 끈다: 지나치게 자극적인 색상은 피한다.
② 소도구에 다른 감각들을 몰입시킨다(체험).
③ 사람들을 소도구에 몰입시킨다: 소도구에 변화를 주어 지루함을 피할 수 있다.
④ 사람들이 역사적인 골동품이나 진열된 관람물에 관심을 갖게 한다.

4) 해설사의 자질

해설사로서 성공할 수 있는 개인적 자질은 다음과 같으며(Risk), 이는 곧 관광객의 해설사에 대한 요구이기도 하다.
① 열정
② 유머감각과 균형감각
③ 명료성
④ 자신감
⑤ 따뜻함
⑥ 침착성
⑦ 신뢰성
⑧ 즐거운 표정과 태도

제 3 장

자연관광자원

제 1 절 자연과 관광

1 자연경관의 개념

경관이라 함은 동 · 서양이 서로 다른 개념을 가지고 있는데 동양에서는 산수풍물이 눈에 비치는 모습을 이르며, 서양에서는 토지를 인문지리적 · 환경적 · 역사적 영향에 따라 변화되어 온 특성과 관련해서 판단하여 시각적 · 감동적 질이 함축된 풍경(scenery)을 일컫는다(Laurie). 경관의 분류는 기준에 따라 다르다.

경관을 구성하는 대상의 성향에 따라서 자연경관과 인문경관으로 나뉘며 경관의 이용가치 및 경관의 관점에 따라서는 문화 · 경제 · 사회 및 물리적 경관으로 분류된다. 그리고 경관 지역의 성격에 따라 도시 · 농촌 · 산촌 및 어촌, 관광지 경관으로 분류가 가능하다.

자연경관의 특성으로는 비이동성, 계절성, 다양성, 변동성, 생산과 소비의 동시성, 저장불가능성, 비소모성, 공공재적 성격, 생산 및 소비에 대한 시장가치화의 어려움 등을 들 수 있다. 이러한 자연경관을 구성하는 요소로는 크게 물리적 요소(physical factor)와 생물학적 요소(biological factor)로 나눌 수 있으며, 이들은 다시 물리적 요소의 경우 경관을 구성하는 물리적 특성에 대한 외형적 측정치로 하천의 폭, 수심, 유속 등을 예로 들 수 있고, 생물학적 요소들로는 자연현상적 인자와 인간흥미 인자로 지칭되는 접근성, 변화정도, 역사적 유래 등이 있다.

관광자원으로서의 자연경관은 관광객에게 관광동기를 이끌어내는 매력요인을 지녀야 하는데 관광객들은 관광지가 장소성(site), 사건성(event), 지역적 매력요인(local attraction), 국가적 매력요인(national attraction), 국제적 매력요인(international attraction) 등을 가질 때 매력을 느끼고 방문욕구가 생기는 것으로 알려져 있다. 이러한 매력을 불러일으킬 수 있는 대상으로서의 자연경관은 다음과 같은 매력요인을 가지고 있다.

기본요인으로는 자연적 아름다움(natural beauty), 신비성(mystery), 독특함(uniqueness), 조화로움(harmony), 신기성(novelty), 규모(scale), 차별성(diversity), 다양성(variation) 등을 들 수 있으며, 조성측면의 요인으로는 이해용이성(easy comprehensibility), 환경에 기초한 내면적 만족추구(internal satisfaction), 독창적 보호(creative conservation) 등을 매력요인으로 들 수 있다.

자연관광자원의 요소는 지형, 천문기상, 동 · 식물로 크게 분류할 수 있으며, 지형으로는 산지, 화산, 구릉, 고원, 호수, 빙하, 하천(계곡, 폭포), 해안, 섬, 해양, 암석, 온천, 사막 등을 들 수 있다. 천문기상으로는 달, 별, 눈, 빙하, 기후의 차이 등을 들 수 있으며, 동 · 식물로는 새, 짐승, 곤충, 물고기, 삼림, 천연군락지, 화초 등이 이에 속한다.

2 한국의 관광지리적 특성, 수리적 및 지리적 특성

대한민국은 유라시아 대륙 동부에 위치하고 있으며, 기후는 4계절 온화하고 계절의 구분이 분명한 온대성 기후이다. 더욱 정확한 수리적 위치를 언급한다면, 위도로는 33°N ~ 43°N이고 경도로는 124°E ~ 132°E에 위치하고 있다. 대한민국의 시간은 표준자오선 135°E 이므로 GMT[1]보다 9시간 빠르다.

우리나라의 4극으로는 경북 울릉군 독도(극동, 131° 52′42″E), 평북 용천군 마안도(극서, 124° 11′00″E), 제주도 남제주군 마라도(극남, 33° 06′40″N), 함북 온성군 유포진(극북, 43° 0′39″N)이 이에 해당된다.

지정학적으로 보아서는 대륙, 해양, 반도, 섬 등의 모든 성향을 지닌 반도에 위치하고 있어서 육교적, 전략적, 중간적 위치로 정치, 경제, 군사, 문화의 교량적 역할을 수행해 오고 있다. 대한민국의 주권이 미치는 범위인 영토는 한반도와 부속 도서(3,300여개)이며, 총면적은 22만km^2이고 남한만은 9.9만km^2이다.

기후적으로는 온대에 위치하여 계절이 분명하게 다른 특성을 지닌다. 계절의 특성에 의한 분류로는 봄, 장마철, 여름, 가을, 겨울로 서로 다른 특성들을 가지고 있다.

1 표준자오선 0°E로 영국의 그리니치 천문대를 기준으로 한다.

〈표 3-1〉 한국의 계절별 기후 특성

계절	기후특성
봄	이동성 고기압인 양쯔강기단과 저기압이 교대로 통과하며 날씨의 변화가 심하고 꽃샘추위, 황사 현상, 높새 현상 등이 발생한다.
장마철	고온 다습한 북태평양 기단과 차갑고 습윤한 오호츠크해 기단에 의한 장기간의 흐린 날씨가 지속된다.
여름	북태평양 고기압의 영향으로 소나기, 무더위, 열대야 등이 발생한다.
가을	양쯔강 기단에 의한 이동성 고기압의 영향권 내에 있으며, 가을 장마가 있을 수 있다.
겨울	시베리아 기단에 의한 삼한 사온 현상이 나타나며, 한파를 동반할 수 있다.

3 한국의 천연기념물

천연기념물(Naturdenkmal)이란 약 200년 전 독일의 알렉산더 훔볼트(Alexander von Humboldt)가 처음으로 그의 저서 '신대륙의 열대지방 기행'에서 사용한 용어이다. 한국의 경우 일제 강점기인 1934년부터 지정을 시작해 2010년 현재 총 336건과 명승 12건이 등재되어 있다.[2] 천연기념물이란 기념물로 지정되어 보호 · 관리하는 천연물이며, 한 지역에서 오랜 세월 동안 살아온 생물이나 생물의 군락은 그 지역의 자연환경에 맞는 독특한 성격을 띤 생명 공동체를 형성하면서 인류의 문화와 함께 살아왔다. 이러한 생물이나 생물의 군락을 특별히 지정하여 국가 차원에서 보호하고 육성하기 위해 보호하는 대상물이다. 천연기념물을 보호해야 하는 이유로는 천연기념물이 인간의 문화에 지대한 영향을 끼쳤으며, 학술적 가치가 있으며, 유일성을 가지므로 희귀성을 갖기 때문이다. 천연기념물을 지정하여 관리하는 기관은 문화관광부 문화재청 문화유산국이며, 주무부처는 기념물과이다. 이를 지정하는 기준은 문화재 보호법(1982년 12월 31일 법률 제3644호)에 따른다.

1) 식물 천연 기념물

한국의 특유한 식물이거나, 건조지 · 습지 · 하천 · 폭포 · 온천 등 특수한 환경에서 자라는 학술상 가치가 있는 식물 또는 일정한 자생(自生)의 한계선에 살거나, 명목(名木) · 거수(巨樹), 기형적인 나무, 사당이나 성황당 등의 신목(神木)이거나, 원시림(原始林) 또는 고산식물, 오래된 인공조림

2 식물천연기념물(노거수 142건, 희귀식물 17건, 자생지 27건, 수림지 33건), 동물천연기념물(포유류 10건, 조류 43건, 어류 7건, 곤충류 3건), 지질 · 광물 천연기념물(천연동굴 13건, 암석 · 광물 4건, 지질 14건, 화석 13건), 천연보호구역 10건, 명승 12건

의 산림(山林) 등이 지정되어 있다. 지정된 식물의 내용을 보면 측백수림 · 상록수림의 자생지 · 군락지(群落地) · 자생북한지대(自生北限地帶) · 원시림 · 역사적 인공수림 · 성황림(城隍林) · 어림(魚林) 등의 수림이 지정되었다. 식물단위로 지정된 것은 줄나무 · 등나무 · 동백나무 · 은행나무 · 이팝나무 · 향나무 · 올벚나무 · 탱자나무 · 왕버들 · 소나무 · 한란 · 망개나무 · 주엽나무 · 후박나무 · 팽나무 · 밤나무 · 비자나무 · 굴참나무 · 느티나무 · 소태나무 · 백일홍 · 다래나무 · 회양나무 · 측백나무 등이다. 대표적인 식물 천연기념물의 특성은 다음과 같다.

(1) 달성의 측백수림(식물천연기념물 제1호)

1962년 12월 3일 지정, 35,541m^2 면적으로 대구시 동구 도동 산180번지에 위치한다. 이 곳의 측백나무는 100m를 넘는 절벽에 서 있는데, 1,000여 그루에 이르고, 나무의 높이가 5~7m에 이르고 있어서 측백나무 숲의 장관을 이룬다. 원래 측백나무는 중국에 많고, 북경 근처에는 아름드리 줄기를 가진 노거목이 많다. 이곳뿐만 아니라 경북 양양, 충북 진천과 단양 등지에도 측백나무 숲이 있어서 우리나라에도 이것이 자생 상태로 존재한다는 근거를 제공하고 있다. 그 나무가 결실을 하게 되고 그 나무로부터 떨어진 씨앗으로 이와 같은 측백나무 수림을 만들게 되었다고 했다. 중국 북부 지방에는 지금도 묘지에 측백나무를 심고 있다. 경상북도 양양에는 1,000여 그루, 충청북도 진천에는 600여 그루, 그리고 달성과 단양에는 수백 그루로 된 수림이 있다고 했다. 특히 달성의 측백나무 숲에는 말채나무, 느티나무, 쇠물푸레나무, 소태나무, 회화나무, 난티나무, 골담초, 물푸레나무, 자귀나무 등이 어우러져 있다. 숲 한쪽에 오래된 관음사가 있고, 절벽 언덕 위에 1920년대 세워졌다는 구로정이 있다. 서거정은 이곳을 대구 십경의 하나인 '북벽향림'이라 읊어 칭송한 바 있다.

(2) 정이품송(천연기념물 제103호)

속리산입구 내속리면 상판리에 있는 소나무로 높이 16m, 둘레 약 4.5m이며, 수령은 600~ 800년으로 추정된다. 수관이 삿갓 또는 우산을 편 모양을 닮아 대단히 단아하며 기품이 있는데, 이 소나무가 정이품의 벼슬을 얻게된 데는 다음과 같은 유래가 있다. 1464년(세조 10)에 세조가 법주사로 행차할 때 가마가 이 소나무 아래를 지나게 되었는데, 가지에 「연이 걸린다」라고 말하자 이 소리를 들은 나무가 가지를 들어올려 가마를 무사히 지나가게 하였다 한다. 이러한 연유로 「연걸이 소나무(연송)」라고도 하는데, 그 뒤 세조가 이 소나무에 정이품의 벼슬을 하사하여 정이품송이라는 벼슬을 얻게 되었다고 한다. 1993년 2월에는 태풍이 몰아쳐 가장 큰 가지를 부러뜨리기도 했는데, 사람들은 지극한 정성으로 나무를 보살펴 생명을 연장시켰으며, 그 후 대를 이을 아들나무(子木) 다섯그루를 정이품송 주위에 키우고 있다.

(3) 미선나무(천연기념물 제147호)

세계 1속 1종의 식물로 우리나라 충북 괴산군 송덕리에서만 자생하는 나무로 물푸레나무과의 식물이다. 볕이 잘 드는 산기슭에서 자란다. 높이는 1m쯤으로, 가지는 끝이 처지며 자줏빛이 돌고, 어린 가지는 네모진다. 잎은 마주나고 2줄로 배열하며 달걀 모양 또는 타원 모양의 달걀형이고 길이가 3~8cm, 폭이 5~30mm이며 끝이 뾰족하고 밑 부분이 둥글며 가장자리가 밋밋하다. 잎자루는 길이가 2~5mm이다.

열매는 시과이고 둥근 타원 모양이며 길이가 25mm이고 끝이 오목하며 둘레에 날개가 있고 2개의 종자가 들어 있다. 종자와 꺾꽂이로 번식한다. 한국 특산종으로 충청북도 괴산군과 전라북도 부안군에서 자란다. 흰색 꽃이 피는 것이 기본종이다. 분홍색 꽃이 피는 것을 분홍미선(for. lilacinum), 상아색 꽃이 피는 것을 상아미선(for. eburneum), 꽃받침이 연한 녹색인 것을 푸른미선(for. viridicalycinum), 열매 끝이 패지 않고 둥글게 피는 것을 둥근미선(var. rotundicarpum)이라고 한다.

(4) 정부인소나무(천연기념물 제352호)

외속리면 서원리 안도리 마을에 있는 소나무로 수령은 600년으로 추정된다. 수형은 열두폭 치마를 두른 듯 아름다우며 아직도 생생함을 잃지 않은 짙푸른 가지는 땅에 닿을 듯 늘어져 있다. 정이품송이 곧게 자란 데 비해 원 줄기가 지상 70cm 높이에서 2개로 갈라졌기 때문에 암소나무라 불리며, 남편이 정이품이라 하여 정부인소나무로 불리게 되었다.

(5) 백송나무(천연기념물 제8호)

서울 종로구 재동의 백송으로 키가 14m, 밑둘레가 4.25m이고 이 나무는 잎이 3개씩 붙은 3엽송으로 회백색이라 백송이라 불린다. 원산지는 중국으로 절멸 위기의 식물이다.

(6) 이팝나무(천연기념물 제185호)

남한의 이팝나무 중 가장 큰 경남 김해군 이북면 신천리의 것으로 이 나무는 니팝나무 · 니암나무 · 뻿나무라고도 한다. 산골짜기나 들판에서 자란다. 높이 약 20m이다. 나무껍질은 잿빛을 띤 갈색이고 어린 가지에 털이 약간 난다. 꽃은 암수 딴 그루로서 5~6월에 피는데, 새가지 끝에 원뿔 모양 취산꽃차례로 달린다. 열매는 핵과로서 타원형이고 검은 보라색이며 10~11월에 익는다. 번식은 종자나 꺾꽂이로 한다.

관상용으로 정원에 심거나 땔감으로 쓰며, 목재는 염료재와 기구재로 사용한다. 민속적으로 보면 나무의 꽃피는 모습으로 그해 벼농사의 풍흉을 짐작했으며, 치성을 드리면 그해에 풍년이 든다고 믿어 신목으로 받들었다. 한국(중부 이남) · 일본 · 타이완 · 중국에 분포한다.

(7) 한란(천연기념물 제191호)

제주도 일원에서 볼 수 있는 식물로 꽃이 12월~1월 추운 겨울에 핀다고 하여 한란(寒蘭)이라 불린다. 잎은 3~4개가 나는데 길이 20~70cm로 끝이 뾰족하고 가장자리는 부드러우며 밋밋하게 자라 춘란과 구별된다. 겨울에 피는 꽃은 황록색이나 자줏빛을 띠는데 매우 향기롭다. 제주도의 한란은 한라산의 남쪽 높이 700m 근처인 시오름과 선돌 사이의 상록수림과 돈내코계곡 입구에서 자라는데, 이 일대는 한란이 자랄수 있는 북쪽 한계선에 해당한다. 한란은 워낙 희귀해서 산에 온전하게 남아있는 것이 적으며, 지금은 철책을 만들어 보호하고 있다.

(8) 문주란(천연기념물 제19호)

제주도 구좌읍 문주란자생지가 보호되고 있으며, 문주란은 일본 · 중국 · 인도 · 말레이시아 · 우리나라 등에 분포하고 있다. 연평균 온도가 15℃, 최저온도가 -3.5℃ 이상인 환경에서 자라기 때문에 우리나라에서는 제주도의 토끼섬에서만 자라고 있다. 꽃은 흰색으로 7~9월에 피는데, 이 꽃이 활짝 피는 것은 밤중이며 향기가 강하게 난다. 이 자생지는 한때 많이 파괴되었으나 지금은 사람들의 노력으로 대부분의 지역에 문주란이 빽빽하게 자라고 있다.

(9) 동백나무(천연기념물 제66호)

인천 백령도 대청리의 동백나무 자생북한지가 보호의 대상이며, 동백나무는 차나무과에 속하는 상록교목으로 우리나라를 비롯하여 일본 · 중국 등에 분포하고 있다. 우리나라에서는 남쪽 해안이나 섬에서 자란다. 꽃은 이른 봄에 피는데 매우 아름다우며 꽃이 피는 시기에 따라 춘백(春栢), 추백(秋栢), 동백(冬栢)으로 부른다. 따뜻한 지방에서 자라는 나무이며, 난대식물 중 가장 북쪽에서 자라는 나무이므로 평균기온에 따라 식물들이 자랄 수 있는 지역을 구분하는데 표시가 되는 나무이다.

대청도의 동백나무 자생지는 한때 전국적으로 동백나무가 자연적으로 자랄 수 있는 북쪽 한계지역이며, 약 60년 전의 기록에 의하면 지름이 20cm에 이르는 큰 나무가 147그루 있었고 높이 3m에 지름 27cm의 큰 나무도 있었다고 한다. 그러나 현재는 큰 나무들을 찾아보기 어렵다.

2) 동물 천연기념물

한국의 독특한 동물 또는 특수한 지역에 서식하거나 일정한 번식지역, 계절에 따라 나타나는 철새 등과 희귀한 동물 및 관상적으로 특이한 동물들이 천연기념물로 지정되어 있다. 지정 내용을 보면

조류(鳥類) 도래지(渡來地)·번식지·극경회유해면(克鯨廻遊海面), 진돗개, 오골계(烏骨鷄)가 있고, 종(種) 자체를 지정한 것은 크낙새, 따오기, 황새, 두루미, 흑두루미, 먹황새, 백조, 재두루미, 팔색조(八色鳥), 저어새, 느시, 흑비둘기, 까막딱따구리, 사향노루, 산양(山羊), 무태장어, 어름치, 장수하늘소, 수리 등으로 다양하다. 대표적인 동물 천연기념물의 특성은 다음과 같다.

(1) 무태장어(천연기념물 제27호)

길이 1.5m 정도의 어류로 대만 등지에서 산출되며, 우리나라에서는 희귀종으로 알려져 있다. 제주도 서귀포의 천지연 폭포에 서식하고 있다.

(2) 진돗개(천연기념물 제53호)

우리나라 토종개 중 하나이다. 확실한 유래는 알 수 없으나 석기시대의 사람들이 기르던 개의 후예라고 할 수 있는 개 중에서 나온 동남아시아계의 중간형에 속하는 품종이다. 그 기원에 대해서는 중국 남송(南宋)의 무역선에 의해 유입되었다는 설이 있으나, 1270년 삼별초의 난이 일어났을 때 몽골에서 제주도 목장의 군용 말을 지키기 위해 들여왔다는 설이 유력하다. 대륙과 격리된 채 비교적 순수한 형질을 그대로 보존하여 오늘의 진돗개가 되었다. 1년에 새끼를 2회 낳으며, 임신기간 58~63일 만에 한 배에 3~8마리를 낳는다. 감각이 매우 예민하고 용맹스러워서 집도 잘 지키지만 사냥에도 적합하다. 쥐 사냥도 잘하고 고양이를 공격하기도 한다.

(3) 수달(천연기념물 제330호)

몸은 길고, 꼬리는 몸길이의 2/3 정도로 굵으며, 털은 회갈색으로 등 쪽의 색은 짙고, 가슴·목·뺨는 보통 색이 없다. 수명은 12년(사육 20년) 정도이며 물고기, 가재, 개구리, 뱀, 물새류 등을 잡아먹고 산다. 집은 짓지 않고 물가의 나무 뿌리, 계곡의 바위틈 등 은폐된 공간에서 살며 매우 민감하다. 특이한 냄새가 나는 배설물과 발자국으로 사는 곳을 쉽게 찾을 수 있다.

(4) 까막딱따구리(천연기념물 제242호)

보은의 상징 새딱따구리과에 속하는 종으로, 우리나라에서 드물게 번식하는 텃새이다. 암컷과 수컷 모두 몸 전체 깃털이 검은색이며 단, 수컷은 이마에서 머리 꼭대기를 지나 뒷머리까지 광택있는 어두운 붉은색이며, 암컷은 뒷머리만 붉은색을 띤다. 부리는 회백색이며, 부리 등과 끝은 검은색이다. 튼튼한 다리는 시멘트색을 띤 회색이다.

(5) 하늘다람쥐(천연기념물 제328호)

야행성으로, 귓바퀴는 작고 눈이 크며 앞뒤 다리 사이에 비막이 있고 털색은 담연피갈색, 발은 회색, 몸 아랫 면은 흰색, 비막의 아랫 면과 꼬리는 담홍연피색이다. 꼬리는 몸길이보다 짧고 평평하며 수명은 8~10년이다. 우거진 산림이나 잣나무림에서 번식하며, 나무구멍과 나뭇가지 위에서도 번식한다.

(6) 수리부엉이(천연기념물 제324호)

올빼미 과에 속하는 가장 큰 종으로, 우리나라에서는 비교적 드문 텃새이다. 이 종은 천연기념물 제324호로 지정 · 보호하고 있다.

(7) 크낙새(천연기념물 제11호)

면적 2만 3,050km^{2}의 광릉지역으로 이곳은 세조(世祖)와 왕비 윤씨의 능으로, 이곳의 숲은 엄격히 보호되어 왔고, 농림과 임업연구원 시험림으로 구분되며 잘 가꾸어져 있어 크낙새가 서식할 수 있는 거목도 많다. 자생식물(自生植物)도 790종 이상이 알려져 있고, 수령 200년 이상의 노목(老木)도 있어 크낙새는 주로 능림을 생활의 거점으로 하여 약 6,000m^{2}의 행동권을 가지고 서식하고 있다. 크낙새는 학술상 보호를 요하는 진귀한 새일 뿐만 아니라, 한국과 일본의 육속적(陸續的) 관계를 말해 주는 자료가 된다고 하여 지정하였다. 그러나 광릉에서의 크낙새의 생활사는 아직도 완전히 밝혀지지 않고, 확실한 번식장소도 규명되지 않고 있다. 다만 소리봉(蘇利峰)의 북동쪽 경사면이 아닌가 짐작하고 있을 뿐이다.

3) 광물, 천연보호구역

천연기념물에는 동 · 식물 천연기념물 외에 광물과 천연보호구역이 있다. 그 특성은 다음과 같다.

(1) 광물

한국의 지질을 연구하는 대표적인 광물이거나 암석의 생성년대를 연구하는 중요한 학술적 대상 또는 거대하고 특이한 동굴, 동 · 식물의 화석(化石) 등이 천연기념물로 지정되어 있다. 내용별로 보면 동굴 · 암석 · 화석 등이 있으며, 동굴로는 영월고씨굴 · 초당굴 등이 있다.

(2) 천연보호구역

일정한 지역에 동물 · 식물 · 광물의 천연기념물이 집중되어 있는 경우에는 하나하나 낱개를 지정하지 않고 일정 구역을 포함하여 지역단위의 넓은 자연 면적을 지정하고 있다. 한라산 · 설악산 · 홍도 등이 있다. 기타의 천연기념물에 대한 간략한 정보는 부록의 내용과 같다.

제 2 절 산지 및 동굴 관광자원

1 산지 관광자원

산을 중심으로 하는 관광자원으로 자연이 갖고 있는 자연의 신비를 관광, 조망하는 관광형태에서부터 등산, 스키, 피서 등의 이용행태, 산이 지니고 있는 학술탐구의 장소적 역할, 신비성을 이용한 신앙의 대상으로까지 다양한 역할을 하는 자원이다. 한국의 산지는 중생대 말엽의 대보조산운동과 그 후 장기간의 침식작용과 신생대 제3기의 지괴운동 그리고 그 후의 침식작용에 의해 완성되어 최대 높이 백두산(2,744m)을 비롯해 북부지방에는 2,000m 이상의 산지가 다수 있으나 중남부지방은 1,000m 내외의 저산지들을 가지고 있다. 독특한 지형 중 하나인 화산지형은 백두산, 개마고원일대, 울릉도, 제주도, 철원-평강-연천-전곡으로 연결되는 주변지역 등에 발달되어 있다. 화산지형의 지역은 마그마가 분출한 분화구, 마그마가 흐르면서 굳어져 생긴 용암동굴, 마그마가 분출력에 의해 공중으로 높이 에워싸면서 형성된 용암수형, 주상절리[3]의 형상으로 발달한 벼랑, 큰 화산의 산사면에 발달한 기생화산[4] 등이 있으며, 대부분이 화강암과 편마암으로 기암괴석의 형태를 지닌다. 이러한 지형은 독특한 경관을 지녀 관광자원으로써의 가치가 높다. 절리(joint)를 대표하는 관광지로는 흔들바위로 유명한 설악산의 계조암, 남해 금산, 여수 항일암, 금정산 칠성암, 강원도 원성군 등이 있으며 탑의 형식을 취하고 있는 토어(tor)로는 충북 중원의 공기돌, 속리산의 문장대, 북한산의 해골바위 속리산의 입석대 등이 있다.

2 동굴 관광자원

동굴은 생겨난 지형의 특성에 따라 석회암 지층이 있는 곳에 생기는 석회동굴, 화산발생지역에서 볼 수 있는 용암동굴, 해안단애의 하단측에 있어서 파도의 침식에 의해 생겨난 해식동굴, 지층 암석의 절리면을 따라 생겨난 절리굴, 특수한 목적을 위해 사람들이 만든 인공동굴 등이 있다. 이러한 동굴은 동굴내부의 독특한 지하 경관, 동굴이 지닌 역사나 문화예술적 가치, 원시종교의식에 관한 종교성, 동굴학이나 지질학 연구 등에 활용되고 있다. 우리나라의 동굴은 대개 고도가 낮은 산간이나 하천주변에 발달하였으며, 대표적으로 울진의 성류굴, 단양의 고수동굴, 제주도의 빌레못을 비롯한 많은 동굴들이 있다. 동굴의 분포를 살펴보면, 강원도에 가장 많은 동굴이 있으며 충청

3 절리가 지표에 수직으로 형성되어 있는 형태

4 제주도에서 '오름'이라는 용어를 사용하며, 360여 개가 있다.

북도, 제주도, 경상북도의 순으로 220여 개소 중 60%가 이 4개의 도(또는 지역)에 분포되어 있다. 대표적 석회동굴을 살펴보면, 단양의 '고수동굴'은 천연기념물 제 256호로 총길이가 1,300m이고 약 5억년 전부터 생성이 시작된 것이다. 이곳에는 종유석과 석순, 석주의 발달이 활발하다. 영월의 '고씨동굴'은 천연기념물 제 219호로 총길이 3,000m 정도이며 광장이 10개, 호수가 4개, 그 외에도 폭포, 종유석, 석순, 석주 등이 즐비하다. 소백산과 남한강을 끼고 생성된 '노동굴'은 천연기념물 262호로 총 길이 1,400m이며 전반적 경사도가 40~50도에 이르며, 이곳은 동양 최대의 수직동굴이다. 울진에 위치하며 천연기념물 155호로 지정된 총길이 472m의 '성류굴'은 종유석, 석순, 왕피천과 통하는 12개의 광장과 5개의 연못이 있어 많은 어류가 서식하고 있다. 이 굴의 원래 이름은 '선유굴'이었으나 임진왜란 당시 이 굴로 동굴 앞 사찰의 불상을 피난시킨 것에서 유래하여 '성불한 굴'이라는 의미로 성류굴로 불렸다는 이야기가 전해진다. 용암동굴로는 북제주군에 위치한 '만장굴'이 천연기념물 98호로 총연장길이 13,422m의 세계 최대의 용암동굴이다. 이 외에도 금령사굴, 빌레못굴, 협재굴, 황금굴, 쌍용굴, 미천굴 등이 있다. 해식동굴로는 금산굴, 산방굴, 용굴, 오동도굴, 정방굴 등이 있다.

제 3 절 하천 및 해안 관광자원

1 하천 · 호수 관광자원

하천은 유역면적이 넓고 수량이 풍부한 것에서부터 작은 하천, 인공운하 등 여러 가지가 있으며, 하천 그 자체와 더불어 주변의 산지, 마을, 연안의 풍경 등과 결합되어 관광자원으로서의 가치를 지닌다. 하천은 물이 솟아나는 근원지인 '수원지', 주변이 자연 그대로의 산림으로 둘러싸여 있어 풍광이 뛰어난 상류지, 유속이 완만하여 관광개발이 빈번한 중류지, 맨 아랫부분으로 레크레이션 활동지로 개발 가능한 하류지로 나뉜다. 우리나라의 경우 한강, 낙동강, 금강, 영산강, 섬진강 등이 대표적인 하천관광지로 개발되고 있다. 이들은 모두 댐을 가지고 있어 댐을 활용한 레크레이션, 레저활동 대상의 관광지로 개발 · 관리되고 있다. 먼저 한강의 경우에는 총 길이 514km의 우리나라에서 4번째로 긴 강이며 화천댐, 춘천댐, 소양강댐, 의암댐, 청평댐, 충주댐 등을 가지고 있다. 이들 중 청평댐은 4개의 유원지, 수상스키, 주말휴양지, 국민관광지로 각광 받고 있다. 하천의 길이에 의한 순위는 〈표 3-2〉와 같다.

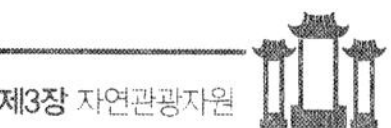

〈표 3-2〉 우리나라 주요 하천

하천명	길이(Km)	유역면적(㎢)	하천명	길이(Km)	유역면적(㎢)
압록강	790	31,739	청천강	199	5,831
낙동강	522	23,817	예성강	174	4,048
두만강	521	10,513	영산강	130	3,371
한강	514	26,081	어랑천	103	1,950
대동강	439	16,673	만경강	77	1,571
금강	396	9,810	형산강	64	1,167
임진강	254	8,118	삽교천	59	1,611
섬진강	212	4,897	동진강	46	1,000

호수는 유지에 둘러싸인 지역에 존재하는 정수괴(淨水塊)로서 바다와는 직접 연결되어 있지 않은 것을 가리킨다. 종류와 대표적인 곳으로는 화산작용에 의해 생긴 분화구에 물이 고여 생긴곳인 '화구호[5]'로는 한라산 백록담이 있으며, 강원도 경포호로 대표되는 '석호'는 연안류의 작용으로 형성된 사주, 사취 등이 만의 입구가 막히어 생긴 것이다. 바이칼호처럼 지면의 함몰로 생겨난 호수인 '함몰호', 빙하지대에 생기는 '빙하호', 화산의 분출과 산사태 등으로 하천의 수로가 막혀 생긴 형태인 '언지호'로는 칠보산의 장연호가 대표적이다. 이 외로는 하천의 곡류천에서 생기는 '우각호', 사람의 필요에 의해 만들어진 '인공호' 등이 있다.

2 해안 관광자원

바다를 중심으로 하는 공간으로 푸른 바다, 사빈, 해안 절경, 기암괴석의 섬, 해저의 산호, 해초, 바위, 어류 등을 지닌 관광대상지로 우리나라에서는 관동팔경, 제주도, 한려수도 등이 대표적이다. 이곳에서는 바다에서 눈으로 감상하는 경관 감상뿐 아니라 직접 즐길 수 있는 해수욕, 요트, 카누, 보트, 낚시, 스킨스쿠버 등의 관광행위가 가능하다.

해안지형은 침수(침강)해안과 이수(융기)해안으로 대별되고 이 둘은 침수해안의 경우에는 해안선이 복잡하고 도서가 많은 특징을 갖는다. 우리나라의 경우 서해안과 남해안에서 볼 수 있는 경관으로 리아스식이라 한다. 이 두 해안은 해식애(sea cliff), 해안단구(coastal terrace), 해식동굴(sea

5 칼데라호 : 화구의 지름이 1.6m 이상 되는 곳으로 백두산 천지, 울릉도의 나리분지 등이 있다.

cave), 파식대(marine plateau)[6], 시스택(sea stack)[7] 등이 발달하여 해안절경을 만든다. 우리나라의 경우에는 해식애는 강원도 통천군의 총석정, 변산반도의 채석강, 부산의 태종대 등이 있고, 해식동굴로는 제주도의 산방굴, 남해의 음성굴과 백명굴, 홍도의 슬금리굴, 오륙도의 굴섬 등이 있다. 이수해안의 또 다른 볼거리로는 사빈, 사취, 사주, 석호, 육계도, 육계사주, 사구 등이 발달해 해수욕장으로 인기가 많은 사빈해안이 있다.

우리나라는 삼면이 바다로 둘러싸여 있으며 각 해안이 서로 다른 성격을 가지고 있어 다양하게 즐길 수 있는 장점이 있다. 먼저, 동해안은 태백산맥과 함경산맥이 해안을 끼고 있어서 해안선이 단조롭다. 그러나 웅기만, 나진만, 청진만, 성진만, 영흥만, 영일만, 울진만으로 이어지는 만입의 발달로 질 좋은 해수욕장을 제공하고 있다. 서해안(황해안)의 경우에는 해안선의 굴곡이 심하고 바다가 얕으며, 만의 형성이 대규모적이고 간만의 차이가 심하다. 이곳에서는 간척이나 염전의 운영이 용이하다. 특히 최근에는 간척지를 이용해 갯벌 축제 등의 이벤트관광을 적극적으로 운영하고 있다. 또 다른 관광자원으로는 세계적으로 많은 관광객을 불러 모으고 있는 일명, '모세의 기적'이다. 이 현상은 밀물 때와 썰물 때의 조수의 차이로 인한 현상으로 전남 진도, 충남 무창포, 인천광역시 제부도 등에서 볼 수 있는 훌륭한 관광자원이다.

남해안은 부산, 진해, 마산, 충무, 여수, 목포로 이어지는 다도해지역으로, 이곳은 해안선이 아름다운 굴곡을 형성하고 있으며 다양한 모양의 섬들이 독특한 해안경관을 이뤄 관광자원으로서의 가치가 뛰어나다. 뿐만 아니라 국제적 마리나시설을 갖춘 광양과 통영 등은 국제적 마리나 관광지로 조성되어 있다. 또한 이곳은 온화한 기후조건으로 인해 난대성 식물, 철새의 도래지가 형성되어 남국적인 정취를 풍겨 다양한 볼거리와 즐길거리를 제공하며 충무공 전적지 등을 지니고 있는 유산관광지이기도 하다.

제 4 절 온천과 약수

1 온천(hot spring)

온천은 지열로 인해 높은 온도의 지하수가 분출하는 샘으로 휴양, 보양에 큰 효과가 있어 체류 및 건강지향형 관광지로 각광 받고 있다. 온천은 수량, 성분, 온도에 따라 가치를 평가하게 되고 분류

6 해식대지라고도 하며, 만조 때에는 수면 아래로 수몰하나 간조 때에는 해면 가까이에 솟아오른다.
7 퇴적물이 한곳에 쌓여 솟아 오른 지형

하게 되는데 온도의 경우에는 34~43℃의 수온이 대부분이며 34℃ 이하일 경우에는 미온천 또는 냉천이라 하고, 이보다 높은 경우에는 고온천이라 한다.

온천의 용출형태에 따라서는 온천수의 불출이 계속적인 용천, 일정 시간간격을 두고 주기적으로 용출하는 간헐천으로 분류되고 온천의 성분은 온천수 1kg당 들어있는 화학성분에 따라 유황천(중유황), 탄산천(이산화탄소), 라듐천(라듐), 염류천(염분), 광천(고형물질)으로 분류한다. 개발상태에 따라서는 자연형, 휴양형, 관광지형으로 분류되고 있다.

한국의 온천은 삼국시대 이래로 한반도 전역에서 발견되었음을 기록을 통해 알 수 있다[8]. 그러나 본격적인 온천이 발달한 기록은 조선시대 이후로 세종의 온양, 동래, 유성 등지의 온천행차가 유명하며 이곳의 온천을 일반인에게 사용을 허락했던 것으로 전해진다. 기업적으로 온천을 개발한 것은 1920년 일본인들에 의해서 이며 해방 당시 전국에 42개소가 운영되고 있었으며 이 중 15개가 남한에 위치하고 있었다. 현재는 전국적으로 엄청난 수의 온천지가 개발 · 운영되고 있다.

남한에 분포된 온천지는 제3기 화산대에서 벗어난 비화산성 열원의 온천이 주를 이루며 대부분 저농도 약알칼리의 단순천이 대부분이다. 수온은 경남 부곡이 54~78℃로 가장 높고 이천, 도고, 경산, 오색온천 등이 20~39℃ 정도로 저온형이다. 나머지는 대체로 40~60℃ 정도 이다. 대표적인 온천지는 다음과 같다.

1) 온양온천

충남 아산군 온양읍에 위치하고 있으며, 전국 최대규모로서 최대 수량을 보유하고 있다. 수질은 알칼리성으로 피부병, 위장병, 신경통, 피부미용에 특히 좋다. 주변에는 현충사, 온양민속박물관 등이 있다.

2) 수안보온천

충청북도 충주시 상모면, 수안보온천은 자연적으로 용출한 온천이자, 천연 온천이다. 충청북도 충주시 상모면에 온천리란 지명이 있는 것으로 보아 수안보온천은 꽤 오랜 역사를 지닌 듯하다. 「고려사」〈현종9년(1018년)편〉에 '온천이 있다(有溫泉)'란 기록이 남아 있는 수안보온천은 조선실록, 동국여지승람, 대동여지도, 청구도 등에도 그 기록이 전한다. 지하 250m에서 용출되는 수온 섭씨 53도, 산도 8.3의 약알칼리성 온천 원액으로, 라듐을 비롯한 칼슘, 나트륨, 불소, 마그네슘 등 인체에 이로운 각종 광물질을 함유하고 있다. 수안보온천은 교통이 편리하고 주위에 월악산국립공

8 고려사, 조선왕조실록, 택리지, 각종 지리지

원, 문경새재도립공원, 충주호 등 주변관광지를 보유하고 있다.

3) 도고온천

충남 아산군 도고면에 위치하고 유황 단순천으로서는 가장 낮은 온도의 온천으로, 겨울에는 가열하여 사용하여야 한다. 이 온천수는 피부병, 신경통, 안질, 무좀, 비듬, 안과질환 등에 탁월하다.

4) 부곡온천

경남 창녕군 부곡면에 위치하고 국내 온천 중 가장 높은 수온을 자랑하며, 라듐 유황온천으로 피부병, 관절염, 부인병, 신경통, 무좀 등에 효능이 있는 것으로 알려져 있다. 주변의 관광지로는 해인사, 표충사, 밀양의 영남루와 얼음골 등이 있다.

5) 덕구온천

경상북도 울진군 북면 태백산맥 동쪽의 응봉산 아래에 위치하고 있으며, 덕구온천수에는 중탄산나트륨이 다량 함유되어 있고, 신경통 · 당뇨병 · 소화불량 · 빈혈 등에 효험이 있으며, 특히 피부병에 좋다고 한다. 수질과 수온이 뛰어나며 주위에 용소골, 문지골, 용소폭포, 선녀탕, 신선샘 등의 관광명소가 있다. 특히 이곳은 지금으로부터 약 600년 전 고려 말에 발견되었다고 한다. 활과 창의 명수인 전모라는 사람이 20여 명의 사냥꾼과 함께 노루를 좇았는데, 상처를 입고 도망가던 노루가 어느 계곡 가에서 몸을 씻더니 쏜살같이 달아났다. 이를 이상하게 여긴 사냥꾼들이 살펴보다가 그 계곡에서 자연으로 유출되는 온천수를 발견하였다고 한다.

6) 오색온천

강원도 양양군 서면, 오색약수터에서 한계령 쪽으로 4km쯤 도로를 따라 위쪽으로 오른 후 산쪽으로 2km쯤 들어가면 그곳에 온천원류가 있다. 오색온천의 수온은 30℃로 비교적 낮은 편이며, 알칼리성 단순천으로 유황성분이 많다. 오색온천은 위장병, 빈혈증, 신경통, 신경쇠약, 기생충 구제에 특효가 있으며 피부미용에 좋다 하여 일명 '미인온천'이라고도 한다.

7) 백암온천

경북 울진군 온정면에 위치하며, 수질이 뛰어나고 수량이 풍부하다. 수질의 특성은 방사능 유황의 함유로 무색 · 무취이며, 수온은 50℃로 비교적 높은 편이다. 만성질환, 위궤양, 당뇨병, 신경통,

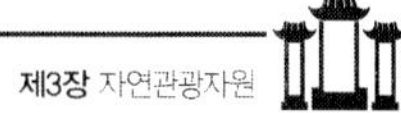

요결석, 중풍 등에 효능이 있고 주변에 백암산을 비롯해 월송정, 망양정, 불영계곡, 백암폭포, 성류굴 등의 관광지를 갖고 있다.

8) 동래온천

부산시 동래구 온천 1동에 위치하고 있는 국내에서 가장 오랜 역사를 지닌 온천이다. 이곳은 식염단순천으로 최고 수온이 63℃ 정도로 신경통, 피부병, 자궁내막염, 소화불량, 변비, 류마티즘 등에 효과가 좋고 음용이 가능하다. 주변에 금정산의 범어사, 금강공원, 용두공원, 태종대 등의 관광지를 갖고 있다.

2 약수

수온이 낮은 냉천 중에서 인간의 몸에 유용한 화학성분이 함유되어 있는 것을 약수라고 하는데 일반적으로는 탄산나트륨의 함유량이 1% 이상인 것을 가리킨다. 이는 소화를 촉진하고 건강을 유지시켜 준다. 최근에는 피서 및 보양형 관광지로 개발되고 있다. 우리나라에는 초정약수를 비롯한 오색약수, 방아다리약수, 달기약수, 화암약수, 홍천의 옻나무약수, 인제 방동약수, 대정약수, 오전약수, 추곡약수 등이 유명하다.

1) 초정약수

세계 3대 광천수 중 하나이며 충북 청원군 북일면 초정리에 위치한다. 100m 석회암층을 뚫고 나온 것으로 무균, 단순탄산천이며 라듐성분을 다량 함유하고 있다.

2) 오색약수

강원도 양양군 서면 오가리에 위치하고 있는 이곳은 내설악의 절경을 주변에 가지고 있다. 이 약수는 3개의 공(孔)을 갖고 있는데 위쪽은 철분이 더 많고 아랫쪽은 탄산질이 더 많다.

3) 방아다리약수

영동고속도로 하진부에서 북쪽으로 12km 지점으로 조선조 숙종 때 발견되어 영서지방의 명소로 꼽히는 곳이다. 철분과 탄산 등이 함유된 약수로 주변의 송림이 특히 빼어나다.

4) 달기약수

경북 청송읍 부곡동의 달기골에 있는 약수로 달기약수라 부른다. 탄산약수로 빈혈, 신경질환, 위장병 등에 효험이 있는 신맛과 특유의 향을 지녔다. 특히 탄산약수인 이 약수로 밥을 지으면 푸른 빛의 색이 돈다. 이 물로 닭을 조리하면 닭의 육질이 연해지고 맛이 좋아 이 지역의 유명한 음식이기도 하다.

제 5 절 한국의 국립공원

1872년 미국의 옐로스톤(yellowstone)을 시작으로 전세계적으로 지정이 확산되어 자연의 풍경 및 풍경을 구성하는 요소인 지형, 기후, 풍토, 동 · 식물 등을 중심으로 보호와 관리 · 개발과 보급을 위해 지정 · 관리되고 있다. 국제자연보호연맹(IUCN)은 국립공원에 대해 넓은 면적이어야 하며, 이 구역은 인간의 개발과 점용에 의해 물리적으로 변화되지 않은 수 개(1~7개)의 생태계를 유지하고 있어야 하고, 이 지역의 동 · 식물과 지형학적 위치 및 서식지가 특별한 과학적 · 교육적 · 여가선용적 가치를 지니고 수려한 자연풍경을 구비해야 한다. 국가의 최고 관계당국이 전 지역에서 가능한 빨리 개발이나 점용을 방지하거나 제거하는 조치를 취할 수 있어야 하고, 지정 당시의 생태적 · 지형학적 또는 미학적 특성 유지를 위한 조치를 효과적으로 시행할 수 있어야 한다. 영감적 · 교육적 · 문화적 그리고 여가선용을 위한 특별한 조건하에서만 탐방이 허용되어야 한다고 정의하고 있다. 우리나라는 1967년 국립공원법에 의거하여 국립공원 1호인 지리산 국립공원을 지정하고 보호하기 시작하였다. 현재는 국립공원 20개소, 도립공원 22개소(747.86km^2, 국토의 0.75%), 군립공원 31개소(429.02km^2, 국토의 0.43%)가 지정되어 있다.

〈표 3-3〉 국립공원 지정 현황

단위: km^2(백만평)

지정 순위	공원명	위치	공원구역		비고
			년월일	면적	
1	지 리 산	전남 · 북, 경남	67.12.29	471.75	
2	경주	경북	68.12.31	138.72	
3	계 룡 산	충남, 대전	68.12.31	64.68	
4	한려해상	전남, 경남	68.12.31	545.63	해상 395.48

5	설 악 산	강원	70. 3.24	398.53	
6	속 리 산	충북, 경북	70. 3.24	274.54	
7	한 라 산	제주	70. 3.24	153.39	
8	내 장 산	전남 · 북	71.11.17	81.72	
9	가 야 산	경남 · 북	72.10.13	77.07	
10	덕 유 산	전북, 경남	75. 2. 1	231.65	
11	오 대 산	강원	75. 2. 1	303.93	
12	주 왕 산	경북	76. 3.30	107.43	
13	태안해안	충남	78.10.20	326.57	해상 289.54
14	다도해 해상	전남	81.12.23	2,321.51	해상 1,986.68
15	북 한 산	서울, 경기	83. 4. 2	79.92	
16	치 악 산	강원	84.12.31	181.63	
17	월 악 산	충북, 경북	84.12.31	287.98	
18	소 백 산	충북, 경북	87.12.14	322.38	
19	변산반도	전북	88. 6.11	154.72	해상 9.20
20	월 출 산	전남	88. 6.11	56.10	
21	무 등 산	광주광역시, 전남	13. 3. 4	75.425	
22	태 백 산	강원, 경북	16. 8. 22	70.1	

국립공원 관리공단, 2017

〈표 3-4〉 우리나라의 국립공원 성격

산악형 국립공원 (16개)	지리산, 계룡산, 설악산, 속리산, 한라산, 내장산, 가야산, 오대산, 덕유산, 주왕산, 북한산, 월악산, 치악산, 소백산, 월출산, 무등산
해상 · 해안형 국립공원 (4개)	한려해상, 태안해안, 다도해해상, 변산반도
사적형 국립공원 (1개)	경주

〈표 3-5〉 우리나라의 주요 산

산이름	위치	해발고도(m)	산이름	위치	해발고도(m)
백두산	함북 · 함남	2,744	소백산	충북	1,440
관모봉	함북	2,541	가야산	경북 · 경남	1,430
북수백산	함남	2,522	청옥산	강원	1,403

차일봉	함남	2,506	치옥산	강원	1,282
남포태산	함남	2,435	팔공산	대구 · 경북	1,192
백산	함남	2,379	무등산	전남	1,187
대연지봉	함북 · 함남	2,360	용문산	경기	1,157
한라산	제주	1,950	월악산	충북	1,094
지리산	전라 · 경남	1,915	속리산	충북 · 경북	1,058
묘향산	평북	1,090	성인봉	경북	984
설악산	강원	1,708	금오산	경북	976
팔봉산	함남	1,681	청량산	경북	870
금강산	강원	1,638	계룡산	충남	845
덕유산	전북 · 경북	1,614	북한산	서울 · 경기	837
계방산	강원	1,577	내장산	전북	763
함백산	강원	1,573	토함산	경북	745
태백산	강원	1,567	주왕산	경북	721
오대산	강원	1,539	관악산	서울 · 경기	629

1) 지리산 국립공원

1967년 국내 최초로 국립공원으로 지정되었으며, 지역적으로는 경남 산청군, 하동군, 함양군, 전남 구례군, 전북 남원시 3개 도에 걸쳐 총면적 440.5km^{2}이고 남한에서 가장 넓은 면적을 가진 전형적인 내륙산이다. 전라남도와 경상남도를 구분짓는 담장 구실을 하기도 하는 산으로 뛰어난 자연경관과 국립공원 안에 있는 많은 사찰, 천연보호 동 · 식물을 가지고 있다. 지리산은 한라산, 금강산과 더불어 백두대간의 근간을 이루는 삼신산 중 하나이다. 천왕봉은 한라산을 제외한 내륙의 산중에는 최고봉으로 해발 1,915m이다. 바위 봉우리는 별로 없으나 장대하고 긴 산줄기가 사방으로 뻗어 있고, 그 사이로 긴 골짜기들이 형성되어 있다. 1,500m가 넘는 고봉으로 반야봉, 토끼봉, 노고단 등이 있다.

계곡은 피아골계곡, 뱀사골계곡, 한신계곡, 칠선계곡, 대성계곡, 심원계곡, 화엄사계곡 등이 있으며 폭포는 쌍계사 뒤의 높이 60m의 불일폭포를 비롯하여 구룡폭포, 칠선폭포, 용주폭포, 치발목폭포 등이 있다. 유명 사찰로는 화엄사, 실상사, 대원사 등이 있으며 국보로는 화엄사의 각황전(국보 제 67호), 4사자 3층석탑(국보 제 35호)을 비롯하여 국보 7점과 보물 29점을 지니고 있으며 천연기념물로는 사향노루, 올벗나무 등을 가지고 있다.

2) 경주 국립공원

1968년 12월에 지정되었으며 한국의 대표적인 역사문화지구이다. 국립공원 중 유일한 도시형 국립공원으로 신라의 찬란한 유산을 보유하여 예술적 · 종교적 · 학문적 가치가 높은 지역이다. 이러한 가치가 인정되어 1979년에는 유네스코 지정 세계 10대 문화유적지로 선정되었으며 2000년에는 유네스코 세계문화유산으로 등재되었다. 경주역사유적지구는 '남산지구, 월성지구, 대능원지구, 황룡사지구, 산성지구'로 나눠지며, 이곳에는 수 많은 사찰 및 문화재를 가지고 있다.

지정문화재를 중심으로 살펴보면, 불국사 다보탑(국보 제 20호), 3층 석탑(국보 제 21호), 연화교와 칠보교(국보 제 22호), 청운교와 백운교(국보 제 23호), 석굴암 석불(국보 24호), 감은사지 3층 석탑(국보 제 112호) 등이 있다. 이 외에도 태종무열(武烈)왕릉과 태종무열왕릉비(국보 25호), 문무대왕의 해중릉 등 국보 18점, 보물 32점, 사적 63점, 명승 2점, 천연기념물 3점 등을 가지고 있다.

3) 계룡산 국립공원

1968년 12월에 지리산에 이어 두 번째로 지정되었으며 차령산맥과 노령산맥 사이에 위치하며 대전시, 충남 공주시, 논산시에 걸쳐서 총 면적은 62km이다. 최고의 봉우리는 천황봉(840m)이고 연천봉, 삼불봉, 관음봉, 수정봉 등으로 이들은 계룡산의 특징인 암봉들이다. 이곳은 하늘을 찌를 듯 치솟은 암봉이 줄지어 섰는가 하면 하늘을 가를 듯 날카로운 바위능선이 거침없이 내닫기도 하면서 산세를 이루었다. 그 중 계룡산을 대표하는 동학사계곡은 자연성릉과 장군봉 암릉, 황적봉 능선에 둘러싸여 웅장하기 그지없다. 갑사계곡 또한 '춘마곡 추갑사(春麻谷 秋甲寺)'라 할 정도로 가을 정취가 뛰어나다. 폭포로는 은선폭포, 용문폭포, 숫용추폭포, 갑사구곡폭포 등이 있고 기암으로는 자작바위, 깔계바위, 고삼굴 등이 있다. 계룡산 지역은 백제문화권으로 오래된 사찰과 문화유적 등이 풍부하다. 대표적으로 갑사, 동학사, 신흥사, 동계사, 용화사, 청학사 등이 있으며 보물로는 보물 제 748호인 갑사 동종이 있다.

4) 오대산 국립공원

강원도 홍천군 · 평창군 · 강릉시에 걸쳐 위치하며, 총 면적 298.5km^{2}이다. 오대산국립공원 내의 산들은 상봉인 비로봉을 비롯하여 거의 1,000m가 넘는 높은 산들로 이루어져 있으며, 육산(肉山)의 장중한 아름다움을 지니고 있다. 두로봉, 동대산, 노인봉, 소황병산, 매봉은 백두대간이 지나가는 산으로 산세가 전반적으로 부드러워 산행하기에 비교적 수월한 편이다. 백두대간상의 두로

봉에서 떨어져 나온 남서릉을 두로지릉이라 부르는데, 이 능선상에는 비로봉을 보위하듯 양옆으로 호령봉과 상왕봉이 서 있다.

5) 덕유산 국립공원

전북 무주 · 장수, 경남 거창 · 함양에 걸쳐 위치하며 총 면적은 219km^{2}이다. 덕유산은 주봉인 향적봉을 기준으로 해발 1,300m대의 능선이 남서쪽으로 장장 18km 길이로 뻗어 있고, 주능선 양옆으로 수많은 곁가지를 펼치면서 거대한 산군을 형성하고 있다. 덕유산은 이렇게 산줄기를 키워나가면서 사이사이 깊고 아름다운 골짜기를 여럿 만들어놓았다. 그 중 북덕유 정상에서 북쪽 설천까지 25km 길이로 이어지는「무주구천동」계곡은 골짜기의 풍광이 뛰어나기로 정평이 나 있다. 이밖에 칠연폭포와 용추폭포가 있는 안성계곡을 비롯해서 토옥동계곡과 월성계곡, 삿갓골, 산수리계곡, 송계계곡 또한 독특하면서도 아름다운 계곡미를 자랑한다.

6) 속리산 국립공원

1970년 3월 지정되었으며 충청북도 보은군 내속리면 · 외속리면, 경상북도 문경시 화북면 · 화남면에 걸쳐 있으며, 총 면적 283km^2 최고의 봉우리는 높이 1,057.7m의 천황봉이다. 속리산은 속리산 국립공원 내의 여러 산들 가운데 맹주가 되는 산으로, 백두대간의 장엄한 산줄기가 속리산 상봉인 천황봉과 비로봉, 문장대를 지나가며 아름다운 암봉을 일으켜 세우며 지나간다. 그 외로는 비로봉, 입석대, 문장대, 관음대, 묘봉 등이 1,000m 내외이고 오송폭포, 장각폭포가 있으며, 국보와 보물 등을 다수 지닌 법주사는 쌍사자석등(국보 제 5호), 석련지(국보 제64호), 팔상전(국보 제55호)과 법주사 입구의 정이품송(천연기념물 제103호)을 가지고 있으며 이 외에도 송시열의 은거처인 만동묘터, 화양서원터, 암서재 등의 많은 유적지를 가지고 있다.

7) 설악산 국립공원

1970년 3월에 지정되었으며 강원도 북부, 속초시를 비롯한 양양군 · 인제군 · 고성군의 4개 시군에 걸쳐 있다. 금강산과 오대산 사이에 있는 명산으로 제2의 금강산이라는 별칭을 가지고 있다. 이곳은 전형적인 장년기 산악으로서 높은 산봉우리와 깊고 좁은 계곡으로 이루어져 있어 온갖 기암괴석이 산재했고 계곡미도 뛰어나다. 한반도의 뼈대를 이루는 백두대간이 한 가운데를 지난다. 총 면적 373km^{2}로 최고봉은 대청봉인 1,708m이고 내설악과 외설악을 경계짓는 분수령은 1,000m가 넘는 고봉들인 미시령, 마등령, 한계령, 점봉산을 잇는 분수령이다. 이곳에서는 고도에 따른 식물의 다양한 수직분포를 볼 수 있다.

설악산 국립공원은 이곳에 자생하는 에델바이스를 비롯한 900여 종의 식물, 열목어, 까막딱따구리 등 500여 종의 각종 동물들의 서식지라는 가치를 인정 받아 1982년에 유네스코에 의해 '생물권 보전지역'으로 지정되어 보호받고 있다. 유명한 계곡으로는 천불동계곡, 가야동계곡, 수렴동계곡, 구곡담계곡, 백담사계곡 등이 있으며, 폭포로는 비룡폭포, 토왕성폭포, 육담폭, 양폭, 천단폭, 독주폭포, 대승폭포 등이 있으며 기암으로는 울산바위, 괴면암, 비선대, 금강굴, 만경대 등이 있다. 그 외에 오색온천, 오색약수도 유명하다. 사찰로는 백담사, 신흥사, 계조암, 봉정암 등이 있다.

8) 북한산 국립공원

서울특별시 도봉구 · 강북구 · 성북구 · 종로구 · 은평구, 경기도 고양시 장흥면 · 의정부시에 걸쳐 위치하고 있다. 총 면적은 78.5km^{2}이며, 북한산 국립공원은 우리나라 국립공원 중 15번째 국립공원으로 지정되었으며, 공원 면적은 서울특별시와 경기도에 걸쳐 약 78.5km^2(약 2,373만평)이다. 북한산 국립공원은 서울특별시의 도봉구 등 총 5개 구와 경기도 고양시와 의정부시를 끼고 있는 도심 자연공원으로, 2천만(2002년 기준) 서울 시민들의 자연휴식처로 각광받고 있다.

북한산 백운대(836.5m)와 인수봉(810.5m), 도봉산 자운봉(739.5m)과 선인봉 등의 수려한 자연경관과 진흥왕순수비, 북한산성 등의 문화자원을 지니고 있는 북한산 국립공원은 도시에 둘러싸인 '고립된 생태섬'이지만 그 안에 1,300여 종의 동 · 식물이 서식하고 있는, 녹색 허파의 역할을 톡톡히 수행하고 있다.

서울 시민들의 휴식처인 북한산 국립공원의 장점은 무엇보다 수도권 어디에서나 접근이 비교적 쉽다는 점일 것이다. 수려한 자연풍광과 편리한 교통편 때문에 연평균 탐방 객수가 약 500만에 이르고 있다. 우이령을 중심으로 크게 북쪽의 도봉산과 남쪽의 북한산 지역으로 나뉘며 북한산 국립공원 중에서 가장 높은 봉우리인 백운대가 있는 북한산의 옛 이름은 삼각산으로, 백운대와 인수봉, 만경대를 서로 이으면 삼각형이 형성되기 때문에 이런 이름을 얻게 되었다.

북한산 국립공원 가운데 또 다른 축을 이루는 도봉산은 자운봉 정산 부근에 포대능선과 칼바위암릉, 만장봉과 주봉 등의 아름다운 봉우리가 있어 도봉산만 전문적으로 다니는 산행객이 생겨났을 정도로, 일요일이면 도봉산 능선에는 등산객들로 인산인해를 이룬다.

북한산과 도봉산은 잘 발달된 거대한 화강암벽이 있어 전문 산악인들의 암벽 훈련장으로 각광받고 있다. 이들 봉우리를 중심으로 시작된 우리나라 산악운동은 훗날 전국으로 퍼져 나가게 되었다.

9) 내장산 국립공원

위치는 전북 정읍시, 전북 순창군 복흥면, 전남 장성군 북하면에 걸쳐 있으며 총 면적 76km²이다. 1971년 내장산(內藏山 · 763m)과 백암산(白岩山 · 741m), 입암산(笠岩山 · 687m)과 합쳐져 내장산 국립공원으로 지정되었다. 때문에 탐승은 각 산별로 이루어진다. 내장산과 백암산을 잇는 등산로가 한 가닥 있기는 하지만, 그외 특별한 연관성은 없다. 각 산마다 바위지대가 있으며, 그런 곳은 등산 시 위험한 곳이 있으므로 주의한다. '춘백양 추내장(春白羊 秋內藏)'이라는 말이 있듯 봄의 백암산 백양사 풍치와 가을의 내장산 내장사 풍치가 경관지로서 내장산 국립공원의 쌍벽을 이룬다. 그러나 무엇보다 단풍으로 가장 유명한 '단풍 국립공원'이다.

10) 주왕산 국립공원

최대 높이 720.6m이며, 위치는 경상북도 청송군 · 영덕군에 걸쳐 있다. 총 면적 105.582km²로 소금강이라 불리는 경북 제1의 명승지. 암봉과 깊고 수려한 계곡이 빚어내는 절경으로 이루어진 우리나라의 3대 암산 중 하나다. 1972년 5월 30일 관광지로 지정된 후 1976년 3월 30일 12번째 국립공원으로 지정되었다.

11) 가야산 국립공원

1972년 6월에 지정되었으며 옛날부터 해동의 10승지 또는 조선팔경의 하나로 이름난 곳이었다. 최고봉인 1,430m의 상왕봉을 비롯해 1,000m에 달하는 여러 봉우리를 가지고 있으며 홍류동계곡과 백운계곡이 있다.

또한 이곳은 우리나라 화엄종의 근본 도량인 해인사(海印寺)가 있는 곳이다. 해인사는 1995년에 유네스코 세계문화유산으로 등재 된 팔만대장경판(국보 32호)을 봉안한 팔만대장경판전(국보 52호)과 2007년 세계기록유산으로 등재 된 고려대장경건 및 제경판(국보 206호)이 있으며, 석조여래입상(보물 264호), 고려각판(보물 734호), 건칠희랑대사좌상(보물 999호), 해인사 동종(보물 1253호), 사명대사부도 및 석장비(보물 1301호) 등의 유물을 소유하고 있다. 특히 해인사 앞 홍류동계곡은 신라의 학자 최치원이 여생을 보낸 곳으로 농산정과 학사대 등의 유적이 남아 있다.

이 외에도 가야산국립공원은 다양한 동식물 천연기념물과 경관 그리고 역사문화유적을 품고 있는 곳이다.

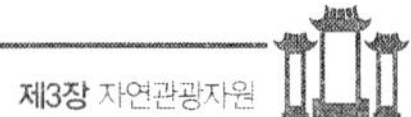

12) 무등산 국립공원

공원은 광주 북구, 동구, 전남 화순군, 담양군 등 총 75.425km^{2}다.

무등산에는 수달, 구렁이, 삵, 독수리 등 멸종위기종 8종과 원앙, 두견이, 새매, 황조롱이 등 천연기념물 8종을 비롯해 동식물은 모두 합쳐 2천 296종이 살고 있다. 이 외에도 주상절리대, 산봉, 계곡, 괴석 등 경관자원도 61곳이 있다. 특히 서석대와 입석대 등 주상절리대는 높이가 20~30m, 폭 40~120m에 달해 남한 최대규모이다. 사적으로는 보물 제131호인 증심사 철조비로자나불좌상 등 지정문화재 17점 등이 있다.

13) 한려해상 국립공원

1968년 12월에 지정되었으며, 전남 여수에서 경남 한산도 앞바다까지로 우리나라 최고의 해상경관을 자랑한다. 이곳에는 115개의 유인섬과 235개의 무인섬이 있으며 6개의 지구로 구성되어 있다. 6개의 지구에 대한 특징은 〈표 3-6〉와 같다.

〈표 3-6〉 한려해상국립공원의 지구 특성

지구	관광자원
충무 · 한산도지구	충무공의 삼도수군본영, 한산도, 미륵도, 비진도, 팔손이나무 자생지(천연기념 제63호), 도선리 백로 및 왜가리 번식지(천연기념물 제231호), 통영오광대(중요무형문화재 제6호), 삼덕리의 부락제당(중요 민속자료 제9호) 등
노량지구	남해대교와 남해 충렬사, 관음포 이충무공 전적지 등
금산지구	대장봉, 독대봉, 향로봉, 일월봉 등의 봉우리, 삼불암, 천구암, 사자암 등의 사찰, 음성굴, 가사굴, 쌍흥문과 감로수 등의 일명 38경이라 일컬음
삼천포지구	학의 서식지였던 학섬
여수지구	오동도를 중심으로 동백나무의 난대성 식물, 해식동굴
해금강지구	선녀바위, 사자바위, 그네바위 등 기암괴석의 절경과 갈곶도(해금강)의 동백숲

14) 다도해해상 국립공원

1981년 12월에 14번째로 지정되었으며, 한려해상 국립공원, 태안해안 국립공원과 함께 3대 해양국립공원이다. 지역적으로는 전남 신안 · 진도 · 완도 · 고흥 · 여천군에 이르는 곳으로 총면적은 2,039km^2, 7개 지구로 남한 최대 넓이의 국립공원이다. 7개 지구의 자원 특성은 다음과 같다.

〈표 3-7〉 다도해해상 국립공원의 지구특성

지구	관광자원
흑산도 · 홍도 · 만재도 지구	흑산도의 대문바위, 돛대바위와 일출시 일곱빛깔로 변한다는 칠성굴, 섬 전체가 천연기념물로 지정된 홍도(제170호, 1965)는 주변이 해식애로 둘러싸여 있으며, 남문(구멍바위), 풍바위, 돔바위, 장군바위, 석회굴 등, 만재도에는 해식애, 병풍바위 등
신안해안지구	중국 송 · 원의 국보급 문화재가 발견된 매장지역(1981발견, 사적 제274호), 해식애와 명사십리 해수욕장의 백사장, 동백꽃 등
진도해상지구	고려말 삼별초군의 몽고군에 대한한 항전 유적지인 남도석성, 관매도와 관사도 해수욕장의 소나무숲과 백사장, 관매도리의 후박나무(천연기념물제 212호)
완도해상지구	신라 청해진의 장보고 유적, 주도의 상록수림(천연기념물 제28호)
고흥해안지구	이충무공 유적기념비와 내발리 해수욕장, 활개바위, 삼불암, 관통굴, 텅평굴, 보석굴 등
거문도 · 백도지구	여수와 제주도를 잇는 항로의 기항지로 신선바위, 거문도 등대, 덕촌 해수욕장, 백도는 명승7호로 지정된 곳으로 기암괴석과 수 십종의 희귀조와 300여종의 아열대 식물
돌산 · 여천지구	돌산의 항일암과 거북바위, 마당바위, 흔들바위, 금오도의 유송 해수욕장, 서고지해수욕장 등

15) 한라산 국립공원

1970년 3월에 지정되었으며, 제주도의 한라산을 중심으로 총면적 133km^{2}이다. 한라산은 남한에서는 최고 높이인 해발 1950m로 백록담이라는 화산호를 가지고 있다. 이곳의 1,500m 이상에서는 한대성 식물을 볼 수 있으며 700~1,500m 사이에서는 온대성 식물을, 700m 이하에서는 난대성 식물을 볼 수 있다. 한라산에는 화산지형의 계곡으로 도네코계곡, 심라계곡, 어수생계곡, 영실계곡, 성반악계곡, 개미계곡 등이 있고, 봉우리로는 사제비동산, 만세동산, 어승생오름, 윗새오름, 성널오름, 사라오름, 삼각봉 등이 있다. 사찰로는 한국 최남단에 위치한 관음사와 천왕사 등이 있으며 천연기념물로 한란, 왕벚나무 등이 있다.

16) 태백산 국립공원

민족의 영산으로 불리던 태백산이 2016년 8월에 22번째 국립공원으로 지정되었다. 국립공원의 구역은 강원 태백시, 강원 영월군, 강원 정선군, 경북 봉화군 등이며, 총 면적은 70.1km^{2}이다. 태백산은 백두산에서 시작해 남쪽으로 흐르던 백두대간이 지리산방향으로 기우는 분기점이며, 한강과 낙동강, 삼척의 오십천이 발원하는 한반도 이남의 젖줄이 되는 뿌리이다. 이 외에도 1,500년 이상 제천의식이 행해지던 천제단(중요민속문화재 제228호) 등 지정문화재 3점과 천제단 주변의 주목군락지, 국내 최대 야생화 군락지인 금대봉생태경관보전지역, 최남단 열목어서식지인 백천계곡 등 다양하고 뛰어난 생태경관자원을 보유하고 있다. 태백산 국립공원은 멸종위기종인 열목어, 매, 여우, 담비, 검독수리, 맹꽁이, 개병풍, 기생꽃, 멋조롱박딱정벌레 등 22종과 천연기념물 10종(열목어, 붉은배새매 등)이 살고 있으며, 그 외에도 2,637종의 야생동 · 식물이 살고 있다. 태백산 국립공원의 대표 봉우리로는 천제단이 있는 영봉(1,560m)을 중심으로 북쪽에 장군봉(1,567m), 동쪽에 문수봉(1,517m), 영봉과 문수봉 사이의 부쇠봉(1,546m) 등으로 이루어져 있으며, 최고봉은 함백산(1,572m)이다.

제 6 절 유네스코 세계자연유산, 제주 화산섬과 용암동굴

제주도는 약 180만년 전부터 일어난 화산활동에 의해 만들어진 곳으로 신생대 제4기의 젊은 화산섬이다. 2007년 6월 제31차 세계유산위원회에서 제주의 '한라산, 성산일출봉, 거문오름용암동굴계'는 유네스코에 의해 세계자연유산으로 등재되었다. 그 외에도 2010년 10월 UNESCO 선정 '세계지질공원'으로 인증 받았으며, 2011년 11월에 스위스 뉴세븐원더스 재단 주관의 '세계 7대 자연경관'으로 선정되었다.

제주도에서 가장 높은 곳은 1950m의 한라산이며 남한에서 가장 높은 산이기도 하다. 한라산은 지질적으로는 순상(방패모양)화산체로 한라산 조면암과 현무암 등으로 이루어져 있으며 식생분포가 다양해 1966년 천연기념물 제182호인 한라산천연보호구역으로 지정 · 보호되고 있다. 1970년 국립공원으로 지정되었으며, 2002년 12월에는 'UNESCO 생물권 보전지역'으로 지정되었다.

제주는 전체가 화산에 의해 형성된 곳으로 다양한 형태와 종류의 용암동굴과 360여개에 이르는 단성화산체(오름)를 가지고 있다. 오름 중 특히 성산일출봉은 약 12만년에서 5만년 전에 얕은 수심의 해저에서 화산분출에 의해 형성된 곳으로 해안을 접하고 있는 수성화산체이다. 높이는 179m이며 제주도 서귀포시 동쪽 해안에 위치하고 있다. 하늘에서 바라보면 왕관의 모습을 하고 있으며 특히 바다를 접하고 있어 경관이 뛰어나고 초원을 이루고 있는 오름의 기형이 탁월해 많은 관광객의 방문을 받고 있다. 특히 이곳은 '일출봉'이라는 이름에서 알 수 있듯이 해돋이 시각의 아름다움이 빼어나 매년 12월 31일 저녁부터 시작되어 새해 1월 1일 해돋이까지 이어지는 '성산일출봉 해돋이 축제'가 성황을 이루고 있다.

거문오름용암동굴계는 10만~30만년 전 거문오름에서 분출된 용암으로부터 만들어진 용암동굴들이며 이들 중 벵뒤굴, 만장굴, 김녕굴, 용천동굴 그리고 당처물동굴이 세계자연유산으로 등재되었다. 이들의 특징을 살펴보면 길이면에서는 만장굴이 가장 길고, 규모에 있어서는 만장굴과 함께 김녕굴의 수준이 세계적이라 할 수 있다. 그리고 동굴의 구조에 있어서 벵뒤굴은 세계적인 미로형 동굴로 매우 복잡하고 여러 갈래로 갈라진 통로를 가지고 있다. 제주도가 보유하고 있는 동굴은 이 뿐 아니라 해안 저지대에 위치한 용천동굴이나 당처물동굴 등도 특이한 동굴로 알려져 있는데 이들은 용암동굴이기는 하나 석회질 동굴생성물이 성장하고 있어 종유관, 종유석, 석순, 석주, 동굴산호 등이 발견되는 세계적으로 특이한 형태의 동굴이다.

토막 상식

올레길

'올레길' 은 제주도 방언으로 집으로 통하는 아주 좁은 골목길을 부르는 말로, 현재는 해안선을 따라 도보로 제주도를 여행할 수 있게 만들어 놓은 길들을 가리킨다. 이 길들은 언론인 출신 서명숙이 스페인의 순례길 산티아고 길을 추억하며 구상한 것으로 알려져 있다. 2014년 현재 21개의 정코스와 연결코스(총연장 350km)가 개발되어 있으며 지속적으로 개발되고 있다. 올레길은 가능한 인공의 손길을 가하지 않고 생태계와 환경을 보존하는 방식을 유지하며 개발되고 있으며, 각 코스는 평균 10~20km로 도보로 3~6시간이 걸리는 거리이다.

제주 해안의 이 길을 따라 걷다보면 제주의 자연과 역사, 신화, 문화, 생활사, 제주의 여성사 등의 다양한 이야기를 경험할 수 있다. 올레길을 이끄는 마스코트의 모양은 조랑말을 형상화 한 것이며, 이름은 '간세'이다. '간세'는 게으름뱅이라는 제주어 '간세다리'에서 따왔다. 올레길 표시는 사람인(人) 모양의 화살표나 파란색, 오렌지색 리본이 달려 있다.

제 4 장

건조유물

제 1 절 목조건축물

한반도 건축문화의 역사는 선사시대의 수혈주거에서부터 그 맥을 찾아 볼 수 있으며, 그 후 삼국이 고대국가 체제를 정립하면서 도성과 궁궐의 양식을 갖게 된다. 건축의 3대 요소는 구조(構造), 기능(機能), 아름다움(美)이며, 각 건물의 기능에 따라 주거건축, 권위건축, 사묘건축, 종교건축, 성곽건축 등으로 크게 분류해 볼 수 있다.

1 공포양식에 따른 건축양식

공포(拱包)는 지붕의 무게를 기둥에 전달하기 위한 짜임으로 무게를 여러 번 쪼갠 상태로 기둥에 전달되도록 해서 기둥이 일시에 받는 하중을 덜어 주어 강우, 폭설, 지진 등에도 기둥에 무리가 없게 하며 기둥으로부터 처마까지의 시선의 흐름을 원활히 해준다. 또한 공포는 시대구분에 매우 중요한 요소이기도 하다. 종류로는 주심포계(柱心包界) · 다포계(多包界) · 익공계(翼工包) · 하앙계(下昻界) 공포 등이 있다.

1) 주심포식(柱心包式) 양식

공포가 기둥 머리 위에 바로 받쳐진 형식으로 우리나라에서는 고대 · 삼국시대부터 발전하기 시작하였으며 고려시대에 와서 틀이 잡히고 조선시대에까지 사용되었다. 주심포의 포작은 기둥 위에서만 짜지는데 모두가 처마도리를 받는 일출목의 구조를 두어 처마를 길게 내밀었다. 그리고 지붕의 하중이 주심포를 통해 기둥에만 미치어 벽체에는 하중이 거의 전달되지 않는다. 그러므로 주

심포작에서는 기둥 상부에서 기둥과 기둥을 연결하는 창방이 가늘고 약하다. 이러한 약점을 보완하기 위해 공포에 중방을 걸어 포작과 포작을 연결해 주는 것이 보통이며 대부분의 주심포 양식에서는 맞배 지붕, 반자 없는 연등 천장을 사용한다. 주로 고려시대 후기, 조선 초에 이르는 시기의 건축물에서 볼 수 있다.

〈그림 4-1〉 주심포 양식의 구성부재

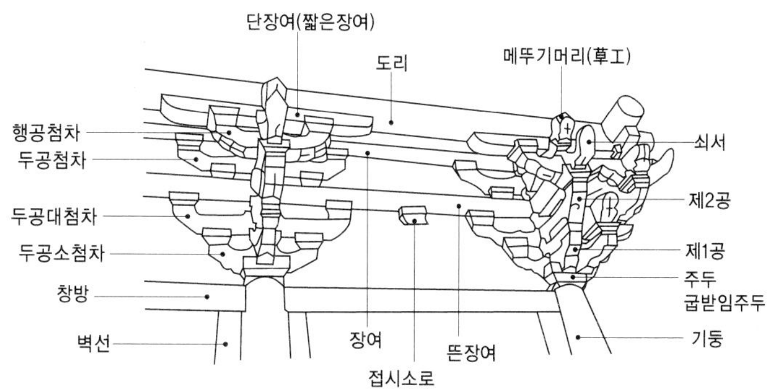

2) 다포식(多包式) 양식

기둥과 기둥 사이에 창방과 평방을 걸고 그 위에 포작을 짜올린 형식이다. 우리나라 목조 건축 양식 중 가장 장중하고 복잡한 구조와 형식을 가지는 것으로 중국에서 전래되었으며 우리나라에서는 조선 초기부터 많이 쓰였다. 다포계 공포에서는 주심포와는 달리 규격화된 부재를 많이 사용하여 변화 없는 단조로운 포작의 특성을 가진다. 주두, 소로, 첨차 등은 원래 어려운 조각 곡선을 피했고 공포의 짜임은 기둥과 기둥 사이 처마 밑에도 놓인다. 따라서 주심포 구조에서 섬약했던 창방은 굵어지고 여기에 더 보강하여 평방을 놓고 그 위에서 주두와 포작을 배열하며 지붕은 팔작 또는 우진각 지붕, 천장은 우물 반자를 설치한다. 주로 조선시대 전반의 건축물에 사용되었다.

〈그림 4-2〉 다포계 양식의 구성부재

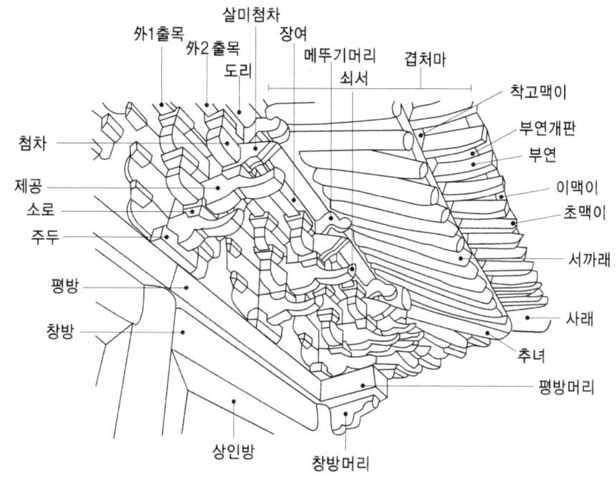

3) 익공(翼工) 양식

익공계 형식의 구조는 우리나라에서 가장 간결한 포작구조이다. 이 형식의 발전은 구조적으로는 민가 건축에서 기둥의 맞춤을 보다 보강하기 위하여 보 밑에 보다 짧은 보강재를 덧대어 기둥 상부에서 내외로 관통시킨 구조에서의 발전형이라 할 수 있고 형식적으로 주심포계 구조를 간소화 시킨 것이라고 할 수 있다.

이 구조는 구조적으로 견고하며 지붕 처리도 맞배에서 우진각, 팔작 등 마음대로 할 수 있다. 현존하는 익공계 건물로는 봉정사 화엄강당 등 조선 중기 이전의 것도 있으나 대부분 임진왜란 이후의 것으로 경복궁, 경회루를 비롯해 창덕궁 등 특히 누정건물에서 많이 볼 수 있다.

〈그림 4-3〉 익공 양식의 구성부재

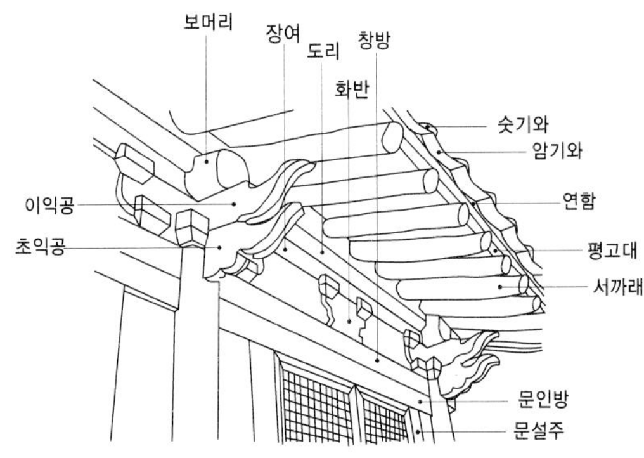

4) 하앙공포(下昻拱包) 양식

하앙공포 양식은 처마를 들어 올리고 처마를 깊게 돌출시키기 위해서 발달된 양식으로 지렛대의 원리를 이용하여 지붕서까래와 도리 밑에서 건물 안으로부터 밖을 길게 뻗어 나와 처마를 받쳐주는 데 사용되었다. 현존하는 건축물로는 완주 화암사 극락전이 유일하다.

〈그림 4-4〉 하앙식 공포구조

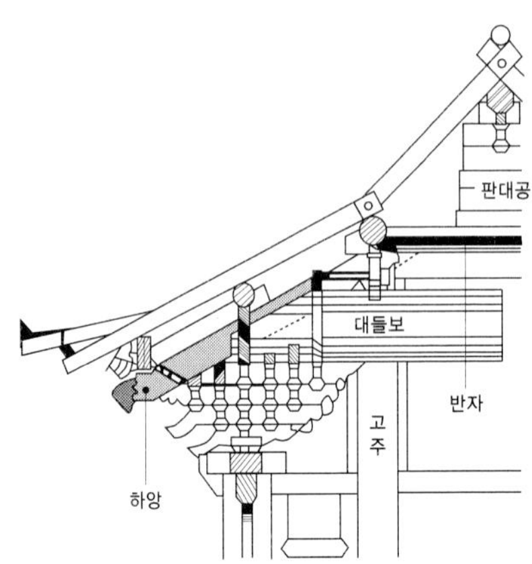

2 건물의 구성부재 및 요소

1) 기단

건물의 최하부에 있어 건물의 각종 하중을 받아 이것을 지반에 안전하게 전달시키는 구조부분이고 지정(地定)이라 함은 기초를 보강하거나 지반의 지지력을 증가시키기 위한 하나의 방법인데 지금까지 밝혀진 고대의 지정(地定)은 토축, 판축, 혼축, 입사 등으로 나누어 볼 수 있다. 기단에서도 조금 높은 기단이나 마루에 오르내리기 좋도록 한두 단 높이로 꾸민 돌계단을 디딤돌[步石]이라 하고 긴돌로 만든 것을 장보석(長步石)이라 한다. 또한 기단에 오르내리는 것은 섬돌이다.
기단을 만드는 목적은 첫째 개개의 초석으로부터 전달되는 건물의 하중을 받아 지반에 골고루 전달하기 위한 것이고, 둘째 빗물과 지하수 등으로부터 건물을 보호하기 위한 것이며 셋째 건물을 집터보다 높게 보이게 하여 건물에 장중함과 위엄을 주기 위한 것이다.
기단의 종류는 사용하는 재료에 따라 토단(土檀), 전축기단(塼築基檀), 석축기단(石築基檀) 등이 있으며, 쌓는 단의 숫자에 따라 단층기단, 다층기단으로 나뉜다. 또한 기단을 쌓는 방법에 따라 적석식 기단(積石式 基檀), 가구식 기단(架構式 基檀)으로 구분할 수 있다.

2) 초석

기둥 밑에서 건물의 하중을 받아 그 하중을 분산시켜 건물 자체가 완전하도록 하는 기능을 갖고 있는 석재이다. 초석은 평면의 모양에 따라 사각초석, 원형초석, 6각초석, 8각초석 등으로 부르고 그 입면상 높이가 얕은 초석을 단초석이라고 하고 키가 높은 초석을 장초석이라고 하며 가공여부에 따라서는 조선시대에 많이 사용된 자연에서 채취한 적당한 크기의 돌을 그대로 사용하여 내소사 대웅전, 하동 쌍계사 후문 등에서 볼 수 있는 자연초석(막돌초석, 덤벙초석)과 다듬은 모양에 따라 분류되는 원형초석, 방형초석, 8각형초석, 원주형초석, 방주형초석 등의 가공초석(다듬돌초석)이 있다.

3) 기둥

지붕상부의 하중을 초석과 기단으로 전달하며 위치에 따라서는 건물 벽체의 외진주와 내부의 내진주, 심주로 분류하며 단면에 따라 원주(원통형, 민흘림, 배흘림)와 각주(방주, 6각주, 8각주)로 분류된다. 각주의 경우에는 일반주택이나 장식이 덜한 건축물에 주로 사용된 4각주(四角柱)와 건축물 평면이 6각인 정자 건축물에 주로 사용된 6각주(六角柱), 그리고 장식이 많은 건축물에 주로 사용한 8각주(八角柱)가 있다. 이 원주는 원형기둥을 기둥 위부터 아래까지 일정한 굵기로 깎은 원통기둥과 안정감과 착각교정을 하기 위해 기둥 위보다 아래가 작은 기둥모양으로 깎은 민흘림기둥, 육중한 지붕을 안전하게 지탱하고 있는 것처럼 보이게 기둥으로 높이의 1/3정도에서 가장 굵어졌다가 다시 차츰 가늘어 시각적 안정감을 주는 배흘림기둥이 있다.

① **원통기둥 :** 기둥위부터 아래까지 일정한 굵기로 조성한 기둥.

② **민흘림기둥 :** 안정감과 착각교정을 하기 위해 기둥 위보다 아래가 굵은 기둥.

③ **배흘림기둥 :** 육중한 지붕을 안전하게 지탱하고 있는 것처럼 보이게 기둥으로 높이의 1/3정도에서 가장 굵어졌다가 다시 차츰 가늘어 시각적 안정감을 주는 기둥.

④ **귀솟음 기법 :** 착시를 교정해주기 위해 의도적으로 어간 양쪽의 기둥을 제외한 나머지 기둥을 차츰 키를 키워 높게한 기법. 이렇게 하지 않으면 집 양쪽이 처져 보인다.

⑤ **안쏠림(오금 기법) :** 기둥을 세울 때 수직으로 세우지 않고 건물 내부 쪽으로 기울여 세우는 방법으로 이렇게 하면 건물 전체가 안정감이 있게 된다.

〈그림 4-5〉 기둥 양식

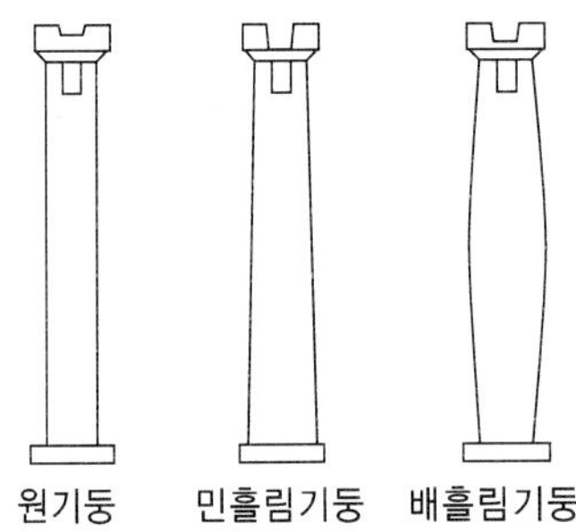

4) 지붕

고대의 우리나라 지붕의 재료로는 짚, 나무껍질, 기와 등을 사용하였고, 특히 상징적인 여러 무늬를 기와에 사용하였다. 또한 지붕 위에는 취두, 용두, 잡상 등을 두었고 귀면 등을 장식하여 큰 건물의 지붕을 더욱 장중하게 하였다.

지붕의 종류로는 가장 간단한 형식으로 주심포 양식에 많이 쓰이며 처마 양끝이 조금씩 올라가고 측면은 대부분 노출되는 구조미를 이루어 수덕사 대웅전, 무위사 극락전, 부석사 조사당, 개심사 대웅전, 선운사 대웅전 등에서 볼 수 있는 맞배지붕과 지붕면이 전후좌우로 물매를 갖게 된 지붕 양식으로 지붕면 높이가 팔작지붕보다 높게 되어 있는 우진각지붕, 가장 아름다운 구성미를 지닌 지붕으로 곡면이 팔(八)자 모양의 팔작지붕, 현존하는 사찰 건축에서는 보기 어려운 구조로 불국사 관음전, 창덕궁 연경당의 농수전 등에서 발견되는 사모지붕, 평면이 육각으로 된 육모지붕, 평면이 팔각으로 된 팔모지붕, 지붕의 만나는 모양이 정(丁)를 이루는 정자형 지붕, 만나는 모양이

십자형태인 십자형 지붕 등으로 나누어 볼 수 있다.

〈그림 4-6〉 지붕양식

5) 보

기둥 사이에 걸쳐 지붕가구를 이루는 데 기본이 되는 수평구조재로 전후면의 평주사에 걸쳐지는 대들보, 보 중에서 가장 위에 놓인 종대공을 받들고 그 양끝을 중도리와 결구해 서까래 하중을 받는 종보, 대들보와 종보 사이에 설치되는 중종보, 내부에 고주가 있을 때와 퇴간이 설치될 경우 사용되며 대들보보다 한 단 낮게 걸리는 퇴보, 대들보 위에 놓여 도리간의 연결을 돕는 우미보(우미량, 꼬리보), 대규모의 팔작지붕과 우진각지붕 또는 중층건물에서 내부에 고주가 있을 때 귀부분의 결구를 튼튼히 하기 위한 귓보(귀평보) 등이 있다.

6) 도리

가구의 최상단에 위치하여 서까래를 받치는 수평부재로 '보'와는 직각방향으로 놓인다. 도리는 놓이는 위치에 따라 외목도리, 주심도리, 내목도리, 하중도리, 중도리, 상중도리, 완도리 등으로 나눈다. 외목, 주심, 내목도리는 공포와 결구되는데 외목도리는 포작 바깥에 서까래를 얹기 위하여 가로로 얹은 도리이며, 주심도리는 평 주위에 놓인 것으로 기둥축 밖으로 나간 도리를 가리킨다. 중도리와 상 · 하중도리는 주심도리와 종도리의 중간에 위치하며, 중도리는 동자기둥에 가로로 얹은 중간도리이고 종도리는 가구의 맨 위에 놓여 용마루를 받치는데 이 부분에 상량문 등의 기록을 하기도 한다.
도리는 모양에 따라서 둥근 것을 굴도리, 각진 것을 납도리라 한다. 그리고 도리의 숫자에 따라 가구의 형식이 결정되는데 3량 가구집, 5량 가구집, 7량 가구집 등으로 나눈다.

〈그림 4-7〉 도리 구성

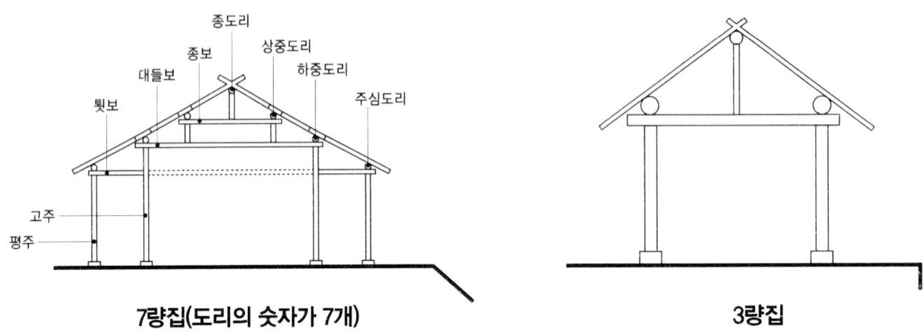

7량집(도리의 숫자가 7개)

3량집

7) 대공

대들보 위에 얹어 중종보, 종보, 도리 등을 받치는 부재로, 형태와 형식에 따라 여러 종류가 있다. 대공의 모양에 따라 대공 가운데 가장 간단하고 시공이 편리하고 주로 대들보 위에 놓아 중도리나 상중도리를 받치는 동자(童子)대공, '人'자 모양으로 기둥 사이의 주심도리 받침재료로 사용된 인자(人字)대공, 판재를 층층이 짜올려 도리를 받치도록 한 접시대공, 대공을 공포처럼 짠 포대공(包臺工), 토막나무를 중첩한 판대공(板臺工), 그 외에 꽃병모양의 화반(花盤)대공, 고려말에 유행한 파련(波蓮)대공 등이 있다.

8) 장여

도리의 밑에 위치하여 가구를 보강하는 수평재이다. 모양과 위치에 따라 통장여, 단장여, 뜬장여로 나눈다.

① **통장여** : 다포계와 후대의 주심포계에서 일반적으로 사용된다.

② **단장여** : 주심포계에서만 보인다.

③ **뜬장여** : 도리 아래에 직접 놓이지 않고 떠 있는 상태로 부재간을 연결시키는 구조재이다.

9) 천장(天障; 天井)

천장은 건물내부의 기둥 윗부분의 총칭으로, 천장이 가구 구조상 필연적으로 생긴 구조천장과 의도적으로 천장시설을 한 의장천장(장식천장)으로 나누어 볼 수 있다. 구조천장에는 연등천장(삿갓천장), 귀접이천장 등이 있고, 의장천장에는 우물천장, 빗천장, 층급(層級)천장, 보개(닷집) 등이 있다.

① **연등천장** : 건물내부에서 천장을 봤을 때 서까래의 바닥면이 보이게 되는 천장인데 건물 내부

를 장엄하게 느끼게 한다.

② **귀접이천장** : 목조건축에서 주로 모임지형식으로 즉 4모정, 6모정, 8모정 등의 건축물에서 많이 나타난다.

③ **우물천장** : 천장의 골격인 장귀틀과 동귀틀을 정자형(井字形)으로 조립하여 그 중앙 부분에 천장널을 얹어 구성시킨다.

④ **층급천장** : 건물내부에 높고 얕게 층단을 두어 설치한 천장이다.

10) 기와

기와는 적당한 모래가 섞인 양질의 점토를 바탕흙으로 하여 와통 및 막새틀 등의 제작도구를 사용하여 일정한 모양으로 만든 다음 가마 속에서 1000℃ 이상의 높은 온도로 구워낸 지붕을 덮는 건축재료이다. 볏짚이나 갈대, 띠, 억새 등의 풀이나 나무껍질 같은 식물성 부재와는 달리 기와는 온도와 습도의 기후변화에 오래 견딜 수 있는 내구성, 방화성, 방수성의 특징이 있으며 한국적인 미의식은 물론 권위와 부의 상징이었다. 우리나라에서는 삼국시대부터 본격적으로 제작되기 시작하여 조선시대까지 많은 변천을 겪으면서 계속 사용되어 왔는데, 지붕에 사용되는 위치에 따라 그 모양이나 명칭이 각각 다르고 그 종류도 매우 다양함을 알 수 있다.

우리나라의 기와는 그 사용처와 형태에 따라 기본기와, 막새, 서까래기와, 마루기와, 특수기와 등으로 크게 분류할 수 있는데, 이를 다시 세분하여 살펴보면 그 종류가 20여 종이 넘는다.

① **수키와** : 반원통기와. 지붕바닥에 이어진 두 암키와 사이에 이어져 기와등을 형성한다.

② **암키와** : 네모난 판형기와. 지붕바닥에 속면을 밖으로 향하도록 이어져 기왓골을 형성한다.

③ **막새** : 암·수키와의 한쪽 끝에 문양을 새긴 드림새를 덧붙여 제작한 것으로 건물의 처마끝에 사용되는 대표적인 무늬기와로 암막새, 수막새, 이형막새로 구분된다.

④ **서까래기와** : 서까래의 부식을 방지하고 이의 치장을 위하여 사용되는 기와로 중심부에 못구멍이 뚫려 있다.

⑤ **부연기와** : 서까래인 부연 끝에 사용하는 기와로 삼국시대 말부터 제작되어 고려 중기까지 사용되었다.

⑥ **사래기와** : 추녀 끝에 잇대어 댄, 네모난 사래 끝에 사용하는 기와. 삼국시대 후기에 출현하여 고려까지 사용되었다.

⑦ **마루기와** : 마루 축조용 기와로 각 마루를 쌓아 올리는 데 사용된다.

⑧ **치미** : 용마루 양쪽 끝에 사용되는 큰 조형물로 길상과 벽사의 상징이다. 고려 중기 이후로는 용두, 취두 등의 새로운 장식 기와가 나타나 치미를 대체했다. 조선의 기왓집은 치미 대신에 취

두나 망새가 장식되었다.

⑨ **취두** : 용마루 양쪽 끝에 얹어지는 괴상하게 생긴 새머리모양의 조형물이다. 치미와 같은 길상적인 특성을 지니고 있는데, 고려 중기 이후 용두와 함께 새롭게 나타난다.

⑩ **용두** : 내림마루나 귀마루 위에 얹어지는 조형물로 용의 머리를 무섭게 형상화한 장식 기와로 길상과 벽사적인 성격을 지닌다. 고려 중기 이후 조선시대에 매우 성행했고 조선의 궁전이나 관아건물에서 흔히 볼 수 있다.

⑪ **귀면와** : 괴수와 같은 귀신의 얼굴을 입체적으로 조각한 원두방형의 기와로 통일신라때 매우 성행했다.

⑫ **잡상** : 내림마루나 귀마루 위에 한 줄로 앉히는 여러 가지 모양의 조상으로 건물을 수호하고 각 마루를 장식하기 위하여 사용되었다.

〈그림 4-8〉 기와 명칭

11) 단청

(1) 단청의 개념과 유래

단청이란 본래 여러 가지 색을 써서 건조물을 장엄하게 하거나 또는 공예품 등에 채화하여 의장하는 이른바 서 · 회 · 화를 총칭하는 것으로 작업과정이나 채색된 상태를 이르는 것이라 할 수 있다. 근대에 와서는 단청이라는 개념이 건축물에 채색하는 일 또는 그 상태를 일컬어 한정하여 쓰이는 경향이 있으나 고대로 올라갈수록 그 개념은 넓어지며 그 명칭도 단확, 단벽, 단록, 단주, 단칠 등으로 각기 다르게 불리어졌다. 또한 이러한 단청 일에 종사하는 사람을 일컬어 화원 · 화공 · 도채장 등이라 하였으며 승려로서 단청 일을 하거나 단청에 능한 사람을 금어 · 화사 · 화승이라고 불렀다.

일반적으로 단청이라 하면 건축물에 여러 가지 색채로 그림과 무늬를 그리는 일을 말하며, 본래는 고대에 지배세력이나 나라의 길흉에 관한 의식이나 종교, 신앙적인 의례를 행하는 건물과 의기 등을 엄숙하게 꾸며서 일반 기물과 구분하기 위하여 의장하는 데서 비롯되었다고 한다. 그러므로

탑, 신상, 비석 또는 고분이나 무덤의 벽화, 출토된 부장품에 베풀어진 갖은 문양 등이 단청의 시원적인 것이라 할 수 있을 것이다.

이러한 장엄 행위는 건축물과 조형 활동의 발전과 더불어 더욱 다양하게 변천되어 왔으며 동양사상에서 말하는 음양오행설에 근거한 청, 적, 황, 백, 흑 오채(五彩)의 조화를 추구하며 시대와 사회의 미의식에 순응하여 오늘날의 단청으로 발전되어 온 것이다.

(2) 단청의 목적

단청을 하는 목적은 크게 다섯 가지와 기타의 목적을 가지고 활용하고 있다.

① 위풍과 장엄을 위한 것으로 궁전이나 법당 등 특수한 건축물의 장엄하며 엄숙한 권위를 나타내는 효과를 얻을 수 있다.

② 건조물이나 기물을 장기간 보존하고자 할 때, 즉 비바람이나 기후의 변화에 대한 내구성과 방풍, 방부, 건습의 방지를 위한 목적이 있다.

③ 재질의 조악성을 은폐하기 위한 목적으로 표면에 나타난 흠집 등을 감출 수 있다.

④ 일반적인 사물과 구별되게 하여 특수기념물의 성격을 나타낼 수 있다.

⑤ 원시사회에서부터 내려오는 주술적인 관념 또는 고대 종교적 의식 관념에 의한 색채 이미지를 느끼게 할 수 있다.

(3) 단청의 기법

① **금단청(錦丹靑)** : 부재의 양 끝에 머리초를 치고 중간에 다양한 색으로 화려하게 그리는 것으로 비단 같다 하여 금단청이라 한다.

② **모로단청(毛老丹靑)** : 부재의 끝부분에만 여러 무늬를 놓아 갖가지 색으로 그리는 방식

③ **긋기단청** : 가칠한 위에 흑선(黑線), 백선(白線)의 색선으로 선을 그어서 단순하면서도 장엄함을 나타내는 방식

④ **가칠단청(假漆丹靑)** : 뇌록(磊綠), 석간주 등의 색으로 전체바탕을 동일색으로 칠하는 방식

12) 창호(窓戶)

창호는 대부분 목조이고 창호지나 널이 주요한 구성재이다. 창호는 창과 문으로 풍우, 한설 등과 외적을 방어하는 목적에서 시작되었다. 건축양식의 변천에 따라 창호의 형식도 변해왔으며, 건물의 출입과 차단을 목적으로 하는 것을 '문(門)' 또는 '호(戶)'라 하며, 채광 · 통풍을 주로 하는 것을 '창'이라 한다.

종류는 여닫는 방법에 따라 여닫이 · 미닫이 · 들어열기 등으로 구분되고, 구성재료에 따라 세살문 · 널문 등으로 나뉘어진다. 또 세살문은 띠살 · 정자살 · 아자살 · 완자살 · 용자살 · 빗살 · 꽃살 등으로 다양하다. 그리고 호지법에 따라 명장지 · 맹장지 · 갑창 · 도듬문 등으로 분류되는데, 갑창과 도듬문에는 시문이나 묵화를 그려 넣어 실내에 아름다움을 자아내기도 한다.

제 2 절 가옥

한반도 건축문화의 역사는 선사시대의 수혈주거에서부터 그 맥을 찾아 볼 수 있으며, 삼국시대에는 고대국가 체제를 정립하면서 도성과 궁궐을 영건하고 외래종교인 불교를 받아들임으로써 한반도 건축문화는 비약적인 발전을 하게 된 것으로 알려지고 있다.

1 가옥의 역사

1) 구석기시대

이 시대의 사람들은 주로 동굴이나 나무통, 바위밑 따위에 보금자리를 마련하였다. 그후 자연 피해를 일정하게 막을 수 있는 초막을 짓게 되었는데, 사람들이 노동을 통해 집이라는 것을 짓기 시작한 것은 신석기시대이다. 이 시기에는 집터를 잡고 필요한 재목을 가져다가 손질하여 집을 지었는데 땅을 파고 그 위에 풀을 덮는 수혈식(竪穴式) 가옥 형태로, 움집이거나 반움집이었다. 청동기시대에 이르러 집 구조와 형식이 새롭게 변화해 이 시기에는 두칸짜리 집이 널리 보급됐으며, 벽을 돌로 쌓기도 했다. 철기시대에 들어서면서 살림집은 움집에서 점차 지상 건물로 발전했다. 이것은 기둥-보식 구조가 한층 발전한 가옥 역사에서 새로운 단계로 접어들었음을 의미한다. 지상가옥은 난방시설, 곧 온돌을 전제로 이루어졌다. 일찍이 고조선에서는 집에 기와를 사용하였던 것으로 전해지고 있으며, 고구려에서는 온돌 난방이 이용됐다. 상류 계층에서는 철제 화로나 부뚜막 같은 설비를 방안에 두어 난방을 하는 벽화의 그림을 볼 수 있다. 온돌에 대한 기록이나 증거는 백제나 신라에서는 나타나지 않고 있어, 남부지역에서는 겨울을 대비하기 위해 화덕이나 화로를 두었을 것으로 보인다.

2) 통일신라 이후의 주거문화

이 시대의 주거형태는 각 지방마다 여러 가지 다른 형태를 갖게 되지만, 대략적으로 구분을 해 보

면, 지방별 주거구조(도면)별 분류, 외관의 특징(지붕재료)별 분류, 사회적 신분별 분류 등을 들 수 있다.

2 가옥의 특성

가옥은 인간 거주의 최소 단위이며, 자연환경, 역사, 생활 풍습, 전통 등의 문화적 속성을 반영하게 된다. 이는 가옥이 지역적 특색과 함께 시대적 특성, 가옥건축 기술의 발전, 거주자의 계층의 특성, 기후적 특성 등을 반영하고 있음을 의미한다.

1) 가옥의 재료별 특성

가옥의 건축 재료로 옛날에는 주로 주변에서 쉽게 구할 수 있는 재료를 이용했다. 전통적인 가옥의 재료는 지붕의 재료에 따라 분류하는데 지붕의 재료로는 기와, 볏짚, 새, 너와, 굴피, 돌(점판암, 청석 등), 흙 등이었다. 기와집은 도시 및 그 인근 지역의 부유층과 지방의 토호, 문중의 종가 등 재력있는 집에서 사용하였으며, 서민들은 그 지역에서 쉽게 구입할 수 있는 재료를 이용하였다. 즉, 평야지대의 초가가 많고 평평한 얇은 돌을 쉽게 구할 수 있는 곳에서는 청석집을, 삼림이 풍부한 태백산지 및 울릉도에서는 나무를 얇게 쪼갠 너와나 굴피를 지붕에 덮었다. 너와집은 통나무를 잘라 기와나 돌 대신에 지붕을 이은 집으로 단열 효과가 크고 배기가 잘 되어 여름에는 서늘하고 겨울에는 눈이 쌓여 보온 효과가 있다. 나무가 풍부한 또 다른 지역으로 태백산지나 개마고원 등의 산간지방에서는 통나무를 우물 정(井)자 모양으로 쌓아 올려서 벽을 삼은 귀틀집을 지었는데, 투방집이라고도 한다. 충청북도 보은 등에서는 얇게 쪼갠 점판암, 낙동강 하구에서는 갈대 등이 사용되었으며, 제주도에서는 새(억새풀)로 지붕을 덮은 뒤에 바람에 날리지 않도록 굵은 동아줄로 가로 세로로 촘촘히 묶어 놓았다.

2) 가옥 구조에 따른 특성

가옥 구조는 크게 두 가지 측면에서 살펴볼 수 있다.

첫째는 방의 배열 상태에 따라 겹집과 홑집으로 구분된다. 대들보 아래 방을 2열로 배치한 겹집은 기온이 낮은 관북지방과 태백산지에 주로 분포하는데 겨울철 추위에 대비하여 폐쇄적이다. 1열로 배치한 홑집은 이들 지역을 제외한 전역에 널리 분포하는데 더위가 심하고 습한 지역에서는 통풍을 위해 개방적 가옥 구조가 나타난다.

둘째는 지역적 특색에 따라 관북형, 관서형, 중부형, 남부형, 제주도형, 울릉도형 등으로 구분된다. ① 관북형은 폐쇄적인 가옥구조를 특징으로 하고 있어 대청 마루가 없고 방은 전(田)자형으로 배치된 겹집으로 정주간이 있는 것이 대표적인 특징이다. 정주간은 부엌과의 사이에 벽이 없이 연결되어 있으며, 가장 따뜻한 공간으로 추운 겨울의 식당과 거실 역할을 한다. ② 관서형은 마루가 좁아지고 부엌이 가옥의 중심에 위치하는 ㄱ자형 홑집이 많다. ③ 중부형은 대청 마루가 있으며 ㄷ자형 홑집이 많다. 관북의 폐쇄적 구조와 남부의 개방적 구조의 점이적 형태를 띠고 있다. ④ 남부형은 일(一)자형의 개방적 구조로 여름의 무더위와 관계 깊고, 대청 마루가 넓은 것이 특징이다. ⑤ 제주형은 중앙에 마루가 있고 좌우에 방과 부엌이 배치되어 있다. 온돌 구조가 단순하며(아궁이 위치가 방과 반대), 방 뒷쪽에 고팡을 두어 물건을 보관한다. 고팡은 온돌 시설이 되어 있지 않고 주로 곡류, 두류, 유채 등을 항아리에 넣어 두는 저장 공간이다. ⑥ 울릉도형은 가옥 주위에 겨울의 폭설에 대비한 '우데기'라는 방설벽이 설치되어 있는데, 가옥과 우데기 사이의 공간을 겨울철 작업 공간으로 활용한다.

이를 종합해 보면, 북동부 산간 지방에는 겨울 추위에 대비하여 보온을 위한 폐쇄적인 겹집 및 부엌 중심의 가옥 구조가 나타나고, 남서부 평야 지역에는 여름의 무더위에 대비하여 통풍이 잘되는 개방적인 홑집 및 마루 중심의 가옥 구조가 분포한다. 이러한 가옥 구조의 지역차는 기후 환경, 특히 기온 조건을 반영하고 있다.

〈그림 4-9〉 겹집과 홑집

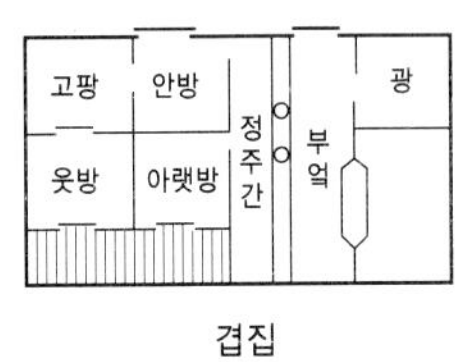

겹집

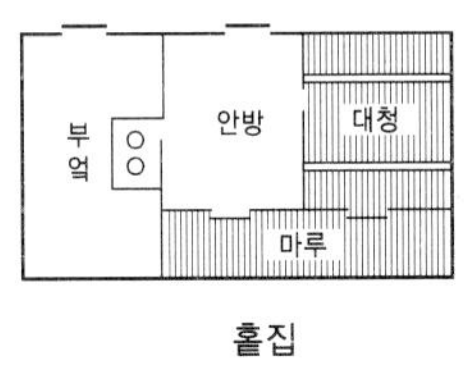

홑집

〈그림 4-10〉 우리나라 전통가옥의 분포유형

그러나 우리나라 전통 가옥이 가지고 있는 공통적인 특성도 있다. 공통적인 특성으로는 재료와 구조에는 고온 다습한 여름 기후와 한랭 건조한 겨울 기후의 영향이 크게 반영되고 있다는 것과 벼농사 지역인 이유로 볏짚을 덮은 지붕과 흙과 짚을 사용한 벽은 방습과 단열 효과가 크기 때문에 습하고 무더운 여름 더위를 막아 주고 겨울의 추위를 견디기에 좋다. 한편 우리나라 가옥의 지역간 평면 구조를 비교해 보면 겨울이 길고 추운 북부지방은 겹집이 많고 일반적으로 대청 마루가 없다. 반면에 여름이 습하고 무더운 남부지방은 통풍이 잘 되는 홑집이 많고 대청 마루나 툇마루가 놓여 있다.

3) 신분별 가옥의 특성

신분별 분류는 양반주택과 소작인주택의 경우로 나눌 수 있다. 남부내륙 또는 해안지역의 소농이나 소작인의 주택은 주로 초가의 형태로, 대농의 경우에는 5간 이상의 곱은자 형식의 홑집을 많이 사용하였다. 반면 산간지역이나 추운지방에서는 겹집형식의 폐쇄형 주거형식을 이용하였다. 특히 조선시대 양반주택의 경우는 이전시대에 비교해 매우 유교적 사고를 반영한 주거양식을 활용하였다.

3 조선시대 가옥의 주요 공간

조선시대 주택 중에서도 한국의 집과 같은 상류 주택의 주거 형태에 대해 살펴보면, 조선시대 상류주택의 공간구성은 크게 안채와 사랑채, 부속채, 행랑채, 기타 부속채 등으로 이루어진 주생활(住生活) 공간과 신상(祖上) 등의 위패(位牌)를 모신 사당공간(祠堂空間)으로 이루어진다. 유교의 영향으로 주 생활공간은 안채를 중심으로 한 여성공간과 사랑채를 중심으로한 남성공간으로 엄격히 남녀 공간으로 구분되며 각 공간은 분명한 위계성을 갖고 있다. 이와 같은 위계는 지형(地形)의 조건에 따라 약간의 차이는 있으나 건물의 규모나 높이 및 제식정도(製飾程度)와 건물입지의 위치로서 가늠되며, 기본적인 개념은 비슷하게 나타난다.

1) 안채

안공간인 안채는 집안 여성들의 공간으로 대문으로부터 멀리 안쪽에 위치하며 외부와의 접촉을 꺼리는 공간이다. 보통 안방, 안대청, 건너방, 부엌으로 구성된다.

안채의 안방은 조선시대 상류주택의 실내 공간 중에서도 상징적으로 가장 중요한 위치에 있었으며, 출산, 임종 등 집안의 중요한 일이 이루어지던 공간이다. 안채의 위치는 대개 가옥의 구조 중 북쪽에 위치하고 가정내 여성의 역할인 식사와 의복의 관리 및 제공을 위한 공간을 가지고 있어 저장과 수납을 위한 가구들을 갖추고 있는 공간이다.

2) 대청

안채의 안방과 건넌방, 사랑채의 사랑큰방 앞의 넓은 마루를 '대청'이라 칭한다. 대청은 조선시대 상류 주택의 의식과 권위를 표현하는 상징적인 공간이며 각각의 방을 연결하는 공간으로 오늘날 주택의 거실에 해당하는 공간이다. 여름철에 분합문을 서까래 밑에 내려진 들쇠에 걸어 올려 놓으면 대청은 열린공간으로 생활의 중심으로서의 공간이 되었으며, 겨울철에는 분합문을 닫아 한기를 막아 대청공간을 아늑한 실내공간으로 만들었다.

안채에 있는 것을 안대청이라 하며 사랑채에 면해 있으면 사랑대청이라 한다. 대청은 한여름의 무더위를 이기기 위해 현명하게 고안한 가옥 구조라고 할 수 있는데 전면 또는 사방이 트여있어 엄밀히 말하면 실내라고 할 수 없다. 대청의 바닥에는 상류주택에서 서민주택까지 가장 일반적으로 우물마루가 쓰여졌다.

3) 사랑채

보통 사랑대청과 사랑방으로 이루어진 사랑채의 사랑방은 집안의 가장인 남자 어른이 잠을 자거나 식사를 하는 방으로 남자들의 공간이다.

사랑채는 외부로부터 온 손님들에게 숙식을 대접하는 장소로 쓰이거나 이웃과 친지들이 모여서 친목을 도모하고 집안 어른이 어린 자녀들에게 학문과 교양을 교육하는 장소이기도 하였다. 부유한 집안의 경우는 사랑채가 독립된 건물로 있었지만 일반적인 농가에서는 주로 대문 가까이의 바깥쪽 방을 사랑방으로 정해 남자들의 공간으로 사용했다.

4) 사당

조상의 위패를 모셔 두고 의례를 행하는 공간으로 집안에서 제일 높은 곳에 위치하게 된다. 사당의 내부 공간에는 신위와 신위를 모시기 위한 탁자, 향탁 등이 마련되어 있다.

5) 행랑채

하인들이 기거하거나 곡식 등을 저장해 두는 창고를 이르는 것으로 가옥의 규모에 따라서는 '바깥

행랑채', '중문간행랑채'를 모두 갖추거나 하나만 갖추어 사용하였다. 바깥행랑채가 주로 대문간 바로 옆에 위치하여 노동을 위한 하인들이 기거하는 데 반하여 중문간 행랑채의 경우에는 청지기가 기거하며 주인가족과 하인들 사이의 중간적 역할을 수행하게 된다.

6) 별당

안채의 뒤쪽에 위치하여 결혼 전의 자녀들을 교육하는 공간으로 사용하거나 결혼 전의 딸을 기거하게 하기도 하는 공간이다. 결혼 전 딸이 기거하는 경우, 특별히 '초당'이라고 불리었다.

제 3 절 궁궐(宮闕)

'궁(宮)'은 상형문자로 사각형 마당에 주위로 4개의 방을 배치한 건축 평면도의 모양으로 표기되다가 현재 쓰는 글자로 바뀌었다. 이 글자는 집안에 방이 많다는 것을 나타내고 규모가 비교적 큰 건물임을 표시한다. '궐(闕)'은 촌락시대의 주거지 입구 양 옆에 설치한 방위용 강루(崗樓)에서 비롯된 것으로 오늘날 군사 기지 입구에 세우는 초소 같은 것이다.

궁실 제도는 『주례(周禮)』를 비롯한 삼례(주례, 예기, 의례)에 실려 있다. 궁실 제도는 '3문 3조(三門三朝)'로 요약되는데 이는 궁에는 조(朝)라는 구역이 3군데 있고 이를 연결하는 궁문이 3개 있다는 뜻이다. 3조는 궁궐(宮闕) 안에서부터 밖으로 연조, 치조, 외조의 순서로 배치되었다. 궁궐 건축의 형성은 고대국가의 성립과 깊은 관계가 있으며, 그 시기 최대의 재정과 최고의 기술을 동원하여 최상급 건축가가 설계 · 시공하였던 궁궐 건축은 한 시대 최고의 건축 수준을 가늠케 해주는 기준이 된다.

1 삼국시대

1) 고구려의 궁궐

고구려 왕궁터로 알려진 것은 길림성 집안현의 국내성터와 평양시 대성 구역의 안학궁터, 평양성(장안성)의 궁성터 등이다. 고구려(기원전 37~668년)는 약 700여 년 동안 존속한 왕조로서 5세기에서 7세기에 걸쳐 북만주 · 요동 · 한반도 중남부에 이르는 드넓은 영토를 지닌 강대한 왕국을 형성한 나라였다. 기원전 1세기에 고구려는 국가 체계를 갖추고 수도를 오늘날의 환인지방으로 옮겼다. 이곳의 오녀산성과 그 부근 무덤들은 고구려 초기의 수도와 당시의 역사적 일면을 잘 보여준다.

(1) 국내성, 환도성

국내성은 기원전 37년부터 427년까지의 고구려 궁성이다. 초기에는 압록강 북안의 통구로 수도를 옮기고 영역을 5부로 나누어 통치하였다. 수도에는 국내성과 환도성을 쌓고 주변의 여러 민족과 힘을 겨루면서 발전하였다. 환도성은 환도산 위에 쌓은 산성(山城), 국내성은 평내성으로, 평화시에 거처하는 평성(坪城)으로 이해된다.

국내성과 안학궁성은 왕을 비롯한 통치집단의 정사(政事)와 일상생활에 필요한 건물과 시설물만을 갖추었다. 일반 백성들은 성 밖에서 살았으므로 성의 규모는 그리 크지 않았다. 평원왕 28년(586)에 대동강 연안의 장안성으로 옮기기 전까지는 군사적 목적에서 건설된 시설물인 산성과 보통 때 통치집단이 거주하는 주거성인 궁성이 서로 면밀한 관계를 가지고 병존하였다. 통구시대의 국내성과 위나암성, 평양시대의 안학궁성과 대성산성은 평성과 산성을 함께 갖춘 고구려식 수도의 면모를 잘 보여준다. 이런 이유 때문에 궁성의 위치는 궁성의 뒤에 산성의 위치와 유기적인 관계에 있었다. 곧 궁성의 뒤에는 유사시에 의지하여 싸우는 산성이 있거나 그와 직접 연결된 험한 산줄기들이 가로막혀 있고 큰 강을 낀 벌판에 수도의 터전을 잡았다.

(2) 안학궁, 대성산성

안학궁성은 평양으로 도읍을 옮긴 직후인 427년(장수왕 15) 무렵에 대성산성과 함께 건설되어 지금의 평양시에 해당하는 장안성으로 도읍을 옮긴 586년까지 고구려 후기의 왕궁이 있었던 곳으로 지금의 대성산 일대였다. 대성산성과 그 남쪽 기슭에 있는 안학궁성을 중심으로 하여 대동강 북안에 있는 청암동토성, 고방산성 등은 평양으로 도읍을 옮긴 직후의 옛 모습을 보여 준다. 대성산성은 둘레 7,076m로 북쪽에서 내려오는 묘향산 줄기의 지맥이 대동강 북안에 이르러 끝나는 높이 274m 되는 고지를 중심으로 6개의 산봉우리를 성벽으로 둘러막았다. 안학궁성은 바로 대성산성의 소문봉 남쪽 기슭 완만한 경사지에 자리잡고 있다. 안학궁성은 성벽 한 변의 길이가 622m, 넓이 약 38만m^2나 되는 웅장한 토성으로 성의 형태는 마름모꼴에 가깝다. 성벽은 돌과 흙을 섞어서 쌓으며 밑에서 위로 올라가면서 바깥 면을 조금씩 뒤로 밀면서 계단식으로 경사지게 쌓아 올렸다. 성벽의 현존 높이는 4m이나 원래 높이는 5m쯤 되었던 것으로 보인다. 남쪽에는 산기슭에서부터 대동강까지 구릉상의 대지가 있다. 동 · 서쪽은 비교적 넓은 계곡을 이루었다. 대성산성은 주위가 20리를 넘는 고구려 최대 산성이며 안학궁은 둘레 2.4km인 방형 토성으로 둘러싸여 있다.

국내성과 안학궁성 모두 네모난 성벽을 쌓고 그 사방에 문을 냈으며 대칭되는 위치에 성문을 세웠다. 이때에는 궁성만을 성벽으로 둘러쌌을 뿐 수도 전체를 성벽으로 둘러싸지는 않은 형태이다. 문은 동, 서, 북 3벽에 각각 하나씩 냈고 남쪽 벽에는 3개를 냈는데 이 가운데 남벽의 가운데 문은 가장 커서 궁성의 정문이었을 것이다. 성벽의 네 모서리에는 각루터가 있다. 성벽 안에는 성벽을 따라 약 2m 너비로 포장한 순환 도로를 냈다. 또 성벽의 문들을 연결한 도로, 궁전과 회랑, 못, 조산 등 규모가 크고 화려한 건축물과 시설물이 있었다.

해자는 따로 파지 않고 남북으로 흐르는 물줄기를 그대로 이용하였다. 세 물줄기의 가운데 물줄기는 성의 북벽을 뚫고 성안 동쪽의 낮은 지역으로 흘러 들어가 호수의 수원(水源)으로 이용되었다. 물줄기가 뚫고 지나간 성벽에는 수구문을 설치한 흔적이 있으며 동쪽과 서쪽의 물줄기는 동서 외벽을 따라 북안으로 흐른다.

궁전은 대체로 남벽 가운데서부터 도로를 기본축으로 하는 남북선상의 3개를 배치하였다. 곧 남북 중심선 위에 남궁, 중궁, 북궁을 배치하여 중심 구성축을 형성하고 그 동쪽과 서쪽에 대칭으로 앉힌 동궁과 서궁을 통하는 보조축을 설치하였다. 서궁과 동궁은 남북 중심축과 나란한 보조축 위에 놓였는데 그 역할이 무엇이었는지 알 수 없지만 동궁은 일반적인 예에 비추어 태자궁이었을 것으로 짐작된다. 위의 궁들은 각각 하나씩의 건축군으로서 모두 안뜰이 넓고 회랑으로 둘러 있다.

(3) 장안성

장안성은 평지성과 산성의 특성을 모두 구비한 평산성 형식의 도성으로 새롭게 축조되었는데 북성, 내성, 중성, 외성 등 4개의 성으로 구성되었으며 그 둘레는 23km, 성 안 총면적은 1,185만m^2에 이르는 큰 성이다. 평지와 산의 유리한 자연지세를 잘 이용하여 쌓았는데 북쪽은 금수산의 최고봉인 최승대와 청류벽의 절벽을 뒤로 하고 그 동, 서, 남은 대동강과 보통강이 둘러막았다. 이처럼 장안성의 지세는 산과 벌을 끼고 있기 때문에 남쪽에서 보면 뒤에 산을 지고 있는 평지성 같고, 북쪽이나 서북쪽에서 보면 모란봉과 만수대, 창광산, 안산 등을 연결한 산성이다.

성벽에서 발견된 성돌들에 의하면 내성과 북성은 566년에, 외성과 중성은 569년에 쌓았음을 알 수 있다. 성밖은 대동강과 보통강이 천연적인 해자를 이루고 있으며 다만 만수대 서남단에서 칠성문을 지나 을밀대와 모란봉에 이르는 구간만은 성벽 안팎에 해자를 팠다. 안쪽에는 성벽 밑에서 약 3m 안쪽에 10m너비로 해자를 팠고 밖으로는 약 20내지 30m 떨어진 경사면에 5m 너비로 구덩이를 팠다.

장안성에서는 평산성을 쌓고 그 안에 이방 체제를 갖춘 도시를 형성하여 일반 백성들도 성안에서 살게 하였다. 현재 국내성과 장안성 내성의 궁궐터는 확인하기 어려운 실정이며 다만 안학궁만이 발굴 조사되어 있다.

2) 백제의 궁궐

시기 구분은 수도가 있던 지역을 중심으로 하여 3기로 나누는데 1기는 기원전 18년부터 475년까지의 한성시대(漢城時代), 2기는 475년부터 538년까지의 웅진시대(熊津時代), 3기는 538년부터 660년 멸망할 때까지의 사비시대(泗沘時代)이다.

(1) 한성시대

한성시대에 하북 위례성으로부터 하남 위례성, 한산, 한성 등으로 천도(遷都)했으며, 한성에서 웅진으로, 웅진에서 사비로 이동한 것은 정치 · 경제 · 문화의 중심지, 곧 도읍지를 옮긴 것을 의미한다. 한성시대는 온조 1년(BC 18)부터 개로왕 21년(475)까지로 이 시기 백제궁궐의 모습을 알려주는 것은 《삼국사기》 백제본기의 기록을 통하여 추측되며, 현재에는 발굴을 통해 풍납토성지 등을 유력한 도읍지로 추정하고 있다.

(2) 웅진시대

한성에서 웅진(공주)으로 도읍을 옮긴 475년(문주왕 1)부터 웅진에서 다시 사비(부여)로 천도한 538년(성왕 16)까지의 60여 년의 기간이다. 수도를 잃고 갑작스레 남쪽으로 옮겨 간 왕실은 실추된 왕권을 회복하고 왕실의 안정을 도모하였으나 왕권은 매우 불안정한 상태에 놓이게 된다. 그러나 동성왕(479~501년)이 20여 년 동안 왕위에 있으면서 한성으로부터 내려온 귀족세력과 웅진성 지역의 신흥 귀족세력으로 조정하여 왕권의 신장을 꾀하였다. 곧 우두성을 비롯한 5개 성을 쌓는가 하면 웅진성 안 궁궐 동쪽에 임류각이라는 고층 누각을 지어 신하들에게 연회를 베풀 만큼 왕권이 안정되었다. 공산성은 현재 둘레 2.2km로 사적 제12호이며, 잘 알려진 임류각은 진남루와 동문 사이에 위치해 금강을 바라보고 있었던 것으로 추정하고 있다. 평면은 남쪽 5칸(10.4m), 동쪽 6칸(10.4m)의 정방형이며 높이 50자인 고층 건물이 세워져 있던 것으로 밝혀졌다. 그러나 임류각 앞에 팠다는 못은 확인되지 않고 있다.

공산성 안에서는 임류각 외에도 궁궐 중심부 건물터로 추정된 건물터와 목곽고, 쌍수정, 광복루, 금서루, 영은사와 만하루, 그리고 연지 등이 있다.

(3) 사비시대

무령왕의 아들로 뒷날 백제를 중흥한 임금으로 평가되는 성왕(522~554)은 재위 16년(538)에 사비(부여)로 도읍을 옮기고 나라 이름도 남부여(南扶餘)로 바꾼다. 국가를 중흥하겠다는 강력한 의지를 가지고 시도되었다. 현재 부여 시가지 주변에서 발견되는 성터는 당시에 도성으로 쌓은 나성(羅城)의 유적이며, 부소산에 위치한 부소산성은 부여로 천도하기 이전부터 있던 산성을 확장한 것으로 둘레 2.2km, 사적 제5호이며 영일루, 반월루, 사비루, 망루지, 고란사, 낙화암, 서복사터, 궁녀사 등이 복원되어 있다.

한편 문헌 기록상 주목되는 것으로는 무왕 때 신하들에게 연회를 베풀었다는 망해루와 의자왕의 왕궁 남쪽에 세웠다는 망해정 및 의자왕이 지극히 사치스럽고 화려하게 수리했다는 태자궁(太子宮) 등이 있다. 또 무왕 35년(634)에 "궁 남쪽에 못을 파고 20여 리 밖에서 물을 끌어들였으며 못가에는 버드나무를 심고 못 안에는 방장선산을 모방하여 섬을 쌓았다"는 기록도 있다. 현재는 이 기록 속 연못을 궁남지로 이해하고 있다.

3) 신라의 궁궐

신라는 기원전 57년(혁거세거서간 1)부터 935년(경순왕 9)까지 56대 992년 동안 존속한 고대 국가이며, 7세기 중엽에 이르러 고구려와 백제를 평정하여 삼국 통일을 이룩하였다. 국호를 신라로 결정한 때는 503년(지증왕 4)이다.

《삼국사기》와 《삼국유사》는 혁거세 21년(기원전 37)에 금성을 쌓아 경성으로 삼았으며, 5대 파사이사금 22년(101)에 월성(사적 제16호)을 쌓아 왕이 이곳에 거처했다고 적고 있다. 또 기원전 32년에는 금성 안에 궁실을 지었는데 이때 지은 궁실은 143년, 196년, 314년에 수리되었다. 금성은 둘레에 동서남북 4문을 둔 궁성으로 성안에는 그 시기에 거서간, 차차웅, 이사금 등으로 불린 지배자가 거처한 궁궐이 있었고 우물과 연못(宮東池)이 있었음을 알 수 있다. 또 138년에는 신하들과 정치를 의논하는 곳으로 정사당(政事堂)도 설치되었으며 궁 남쪽에는 같은 기능을 가진 남당(南堂)이 249년에 건립되었다.

487년(소지마립간 9)에는 사방에 우역을 설치하였으며 다시 490년에는 수도에 시사(市肆; 시장거리에 있는 가게)를 열어 사방의 물자를 유통하게 하였다. 또 509년(지증왕 10)에는 동시를 설치하게 되는데 이 시기의 궁궐은 앞 시기에 비하여 많이 확대·발전되었을 것으로 짐작되나 궁성에 대하여는 "487년에 월성을 수리한 뒤 이듬해에 금성에서 월성으로 거처를 옮겼다", "496년에 궁실을 중수(重修)하였다"라는 정도의 기록이 남아 있을 뿐이다. 진흥왕 때 (539~ 575년)에는 대외적으로 눈부신 발전을 이룩하여 신라 역사상 최대의 판도를 누렸다. 진평왕 7년(585)에 대궁(大宮), 양궁(梁宮), 사량궁(沙梁宮) 등 3궁에 각각 두었던 관리를 622년에 한 사람이 3궁의 일을 모두 맡아보게 하였다는 기록으로 미루어 최소 3개의 궁을 가지고 있었던 것으로 보인다.

선덕여왕(632~646년)과 진덕여왕(647~653년)이 다스리던 20여 년 사이는 대내외적으로 어려운 시기로 이때의 궁궐 관련 기록으로는 "651년 정월 초하루에 왕이 조원전에 나아가 백관(百官)들의 신년 축하를 받았다"라는 기록이 주목된다. 조원전은 궁궐의 정전인 듯한데 7세기 중엽인 이때에 왕이 신하들로부터 신년 축하를 받았다는 기록은 궁궐 안에서 치러진 의례에 관한 최초의 기록이다.

2 남북국시대

1) 통일신라의 궁궐

문무왕(661~680년)은 668년에 삼국통일을 이룩하였을 뿐 아니라 경주를 통일 왕조의 수도답게 변모시키려 하였다. 선왕으로부터 물려받은 궁궐을 장려하게 수리하는 한편 새로운 궁궐로서 동궁을 창조하였다. 이 밖에도 양궁(壤宮)이라는 궁을 새로 짓기도 하였는데 그 위치는 아직 확인되지 않았다. 문무왕 14년(674) 이후부터 21년(681) 숨을 거둘 때까지 줄곧 궁궐을 확대하거나 새로운 궁을 짓는 데 몰두하였고, 최종적으로 경성 전체를 새롭게 만들려고 하였을 정도로 신라의 궁궐 건축사에서 가장 주목 받을 만한 업적을 남겼다. 문무왕 14년 2월에 "궁 안에 못을 파고 산을 만들고 화초를 심고 진기한 짐승을 길렀다"는 기록을 시작으로 하여 이로부터 5년 뒤인 19년 2월에는 궁궐을 매우 웅장하고 장려하게 중수하였으며 같은 해 8월에는 동궁을 창조하고 궁궐 안팎 여러 문에 써서 걸어 놓을 이름을 처음으로 정하였다. 이 기록 가운데 못은 안압지, 중수한 궁궐은 월성의 점궁, 창조된 동궁은 안압지를 포함한 주변 건물터 전체인 것으로 짐작된다.

안압지는 통일신라시대에는 월지라고 불렀는데 조선 초기의 기록인 《신증동국여지승람》에 "안압지는 천주사(天柱寺) 북쪽에 있으며 문무왕이 궁 안에 못을 만들고, 돌을 쌓아 산을 만들어 무산 12봉(巫山十二峯)을 상징하여 화초를 심고 짐승을 길렀다. 그 서쪽에는 임해전(臨海殿)이 있었는데 지금은 주춧돌과 계단만이 밭이랑 사이에 남아 있다"라는 기록이 있어서 안압지로 알려진 것이다. 1974년에 경주 종합개발계획의 한 부분으로 주변 건물터를 정리하던 중 못에서 신라시대 유물이 출토됨으로써 정리 작업을 중단하고, 1975년 3월 24일부터 1976년 12월 30일까지 2년에 걸쳐 문화재연구소에서 연못 안과 주변 건물터를 발굴한 결과 전모가 드러나게 되었다. 이 발굴 조사로 못의 전체 면적이 1만 5,658m^2(4,738평), 3개의 섬을 포함한 호안석축의 길이가 1,285m로 밝혀졌다. 유물은 와전류(瓦塼類) 2만 4천여 점을 포함하여 3만 점이 출토되었고 연못의 서쪽, 남쪽에서 건물터 26곳, 담장터 8곳, 배수로 시설 2곳, 입수구 1곳이 발굴되었다. 이 발굴 조사를 토대로 1980년에 복원 정화 공사를 하였는데 연못 서쪽 호안에 있는 3개 건물터에 건물을 복원하였으며 밝혀진 건물터의 초석들을 복원하며 노출시키고 주변의 무산 12봉을 복원하였다.

2) 발해의 궁궐

발해는 7세기 말기부터 10세기 전기에 걸쳐 당나라와 신라의 연합군에 의하여 668년에 멸망당한 고구려 유민(遺民) 가운데서 요서(遼西) 지방의 영주(지금의 조양)로 강제 이주를 당한 유민들이 주체가 되어 건국한 왕조이다. 고구려계 장수인 대조영이 698년에 고구려 유인을 이끌고 동모산

(지금의 길림성 돈화현 육정산)을 근거지로 삼아 오동산성(敖東山城)을 쌓고 나라를 세워 '진국'이라 하였으며 이로부터 얼마 뒤에 나라 이름을 '발해'로 고쳤다.

전국을 5경(京), 12부(府), 62주로 나누었을 만큼 넓은 영토(사방 5 천리)를 차지하고 있었다. 5경이란 상경 용천부, 중경 현덕부, 동경 용원부(東京龍原府), 서경 압록부, 남경 남해부(南京南海府)를 말하며, 이 5경 가운데 왕도(王都)가 된 곳은 상경, 중경, 동경 등이며 중경과 동경에서는 10여 년밖에 있지 않았던 데 반하여 상경은 두 차례에 걸쳐서 160여 년 동안 수도로 사용되었다.

특히 794년부터 926년까지 130여 년 동안 발해의 마지막 수도였던 상경 용천부에 처음으로 도성이 건설된 때는 제3대 문왕때인 755년 무렵으로 흔히 동경성으로 불리는데 외성과 황성 및 궁성으로 이루어져 있다. 외성의 평면은 남북벽보다 동서벽이 더 긴 장방형이며 성벽에는 10개의 성문을 냈는데 동벽과 서벽에는 2개, 남벽과 북벽에는 3개씩 문을 내고 각 문을 연결하는 큰 가로들을 종횡으로 연결하여 성안을 구획하였다. 궁성과 황성을 제외한 성 안의 모든 구역은 황성 정중앙의 남문으로부터 외성 남문으로 이어지는 주작대로(폭 110m)를 중심으로 하여 동구(東區)와 서구로 나누어져 있고 각 구는 정연한 이방(里坊)들로 다시 나누어져 있다. 각 이방들은 전(田)모양으로 조직되어 내부에 작은 도로를 내고 있다.

황성은 궁성 남쪽에 있으며 궁성과의 사이에 폭 65m인 도로가 가로놓여 있고 이 도로의 동쪽과 서쪽에 성문을 두었으며 궁성 남문의 남쪽에는 거대한 광장을 두고 그 남쪽 끝에 황성 남문을 두었다. 황성은 동구, 중구, 서구의 3부분으로 나누어져 있으며 동과 서의 두 구역에서 10여 곳의 관청터가 확인되었다. 중구는 궁성 남문의 남쪽에 지세가 평탄한 광장이다. 궁성은 외성 중앙부의 북쪽에 자리잡고 있으며 석축으로 쌓은 둘레 약 4km의 장방형 성인데 중심부와 동, 서, 북구의 4구역으로 나누어져 있으며 각 구역은 성장(城墻)으로 가로막혀 있다. 궁성 안에서는 37개 집터들이 확인되었는데 그 가운데 중요한 것은 중심 구역에 있는 5개의 궁전터이다. 이 궁전터들은 궁성 중구의 중심축을 따라 남으로부터 북으로 가면서 차례로 놓여 있는데 터의 모습이 조금씩 다르다. 남쪽으로부터 제1궁전터, 제2궁전터 등으로 부르고 있는데 제1궁전터부터 제3궁전터까지는 왕이 정치를 행하던 정전, 편전 등으로 생각되며, 온돌을 갖춘 제4궁전터는 왕의 침전, 제 5궁전터는 다른 용도로 사용된 건물로 짐작되고 있다. 궁전들은 회랑으로 연결되어 있는데 제4, 제5 궁전 사이에만 회랑이 없다. 궁전터의 바닥은 벽돌 바닥, 회바닥, 모래흙 바닥 등 다양하며 궁전터의 기단부에는 돌사자 머리를 배치하기도 하였다. 궁전의 계획에 응용된 꾸밈 수법을 보면 회랑은 뒤로 들어가면서 너비를 줄여 궁성의 실제 깊이보다 더 깊어 보이게 하였으며 반대로 남문, 1궁전, 2궁전의 차례로 집의 너비를 넓게 하여 뒤의 건물까지 한눈에 들어와 위용을 돋구도록 하였다. 궁정의 동구, 서구, 북구에는 못, 가선, 정자터 등이 남아 있어서 모두 금원치(禁宛址)로 부르고 있다. 이렇듯 궁성 앞에 황성을 두고 황성 남분 앞에 주작 대로를 열고 그 좌우를 대칭으로 배치하여 시가지를 형성한 다음 외곽을 다시 성으로 둘러싸는 도시 계획수법은 당의 장안성에서도 볼 수 있는 것이다.

3 고려의 궁궐

고려는 개성을 도읍지로 선택하였다. 또한 북쪽의 잃어버린 땅을 되찾기 위하여 평양에도 성을 쌓고 심지어 왕성을 만들고 서경으로 삼는다. 고려 초기에는 개경(開京)을 중심으로 서경(평양), 동경(東京: 경주)의 3경을 두어 각각 도시를 발전시켰고, 문종 20년(1066)에는 동경 대신에 남경(南京)을 중요시하여 3경에 포함시키는 한편 이곳에도 몇 차례 궁궐을 지었다.

태조 2년에 창건된 궁궐은 1011(현종 2)에 거란의 침입으로 소실된다. 현종은 두 차례에 걸쳐 궁을 중건하고 건축과 문의 이름도 개정하여 이후 100여 년 동안의 터전을 마련한다. 성종대를 거치면서 왕권이 강화되고 모든 법제(法制)가 갖추어졌기 때문에 현종 초기에 새롭게 지은 궁궐은 규모도 커지고 형식과 제도도 더욱 완비된 모습으로 발전되었다. 더구나 건물의 이름까지 바꾸어 새로운 궁궐로서의 면모를 과시하였다. 이때에 지은 궁궐은 1126년(인종 4)에 일어난 이자겸의 난 때 척준경의 방화로 모두 소실되었다. 1124년에 송의 사신으로 고려에 왔던 서긍(1091~1153년)은 웅장하고 화려했던 이 시기의 궁궐에 대하여 상세한 묘사와 아울러 찬탄을 아끼지 않았다. 그가 지은《고려도경》제3권부터 6권까지는 성읍(城邑), 문궐, 궁전에 대한 내용을 전하고 있다.

고려의 도성은 궁성, 황성, 내성, 외성 등 4겹의 성으로 이루어졌는데 건국 초기부터 이렇게 완비된 도성을 갖추었던 것은 아니다. 3차례 거란의 침입이 있은 뒤인 현종 때에 이르러 수도를 방어할 도성이 필요하게 되었고 강감찬의 요청을 받아들여 도시 전체를 둘러 막는 도성으로서 나성을 쌓았다. 현종이 즉위한 해(1009년)부터 현종 20년(1029) 사이에 장정 23만 8,938명과 기술자 8,450명을 동원하여 쌓았는데 성 둘레에는 큰 문 4개, 중간 문 8개, 작은 문 13개를 설치하였고 성안은 도시를 5부 35방 344리로 구획하였다. 그런데 개성의 이방(里坊)은 지형 조건에 맞추어 구획되었기 때문에 앞 시대의 정연한 정(井)자형 도시와는 기본적으로 큰 차이가 있다.

나성 안쪽에 다시 내성을 쌓은 것은 1391년부터 1393년 사이인데 이때는 고려의 국력이 크게 약화되고 왜구의 침입이 극심한 시기였기 때문에 수도의 방어를 강화할 필요가 있었다. 내성은 평면이 반달 모양이라는 이유로 반월성이라 부르기도 하였다. 성 둘레에는 남대문을 비롯하여 동대문, 동소문, 서소문, 북소문, 진언문 등 7개의 성문이 있었는데 문루는 대개 없어지고 남대문만 1954년에 복원한 모습대로 남아 있다.

풍수지리설에 입각한 명당(明當) 자리를 궁궐터로 선정하였기 때문에 경사가 가파른 언덕을 그대로 활용하여 높은 기단을 쌓아 높이의 차를 극복하고, 정전을 비롯한 주요 건물은 4면에 행각(行閣)을 둘러 폐쇄적인 공간을 형성하고 있다. 정전 뒤쪽의 건물군은 지형상의 이유로 정전의 남북 중심축으로부터 약간 동쪽으로 벗어나 배치되어 있다. 터의 현황을 기초로 짐작해 보더라도 웅장한 건물들이 언덕을 따라 올라가면서 겹겹이 포개져 있는 모습은 송악과 어우러져 장관을 이루었을 것으로 짐작된다.

고려말에는 계속되는 몽고의 침입을 피하여 1232년(고종 19) 강화도로 도읍을 옮겨 그곳에 궁궐을 짓고 40년 동안이나 개경을 버려두었기 때문에 궁궐 건축도 앞 시기보다 크게 위축되었던 것이다. 1270년에 창건된 궁궐에 대해서는 자세한 기록이 남아 있지 않지만 이 궁궐이 1362년(공민왕 11)에 홍건적의 침략으로 소실될 때까지 지속된 듯하다. 이 시기에는 원나라의 지배와 영향으로 인해 궁궐 건축도 일부는 원나라에서 수입한 건축 양식을 모방하여 만들어졌을 것으로 짐작되지만, 공민왕(1351~1374년) 이후에 원나라의 문물 전반을 배격하고 우리 것을 찾으려는 움직임이 있은 뒤 대부분 사라졌다.

1973년부터 1974년 사이에 시도된 왕궁터 발굴 조사에 의하면 정전 행각 밖 서북쪽 건물군 터는 4개의 문화층으로 되어 있어, 문헌 기록상 4번 불탔다는 내용과 일치한다. 정전 입구에 쌓았던 기단과 4곳의 33단 돌계단은 지금도 잘 남아있으며 그 북쪽 건물터에는 주춧돌이 남아 있다.

4 조선의 궁궐

한양으로의 천도 과정과 궁궐, 종묘, 사직의 건설 및 도성의 축조에 대해서는 《태조실록》에 상세하게 기록되어 있다. 특히 한양을 명실상부한 경도(京都)로 만드는 계획에 참여했던 인물들의 활동상까지 적혀 있는데 그들은 신도궁궐조성도감(新都宮闕造成都監)이라는 임시 기구에 소속되어 도성을 쌓을 터를 비롯하여 종묘, 사직, 궁궐, 시장, 도로 등을 배열할 터를 결정하고 구체적인 건설 계획을 추진하였다. 이러한 인물들 가운데서도 조선 개국에 공이 컸던 정도전(鄭道傳; ?~1398년)은 도성 건설의 총책임자로 도성의 계획과 경복궁이라는 이름과 경복궁 안 여러 건물의 이름을 짓기도 하였고 종묘와 사직의 위치 결정, 경복궁의 설계 등에 깊이 관여했다.

궁궐건축에 있어 조선시대는 임진왜란과 병자호란이 일어난 16세기 말에서 17세기 초를 경계로 하여 두 시기로 나누어진다. 특히 궁궐은 임진왜란 때 전부 불에 타 없어진 것을 그 뒤에 다시 지었기 때문에 이를 전후한 두 시기로 나누어 살펴볼 수 있다.

조선의 궁궐은 《주례고공기(周禮考工記)》에 명시되어 있는 국도(國都)의 구성 원리로는 전조후시

(前朝後市), 좌묘우사(左廟右稷)를 따르며, 궁궐의 구성 원리로는 전조후침(前朝後寢)과 3문3조(三門三朝)를 적절히 따르고 있다.

실제 경복궁성은 도성의 한복판에 있지 않고 북서쪽에 치우쳐 있으며 남향으로 배치되어 있다. 궁성 남쪽의 큰 길 좌우에는 의정부, 6조, 한성부, 사헌부, 삼군부 등 주요 관청을 배치하였고, 그 남쪽 동서로 뚫린 큰 길(동대문과 서대문을 잇는 길, 즉 지금의 종로)에 시장을 열어 시가지를 형성하였다. 한성을 싸고 있는 백악산, 목멱산, 인왕산, 타락산의 지형을 고려해 쌓았다. '3문 3조'는 연조, 치조(또는 내조), 외조로 '연조'는 왕과 왕비 및 왕실 일족이 생활하는 사사로운 구역, '치조'는 임금이 신하들과 더불어 정치를 행하는 공공적인 구역으로 정전(正殿)과 편전(便殿)으로 이루진다. '외조'는 조정의 관료들이 집무하는 관청이 배치되는 구역으로 주방 이하 동서누고까지가 여기에 속한다.

연조, 치조, 외조는 각기 회랑으로 둘러싸인 폐쇄적 중정(中庭)형식을 취하면서 남에서 북으로 연속되어야 한다. 3문은 고문(庫門; 외조의 정문), 치문(稚門; 치조의 정문), 노문(路門; 연조의 정문)이며, 그 외에 동문(건춘문), 서문(영추문), 남문(광화문, 2층 누문)을 설치한 다음 남문 앞쪽 대로(大路) 좌우에는 의정부, 상군부, 6조, 사헌부 등 관청을 나란히 배치하였다. 그리고 궁성 안에서 행해지는 일을 보좌하기 위한 최소한의 부서로서 상의원, 사용방, 상서사, 승지방, 내시다방 등이 있었다.

태종, 세종 때를 거치면서 경복궁 동쪽 종묘 옆에는 이궁인 창덕궁을 짓고, 태종 때에는 경회루를, 세종 때에는 동궁, 교태전, 후원, 혼전, 학문 연구기관 및 후원까지 완비하여 '법궁체제(法宮體制)'를 완성하였다. 편전인 사정전(思政殿; 창건 때는 보평청) 좌우에 만춘전(萬春殿), 천추전(千秋殿)을 더 지었고, 연침인 강녕전 일곽에 새로 교태전, 함원전을 비롯하여 자미당, 인자장, 청연루, 종회당, 송백당 등 후궁을 지었다. 동궁은 세자가 백관의 조회를 받는 계조당과 서연 및 시강을 받는 자선당 등으로 구성되어 있었다. 또 후원에는 못을 파고 주변에 나무를 심었으며 취로정 등 정자를 세웠다.

1) 경복궁

〈그림 4-11〉 경복궁 배치도

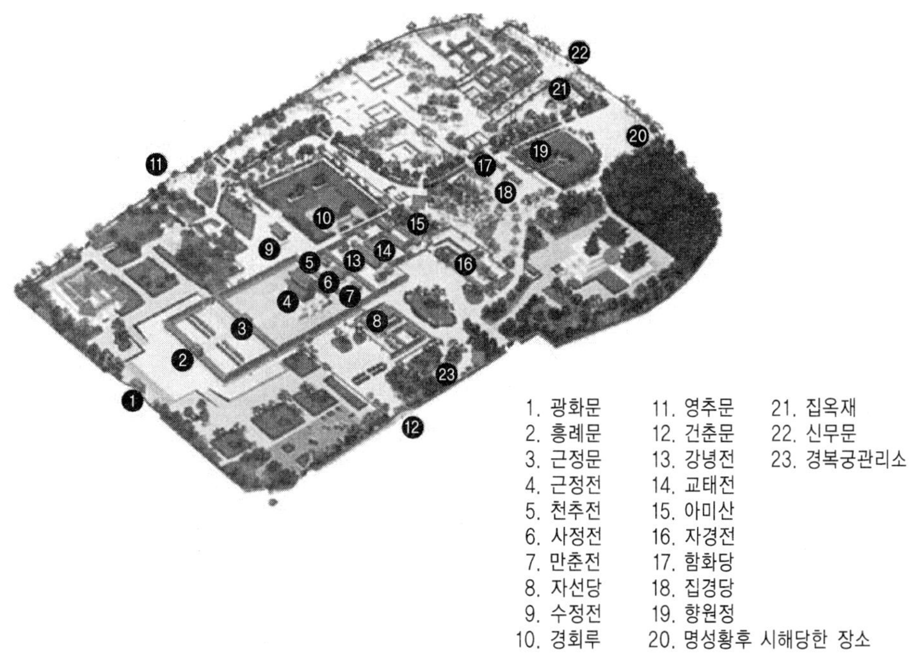

태조는 1394년 한양으로 도읍을 옮긴 다음 해인 1395년에 경복궁, 종묘, 그리고 사직단을 완공했다. 이 들 건물 중 경복궁과 종묘는 임진왜란 때 완전히 불에 타버렸다. 특히 경복궁의 경우에는 1868년 흥선대원군이 다시 지을 때까지 270여 년간 빈터로 남아 있었다. 이때부터 고종 임금이 다시 경복궁에 임하였지만, 나라 형편이 어려워지고 외세의 간섭이 심해지자, 창덕궁, 경복궁, 아관, 경운궁 등을 차례로 옮겨 다니게 되었다. 대한제국이 일본에 강제로 합병된 후, 특히 경복궁에는 조선총독부 건물을 세우고, 총독 관저를 만드는 등 많은 훼손이 일어나서 빽빽이 들어섰던 전각이 대부분 헐려나가고 상처투성이로 남았다. 최근에 총독부 건물을 철거하고 경복궁에 원래 있던 건물들을 복원하였다.

(1) 광화문(光化門)

경복궁의 정문으로 태조 때(1395년) 창건, 무사암을 사용, 석축 홍예문(무지개모양의 문)을 쌓고 그 위에 3칸 2면의 중층 문루를 세운 궁문이다. 임진왜란 때 경복궁과 함께 소실되었던 것을 270여 년 만인 고종 때에 원래의 모습으로 중건했었다. 그러나 한일합방 후 일본 총독부가 경복궁 안에 총독부 청사를 지은 다음 해인 1927년에 총독부 청사가 가린다고 해서 이를 헐어내려 하였다가 반대 여론이 일자, 동북쪽 지금의 민속박물관 자리로 옮겼다. 이 후 6·25 때 불타 석축만 남은 것을 1968년 현재의 위치에 다시 세운 콘크리트건물이다. 현재의 광화문은 2010년 8월 15일 현판식을 거행한 후 지금에 이르고 있다.

(2) 흥례문(興禮門)

경복궁의 중문으로 창건된 것은 1395년(조선 태조 4)으로, 원래 이름은 '예(禮)를 널리 편다'는 뜻의 홍례문(弘禮門)이다. 1592년(선조 25) 임진왜란 때 소실(燒失)되었다가 1867년에 중건하면서 청(淸) 건륭제(乾隆帝)의 이름인 홍력(弘歷)에서 홍(弘)자를 피하기 위해 흥례문(興禮門)으로 고쳤다. 2층 목조건물이며, 정면 3칸, 측면 2칸이다. 주변 행각과 유화문(維和門) · 기별청(奇別廳) · 영제교(永濟橋) · 어도(御道: 임금이 드나들던 길) · 금천(禁川: 궁궐 안의 개천으로 御溝로 부른다) 등과 함께 복원되었다.

(3) 영제교(永濟橋)

길이 13.85m, 너비 9.8m의 세 칸으로 나뉘어져 있고 중앙이 3.4m, 양쪽이 3.2m이다. 영제교 가운데는 임금만 다닐 수 있는 어도(御道)이다. 임금은 이 길을 어가를 타고 다녔다.

(4) 근정문(勤政門) 및 행각 (보물 812호)

정면 3칸, 측면 2칸의 중층(重層)이며, 외삼출목(外三出目) · 내삼출목(內三出目)의 다포계(多包系) 우진각지붕이다. 경복궁 근정전 앞에 있는 정문으로 고종 4년에 중건한 것이다. 최초에는 태조 4년(1395) 9월 29일에 만들어졌다.

(5) 근정전(勤政殿, 국보 223호)

경복궁의 정전. 조회를 비롯하여 각종 국가적 의식행사를 치르던 곳이다. 근정전 앞마당이 바로 조정이다. 박석이 깔린 조정에는 품계석이 남아 있고, 근정전은 이층 기단 위에 있다. 동서남북에 계단이며, 정면 가운데 계단에는 답도가 있고 봉황 두 마리가 새겨져 있다. 또한 이 기단에는 사신과 십이지신, 서수의 상이 있다. 건물은 2층으로 정면 5칸, 측면 5칸이다. 건물 내부의 중앙에는 용상이 있고, 그 뒤에 일월오악도가 그려진 세 폭짜리 병풍이 있다. 또한 위에는 닫집이 설치되어 있다. 특히 천장 중앙에는 용이 두 마리 있는데 발톱이 일곱이다. 건물 전면의 좌우 모서리에는 청동제 '정'이 있고, 월대 모퉁이에는 드므(무쇠로 만든 솥)가 놓여 있다. 두공은 상 · 하층이 외삼출목, 내사출목이며 내출목에서는 수설(垂舌)이나 앙설(仰舌)이 구름무늬처럼 새겨진 운궁(雲宮)으로 되었고, 살미 표면의 초화각무늬[草花刻紋]나 단청 · 금색쌍룡과 조화되어 화려한 장식적 효과를 낸다.

(6) 사정전(思政殿, 보물 1759호)

사정전부터는 왕과 왕비가 일상적으로 기거하는 내전이다. 그 가운데 사정전은 편전, 즉 왕의 공식 집무실이다. 만춘전, 천추전은 부속건물이고, 활자창고로 쓰였다는 천자고, 지자고, 현자고, 황자고가 있다. 사정전의 뜻은 "천하의 이치는 생각하면 얻을 수 있고 생각하지 아니하면 잃어버리는 법"이라는 의미이다. 사정문 안을 들어서면 바로 사정전을 만난다.

(7) 강녕전(康寧殿)

왕이 일상생활을 하던 침전으로 동소침전인 연생전과 서소침전인 경성전을 부속건물로 거느리고 있다. 고종 때 중건된 강녕전 건물은 1917년 창덕궁 화재를 복구할 때 옮겨가 지금은 희정당의 부재가 되고 있다. 향오문을 통해 출입을 하게 된다.

(8) 교태전(交泰殿)과 아미산

양의문을 가지고 있으며, 이곳은 왕비의 침전으로 용마루가 없다. 역시 1917년 창덕궁 화재 때 옮겨가 대조전의 부재로 쓰였다. 교태전의 후원인 아미산은 경회루를 파면서 나온 흙을 옮겨 쌓은 인공산이다. 돌로 쌓아 네 단으로 조성한 화단은 괴석과 석지, 그리고 아름다운 굴뚝(보물 811호)이 있다. 창덕궁의 대조전, 창경궁의 통명전에도 용마루가 없다.

〈그림 4-12〉 교태전 뒤 아미산

(9) 수정전(修政殿, 보물 1760호)

고종 초년에는 침전이나 편전으로 쓰였고, 1890년대 전반에는 군국기무처 청사로 쓰였다. 세종 연간에는 이 자리에 집현전이 있었다. 수정전과 영추문 사이가 궐내각사(闕內各司: 궁궐에 들어와 있는 관서)가 모여 있던 곳이다. 경회루 남쪽의 수정전은 정면 10칸 측면 4칸의 40칸으로 고종 초년에는 고종이 기거하는 공간으로 쓰이기도 하였고 신료들을 만나 정무를 의논하는 편전으로 쓰이기도 하였다. 서쪽끝으로는 경복궁의 서쪽 문인 영추문(迎秋門)이 서 있다.

(10) 자경전(慈慶殿, 보물 809호)

이곳은 조선 초기에는 없다가 고종 4년에 새로 지은 건물이다. 그 후 두 차례나 불이 나서 지금 있는 건물은 1876년 화재 후에 다시 지은 건물이다. 고종의 양모인 신정왕후(헌종의 아버지인 익종의 비)가 주로 살았던 건물이다. 담장을 꽃담으로 두르고 북쪽 담장 위에는 십장생 굴뚝(보물 810호)을 세웠다.

(11) 향원정(香遠亭)과 건청궁(乾淸宮)

향원정과 건청궁은 왕실 가족들과 궁녀들, 내시들이 생활하던 구역이었다. 경복궁의 북쪽에 위치한 연못 안에 섬이 있고 그 안에 향원정이라는 정자가 있다. 섬으로 건너가는 다리가 취향교인데, 원래는 북쪽에서 연결되어 있었다(현재는 남쪽으로 연결이 되어 있다). 취향교가 이어지는 북쪽에는 건청궁이 있다. 이곳은 1894년부터 고종은 이곳에 머물렀으며, 1895년 8월 20일 새벽 여기서 을미사변, 즉 명성황후 시해사건이 일어났던 장소이다.

(12) 민속박물관 자리

민속박물관 자리는 왕의 조상들의 초상화, 어진(御眞)들을 모셔 놓고 왕이 수시로 들러 다례를 올리던 선원전(璿源殿)이 있었다.

(13) 동궁(東宮)

세자를 동궁(東宮)이라 하였는데, 세자는 흔히 봄에 비유되었다. 이는 가을에 풍성한 결실을 거두기 위해서는 봄부터 결실을 준비하고 기다려야 했기 때문이다. 오행에 따르면 봄은 동쪽이다. 이 때문에 왕이 거처하는 곳 동쪽에 세자궁을 만들었다. 세자궁을 동궁 또는 춘궁(春宮)이라고 한 것도, 세자 책봉을 봄에 한 것도 이 때문이다. 세자의 공식 활동공간인 자선당과 부속건물 비현각, 세자시강원, 세자익위사 등이 있었다.

(14) 경회루(慶會樓, 국보 224호)

경복궁을 처음 지을 때의 경회루는 작은 누각에 지나지 않았으나, 1412년 그 건물이 기울자 이를 수리하면서 위치를 서쪽으로 옮기고, 원래보다 크기도 크게 하였으며 땅이 습한 것을 염려하여 둘레에 못을 팠다. 새 건물이 완공될 때 태종은 종친, 공신, 원로 대신들을 불러 기뻐하며 경회루라는 이름을 지었다. 경회는 경사가 모이기만을 바라는 뜻이 아니라 올바른 사람을 얻어야만 경회라고 할 수 있다는 뜻에서 왕과 신하가 덕으로써 서로 만난 것을 말한다. 1473년 성종 때 아래층 돌기둥에 용을 조각하였으며, 연산군은 경회루 연못 서편에 만세산을 쌓고, 연못에 배를 띄워 흥청망청 놀기도 하였다. 정면 7칸, 측면 5칸의 이층 누마루집이다. 팔작지붕에 망새, 용두, 잡상이 있는데, 특히 잡상은 11개로 우리나라 건물 가운데 가장 많다(근정전 7개, 숭례문 9개). 원래의 모습은 사방에 담장이 있고, 문이 있는 왕과 왕실의 전용 누각이었다.

임진왜란 때에 불탔으며, 오늘날의 경회루는 1867년 고종 때 경복궁을 중건하면서 다시 지은 것으로, 경회루는 정면 7칸, 측면 5칸 해서 35칸이나 된다. 이층 누마루집인데 아래층은 돌기둥을 세우고 위층은 나무로 지었다. 지붕은 앞 뒤 지붕면이 높이 솟아오르고, 옆 지붕은 중간에 가서 붙고 그 윗부분은 삼각형의 단면이 생기는 팔작지붕 형식이다. 정상은 용마루를 쌓고 그 양끝은 새가 입을 벌리고 있는 모양이나 새의 꼬리 모양을 흙으로 구워 설치하였다. 추녀마루의 시작 부위에는 용의 머리 용두를 놓았다. 추녀마루 끝에는 잡상을 얹었다. 잡상은 대당사부, 손행자, 저팔계, 사화상, 마화상, 삼살보살, 이구룡, 천산갑, 이귀박, 나토두 등의 이름을 가지고 장식효과와 잡귀들이 이 건물에 범접하는 것을 막는 벽사의 의미를 갖는다.

(15) 태원전(泰元殿)

경복궁의 서북쪽에 위치한 건물로 고종 5년(1868)에 경복궁을 재건하던 당시 지어진 건물로 태조 이성계의 어진을 두었으며 이후 을미사변 당시 시해당한 명성황후의 혼전으로 사용되기도 하였다.

(16) 건청궁(乾淸宮)

경복궁의 후원에 위치한 건물로 고종10년(1873)에 왕실의 사비인 내탕금(內帑金)으로 지어진 건물이다. 고종은 이 건물이 완공된 후 1884년부터 이곳에서 기거 하였으며 1895년 을미사변 당시 명성황후의 시해사건이 벌어진 공간이기도 하다. 이 후 1909년에 이 건물은 헐렸다가 2007년 복원하였다.

2) 창덕궁(昌德宮)과 후원(後苑, 禁苑)

사적 제122호로 1997년 유네스코 지정 세계문화유산으로 등재되었다. 1405년(태종 5)에 이궁(離宮)으로 조성되었으며, 궁궐의 배치는 지세에 따라 자연스럽게 전각들을 배치하여 조선시대 5대 궁궐 가운데 가장 자연스러운 모습을 하고 있다. 임진왜란 때 불탄 것을 1607년(선조 40)부터 다시 짓기 시작하여 1613년(광해군 5)에 완공되었다. 그러나 1623년(인조 1) 인조반정 때 인정전(仁政殿)을 제외한 대부분의 건물들이 불타 1647년에 다시 복구되었다. 그후에도 크고 작은 화재가 있었으며, 특히 1833년(순조 33)의 큰 화재 때 대조전(大造殿)과 희정당(熙政堂)이 불탔으나 곧 다시 중건되었다. 1908년에 일본인들이 궁궐의 많은 부분을 변경했으며, 1917년에 큰 불이 나자 일제는 불탄 전각들을 복구한다는 명목 아래 경복궁의 수많은 전각들을 헐어 창덕궁을 변형 · 복구했다. 이 궁궐은 창경궁과 이어져 있고, 뒤쪽에 비원(秘苑)으로 더 유명한 후원이 조성되어 있다. 조선시대의 정궁은 경복궁이었으나 임진왜란으로 소실된 뒤 1868년에 복원되었기 때문에 광해군 때부터 300여 년 간 정궁으로 사용되었다.

〈그림 4-13〉 창덕궁 배치도

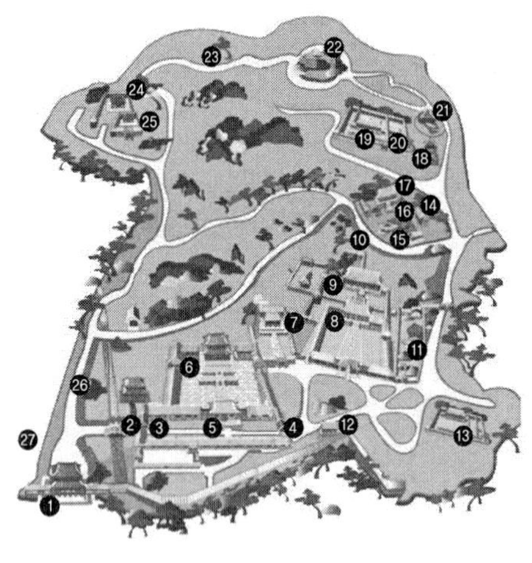

1. 돈화문
2. 금천교
3. 진선문
4. 숙장문
5. 인정문
6. 인정전
7. 선정전
8. 희정당
9. 대조전
10. 경훈각
11. 내의원
12. 어차고
13. 낙선재
14. 영화당
15. 부용정
16. 부용지
17. 주합루
18. 애련지
19. 연경당
20. 선향재
21. 관람정
22. 옥류천
23. 다래나무
24. 신선원전
25. 의로전
26. 향나무
27. 주차장

(1) 돈화문(敦化門, 보물 383호)

창덕궁의 정문으로 태종 12년(1412)에 창덕궁의 건립과 함께 세워졌다. 이 후 임진왜란 당시 화재로 소실되었다가 광해군 원년(1609)에 재건되었다. 규모는 정면 5칸, 측면 2칸의 중층의 다포식 우진각지붕의 건물이다. 태종 13년(1413)에는 이 문에 동종을 걸게 하였다고 하고 광해군 12년(1506)에는 문의 규모를 크게 했다고 전한다. 그리고 과거에는 이층 문루에 종과 북을 달아 시간을 알렸다고 전하나 현재는 전해지지 않고 있다. 현재 조선의 5대궁궐의 정문 중 가장 오래된 문이다.

(2) 인정문(仁政門, 보물 813호)과 인정전(仁政殿, 국보 225호)

인정문은 인정전으로 들어가는 문으로 연산군, 효종, 현종, 숙종, 영조, 순조, 철종, 고종 임금의 즉위식이 거행된 곳이기도 하다. 인정전은 이궁(離宮)의 법전으로 창건되었으며, 태종 18년(1418) 7월에 다시 짓기 시작하였는데, 이 공사는 이듬해 9월에야 준공되었다. 임진왜란 때 불에 타고, 다른 전각과 함께 1609년에 중건되었다. 인조반정 때 실화로 전각들이 불길에 싸였을 때 인정전만은 불길을 면하였다. 정조 6년(1782) 9월에 마당에 품계석을 설치하였다. 이후로 이것을 모범 삼아 다른 궁궐에도 품계석을 설치하였다. 순조 3년(1803)에 또 다시 불에 타, 이듬해 12월에 중건이 끝났다. 지금의 건물은 이 때에 중건된 모습이다. 철종 8년(1857) 윤 5월에 개수 공사가 있었고, 고종황제의 등극에 즈음하여 개수가 있었으며 이화(李花)장[1]의 설치 등 개화문물의 채택이 있었다. 전기 설비가 채택되어 샹들리에 조명시설도 하였다.

법전은 외형은 중층이나 내부는 상 · 하 통층으로 이루어져 있다. 상층의 결구를 위하여 구고주를 세운 점이 주목된다. 고주 사이에 보주를 높이 달고 그 아래에 일월오악병을 배광 삼아 삼절구룡병을 세웠으며 그 앞에는 어탑을 두었다. 공포는 외삼출목, 내사출목의 다포형인데 기법은 매우 섬약하여져 '명전전' 등 초기의 강인한 선조의 표현과 상이하다. 겹처마 팔작기와 지붕 위 용마루의 양성[2]한 바탕에 이화장을 새겼다.

(3) 선정전(宣政殿, 보물 814호)

창덕궁의 편전(便殿)으로 현재 조선의 궁궐 건물 중 유일하게 청기와를 얹고 있는 건물이다. 건물의 규모는 정면 3칸, 측면 3칸의 단층 팔작기와집이다. 창덕궁을 창건할 때 건립되었으나 인조반정 때 소실되어 1647년에 중건했다. 장대석으로 만들어진 한 단의 월대 위에 넓은 장대석으로 기단을 만들고 다듬은 초석들을 놓은 다음 그 위에 12개의 평주와 2개의 고주를 세웠으며 다포식 구조이다. 공포의 짜임은 외삼출목 · 내사출목으로 짜여져 있으며, 대들보 위는 우물천장을 이루고 있다. 바닥에는 현재 카펫이 깔려 있는데, 이곳은 본래 전돌바닥이었던 것을 근대에 변형시킨 것이다. 어칸에는 어좌와 일월오악병풍을 두었으며, 그 위쪽은 보개천장으로 꾸몄다. 축부의 중앙 어칸에는 띠살문짝을 달았고, 나머지 칸에는 높은 머름을 두고 그 위쪽으로 띠살창호를 달았다. 처마는 겹처마이고, 양성을 하지 않은 채 치미와 용두를 얹어놓았다.

(4) 희정당(熙政堂, 보물 815호)

임금의 침실이 딸린 편전으로 어전회의실의 역할을 수행하던 공간이다. 희정당의 남쪽 정문은 근

---

1 5잎의 조선황가의 상징 문양. 자두꽃 모양

2 지붕마루에 회반죽을 바른 것

대에 수입된 자동차의 출입이 가능하도록 문의 형식이 변형되어 있으며, 응접실의 내부는 근대기에 수입된 서양식 가구로 꾸며져 있다. 윗방은 해강 김규진이 그린 〈금강산만물초승경도〉와 〈총석정절경도〉가 걸려 있다. 현재의 희정당은 1917년 창덕궁 대화재 당시 전소되었던 자리에 1920년 경복궁의 강녕전(康寧殿)을 가져와 재건한 것이다.

(5) 대조전(大造殿, 보물 816호)

창덕궁의 정침(正寢)으로 용마루가 없는 지붕과 대청마루를 사이에 두고 왕과 왕비의 침전이 동서로 나뉘어져 있는 형태를 하고 있다. 1405년에 건립되었으며 임진왜란 때 불탄 것을 광해군 때 중건했다. 인조반정 때 다시 소실된 것을 1647년에 다시 지었고, 1833년에 또다시 화재로 소실된 것을 복원했다. 1917년에 원인을 알 수 없는 불이 나자 일본인의 주도로 경복궁의 전각을 헐어 그 재목으로 대조전과 그 일곽을 복원했다. 중앙에 높은 돌계단을 둔 높은 기단 위에 솟을대문이 있고, 그 좌우로 행각을 둘러 대조전 몸체를 'ㅁ'자형으로 감싸고 있다. 대조전은 대문과 마주하는 곳에 장대석으로 쌓은 높은 월대 위에 자리잡고 있다. 월대와 대문 사이에는 어도(御道)가 있고 월대 네 귀에는 드므가 있다. 대조전은 앞면 9칸, 옆면 4칸으로 중앙 3칸이 대청이고, 좌우에는 온돌방을 두었다.

(6) 낙선재(樂善齋)

낙선재는 낙선재를 비롯해 석복헌과 수강재로 이루어진 공간으로 아름다운 화계(花階)와 꽃담, 그리고 다채로운 창살들로 꾸며져 있다. 이곳은 헌종 13년(1847)에 후궁 김씨의 처소로 지어진 곳이다. 이곳은 조선의 마지막 왕실가족 중 순종의 부인이신 순정효황후, 덕혜옹주, 이방자여사 등의 거처로 사용되었다.

(7) 후원(後苑)

창덕궁과 창경궁의 뒤쪽 13만 5,200여 평에 조성된 조선시대 궁궐의 정원. 본래 창덕궁의 후원으로 후원(後苑) 또는 왕의 동산이라는 뜻에서 금원(禁苑)이라고 불렀으며, 비원(秘苑)이라는 명칭은 일제 때 용어이다. 《태종실록》에 1406년(태종 6) 4월 창덕궁 동북쪽에 해온정(解慍亭)을 지었다는 기록이 있는 것으로 보아 이 정원은 이때 세워진 것으로 추정된다. 후원의 구성은 낮은 야산과 골짜기 그리고 앞에 펼쳐진 편평한 땅 등 본래의 모습을 그대로 유지하면서 꼭 필요한 곳에만 인공을 가해 꾸며놓았다. 따라서 우리나라 조원(造苑)의 특징을 가장 잘 반영하고 있는 예이다. 1459년(세조 5)에는 후원 좌우에 연못을 만들고, 열무정(閱武亭)을 세웠다. 1463년에는 후원을 확장하여 경계가 거의 성균관까지 이르렀다고 한다. 임진왜란 때 창덕궁과 함께 후원도 불

타 광해군 때 복원되었다. 1636년(인조 14)에 지금의 소요정(逍遙亭)인 탄서정(歎逝亭), 태극정(太極亭)인 운영정(雲影亭), 청의정(淸亭) 등을 세웠고, 청의정 앞쪽 암반에 샘을 파고 물길을 돌려 폭포를 만들었으며 옥류천(玉流川)이라는 인조의 친필을 바위에 새겨놓았다. 1642년에는 취규정(聚奎亭)을, 1644년에는 지금의 관덕정(觀德亭)인 취미정을, 1645년에는 희우정(喜雨亭)인 취향정(醉香亭)을, 1646년에는 청연각(淸閣)인 벽하정(碧荷亭)을, 1647년에는 취승정(聚勝亭)과 관풍정(觀豊亭)을 세웠다. 1688년(숙종 14)에는 청심정(淸心亭)과 빙옥지를, 1690년에는 술성각 옛 자리에 사정기비각(四井記碑閣)을 세웠다. 1704년에는 대보단을 축조했고, 1707년에는 택수재(澤水齋)를 세웠다. 1776년에는 왕실의 도서를 두는 규장각을 세웠는데 이는 주합루(宙合樓)라 부르는 중층 누각이며, 그 아래 연못 남쪽에 자리잡고 있던 택수재를 지금의 부용정(芙蓉亭)으로 고쳤다. 1921년에는 선원전이 지어졌다.

후원은 크게 네 영역으로 나눌 수 있다. 첫째 영역은 부용지를 중심으로 부용정, 주합루, 영화당(暎花堂), 사정기비각, 서향각(書香閣), 희우정, 제월광풍관(霽月光風觀) 등의 건물들이 있는 지역이다. 둘째 영역은 기오헌(寄傲軒), 기두각(奇斗閣), 의두합, 애련지(愛蓮池), 애련정, 연경당이 들어선 지역이다. 셋째 영역은 관람정(觀纜亭), 존덕정(尊德亭), 승재정, 폄우사가 있는 지역이다. 넷째 영역은 옥류천을 중심으로 취한정(翠寒亭), 소요정, 어정(御井), 청의정, 태극정이 들어서 있다. 그밖에도 청심정, 빙옥지, 능허정(陵虛亭) 등이 곳곳에 있다.

(8) 부용정(芙蓉亭)

창덕궁 후원에 있는 조선 후기의 정자로 1707년에 지은 택수재를 1792년(정조 16)에 고쳐 지으면서 부용정이라 명했다. 건물은 정면 5칸, 측면 4칸의 아(亞)자형을 기본으로 하며 남쪽 일부가 돌출되어 있다. 장대석 기단 위에 다듬은 8각형의 초석을 놓고 원주를 세우고, 기둥 위에는 주두와 익공 2개를 놓아 굴도리를 받치고 있는 이익공집이다. 처마는 부연을 단 겹처마이고, 지붕은 팔작지붕이다. 정자의 기단 남면과 양측면에 계단을 두어 툇마루로 오르게 되어 있으며, 정자 북측에 파놓은 넓은 연못[方池]를 향하도록 되어 있다. 북쪽 연못에는 정자의 두리기둥 초석들이 물속에 있어 운치를 더하고 있다. 바닥은 우물마루이고 툇마루에는 아름다운 평난간을 돌렸다. 부용정 앞의 부용지는 네모난 모양이고 연못의 가운데에 둥근 섬이 있으니 이는 신선들이 논다는 삼신선산의 하나인 방장(方丈)이나 봉래(蓬萊) 또는 영주(瀛州)를 상징한 것으로 보인다. 연못에는 서북쪽 계곡의 물이 용두로 된 석루조를 채우고 넘치는 물은 연못의 동쪽 돌벽에 있는 출수구로 흘러나가도록 되어 있다.

(9) 주합루(宙合樓)

주합루는 부용정지 부근의 건물로 정조 원년(1776)에 지어진 2층의 누각건물이다. 아래층은 왕립도서관인 규장각의 서고로 위층은 열람실로 사용되었다. 이곳은 도서관의 역할은 물론 정조의 정책연구기관으로의 기능을 수행하였다. 주합루의 편액은 정조의 친필이며 주합루의 정문은 어수문(魚水門)이다. 임금을 물에 그리고 신하를 물고기에 비유하여 군신의 관계와 등용의 의미를 담고 있다. 어수문은 임금의 출입문이었으며, 그 옆에는 작은 문이 따로 있어 신하들의 출입문으로 사용되었다.

(10) 불로문(不老門)

이 문은 숙종18년(1692)에 세워졌으며, 산책 중 지나는 임금의 무병장수를 빌기 위해 하나의 통돌을 깍아 만들었다. 불로문을 통과해 들어가면 애련지와 애련정을 정면에서 감상하는 것이 가능하며, 근처의 건물로는 단청이 없는 소박한 모습의 건물인 기오헌(寄傲軒)과 의두합(倚斗閤) 그리고 금마문(金馬門) 등이 있다. 특히 기오헌과 의두합은 순조의 아들이신 호명세자가 독서와 명상을 즐기기 위해 주합루 근처에 지었다고 전한다.

(11) 옥류천(玉流川) 주변

후원 중 가장 깊은 골짜기에 샘으로 구비진 물길을 내고 그 주변에 정자를 지었는데 제일 위쪽에 청의정(淸義亭), 그 아래에 태극정(太極亭), 그 아래에 소요정(逍遙亭)과 농산정(籠山亭), 제일 밑에 취한정(翠寒亭)을 지었다. 소요정 바로 위에는 임금의 우물이라는 의미의 어정(御井)이라는 샘물이 있고 그 아래 바위를 다듬어 샘물이 돌아 흐르도록 하였다. 바위에는 옥류천이라는 글씨를 새기고 "비류삼백척 요락구천래 간시백홍기 번성만학뢰(飛流三百尺 遙落九天來 看是白虹起 潼成萬壑雷)"란 시구를 새기고 그 아래로 작은 폭포를 만들었다.

(12) 연경당(演慶堂)과 선향재(善香齋)

후원 깊숙한 곳에 위치한 건물로 순조 28년(1828)에 진잠각(珍箴閣)이 있던 터에 지은 민가풍(民家風)의 건물이다. 《궁궐지(宮闕誌): 1908》에는 당호(堂號)가 연경당인 사랑채 14칸과 내당(內堂)인 안채 10칸 반과 사랑채 동쪽의 선향재(善香齋) 14칸, 북쪽의 농수정(濃繡亭) 1칸에 북행각·서행각·남행각이 둘러싸이고 그 밖에 외행각이 있다고 기록되어 있다. 우선 바깥 행랑 가운데의 솟을대문 장락문을 들어서면 행랑마당이 있고 건너편으로 중문이 둘이 있는 행랑채가 나타난다. 그 중 우측이 사랑채로 통하는 장양문(長陽門)을 들어서면 사랑채가 전면에 나타난다. 그 좌측에는 안마당과 사랑마당을 경계 짓는 담장이 있고 가운데 통용문인 정추문(正秋門)이 있다. 사랑채의 좌측 첫째 칸은 마루이다. 이 마루의 뒤로 안채에서 뻗은 온돌방 2칸이 연접되어 있다. 연경당 사랑채의 좌측에는 책을 보관하고 읽기도 하는 일종의 서재 역할을 하던 선향재라는 건물이 사랑채를 바라보고 서있다.

3) 창경궁(昌慶宮)

처음 이름은 수강궁(壽康宮)이으며, 1418년 세종대왕이 왕위에 오르자 생존한 상왕인 태종을 모시기 위하여 수강궁을 지었다. 그 후 세조의 비 정희왕후, 덕종의 비 소혜왕후, 예종의 비 안순왕후를 모시기 위하여 성종 15년(1484) 명정전, 문정전, 통명전 등 궁궐을 크게 짓고 창경궁이라 이름을 고쳤다. 이 궁은 선조 25년(1592) 임진왜란으로 모두 불타버렸던 것을 광해군 8년(1616)에 다시 복구하였으나, 순조 30년(1830)에 또 큰 화재가 나서 많은 궁궐건물이 불타버렸던 것을 순조 34년(1834)에 대부분 다시 지었으나 정전인 명정전은 광해군 8년(1616)에 중건한 이래 원형대로 보존되어 조선 왕궁의 정전 중 가장 오래된 건물이다.

순종 3년(1909) 창경궁에 동물원과 식물원을 개설하고 일반인에게 관람하게 하였다. 1911년에는 일제가 궁내에 박물관을 설치하면서 창경원이라 이름을 고쳐 그 격을 떨어뜨렸다. 이 후 동물원으로 이용되다가 1983년 12월부터 1986년 8월까지 3년간에 걸쳐 정부는 민족문화계승을 통한 자주문화창달의 한 사업으로 창경원으로 격하시킨 궁의 이름을 창경궁으로 회복시키고 궁내에 건립된 동물원과 놀이터 시설을 철거하고 문정전, 빈양문, 명정전 월랑 등을 중창하면서 남아있던 궁전들을 보수하고 또한 궁내 조경공사를 실시하여 조선왕궁의 옛모습을 되살려 지금의 모습을 이루었다.

〈그림 4-14〉 창경궁 배치도

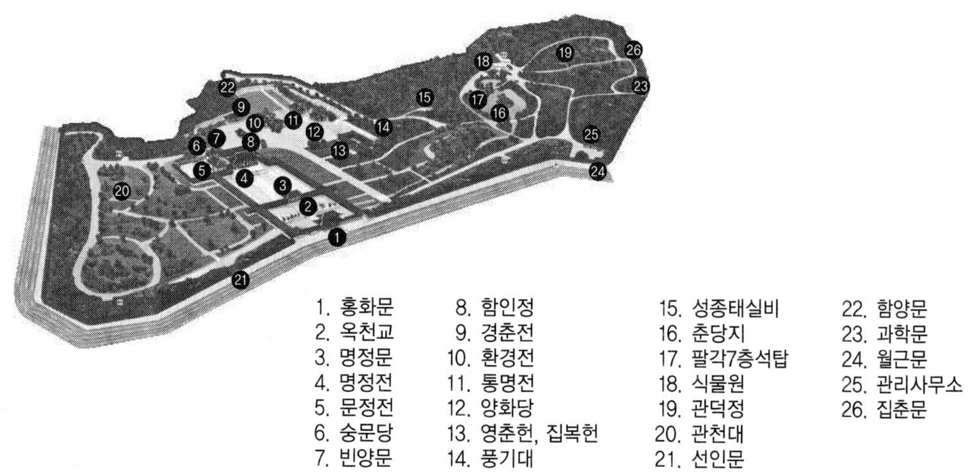

(1) 홍화문(弘化門)

창경궁의 정문으로 명정전과 함께 동향(東向)하고 있다. 조선 성종 15년에 창건되었으나 임진왜란 때 소실되고 광해군 8년에 재건되었다. 정면 3칸, 측면 2칸의 중층 우진각지붕의 건물로, 기둥 위에는 창방(昌枋)과 평방(平枋)이 놓이고, 다포계 양식(樣式)의 외이출목, 내삼출목의 공포를 짜았는데, 견실한 구조와 공포의 짜임은 조선 초기 형식의 특징을 보이고 있다. 정면의 3칸에는 각각 판문을 달고 그 위로는 홍살을 하였으며, 북쪽에는 이층으로 올라가는 계단이 마련되어 있다. 이층은 우물마루에 연등천장을 꾸몄다. 홍화문의 좌우로는 궁장(宮墻)이 남북십자각을 지나 궁역을 형성하였다.

(2) 옥천교(玉川橋, 보물 제386호)

명당수가 흐르는 어구(御溝) 위에 설치한 다리로 조선 왕궁은 모두 명당수 위의 석교를 건너서 정전으로 들어가도록 만들어졌다. 옥천교는 길이가 9.9m, 폭 6.6m이며 두 개의 홍예로 구성되었는데, 홍예가 연결되는 중앙에 귀면(鬼面)이 조각되어 잡귀를 쫓고 있다. 다리 좌우에는 돌난간이 조각되었다. 난간 가장자리에 법수(法首)를 세우고 네 개의 연잎 동자주(童子柱)를 세워 5칸을 형성하고, 한 장의 돌로 만든 풍혈판이 설치되었으며 돌란대가 얹혀 있다. 교상(橋床)은 장마루 같은 청판돌로 짜고 중앙에는 어도를 한 단 높게 만들었다. 이 다리는 1483년 조성되었다.

(3) 명정전(明政殿)

조선 성종 15년(1484)에 창경궁의 정전으로 세워졌다. 이때 명정전은 동향이었다. 이는 창경궁의 지세에 따른 것이다. 그후 선조 25년(1592) 임진왜란으로 소실되었다가 광해군 8년(1616)에 복원되었다. 다른 궁의 정전과 같이 이중의 월대를 두어 그 위에 건물 기단을 마련하고, 큰 사각 주초 위에 원형의 운두 높은 주좌(柱座)를 조각하여 초석을 배열하였다. 건물 사면은 모두 꽃살창으로 돌려져 있는데, 그 위로 교살창이 있다. 내부 바닥에는 전(塼)을 깔았고, 뒤편 중앙부에는 왕좌인 용상이 있는데 그 뒤로 일월오악도의 병풍이 놓였다. 그 위로는 닫집형태의 보개(寶蓋)가 있고 천정의 중앙부에는 한 층을 접어 올린 쌍봉문(雙鳳紋)이 있는 보개천장으로 장식했으며, 그 주위는 우물반자를 하였다. 단청은 모로단청을 하고, 특히 천장판에는 화려한 연화문의 반자초 단청(丹靑)을 시문했다. 상하 계단은 모두 6단씩으로, 어간의 답도(踏道) 석판 중앙에 사분심엽형(西分心葉形) 윤곽을 양각(陽刻)한 후 그 안에 날개를 활짝 편 한 쌍의 봉황을 조각해 장식했고, 챌판에도 당초(唐草)와 보상화(寶相華), 운문(雲紋) 등을 정교하게 조각하였다. 하층 계단 앞에는 명정문과 연결되는 어도가 있고 명정전 앞에는 좌우에 24개의 품계석(品階石)이 있다.

(4) 문정전(文政殿)

창경궁 창건 때 편전으로 건립되었다. 임진왜란으로 소실된 것을 명정전과 함께 중건하였다. 1986년 창경궁 중창공사 때 중건되었는데, 발굴조사와 문헌 고증에 의하여 방주에다 정면 3칸, 측면 3칸, 내삼출목, 외이출목, 단층 팔작집으로 겹처마이며 남향하여 세웠다. 이 건물의 서쪽에서, 숭문당 남쪽면으로는 경사진 자연지세를 이용하여 남북 방향으로 아름다운 2단의 화계(花階)를 꾸몄고 동쪽에는 문정문이 있다.

(5) 숭문당(崇文堂)

조선 경종 때 건립되었으며, 순조 30년에 큰 불로 소실된 것을 그해 가을 중건하여 오늘에 이른다. '崇文堂'의 현판과 '일감재자(日監在玆)'라 쓴 게판(揭板)은 영조의 어필이다. 영조는 특히 학문을 숭상하고 영재를 양성하였는데, 이곳에서 친히 태학생을 접견하여 시험하기도 하고 때로는 주연(酒宴)를 베풀어 그들을 격려하기도 하였다.

(6) 빈양문(濱陽門)

숭문당 북쪽에 연접되어 있는 이 문은 치조공간(외전)과 연조공간(내전)을 연결하는 통로의 개폐기능을 갖는 문으로 명정전의 뒷면 중앙 어칸 앞으로 설치된 복도를 따라가다 이 문을 나서면 바로 내전으로 들어서게 되어 북쪽으로 함인정, 경춘전, 환경전이 눈에 들어온다. 이 문은 《궁궐지》에 간단한 규모가 기록되어 있고 1986년 중건공사 때 발굴 조사를 토대로 재건하였다.

(7) 함인정(涵仁亭)

원래 성종 15년에 지은 인양전이 있었는데, 임진왜란 때 불타버린 뒤 인조 11년(1633)에 인경궁의 함인당을 이건하여 함인정이라 한 것이다. 이곳은 특히 영조가 문무과거에서 장원급제한 사람들을 접견하는 곳으로 사용하였다.

(8) 경춘전(景春殿)

창경궁의 내전으로 성종 14년에 건립되었다. 그후 임진왜란 때 소실되었다가 광해군 8년에 재건하였으나, 순조 30년에 불탄 것을 그 34년에 다시 지어 오늘에 이른다. 이 경춘전은 정조와 헌종이 탄생한 곳이며, 현판은 순조의 어필이다.

(9) 환경전(歡慶殿)

건축과 개수의 역사는 경춘전과 그 맥을 같이 하는 곳으로 왕이 늘 거동하던 곳이며, 중종이 이곳에서 승하하였으며, 익종이 승하했을 때는 빈궁(殯宮)으로 사용하기도 했다.

(10) 통명전(通明殿)

창경궁의 연조 공간으로 명정전 서북쪽에 있으며, 왕과 왕비가 생활하던 침전의 중심 건물이다. 창경궁 창건 때 세워졌는데, 임진왜란 때 소실되었다가 재건이 되고, 다시 이괄의 난과 정조 때 화재를 당했다. 지금의 건물은 순조 34년에 중건된 것이다. 남향한 전면에는 월대를 두고 양모서리에는 청동제 드므를 놓고 그 북쪽에 외벌대 기단 한 단을 두어 건물을 세웠다. 북서쪽 일부의 방을 제외하고는 건물 내부 바닥에 모두 우물마루를 깔았는데, 원래는 정면으로 보아 양측에 2칸씩 방을 꾸몄음이, 1984년의 발굴조사에서 연도지(煙道址)가 노출됨으로써 확인되었다.

(11) 양화당(養和堂)

병자호란 때 남한산성으로 파천하였던 인조가 환궁하면서 이곳에 거처한 일이 있으며, 고종 15년(1878) 철종비 철인왕후가 이곳에서 승하하였다. 현판은 순조의 어필이다. 건물의 내부에는 우물마루를 깔았고, 전면 중앙의 2칸에만 툇마루를 창 없이 개방하였다. 외진평주와 내진고주 사이에는 퇴량을 걸었고, 그 위로는 연등천장을 하고, 안쪽으로는 우물반자를 하였다. 대들보는 내진고주 사이에 걸리었다.

(12) 영춘헌(迎春軒)

내전 건물이며 집복헌(集福軒)은 영춘헌의 서행각으로 초창 연대는 알 수 없다. 집복헌에서는 영조 11년(1735)에 사도세자가 태어났고 정조 14년(1790) 6월에는 순조가 태어났으며 정조는 영춘헌에서 거처하다가 재위 24년(1800) 6월 승하하였다. 순조 30년(1830) 8월 1일 오전 화재가 발생하여 환경전, 경춘전 등과 함께 소실되어 순조 34년 장남궁을 헐어다 그 재목으로 재건하였다. 1983년 동물사 본관에 있던 창경원 관리 사무소가 동물사의 철거로 인하여 이곳으로 옮겨 임시 관리 사무소로 사용되다가 1986년 중건공사 때 창경궁 관리 사무소를 신축하고 이 건물은 변형된 부분을 보수하였다. 영춘헌은 본채 5칸이 남향하여 一자형을 이루고 본채의 좌우와 뒷면으로는 행각이 둘러져 있어 ㅁ자형을 이루었으며 서쪽으로 ㅁ자형의 행각이 이어져 맞붙어 있다. 주위 건물과 비교해 볼 때 통명전, 경춘전, 환경전 등은 이익공식이고 양화당은 초익공식인 데 비하여 영춘헌은 기둥의 높이도 낮고 익공의 끝을 몰익공식으로 둥글게 굴려 초각하였으며 행각은 더욱 간결하게 굴도리집으로 처리하여 각 건물의 격을 엿볼 수 있다.

(13) 성종태실비(成宗胎室)

양화당의 동북쪽 구릉지 숲속에 위치하고 있다. 태실은 4각형의 지대석 위에 석종형(石鍾形)의 몸체를 놓고 8각형의 지붕돌을 얹었으며 상륜부(相輪部)는 보주로 장식하였다. 태실비는 태실 동쪽

에 있는데 귀부(龜趺)와 비신(碑身), 이수를 갖추고 있고 비신 앞면에는 "성종대왕 태실"이라 새겨져 있다. 이들은 원래 조선 제9대 성종의 태를 묻은 곳인 경기도 광주군 경안면에 있었던 것인데 1930년 5월 전국에 있는 조선 역대 임금의 태실을 대부분 서삼릉으로 이봉하면서 이곳으로 옮겼다고 전한다.

(14) 춘당지(春塘池)

춘당지는 1909년에 조성된 원지(苑池)이다. 두 개의 연못으로 구성되어 있는데 위의 것이 1,107m^2, 아래 것이 6,483m^2이다. 연못 속의 섬(366m^2)과 다리는 1984년에 조성한 것이다. 춘당지가 있는 이곳은 원래 연산군이 서총대(瑞蔥臺) 앞 대지를 파다가 중종반정으로 중단한 곳이다. 그 후 권농장(勸農場)의 논이 있었는데 지금은 연못으로 만들어져 있다.

(15) 관덕정(觀德亭)

이 정자는 춘당지 동북쪽 야산 기슭에 있는 사정(射亭)으로 인조 20년(1642)에 취미정(翠微亭)이란 이름으로 창건되었으나 현종 5년(1664)에 지금의 이름으로 개명하였다고 전한다. 《예기(禮記)》에 "활쏘는 것으로 덕을 본다. 쏘아서 정곡을 맞추지 못하면 남을 원망치 않고 제몸을 반성한다." 라는 것에서 유래한 이름인 것으로 전한다.

4) 덕수궁(德壽宮; 경운궁(慶運宮), 사적 제 124호)

조선의 5대궁 중 가장 늦게 지어졌다. 덕수궁은 성종의 형인 월산대군의 집이었으나, 선조 25년(1592) 임진왜란 때 경복궁이 모두 불타서 1593년부터 임금이 임시로 거처하는 행궁 또는 시어소(時御所)로 사용하였다. 선조의 뒤를 이은 광해군은 1608년 이곳 행궁에서 즉위한 후 1611년 행궁을 경운궁이라 이름 짓고 7년 동안 왕궁으로 사용하였다.

〈그림 4-15〉 덕수궁 배치도

1. 대한문
2. 금천교
3. 중화문
4. 중화전
5. 광명문
6. 포덕문
7. 궁중유물전시관 (석조전 동관)
8. 덕수궁미술관 (석조전 서관)
9. 분수대
10. 준명당
11. 즉조당
12. 세종대왕동상
13. 덕홍전
14. 정관헌
15. 함녕전
16. 석어당

1615년 창덕궁으로 왕궁을 옮기면서 이곳에는 선왕인 선조의 계비 인목대비만을 거처하게 하였다. 또 1618년에는 인목대비의 존호를 폐지하고 경운궁을 서궁(西宮)이라 낮추어 부르기도 하였다. 1623년 인조반정으로 광해군이 폐위되고 인조가 이곳에서 즉위하였다. 1897년 고종황제가 러시아 공관에 있다가 환궁하면서 이곳을 다시 왕궁으로 사용하였는데, 그때부터 다시 경운궁이라 부르고 규모도 넓혔다. 고종황제는 1907년 순종에게 황제위를 물려준 후 이곳에 거처하면서 덕수궁이라 부르게 되었다. 그러나 고종황제는 1919년 1월 21일 덕수궁 함녕전에서 승하하였다.
덕수궁에는 지난 날 많은 건물이 있었으나 현재 18,635평의 경내에 남아 있는 것은 대한문, 중화전, 광명문, 석어당, 준명당, 즉조당, 함녕전, 덕홍전 및 석조전 등이다. 덕수궁은 대한제국 때 고종황제가 일제에게 양위를 강요당하고 일제의 억압속에 돌아가신 곳이며, 우리 역사의 치욕스런 부분인 한일 의정서와 을사늑약이 체결되었던 곳이기도 하다.

(1) 중화전(中和殿) 및 중화문(中和門)

경운궁의 정전은 즉조당(卽祚堂)이었는데, 고종이 대한제국의 황제가 되면서 1902년 즉조당 앞에 새로 중층 건물을 지어 중화전이라 하였다. 경운궁 중화전은 고종황제가 경운궁에 재위하는 동안 정전으로 사용하였던 건물로, 광무 8년(1904) 화재로 소실된 후 1906년 단층 전각으로 중건되었다.
중화전 앞뜰에는 품계석(品階石)과 어도(御道)가 있으며, 원래 중화전 영역 주위에는 장방형으로 2칸 폭의 행랑이 둘러 있었으나, 현재는 남행각의 일부만이 남아있다.
2중의 넓은 월대 위에 세워진 중화전은 정면 5칸, 측면 4칸 규모의 다포계 팔작지붕을 하였다. 내부 중앙 후측 고주 사이에는 어좌가 놓여 있고, 그 뒤에는 일월오악도를 그린 병풍이 있으며, 그 상부에는 보개(寶蓋) 천장이 마련되었다. 천장은 모두 우물천장인데, 내진(內陣) 천장의 중심부에는 위로 쑥 들어간 감입형 천장을 설치하고, 그 안에 두 마리의 용을 조각하여 왕을 상징하였다. 전 · 후면 어칸에는 사분합 꽃살문, 어칸 좌우 한 칸과 양측면 남쪽 두 번째 칸에는 삼분합 꽃살문, 나머지 칸에는 모두 삼분합 꽃살창을 설치하였으며, 상부 전체에는 빗살 광창을 설치하였다. 내부 바닥은 전돌을 깔았다.
중화전과 함께 재건된 중화문은 경운궁의 중문이자 중화전의 정문이다. 당초에는 중층 건물이었으나 1906년 중화전이 단층으로 축소 재건될 때 함께 단층으로 지어졌다.

(2) 함녕전(咸寧殿, 보물 820호)

고종의 침전이었고, 서쪽에 있는 임금이 평상시에 사용하며 귀빈을 접견하던 편전인 덕홍전(德弘殿)이 위치한다. 함녕전과 덕홍전의 동 · 서 · 남 3면에는 행각과 담장으로 영역을 구획했고, 뒤

편 약간 높은 경사지에는 후원을 조성했다. 행각에는 각각 치중문(致中門) · 봉양문(鳳陽門)이 있었고, 주변에 정이재(貞彝齋)와 양이재(養怡齋)가 있었다고 한다. 이 건물은 고종 광무 8년(1904) 불에 타버리자 같은 해 12월 다시 지어 오늘에 이른다. 고종은 1919년 1월 21일 새벽 이곳에서 승하하였다.

함녕전은 'ㄴ'자형 평면을 하였는데, 몸채는 정면 9칸에 측면 4칸의 규모이고, 서쪽 뒤편으로 4칸이 덧붙여 있다. 중앙에 대청을 두고, 이 좌우에 온돌방, 또 그 옆으로 누마루를 두었고, 이들 전면과 후면에는 툇마루와 온돌방을 두었다. 동쪽은 고종의 침실이었고, 서쪽은 내전 침실이었다. 처마는 겹처마이고, 팔작지붕의 각 마루는 양성을 하고, 취두 · 용두 · 잡상으로 장식하였다. 지붕 합각면에는 전벽돌로 문양을 내어 장식하였다.

내부 침실 부분은 겹으로 된 창호를 달고 다시 안쪽으로 가운데 대청 세 칸 부분에만 황색 커튼을 둘렀다. 방과 방 사이에는 장지를 달아 안전과 서비스를 편하게 했고, 바닥은 우물마루와 온돌이 혼용되었다. 천장은 우물천장으로 화려한 문양들을 그려 넣었다. 후정을 면한 기단 위에는 쪽마루를 설치하고 연잎 아(亞)자 난간을 시설하였다. 건물 뒤편으로는 경복궁 아미산(蛾眉山)처럼 굴뚝이 조산(造山) 가운데에 있다. 광명문(光明門)은 원래 함녕전의 정문이었으나 일제 때에 중화문(中和門) 맞은 편에 흥천사동종과 자격루를 보존하는 보호각으로 옮겨지었다.

(3) 석조전(石造殿)

기본설계는 영국인 G.D.하딩, 내부설계는 영국인 로벨이 하였으며, 1900년(광무 4)에 착공하여 1909년에 완공되어 1910(융희 3)년 이왕가에 인계되었다. 3층 석조건물로 정면 54.2m, 측면 31m이며, 1층은 왕실관련 직원들의 사무실 및 행사 준비공간, 2층은 접견실 및 홀, 3층은 황제와 황후의 침실 · 거실 · 욕실 등으로 사용되었다. 앞면과 옆면에 현관을 만들었다. 기둥 윗부분은 이오니아식, 실내는 로코코풍으로 장식한 서양식 건축기법이 특이하다.

이 건물은 앞에 있는 정원과 함께 18세기 신고전주의 유럽의 궁전건축양식을 본뜬 것이며, 당시에 건축된 서양식 건물 가운데 규모가 가장 큰 건물이다. 이곳에서 1945년 미소공동위원회가 열렸으며, 6·25전쟁 이후 1933년부터는 미술관으로 사용되었다. 이 후 1955~1972년 사이에는 국립박물관(지금의 국립중앙박물관)으로, 1973~1986년까지는 국립현대미술관으로 사용되었다. 이후에는 궁중유물전시관이 있었으나 2005년 국립고궁박물관이 건립되면서 이전되고 2007년부터 국립근대미술관으로 활용되다가 현재는 1909년의 모습으로 재건되어 2014년 가을부터는 일반에게 공개될 예정이다. 석조전의 별관이자 서쪽에 자리한 건물 역시 신고전양식의 석조건물로 건물 앞 분수대와 함께 1938년에 조성되었으며, 국립현대미술관 분관이 1998년 12월에 개관되어 덕수궁 미술관이란 이름으로 전시 · 운영되고 있다.

5) 경희궁(慶熙宮)

경희궁의 전신은 경덕궁(敬德宮)이었다. 경덕궁은 본래 인조의 생부 원종(元宗)의 사저(私邸)가 있던 곳으로 이 곳에 왕기(王氣)가 서린다는 말을 듣고 광해군이 왕기를 없앤다는 뜻으로 광해군 9년(1617) 6월에 궁전을 짓기 시작하였으나, 인경궁과 함께 공사가 진행된 관계로 재력의 소모가 막대하여 공사가 뜻대로 진행되지 못하였다. 그 뒤 경덕궁(慶德宮)은 인조가 인목대비를 받들어 일시 이곳에 이거한 일이 있었고 그 후에는 역대 왕들이 수시로 이 궁에 거처한 일이 있었으므로 경덕궁은 왕궁의 하나로 손꼽힐 수 있게 되었다.

그 후 영조 36년(1760)에 경덕의 궁명이 원종의 시호인 경덕(敬德)과 동음(同音)이라 하여 이를 피하여 경희궁(慶熙宮)으로 고쳤다. 순조 29년(1829) 10월 경희궁은 화재로 인하여 건물의 대부분이 소실되었으나 순조 31년(1831)에 다시 중건되었고, 철종 10년(1859)부터 11년 사이에 보수공사가 시행되었다.

근세에 이르러 일제가 침략해 와서 한일합방이 체결될 무렵 경희궁은 숭정전(崇政殿) · 회상전(會祥殿) · 흥정당(興政堂) · 흥화문(興化門) · 황학정(黃鶴亭)만이 남아 있었는데, 일본인들에 의해 숭정전(崇政殿)은 1926년 남산 산록에 이치(移置)되어 조계사(曹谿寺)의 본당으로 사용되었고, 흥정당(興政堂)은 1928년 광운사(光雲寺)로 이건하였으며, 황학정(黃鶴亭)은 1923년 사직단 뒤로 옮겨졌다. 흥화문(興化門)은 1932년 박문사(博文寺)의 북문으로 이치되어 최근까지 신라호텔 정문으로 사용되다가 경희궁으로 옮겨왔다. 일제점령기 당시 경희궁 자리에는 1910년에 세워진 일본인 자제를 교육하는 경성중학교(옛 서울중고등학교)가 설립되었다.

제 4 절 종교건축물

1 종묘(宗廟)

〈그림 4-16〉 종묘 배치도

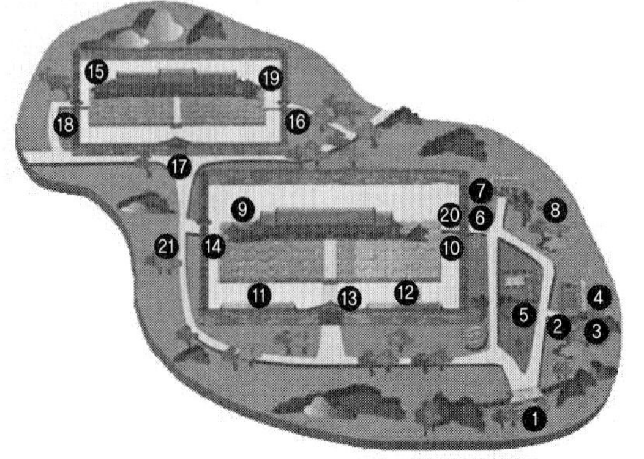

1. 정문
2. 망묘루
3. 공민왕신당
4. 향대청
5. 어숙실
6. 판위대
7. 전사청
8. 제정
9. 정전
10. 정전동문
11. 칠사당
12. 공신당
13. 정전남문
14. 정전서문
15. 영녕전
16. 영녕전동문
17. 영녕전남문
18. 영녕전서문
19. 제기고
20. 수복방
21. 악공청

종묘는 조선왕조의 역대 왕(25명)과 왕비, 추존 왕(9명)과 왕비, 마지막 황태자와 태자비의 신주를 모시고 제사를 지내는 곳으로 1995년 유네스코 지정 세계문화유산으로 등재되었다. 현재 신주는 정전에 49위, 영년전에 34위, 총 83위를 모시고 있다. 조선시대에는 해마다 정시제로 봄, 여름, 가을, 겨울 그리고 12월에 정전에서 대제를 지냈으며 영녕전에서는 봄, 가을 연 2회를 지냈다. 1395년에 완성한 건물은 태실 5칸, 동서 익랑의 협실 각 2칸의 규모였다. 1410년에는 협실 끝에 동서 월랑 각 5칸을 지었다. 1421년(세종 3)에는 별묘인 영녕전을 지었다. 1546년(명종 원년) 태실을 11칸으로 증축하였다. 임진왜란 때 모든 건물이 불타자 1608년(광해군 원년) 중건하였다. 1726년(영조 2) 15칸으로 증축하고, 1836년(헌종 2)에는 19칸으로 마지막 증축이 이루어졌다. 종묘는 제례를 위한 공간으로, 간결하면서도 기능적인 건축물이다. 단청은 적색과 녹색만을 사용하고 망묘루를 제외한 모든 건물의 지붕 또한 맞배지붕이다.

⑴ 외대문(外大門)

창엽문이라고도 한다. 정면 3칸, 측면 2칸의 맞배지붕이다. 문 아래쪽은 판문이고, 위쪽은 홍살문 형식이다. 앞에 높은 계단이 있었으나 일제강점기 때 도로를 만들면서 묻혔다.

⑵ 삼도(三道)

거친 박석이 깔린 길은 외대문에서 재궁을 지나 정전, 영녕전까지 이어진다. 가운데는 왕과 왕비의 혼령이 다니는 신로(神路), 동쪽은 왕이 다니는 어로(御路), 서쪽은 세자가 다니는 세자로(世子路)이다.

⑶ 연못

종묘에는 세곳의 못이 있다. 네모난 못 가운데 둥근 섬이 있는데, 천원지방 사상을 표현한다. 섬 안에는 향나무를 심었다.

⑷ 공민왕 신당(恭愍王 神堂)

종묘를 창건할 때 세웠으며, 임진왜란 후 증축했다. 공민왕과 노국대장공주가 함께 있는 영정과 준마도가 봉안되었다.

⑸ 망묘루(望廟樓)

왕이 신전 쪽을 바라보며 선왕의 업적과 나라를 생각한다는 뜻으로 붙인 이름이다. 종묘에서는 망묘루만이 팔작지붕이다.

(6) 향대청(香大廳)

향, 축문, 폐를 보관하고 제향에 나갈 제관들이 대기하던 곳이다.

(7) 어숙실(御肅室)

재실이라고도 하며 임금이 제례를 시작하기 전까지 머물게 되는 공간이다. 임금을 비롯한 제관들은 제사 7일 전부터 가무, 음주를 하지 않고, 문상도 가지 않았다. 제사 3일 전부터는 매일 목욕을 하며 하루 전에는 이곳에 온다. 목욕 후 제례복으로 갈아입고 서문으로 나가 신전 동문을 통해 정전으로 들어간다. 가운데 건물은 왕, 동쪽은 왕세자가 거처하는 곳이며 서쪽은 욕실이다.

(8) 종묘정전(正殿)

이 건물은 조선의 건국과 함께 건축되었으며 임진왜란으로 전소되었다가 광해군 원년에 이전의 모습대로 11칸의 태실로 중건되었다. 이후 영조(1726) 때와 헌종(1836) 때 증축하였다는 기록이 있다. 현재는 정면 25칸, 측면 4칸이고 동서에 익실 3칸이 붙어 있다.

종묘의 태실은 신실이라고도 하며 정전 내 태실들은 동당이실(同黨異室)이라 하여 벽체가 없이 칸으로만 분리된 하나의 방으로 이루어져 있다. 신실의 내부에는 제례 때 신주를 올리는 신탑(神塔), 신주를 넣어두는 신주(神主)장, 책(册)을 보관하는 책장, 그리고 도장을 보관하는 보장이 있다.

건물 앞에는 상월대와 하월대가 있고, 하월대 밑 동쪽에 공신당, 서쪽에 칠사당이 있다. 사방에 담장이 있고, 남쪽문이 정문인데 남신문이라 한다. 동쪽 문은 제관들이 드나드는 곳이고 서쪽문은 악사, 악원들이 드나드는 문이다. 월대 중앙에는 신로가 있고, 신로 동쪽에는 부알위(위패를 이송하는 가마가 잠시 머무르며 열성조에게 아뢰는 단)가 있다. 동익실 앞에는 판위대(임금이 천막에 들기 전에 잠시 대기하는 곳)가 있다. 정전 서북쪽 축대 밑에는 망료위(축문과 폐를 불사르는 시설)가 있다.

(9) 전사청(典祀廳)

음식을 장만하는 곳이며, 제사에 쓸 음식은 하루 전에 만든다. 제사 그릇은 주로 대나무, 나무, 놋그릇을 사용한다. 양념은 소금만 쓰며 젓가락과 수저는 올리지 않는다.

(10) 수복방(守僕房)

정전을 지키며 제사를 돕는 관리나 노비가 거처하던 방.

(11) 공신당(功臣堂)

공이 높은 신하들의 위패가 모셔져 있다. 입구의 왼쪽으로부터 총 83위의 신위가 시계 방향으로 배치되어 있다.

(12) 악공청(樂工廳)

종묘제례시에 주악하는 악사들이 대기하는 곳.

(13) 영녕전(永寧殿)

1421년(세종 3)에 태조의 4대조를 모시기 위해 태실 4칸, 동서익랑 각 1칸으로 건축했다. 광해군(1608), 현종(1667), 헌종(1836) 때 협실을 각각 3칸, 4칸, 6칸씩으로 증축하여 영녕전은 16실을 가지고 있다.

2 사직단(社稷壇)

왕조 시대에는 종묘사직이라는 말이 나라와 동의어로 쓰일 정도로 이를 중요시했다. 사직이 종묘와 다른 점은 종묘는 한 나라에 한 곳만 설치될 수 있지만, 사직은 수도는 물론 각 지방에 설치되어 수령이 제례를 지낸다. '사'는 토지의 신이고, '직'은 곡식의 신이다. 사단과 직단을 따로 마련하는데, 사단은 동쪽, 직단은 서쪽에 놓으며 각 단에는 청, 적, 백, 흑, 황의 다섯가지 색깔의 흙을 덮는다. 단에는 국사신과 국직신의 신위(남쪽에 놓고 북향)를 모시고, 또한 사단에는 후토신, 직단에는 후직신(북쪽 가까이 동향하여)을 따로 모신다. 각 단의 네 군데에 계단을 설치하고 단 바깥에 울타리를 치는데 이를 유(遺)라 하며, 유의 사방에도 문을 둔다. 유 밖에도 다시 담장이 있고 사방에 문이 있는데, 나머지는 1칸이지만 북문만은 3칸이다. 북문은 신이 출입하는 문이라 하여 격을 높였기 때문이다.

1395년에 만들어진 사직단은 임진왜란 때 불탔다가 재건되었다. 사직단의 제례절차는 종묘 제례와 비슷하였으며, 봄, 가을, 동지 뒤 세 번째 무일인 납일에 치르는 것이 가장 큰 제례였다. 그밖에 기도하고 알리는 기고제, 기도한 것이 이루어졌을 때 드리는 보사제, 그리고 기우제나 기곡제도 있었다.

사직단의 부속건물 가운데 지금 남은 것은 안향청과 정문이다. 안향청은 왕이 직접 제사지낼 때 재궁으로 쓰이던 건물이다. 정문은 임진왜란 뒤 세운 것으로 기둥 위의 공포 형식이 특이하여 주목할 만하다. 정문은 원래 지금보다 14m 앞에 위치하였다.

3 불국사(佛國寺)와 석굴암(石窟庵)

1995년 세계문화유산으로 지정된 불국사의 창건에 대해서는 몇 가지 설이 전하는데, 《삼국유사》 권5 〈대성효 2세부모〉조 전하는 경덕왕 10년 김대성이 전세의 부모를 위하여 석굴암을, 현세의 부모를 위하여 불국사를 창건하였다고 하였다는 설이 가장 유력하다. 이 때 김대성은 이 공사를 완공하지 못하고 사망하여 국가에 의하여 완성을 보았다. 당시의 건물들은 대웅전 25칸, 다보탑 · 석가탑 · 청운교 · 백운교, 극락전 12칸, 무설전 32칸, 비로전 18칸 등을 비롯하여 무려 80여 종의 건물(약 2,000칸)이 있었던 장대한 가람의 모습이었다고 전한다.

〈그림 4-17〉 불국사 배치도

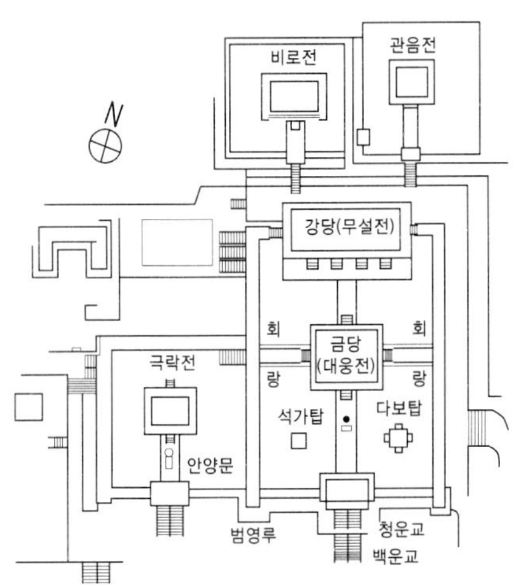

(1) 청운교(靑雲橋)와 백운교(白雲橋) : 국보 23호

대웅전 일곽이 극락전 일곽보다는 규모가 커서 극락전 앞의 연화교 · 칠보교보다 청운교 · 백운교가 장대하다. 거석의 자연석을 사용하여 만든 이단축대로 그 위에 석주를 세우고 석교를 걸었다. 거의 45도의 경사도를 갖는 구배이다. 열여덟 단의 디딤돌이 있는데 중앙에 와장대석의 설치가 있어 양분되었다. 좌우 끝에도 와장대가 있는데 이것이 돌난간의 받침돌이 되는 소맷돌이 되었다. 중앙의 장대석 표면은 능선으로 치장되었다. 여기의 난간은 법수에 돌난대를 걸고 중간에 하엽동자를 세워 받치도록 되었는데 법수에는 주두와 동자주가 조각되어 있다. 이 주두와 동자주는 신라시대 건축을 고찰하는 데 귀중한 자료가 된다.

(2) 연화교(蓮華橋)와 칠보교(七寶橋) : 국보 22호

연화교는 화엄의 세계로 들어서는 다리로 축대 위에 안양문을 지나 극락전에 이르게 한다. 아홉 개의 디딤돌마다에 연화를 안상에 조각하였으며, 층층다리의 디딤돌은 좌우로 나누어져 있다. 이

다리는 석축 높이의 중간쯤에서 끝났다. 끝난 부분에 참이 설치되어 있다. 홍예처럼 약간 융기한 참에서부터 다시 층교기(층층다리틀. 석계)가 시작되어 안양문 앞 석대에 이른다. 칠보교는 역시 이구로 좌우가 구분되어 있는 석교로 연화교와 마찬가지의 구배로 가설되어 있다. 층층다리 좌우의 소맷돌은 다듬은 직선의 와장대로 설치하고 법수와 동자로 돌난대를 받는 돌난간을 설비하였다. 법수 중 마당 쪽에 서 있는 것은 특별히 장대하게 하여서 마치 법수와 같은 표계도 겸하도록 의도하였다.

(3) 자하문(紫霞門)

자하(紫霞)는 도교에서 신성이 거처하는 곳을 의미한다. 다리 이름을 피안교라 함으로써, 이 다리를 생사의 세계인 차안에서 열반의 세계인 피안으로 건너가는 뗏목에 비유한 것이다.

(4) 극락전(極樂殿)

현재의 건물은 임진왜란으로 불탔던 것을 영조 26년(1750)에 오환, 무숙 등에 의해 중창된 것이다. 건물은 정면 3칸, 측면 3칸이며, 특이한 점으로는 뒷면의 도리칸 주칸은 정면과 달리 4칸으로 되어 있으며, 정면의 경우에는 중앙칸에 2개의 샛기둥을 넣어 3칸의 중앙칸을 5칸처럼 보이게 한 것이다. 공포는 다포식으로 내 · 외 모두 2출목이며 살미에 초화무늬와 봉황머리를 조각하여 장식하였다.

(5) 대웅전(大雄殿)

다포식 팔작지붕의 단층불전에 석가모니불을 봉안하고 있다. 건물은 정면 5칸, 측면5칸의 43척(약 13m)이고 기단의 4면에 계단을 설치하였다. 동 · 서 양측면 중앙으로는 동 · 서회랑과 연결되는 익랑이 있다. 건물 내부에는 중앙부에 수미단의 불단이 있고 그 위에 석가 삼존불, 즉 왼쪽으로부터 미륵보살, 석가모니불, 갈라보살이 안치되어 있으며 그 좌우에 흙으로 빚은 가섭존자와 아나존자 두 제자상이 모셔져 있다.

천장은 우물천장으로 층단식으로 중앙 쪽이 높다. 외부에서 바라볼 때 중앙칸이 넓은 형태를 하고 있으며 협간과 툇갈에 비해 2배에 가까운 넓이를 하고 있어 웅장하면서 시원한 느낌을 주는 건물이라는 평을 받고 있다.

(6) 무설전

《불국사 고금창기(古今創記)》에 따르면 불국사 내에서 가장 먼저 지어진 것으로 추정되는 건물로 이 기록에 의하면 신라 문무왕 10년(670)에 왕명에 의해 지어져 이곳에서 《화엄경》을 강의했다고 한다.

(7) 석굴암 석굴(국보 24호)

통일신라시대 오악이란 동악(토함산), 서악(계룡산), 남악(지리산), 북악(태백산) 중악(팔공산)을 가리키는데, 석굴암이 자리잡고 있는 토함산이 바로 당시의 동악이며, 동쪽 진산이었다. 그 동쪽의 정상 가까이의 기암절벽 밑에 명당을 택하여 인공의 석굴을 만들어 동남향으로 방향을 잡았다. 전방후원의 평면을 기본으로 삼았는데, 중국이나 인도와는 달리 천연의 암벽을 뚫지 않고 크고 작은 석재를 모아 인공의 석굴을 마련하여 그 위에 흙을 덮었으며, 그 앞에 불공을 올리기 위한 기와지붕의 전실을 꾸몄다. 일찍이 신라 경덕왕(742~765) 10년에 재상 김대성을 시켜 토함산을 무대로 현세의 부모를 위해서는 불국사를, 전세의 부모를 위해서는 석불사를 세웠다고 전한다.

석굴암 석굴은 전실의 경우, 대한제국 말기에 목조와즙의 지붕과 입구가 무너진 것을 다시 복원하면서 팔부신중을 남북벽에 각각 4구씩 대립케 하였다. 현재의 석굴암은 이러한 고증을 토대로 하여 세운 장방형 전실이 있고 여기서 다시 정방형 통로를 통하여 원형의 주실로 통하게 되어 있다. 그 입구 좌우에는 인왕입상이 배치되었고 그 다음 통로에는 양쪽에 사천왕상이 각 2구씩 대립해 있다. 그리고 뒤쪽의 주실인 원굴로 들어가는 입구에는 팔각석주를 세워 전 · 후로 양실을 나누었는데, 연화대 위에 석주를 세우고 중간의 이음새에도 연화석을 끼워서 장식하였다. 원굴 주실에는 주위의 벽에 천부 · 보살과 십대제자 등을 좌우 대칭으로 배치하였으며, 그 중앙에 십일면관음보살 입상이 서있다. 또 그 위에는 10개의 감실을 마련하고 그 안에 작은 좌상을 1구씩 모셨다. 본래 굴 안에는 작은 석탑이 있었으나 일제침략기에 분실되어 방형의 대석만이 전실 한 구석에 놓여있다. 또한 상단 감실 안의 작은 불상 2구도 그들이 반출하여 현재는 비어 있는 감실이 두 개 있다.

4 부석사(浮石寺)

부석사는 신라 문무왕 16년(676) 해동 화엄종의 창시자인 의상대사가 왕명으로 세운 절이다. 대사가 당나라에 유학하고 있을 때 당 고종이 신라 침략을 준비한다는 소식을 듣고 이를 왕에게 알리고 그가 닦은 화엄교학을 펴기 위해 귀국하여 이 절을 창건했으니 우리나라 화엄사상의 발원지가 되었다.

그런데 이 절은 화엄종의 도량임에도 불구하고 본전인 무량수전에는 아미타불을 주불로 모셨고, 무량수전 앞에 안양문을 세웠으니 「안양(安養)」은 곧 「극락(極樂)」이란 뜻으로 바로 땅 위에 극락세계를 세운 격이 되는 것이다. 부석사라는 이름은 무량수전 서쪽에 큰 바위가 있는데, 이 바위는 아래의 바위와 서로 붙지 않고 떠 있어 '뜬돌'이라 부른 데서 연유하였다. 1916년 해체 보수시 발견된 기록에 의하면 고려 초기에 무량수전 등을 중창하였으나 공민왕 7년(1358) 적의 병화를 당하여 우왕 2년(1376)에 무량수전이 재건되고 우왕 3년(1377)에 조사당이 재건되었다고 적혀 있다.

경내에는 신라유물인 무량수전 앞 석등, 석조여래좌상, 당간지주 등이 있고, 고려시대 유물인 무량수전, 조사당, 소조여래좌상, 조사당 벽화, 고려각판, 원륭국사비, 삼층석탑 등이 있다. 특히 무량수전은 우리나라 최고의 목조건물 중 하나이며 조사당 벽화는 목조건물에 그려진 벽화 중 가장 오래된 것으로 현재 유물전시관에 보존되어 있다.

(1) 무량수전(無量壽殿, 국보 제18호)

부석사의 본전인 무량수전은 고려 공민왕 7년(서기 1358)에 왜적의 병화로 소실되었다가, 우왕 2년(1376)에 중건되었다. 봉정사 극락전과 함께 우리나라 최고의 목조건물로 꼽히며, 배흘림 기둥과 주심포 양식이 특징인 팔작지붕 집이다. 현재 부석사의 주요 불전으로 아미타여래를 모시고 있다. 서방극락을 주재한다는 아미타여래는 끝없는 지혜와 무한한 생명을 지녔다. 하여 다른 말로 '무량수불'이라고도 한다. 이 건물은 최순우의 '무량수전 배흘림 기둥에 기대서서'로 유명한 배흘림 기둥으로 전각이 세워져 있다.

(2) 조사당(祖師堂, 국보 19호)

조사당(祖師堂)은 고승대덕의 영정을 모시는 전각으로, 부석사 조사당에는 개창자인 의상의 진영이 봉안되어있다. 이곳은 무량수전과 더불어 몇 안 되는 고려시대의 건축문화재로써, 간결한 구조를 보여주고 있다.

조사당의 내부바닥은 전돌을 깔고 정면 어간에 쌍여닫이문을 내고 좌우협간에 광창을 두었다. 평범한 맞배집으로 겹처마이고 7량집이지만 규모가 작아서 서까래를 장, 단연으로 구분하지 않고 하나의 통 서까래를 쓰고 있다. 첨차 밑 단면을 2단으로 사절한 포작기법이기도 하다. 조사당 앞 나무에는 의상대사가 꽂은 지팡이였다는 전설이 전한다. 건물 안쪽의 좌우에는 사천왕상 · 보살상 등 고려 후기에 그려진 벽화가 있다. 이것들은 고려시대 회화 가운데 매우 희귀한 것으로, 고분벽화를 제외하면 가장 오래된 채색 그림 중 하나다.

5 산사, 한국의 산지 승원 [Sansa, Buddhist Mountain Monasteries in Korea]

2018년 유네스코 세계유산등재. 산사는 한국의 산지형 불교 사찰의 유형을 대표하는 7개의 사찰로 구성된 연속 유산이다. 등재된 7개의 산지 승원은 공간 조성에서 한국 불교의 개방성을 대표하면서 승가공동체의 신앙 · 수행 · 일상생활의 중심지이자 승원으로서 기능을 유지하여왔다. 등재된 산사는 경남 양산 통도사, 경북 영주 부석사, 경북 안동 봉정사, 충북 보은 법주사, 충남 공주 마곡사, 전남 순천 선암사, 전남 해남 대흥사로 대한민국 전국에 분포하고 있다. 이곳 산사들은 경사가 완만한 산기슭에 자연친화적이며 개방형 구조를 가지며, 17세기에 마당 중심으로 주불전과 부속 건축물이 신앙과 공간구성 측면에서 긴밀한 연관성을 갖는 유기적 가람구조 양식을 확립하였다.

6 명동성당(사적 258호)

종현성당(鐘峴聖堂) · 명동천주교당이라고도 하며 주변에는 계성여고 · 가톨릭회관(전 성모병원) · 주교관 · 사제관 · 수녀원 · 문화관 · 교육관 등이 있다. 한국에서 현존하는 가장 오래된 양식(洋式) 건물의 하나이다. 명동성당은 고딕건축 성당의 규범에 따라서 충실히 건축되어 건축사적 가치가 매우 높다. 이 성당 건립과정에 무보수로 건축공사에 참여하거나 헌금한 조선인 신도 1,000여명과 조선에서 사역한 선교사 명단을 이 성당의 머릿돌과 함께 묻었다.

이곳은 조선시대 명례방(明禮坊: 천주교 신앙이 유입된 이후, 천주교 신도들의 신앙공동체가 형성된 곳)에 속해 있는 언덕으로, 판서(判書)를 지낸 윤정현(尹定鉉)의 집이었다. 1890년에는 토지소유권이 천주교 측으로 넘어갔으며, 1889년에는 대지에 목조 2층의 고아원을, 1890년에는 주교관을 건립하였다. 이곳에서는 이승훈(李承薰)이 세례를 주었고, 신앙집회가 열렸다. 1830년 이후 선교사들이 비밀리에 선교활동을 전파하던 중심지였으며, 1845년 귀국한 김대건(金大建) 신부가 활동하기도 하였다.

명동성당의 설계자는 코스트(Coste, 한국명 高宜善) 신부이며, 벽돌공 · 미장이 · 목수 등은 중국인이었다. 코스트 신부는 약현성당(藥峴聖堂) · 용산신학교(龍山神學校) 등을 설계하였는데, 1892년 8월 5일 정초식(定礎式)을 거행하고, 1898년 5월 29일에 축성식(祝聖式)을 거행했다.

건물은 경사지 구릉의 산봉우리를 깎은 정상부에 위치하고 있다. 지형과 진입로에 따른 주변 여건에 의하여 출입구 정면이 북서쪽에 있다. 벽돌은 청국인과 김흥민(金興敏)에 의하여 용산방과 한강통(漢江通) 연와소(煉瓦所)에서 제조된 적벽돌과 회색 벽돌을 혼용하여 다양한 이형 벽돌을 사용했다. 벽체와 기둥은 벽돌 조적조이며, 지붕 트러스, 종탑의 종축 지지 구조, 뾰족 탑 구조 등은 목구조이다. 벽돌조는 입면 창과 개구부는 뾰족 아치(pointed arch)이며, 창 윗부분은 판격자(板格子)와 유사한 형상으로 처리되었다.

건축 당시 바닥은 나무로 되어 있었고, 대리석의 주제대(主祭臺)와 벽돌조 부제대(副祭臺,)는 다른 곳에서 제작되어 설치되었다. 내부 천장은 고딕식 리브 보올트(ribbed vault)이며, 내부 입면은 1층 아케이드(arcade), 2층 공중회랑(空中回廊, triforium), 3층 고측창(高側窓, clearstory)으로 구성되었다.

종탑은 정면 중앙에 서 있으며, 아래부터 3면이 개방된 현관부(玄關部), 파이프 오르간실과 시계실로 이루어진 탑신부(塔身部), 종루부(鐘樓部), 그리고 가장 윗쪽인 뾰족탑부로 이어진다. 뾰족탑부는 박공 · 아치 · 작은 뾰족탑 등의 고딕적 장식요소가 풍부하게 표현되어 있다.

제 5 절 성곽(城郭)

1 한국의 성곽

우리나라 전국에는 수많은 성곽이 남아 있다. 높은 산에는 산성(山城)이 있고 나즈막한 산에는 토성(土城)이 있으며 평지나 바닷가에서는 읍성(邑城)의 성벽이 남아 있다. 이러한 성곽 유적은 우리 조상들이 삼국시대 이래 끊임없이 이어진 전쟁의 흔적이라 할 수 있다. 조선 세종 때 양성지(梁誠之)는 "우리나라는 성곽의 나라"라고 말한 적이 있다. 또한 일찍이 중국에서도 "고구려 사람들은 성을 잘 쌓고 방어를 잘 하므로 쳐들어갈 수 없다"라고 말할 정도였다.

2 성곽의 기원

한반도에 성곽이 언제부터 나타났는지는 분명치 않다. 문헌상에 나타난 것으로는《사기(史記)》조선전(朝鮮傳)에 평양성의 존재를 언급하고 있는 것이 처음인데 이는 대체로 기원전 2세기에 해당된다. 한편 남한에서는 이보다 훨씬 늦은 삼한시대에 성곽에 관한 문헌 기록이 보인다. 그러나 철기문화를 누리고 삼국의 왕권이 강화되기 시작한 서기 1세기 무렵에는 적어도 삼한이나 삼국에 성곽과 비슷한 방어시설이 생겨났다고 보며 백제나 신라는 그 영역의 확장에 따라 성이나 책(柵)을 신축했으며 성을 기초로 한 성읍국가를 이루고 있었다고 보인다.

3 성곽의 발달

삼국의 성곽 시설은 대부분 간단한 목책(木柵)이었을 것으로 추측되며 본격적인 석축에 의한 성곽은 삼국이 고대국가로 발전하기 시작한 3세기 이후에 가능했다. 처음에는 간단한 목책의 시설물로부터 시작하여 차츰 토성으로 발전해 갔으며 그 다음 단계에는 많은 인력과 경비가 소요되는 석성을 쌓았다. 목책은 나무 기둥을 엮어 세워 적이 넘어오지 못하게 만든 원시적인 울타리이며 토성은 흙을 다져 넣어 가며 쌓는 판축식(板築式)과 토성이 축조될 곳의 좌우 흙을 파내 둔덕을 쌓아 올리는 삭토법(削土法)이 있는데 판축식은 주로 평지에서, 삭토식은 산등성이에서 사용되었다. 목책성이나 토성, 석성 등은 그 출현 시기가 각기 다르지만 삼국시대, 고려시대, 조선시대를 거치는 동안 기능에 따라 혼재(混在)해 왔으며 조선 후기 실학자들에 의해 벽돌성의 필요성이 제기되었으나 정조(正祖) 때 수원성 축성에서 부분적으로 채택되었을 뿐 우리나라의 성곽은 석성이 주류를 이루고 있다.

4 성곽의 종류

1) 도성(都城)

도성은 왕궁이 있는 도읍지에 수도를 방어하기 위해 쌓은 성곽으로 고조선시대에 평양성의 존재가 문헌에 전해지고 있으며 삼국시대에도 도성을 쌓았다. 평원왕 28년(586)에 축조된 장안성은 고구려 후기의 대표적인 도성으로 수나라의 도성제도를 참고하여 쌓은 것으로 성 안 평지에 바둑판 모양의 시가지를 만들어 규칙적으로 이방(里坊)을 배치하였다. 바둑판 모양의 가로에는 큰 냇돌을 깔았는데 지금도 그 흔적이 남아 있다. 장안성은 현대적인 도시 계획의 방식을 보여 주고 있어 매우 흥미롭다.

2) 읍성(邑城)

읍성은 지방 행정 관서가 있는 고을에 축성되며, 성안에 관아와 민가를 함께 수용하고 있다. 따라서 읍성은 행정적인 기능과 군사적인 기능을 아울러 갖는 특이한 형태이다. 읍성은 평지에만 쌓는 일은 드물고 대개 배후에 산등성이를 포용하여 평지와 산기슭을 함께 감싸면서 돌아가도록 축조되었다. 읍성의 형태는 타원 또는 원형을 이루며 돌이나 흙으로 쌓았다.
전시에는 방어 기능의 성곽이 되어 성문을 굳게 닫고, 군 · 관 · 민이 하나가 되어 성을 지킨다. 이러한 읍성은 우리나라에서만 볼 수 있는 특이한 존재로서 왜구의 침입이 많았던 고려말에 처음 등장하여 조선 초기에 크게 유행하였다. 승주군의 낙안읍성과 홍성의 해미읍성 등은 평지에 축조된 대표적인 읍성이다.

3) 산성(山城)

우리나라 성곽의 대표적인 형태인 산성은 산의 자연적인 지세를 최대한 활용하여 능선을 따라 용이 산허리를 감듯 구불구불 기어 올라가는 형상을 하고 있다. 산성은 평지를 앞에 둔 산에 자리잡는 것이 보통인데, 이것은 들판을 건너오는 적을 빨리 발견하여 이에 대비하기 위한 것이다. 그러나 평지와는 동떨어진 깊은 산 속에 산성을 쌓기도 하였다. 이 경우에는 지형을 이용하여 지구전을 펴려는 생각에서였다. 칠곡의 가산성, 문경의 조령관문, 북한산성, 화왕산성이 여기에 속한다. 북한산성이나 남한산성, 동래의 금정산성, 상주의 백화산성 등은 규모가 큰 산성들이다. 이 가운데 금정산성은 둘레가 17km나 되는 우리나라 최대의 산성이다.

4) 장성(長城)

국경의 변방에 외적을 막기 위해서 쌓은 것이 장성(長城)인데 행성(行星) 또는 관성(關城)으로도 불린다. 장성은 이름 그대로 길이가 수십 킬로미터나 되는 큰 규모의 성으로 산과 산을 연결하여 축조되는 것이 보통이다. 우리나라 장성 가운데 가장 규모가 크고 유명한 것은 7세기 고구려, 11세기 고려 때 쌓은 천리장성이다. 각각 16년, 12년에 걸쳐 완성된 우리의 중요한 문화유산이다.

5 시대별 성곽

1) 고구려의 성곽

고구려는 북방에서 여러 민족들과 다투면서 영토와 국력을 확장하고 고대국가로 성장한 이후 중국의 수 · 당과 세력을 겨루었으므로 일찍부터 축성술이 발달하였고 성곽전에도 뛰어났다. 초기에 도읍을 산 위로 정하였던 것도 외침의 위협 때문이었다. 초기 고구려의 성곽은 대부분 만주지방에 남아 있는데, 대부분의 이들 산성은 성돌을 정연히 쌓아 올린 석루(石壘)로서 산정부터 골짜기에 걸쳐 고리 모양으로 돌아 나갔는데 이러한 형태는 삼국시대 이래 우리나라 산성의 주류를 이루게 되었다. 고구려 산성은 대체로 삼면이 높은 산 또는 절벽으로 둘러싸이고 남쪽만 완만하게 경사가 낮아진 곳에 쌓았으며 성벽은 수직을 이루는 경우가 많다. 지금까지 고구려 성으로 밝혀진 것은 만주 집안(輯案)의 위나암성, 환인산성, 길림의 용담산성, 용강의 황룡산성, 평산의 태백산성 등이 잘 알려져 있다. 남한에는 고구려가 남진정책을 펴 한강 이남까지 진출했을 때 축성한 것으로 짐작되는 단양의 온달산성과 음성의 방이산성이 대표적인 유적으로 남아 있다.

2) 백제의 성곽

백제는 두 번이나 천도를 해야 하는 불운 속에서 삼국 가운데에는 가장 많은 성을 쌓았다. 또한 토성과 목책을 많이 설치하였는데 이는 백제의 영토가 산지보다 평지가 많았기 때문이다. 백제의 축성은 왕도(王都)를 방어하는 데 주력하였는데 하남위례성 시대에는 한강 유역에 말갈과 고구려를 방비하기 위한 축성을 많이 했고 웅진시대에는 공주를 중심으로 그 주변 지역에 고구려와 신라를 막기 위해 성을 쌓았다. 사비시대에는 부소산 위에 왕국을 둘러싼 토성인 부소산성을 쌓고 외곽으로 반달 모양의 나성을 만들었으며 정연한 도성 제도가 확립되어 있었다. 초기 백제 시대의 것으로는 한강변의 풍납토성, 몽촌토성과 광주의 이성산성 등이 대표적이고 북한산의 일부 산성과 아차산성, 불암산성, 공주의 공산성, 부여의 증산성, 청마산성 등이 있다.

3) 신라의 성곽

(1) 통일이전의 신라 성곽

삼국 가운데 가장 늦게 출발한 신라는 서쪽과 남쪽으로 백제, 가야와 국경을 접하게 되고 이들의 도전을 받아야 했으며 바다 건너 왜(倭)의 침공도 그치지 않았다. 또 동북으로는 동해안을 따라 말갈이 수시로 침범해 왔고 진평왕 때부터는 남으로 내려오는 고구려의 세력에 맞서 항쟁해야 했다. 이러한 세력들의 틈바구니에서 성장한 신라는 일찍부터 성을 쌓기 시작하였다. 시조 박혁거세가 왕 21년(기원전 37)에 서울 금성(金城)을 쌓았다는 기록이 있으나 금성이 성곽을 의미하는지는 분명하지 않다. 신라에서는 고구려와 백제처럼 도성을 따로 쌓지 않았다. 왕국의 주위에 나성이 없는 대신 경주 외곽에 명활산성이 도성 방어의 관문 구실을 하였으며, 20대 자비왕 때에는 지방의 요새인 삼년산성을 쌓기도 하였다. 삼년산성은 신라의 삼국 통일 전초 기지로서 중요한 역할을 한 성인데 3년에 걸쳐 축성했다는 기록이 있다.

(2) 통일신라의 성곽

통일을 이룩한 신라는 국토의 재정비에 따라 행정의 중심지역과 황해도, 평안도 등 새로 국경이 된 북방지역에서 대부분 축성이 이루어졌다. 곧 문무왕 때에는 왕도 중심의 방어선이 완공되고, 신문왕 때에는 지방 중심지인 소경(小京)의 성곽이 축조되었으며 효소왕 · 경덕왕 때에는 북방으로의 진출과 함께 장성의 축조가 이루어졌다. 성덕왕에는 국경에 장성을 쌓아 북방의 경계를 굳게 하는 한편 동해의 왜구를 막기 위해 울산에 관문성을 쌓아 동해안 방비를 튼튼히 하였다. 헌덕왕 18년에 평양 북계선(北界線)이 확정되었고 그 이후에는 축성의 기록이 나타나지 않는다.

4) 고려의 성곽

고려는 태조 이후 예종에 이르기까지 약 200년 동안 북방의 변경에 많은 성을 쌓았다. 이러한 변경의 축성은 건국 이후 고려가 추구해 온 북방정책에 기인한 것이라 할 수 있다. 그 가운데에서도 천리장성과 윤관의 9성 설치는 적극적인 영토의 확장이라는 점이서 주목할 만한 일이다. 고려시대에는 석성보다 토성을 더 많이 쌓았으며 도성인 개경이나 강화에도 토성을 쌓았다. 끊임없는 외적의 침략에 시달렸으므로 석성보다는 손쉬운, 그리고 공사기간도 짧은 토성 쪽을 택하였던 것 같다. 고려말에는 왜구를 막기 위해 해안지방에 읍성이 만들어진 것도 특기할 만하다.

5) 조선의 성곽

(1) 조선 전기의 성곽

조선시대 초기에는 고려 말 왜구에 대비하기 위한 연해(沿海)읍성의 축조가 계속되었으며, 한편 북방 변경에서는 행성(行城)의 축성이 이루어졌다. 우선 새 왕조의 창업에 따른 도성의 축조가 있은 뒤 여러 가지 제도와 문물의 정비가 이루어지면서 국방에 대한 필요성이 높아지고 이에 따라 각지에서 읍성이 활발하게 축성되었다. 특히 세종 · 성종 대에 읍성 축조가 활발해져 이제까지 읍성이 없던 곳에 새로 성을 쌓고, 고려시대의 토성을 석성으로 바꾸는 한편 그 규모를 확장하였다. 성곽 축성 기술도 세종 때에 이르러 기술적으로 크게 발전하여 도성의 수축에서 화강암뿐만 아니라 철과 석회를 사용하기도 했다. 세종 때에는 두만강 연변과 압록강 상류 유역을 개척하여 6진과 4군을 설치하게 되었고 영토의 확장에 따라 압록강 · 두만강 연변을 따라 장성을 축조하였다. 조선 전기에는 산성 축성이 크게 유행하였다. 창녕의 화왕산성, 선산의 금오산성, 나주의 금성산성 등이 수축되고 성주의 흘골산성(紇骨山城), 덕주의 삭주산성 등이 신축 또는 개축되었다.

(2) 조선 후기의 성곽

임진왜란이 일어나기 직전 일본의 심상치 않은 동정에 우리 조정에서는 비로소 일본을 경계하기 시작하였고, 경상 · 전라 · 충청도의 방비를 서둘렀다. 그러나 조선 전기에 주로 평지에 산성을 쌓았던 관계로 임진왜란에서 고전을 겪고 나서 조정에서는 서둘러 험준한 산에 성곽을 설치하고 산성을 수축하였다. 남원의 교룡산성, 정읍의 입안산성 · 건달산성, 합천의 이숭산성 등이 이때 수축되었다. 조선 후기에는 종래 우리나라 성곽에 대한 비판이 크게 일어나면서 그 개선책이 논의되었는데 특히 실학자들은 돌보다는 중국의 벽돌로 성을 쌓는 것이 유리하다고 주장하였다. 그러나 그 뒤 실제로 축성에 벽돌을 사용한 것은 수원 화성을 빼고는 찾아볼 수 없다. 수원성은 벽돌을 사용하였을 뿐만 아니라 우리나라 성곽 중에서 가장 완벽한 제도를 갖추었으며 거중기와 활차 등 근대 과학기기를 사용했다는 점에서 특기할 만하다.

6) 서울의 성곽

〈그림 4-18〉 서울 성곽

사적 제10호 서울시 종로구 누상동에 있는 조선시대의 석조 성곽. 둘레 약 18.6km. 면적 59만 6,812m^2. 1396년(태조 5)에 축성되었는데 성벽은 백악, 낙산, 남산과 인왕산의 능선을 따라 축조되었다. 그 길이는 영조척으로 5만 9,500자인데 이 길이를 천자문의 97자 구획으로 나누고 매 자구간 600자로 하여 백악의 동쪽으로부터 천(天)자로 시작되었다. 막음은 백악 서쪽의 조(弔)자 구역으로 끝났다. 이 때 쌓은 성벽은 석성 1만 9,200자, 평지의 토성 4만 300자이며 수구에는 홍예를 쌓고 그 좌우에는 석성을 축조하였다. 홍예 높이는 16자 석성 등을 포함한 길이가 1,050자였다. 성에는 사대문과 사소문을 냈다. 흥인지문은 옹성을 쌓았고 숙정문은 암문으로 하여 문루를 세우지 않았다. 대략의 공사는 이렇게 끝났으나 남대문은 1396년(태조 5)에, 동대문 옹성은 1399년에야 완성을 보였다. 1422년의 도성 수축 공사 때에는 토성 부분을 석성으로 개축하였고 성벽의 수리는 1451년에도 시행되었으나 임진왜란 때 참변을 당하였고 1616년에 일부가 수리되었다. 그 후에도 1704년 · 43년에도 수리를 받았으며 1869년의 동대문의 개축을 끝으로 도성의 수명이 다하였다. 현재에는 삼청동, 성북동, 장충동 일대에 성벽이 남아있다.

(1) 숭례문(崇禮門)

〈그림 4-19〉 숭례문

국보 제1호 서울시 중구 남대문로 4가에 있는 조선시대의 성문 건물. 정면 5칸, 측면 2칸, 중층의 우진각지붕 다포집이다. 서울 도성의 남쪽 정문이며 1396년(태조 5) 창건되었으나 지금의 건물은 1448년(세종 30)에 개축한 것으로, 최근에 있었던 해체수리에 의한 조사에서 1479년(성종 10)에도 비교적 대규모의 보수공사가 있었던 것이 밝혀졌다.이 문은 중앙부에 홍예문을 낸 거대한 석축기단위에 섰으며 현존하는 우리나라 성문 건물로서는 가장 규모가 크다. 석축 윗면에는 주위에 높이 1.17m의 벽돌로 된 여장을 돌려 동 · 서 양쪽에 협문을 열었고, 건물의 외주바닥에는 판석을 깔았다. 건물 내부의 아래층 바닥은 홍예윗면이 중앙간만을 우물마루로 하고 나머지는 흙바닥이

다. 지붕은 위아래층이 모두 겹처마로 사래끝에는 토수를 달고 추녀마루에는 잡상과 용머리, 그리고 용마루 양가에는 독수리머리를 올렸다. 이 건물은 특수한 목적을 가진 성문이기 때문에 가설할 필요가 없어 연등천장으로 되어 있다. 특기해야 할 것은 이 건물의 지붕형태가 어느 시기에 변경된 것인지 뚜렷하지 않으나 당초에는 평양 대동문 또는 개성 남대문과 같은 팔작지붕이었다는 것이 최근에 있었던 해체 수리 시의 조사로 드러났다. 그리고 '숭례문'이라 쓴 현판은 이수광의『지봉유설』에 기록된 내용을 근거로 양녕대군의 글씨로 알려져 있다. 현재의 숭례문은 2008년 방화 화재로 인해 누각 2층이 붕괴되고 1층 지붕도 일부 소실되었던 건물을 5년 2개월의 복원공사를 거쳐 재건한 것이다. 2013년 5월 4일에 준공되어 일반에 공개되고 있다.

(2) 흥인지문(興仁之門)

〈그림 4-20〉 흥인지문(동대문)

보물 제 1호 서울시 종로구 종로 6가에 있는 조선시대의 성문 건물. 정면 5칸, 측면 2칸, 중층의 우진각지붕이다. 서울도성에 딸린 8문 중의 하나로서 정동에 위치하였으며 1396년(태조 5)에 건립되고 1453년(단종 1)에 중수되었으며, 1869년(고종 6)에 이르러 이를 전적으로 개축하여 현재의 모습을 갖추게 되었다. 화강암의 무사석으로 홍예문을 축조하고 그 위에 중층의 문루를 세웠으며 문 밖으로는 반달 모양의 옹성을 둘러싸고 있으나 이것도 고종 6년에 다시 개축한 것이다. 문루의 아래층은 주위 4면을 모두 개방하였으나 위층은 기둥 사이를 모두 창문과 같이 네모나게 구획하여 각각 한짝 열개의 판문을 달았다. 내부는 중앙에 고주를 일렬로 배치하였는데 위아래층의 대량들은 모두 이 고주에서 양분되어 여기에 맞끼워져 연결되는 맞보로 되었다. 위층에는 마루를 깔았고 아래층에는 가운데 칸에만 마루를 깔았는데, 그 아래에 위치한 홍예문이 윗부분을 가리는 구실을 하고 있다. 위층 천장은 이 문루가 다포집 계통에 속하는 건축이면서도 성문이라는 특수한 건물이기 때문에 지붕 가구재를 전부 노출한 연등천장으로 되어 있다. 공포는 아래층이 내삼출목

외이출목이고 위층은 내외삼층목인데 쇠서의 형태는 매우 섬약하고 번잡하게 장식화된 부분이 많으며 조선 말기의 쇠퇴된 수법이 적지 않게 엿보인다.

(3) 돈의문(敦義門; 서대문)

옛서울 도성의 서쪽에 있던 문으로 조선 태조가 서울 도성을 창축할 때 사대문의 하나로 지금의 사직동에서 독립문으로 넘어가는 고개에 세웠던 문이다. 1413년(태종 13)에 풍수지리가 최양선의 건의를 받아들여 패쇄하고 새로 경희궁 자리에 문을 내어 서전문이라 하였다. 그 후 22년(세종 4) 도성을 수축할 때 서전문을 헐어 버리고 그 남쪽 지금의 서대문 마루턱에 새 문을 세워 이름을 옛날의 돈의문으로 고쳤으며 거기에 연유하여 세종 이후, 서대문 안이 새문안으로 불리었고 지금의 신문로도 여기에 유래한다. 1711년(숙종 37)에 예조판서 민진원의 건의로 광화문을 개건할 때, 목재를 준비하여 돈의문의 문루를 개건하라는 명령을 내린 기사가 숙종실록에 나오는 것을 보면 그때 돈의문도 개건이 된 듯하다. 그러나 1915년 일제의 도시계획에 의해 돈의문은 철거되어 지금은 그 형태를 찾아 볼 수 없다.

(4) 숙정문(肅靖門; 북대문)

성북동 계곡 막바지에서 능선을 따라 올라가면 도성 4대문의 하나인 속칭 '북문'이라 하는 숙정문이 나온다. 이 문은 서울의 정북에 위치한 문으로 4소문의 하나인 창의문과 함께 양주와 고양으로 왕래하는 통로로서 태조 때 다른 성문과 함께 축성되었으나 연산 10년(1504)에 원래 위치에서 얼마간 동쪽으로 이전되었다. 이 문은 건립된 지 18년 뒤인 태종 13년(1413)에 풍수지리학자 최양선이 풍수지리학상 경복궁의 양팔이 되는 창의문과 숙정문을 통행하는 것은 지맥을 손상시킨다는 상소를 올리자 조정에서는 이 두 문을 폐쇄하고 소나무를 심어 통행을 금지시켰다 한다. 다만 가뭄이 심할 때만 비를 오게 하기 위하여 숙정문을 열고 남대문을 닫았다고 전해진다. 이 풍속은 태종 16년(1416)부터 있었다 하는데 이는 음양오행설에서 비롯된 것으로 여겨진다. 그 외에도《오주연문장전산고》란 책자에 따르면 이문을 열어놓으면 장안의 부녀자들이 풍행이 음란해지기 때문에 항상 문을 닫아 두었다는 속설도 아울러 전해 오고 있다. 그리고 음력 정월대보름 때가 되면 민가의 부녀자들이 대보름 전 숙정문에 3번 가서 놀다 오면 그 해의 재앙을 면할 수 있다 하여 많은 부녀자들이 이곳을 찾았다 하며, 그리고 또 오래도록 비가 오면 국가에서 4대문에 나아가 비를 그치게 하는 기청제(祈晴祭)를 거행하였다고 전한다.

7) 수원화성(水原華城)

화성은 사적 제3호로서 조선조 제22대 정조대왕 재위시 1794년 1월에 착공하여 1796년 9월에 완공되었으며, 축성시 48개 시설물이 있었으나 시가지 조성 · 전란 등으로 인하여 일부 소멸되고 41개 시설물만이 현존하고 있다. 또한 화성은 유네스코 세계문화유산으로 등록 · 신청되어 1997년 12월 유네스코 총회 시 세계유산으로 등록되었다.

(1) 수원성(水原城)

조선시대 '성곽의 꽃'이라고 불리는 수원성은 1794년부터 2년 반 걸려 1796년 완성되었다. 정조 때였다. 억울하게 죽은 아버지 사도세자에 대한 측은한 마음을 품고 있던 정조는 아버지 묘를 명당의 자리로 모시는 것이 염원이었다. 마침 후보지로 수원 고을 뒷산(지금의 화산)이 물색됐고, 기존의 수원은 현재의 위치인 팔달산 아래로 옮긴다는 계획을 세웠다.

정조로부터 수원성 축성의 명을 받은 젊은 학자 다산 정약용(당시 31세)은 우리의 성(城)과 중국 그리고 유럽 성의 장단점들을 고려하여 성의 둘레와 높이 등 성벽의 규모와 성벽을 쌓을 재료를 정하고, 축성 과정을 기획하였다[3]. 우선 작업과정에서 인부들이 일정한 작업량에 따라 임금을 받을 수 있도록 하여 작업 능률을 올릴 것을 생각하였고, 자재를 운반하는 새로운 수레와 거중기라는 돌을 들어 올리는 첨단 기계까지 고안해냈다.

산성과 평지성의 모습을 두루 갖추고 있는 수원성벽의 총 둘레는 약 5.4km, 평균 높이 5m 정도이고 그 위에는 높이 1.2m 정도의 여장을 쌓았다. 여장은 모두 벽돌로 쌓고 여러 개의 총구를 규칙적으로 뚫어놓았다. 오랫동안 실학자들이 주장해 온 벽돌 사용이 적용된 것이다. 성에는 네 군데 문을 내었다. 북문을 장안문, 남문을 팔달문(보물 402호), 서문을 화서문(보물 403호), 동문을 창룡문이라고 지었다. 이 중 한양으로 향하는 북문인 장안문이 정문이다. 성문에는 각기 옹성을 쌓았다. 성문 밖으로 둥글게 겹으로 성벽을 쌓은 것이다. 그리고 네 군데 성문 외에 비밀 출입구인 암문을 다섯 곳에 내었다. 한편 북에서 남으로 흐르는 개천 위에는 각기 북수문과 남수문을 세웠다. 특히 북수문 위에는 화홍문 누각을 올려 아름다움을 취했다.

성곽 공사가 마무리된 직후 수원성의 공사 전말은 책자로 간행되었다. 《화성성역의궤》가 그것인데, 이 책의 장점은 그때 그때 현장의 일을 빠짐없이 기록으로 남겼다는 것이다. 성곽의 설계 과정, 실제 지어진 건물의 형태, 규격 특징이 요약돼 있고, 공사 시 사용한 자재 운반 기구의 상세한 그림, 공사에 종사한 감독관이나 말단 장인에 이르기까지 각 사람의 이름과 출신지, 작업한 날짜 등이 빠지지 않고 명기되어 있다. 각 관공서간의 공문서 하나도 빠뜨리지 않고 수록돼 있다. 공사와

3 당시 수원 화성의 총 책임자는 채제공이었다.

관련된 내용은 아무리 사소한 것이라도 모두 기록되어 살아 있는 셈이다. 일제 강점기와 한국전쟁을 거치며 훼손된 수원성은 《화성성역의궤》가 있어 1975년부터 약 4년 동안 복원될 수 있었다.

(2) 장안문(長安門)

돌로 높이 쌓은 육축(陸築) 중앙에 홍예문을 내고 육축 위에는 2층의 누각을 세우고 앞쪽에 반원형의 옹성을 쌓았다. 문의 좌우에는 높은 위치에서 적을 공격할 목적으로 성벽보다 돌출된 적대(敵臺)가 있다. 누각은 정면 5칸, 측면 2칸의 다포식 공포를 결구한 우진각지붕의 2층 목조건물이다. 반원형의 옹성은 성문과 달리 벽돌로 쌓았으며 아치의 상부에는 오성지(五星池)라는 구멍이 5개 뚫린 일종의 물탱크가 있는데 이는 적이 불을 지를 때를 대비하여 만든 것이다. 문루에는 대부분 간단하고 튼튼한 익공식 구조를 하는데 수원성의 경우는 장안문과 남문인 팔달문을 다포식으로 하여 장중하고 화려하게 꾸몄다. 문루 상층의 판문에는 괴수의 얼굴을 그려 총안을 위장하고 무섭게 보이게 했다.

(3) 팔달문(八達門) (보물 제402호)

팔달문은 수원성의 남문으로 형태면에서 장안문과 거의 같다. 성문의 육축(肉築)은 일반 성벽과 달리 안팎을 석재로 쌓아올리는 협축방식으로 두껍고 높게 축조한다. 육축에 쓰인 돌은 일반 성돌보다 규격이 큰 무사석을 사용하고 중앙에 홍예를 낸다. 팔달문은 장안문과 함께 성문앞에 또 한 겹의 성벽을 쌓아서 문을 보호하는 시설인 옹성을 육축과 달리 전으로 쌓아 적의 포에 한번에 무너지지 않도록 대비하였다. 모양이 독을 반으로 쪼갠 것과 같다고 하여 '항아리 옹'자를 넣어 옹성(甕城)이라고 하였다고 한다. 옹성 벽에 반복되는 세로줄은 현안으로 짙은 그림자를 남기는 세로줄이 강하게 그어져 강렬한 인상을 남긴다.

(4) 화홍문(華紅門)

수원성을 북에서 남으로 관통하며 흐르는 개천이 있는데 이를 대천(大川)이라 불렀다. 개천이 성안으로 들어오고 나가는 곳에는 각각 수문이 설치되어 있다. 이것이 북수문과 남수문이다. 수문은 여러 개의 아치로 된 다리와 같은 모양을 하고 있는데, 아치의 밑부분은 마름모꼴로 비스듬히 다듬어 물길이 순조롭게 갈라질 수 있도록 세심한 배려를 했다. 특히 북수문 주변은 연못과 누각이 어우러져 경관이 아름다워, 이를 감상할 수 있게 수문 위에 화홍문(華紅門)이라는 누각을 세운 것이 눈길을 끈다. 화홍문의 입구 좌우에는 돌로 만든 해태를 세워 방어의 뜻을 담았다.

(5) 봉화대

봉화는 성 주변을 정찰하여 사태를 알리는 통신 역할을 하는 시설이다. 봉돈에는 다섯 개의 커다란 연기 구멍을 두어 신호를 보낼 수 있도록 하고 있다. 성 주변에 아무런 이상이 없는 평상시에는 남쪽의 첫째 것만 사용했다. 봉돈에는 불 붙일 재료가 항시 준비되어 있었다. 특히 이리나 늑대의 똥은 빗물에 젖어도 잘 탈 정도로, 봉돈에 없어서는 안 될 중요한 재료였다. 하지만 밤에는 불로, 낮에는 연기 신호로 성 주변의 사태를 전달하는 연락이 종종 끊기는 일도 있었다. 그래서 앞에 있는 봉수대에 연기가 오르지 않거나 비, 안개, 짙은 구름 등이 끼는 기상 상태로 봉수 연락이 불가능할 때에는 봉수군이 직접 달려가서 보고하기도 했다.

(6) 서장대

수원성 내 서쪽 끝에 위치한 군사 지휘소인, 이곳은 수원성 안에 만들어진 유일한 정자이다. 조선시대 정자 건물의 뛰어난 건축미와 단청이 화려하다.

(7) 암문

수원성에는 모두 다섯 곳에 암문이 설치되어 있다. 북암문, 동암문, 서암문, 서남암문, 남암문이 그것이다. 이런 수원성의 암문은 다른 성들과 다르게 성벽에 따로 전돌로 벽을 쌓고, 윗부분이 둥근 아치형의 문을 내고 있다. 특히 이 서남 암문 바로 곁에는 온돌방이 마련되어 있는 포사라는 망루가 세워져 있다. 이곳에 망루가 세워진 까닭은, 이곳이 팔달산 높은 곳이어서 적을 쉽게 감시할 수 있기 때문이다.

(8) 적대(敵臺)

적대란 성곽의 중간에 약 82.6m의 간격을 두고 성곽보다 다소 높은 대를 마련하여 화창이나 활과 화살 등을 배치해두는 한편 적군의 동태와 접근을 감시하는 곳으로 옛날 축성법에 따른 성곽 시설물이다. 화성 축성대에는 이미 총포가 전쟁에 사용되던 때이지만 옛날의 축성법에 따라 적대를 만들어 활과 화살 대신 총포를 쏠 수 있도록 총안을 마련하였다.

(9) 공심돈(空心墩)

돈은 일종의 망루와 같은 것으로 이미 남한산성과 강화도의 해안 주변에 설치한 적이 있다. 그러나 공심돈, 곧 돈의 내부가 비도록 한 것은 아마도 수원성이 최초가 아닌가 생각된다. 수원성에는 서북 공심돈, 남공심돈, 동북공심돈 등 세 군데에 공심돈이 설치되어 있다. 서북 공심돈은 화서문 북치위에 있다. 치의 높이 15척이고 그 위에 전돌로 돈대를 네모지게 높이 쌓았다. 높이 18척이고 아래의 넓이는 23척, 위의 넓이는 21척으로 위로 갈수록 좁아진다. 내부는 3층으로 꾸며 2층과 3층 부분은 마루를 깔고 사다리로 오르내리게 하였다. 돈대의 꼭대기에는 포사를 지었으며 돈대 외벽에는 총안과 포혈 등을 뚫었다. 남공심돈은 남암문의 동치 위에 세워져 있다. 제도는 서북 공심돈과 같고 규모가 약간 작다. 꼭대기에는 건물을 지었는데 판 문을 달지 않고 사방을 개방하였다.

(10) 각루(角樓)

비교적 높은 위치에 누각 모양의 건물을 세워 주변을 감시하기도 하고 때로는 휴식을 즐길 수 있도록 한 것이 있는데 이를 각루라고 한다. 동북각루, 서북각루, 서남각루, 동남각루가 있다. 방화수류정이라고 부르는 건물은 그 형태가 불규칙하면서도 조화를 이루고 주변 경관과 어울림이 뛰어난 건물로, 조선건축의 전성기에 정자 건물의 높은 수준을 잘 반영해 주고 있다. 북쪽 수문인 화홍문에서 동쪽으로 경사져 올라간 위치에 있다. 아래쪽으로 용연이 내려다보이는 곳에 성벽에 대어서 용두라는 바위 위에 누각을 세웠다.

(11) 포루(砲樓)

포루는 성벽의 일부를 밖으로 돌출시켜 치성과 유사하게 하면서 내부를 공심돈과 같이 비워 그 안에 화포를 감추어 두었다가 적을 공격하도록 만든 것이다. 모두 전돌을 쌓아 벽을 이루고, 위에는 작은 누각신의 건물을 올렸는데 수원성에는 서포루, 북서포루, 동포루, 동북포루, 남포루의 다섯 곳에 포루를 설치하였다.

(12) 화성행궁(華城行宮)

정조가 현륭원을 찾을 때 머물던 임시처소로 평상시에는 부아(府衙)로 사용되었던 장소이다. 초기에는 행궁과 수원부 신읍치의 관아건물을 확장 · 증축하여 사용하다가 정조13년(1789)에 기존 건물을 철거하고 건축되었다. 수원화성이 완공되었을 때는 576칸의 규모로 조성되었다. 정문은 신풍루(新豊樓)로 정조 14년(1790)에 진남루(鎭南樓)라 이름하였던 것을 1795년 정조의 명에 의해 고쳐 달게 되었다. '풍남'이란 정조에게 있어 화성은 고향과 같다는 의미로 이곳에서 정조는 백성들에게 쌀을 친히 나누어 주고 죽을 끓여 먹이는 진휼 행사를 벌이기도 하였다. 그리고 봉수당(奉壽堂)은 화성 행궁의 정전 건물이자 화성 유수부의 동헌 건물로 장남헌(壯南軒)이라고도 한다. 이곳에서는 혜경궁 홍씨의 회갑연 진찬례를 거행하였다. 이때 낙남헌(洛南軒)에서는 혜경궁의 회갑연을 기념하여 군사들의 회식을 주관하고 특별과거시험과 양로연을 치르기도 하였다. 회갑연을 위해 찾은 행궁에서 혜경궁은 장락당(長樂堂)에 머물렀다. 이 외에도 정조 행차 시 머물렀던 내당인 복내당, 장용영의 군사들이 숙직하는 남군영과 북군영, 후원의 정자인 미로한정 등 다수의 건물이 있다. 정조의 승하 후에는 순조 1년(1801) 행궁 곁에 화령전(華寧殿)을 지어 정조의 진영을 봉안하였다.

8) 남한산성

사적 제57호. 경기도 광주시에 위치한 둘레 약 8km의 도립공원이다. 백제의 시조인 온조(溫祚)의 성이라고 전하기도 하며, 최초의 기록은 신라 문무왕 때 주장성(晝長城)란 이름으로 축조된 것으로 〈동국여지승람 東國輿地勝覽〉에는 일장산성(日長山城)이라 기록하고 있다. 이후 험한 지형의 장점을 최대한으로 활용하여 군사적 기능을 수행하기 위해 1624년(인조 2)에 왕명에 의해 개축하여 4문(門)과 16암문(暗門), 행궁(行宮), 옹성(甕城), 성랑(城廊), 우물 등을 갖추어 1626년 완공되었다. 이 때 공사의 많은 부분을 각도의 승군을 동원하여 진행해 산성 안에 이들을 위한 7개의 절을 지었다. 지금은 장경사(長慶寺)만 남아 있다. 이 후 순조 때까지 1688년(숙종 14) 행궁 내에 좌덕당(左德堂), 종묘를 모실 좌전(左殿, 숙종 37년), 남문 안에는 사직을 모실 우실(右室)을 세우는 등 여러 시설을 확장하였다. 관청으로는 좌승당(坐勝堂), 일장각(日長閣), 수어청(守禦廳), 제승헌(制勝軒) 등을 두었으며, 군사기관으로 비장청(裨將廳), 교련관청(教鍊官廳), 기패관청(旗牌官廳) 등을 두었다. 또한 종각 · 마구(馬廏), 뇌옥(牢獄), 온조왕묘, 성황당, 여단(厲壇) 등을 두고, 승군을 총괄하는 승도청(僧徒廳)도 있었다.

지금은 서장대(일명 守禦將臺)만 남아 있으나 이전에는 남한산성의 수비를 위해 수어청을 두고 하위 기관으로 전 · 후 · 중 · 좌 · 우의 5관(五管)을 두어 진을 구성하였다. 이밖에도 현절사(顯節祠) · 연무관(演武館) · 지수당(池水堂) · 영월정(迎月亭) · 침과정(枕戈亭) 등이 있다. 1636년(인조 14)에 있었던 병자호란 당시에는 왕이 이곳으로 피신하였으나, 전쟁의 패배 이후 삼전도(三田渡)의 굴욕을 경험하기도 하였다.

남한산성은 탁월한 한국 산성 건축으로 아직도 주민들이 생활하고 있는 살아있는 유산으로 완전성과 진정성 그리고 보존관리의 우수성이 인정되어 2014년에 유네스코 문화유산으로 등재되었다.

9) 구 서울역사(舊 서울驛舍)

1981년 9월 25일에 사적 제284호로 등재되었다. 이 건조물은 일제강점기인 1922~1925년에 지어졌으며, 총 면적은 2,964m^{2}이다. 건물의 구조는 지하 1층, 지상 2층의 석재가 혼합된 벽돌식 역 건물이다. 1층은 르네상스 궁전건축 기법으로 처리하고, 1층 윗부분과 2층은 붉은 벽돌로 쌓았으며, 부분적으로 화강석을 장식하여 마감하였다. 현재 이 건물은 여객전용 건물로 사용되고 있으며, 우리나라에서 가장 오래된 철도 건물이라는 점에서 건축사적 가치가 크다.

p.352 한국 철도의 역사를 참고

제 5 장

불교, 불교적 자원

제 1 절 불교의 이해

1 불교의 기원과 주요용어

1) 불교의 기원

불교는 석가모니의 입멸 후 제자들에 의한 불설(佛說) 편찬인 《불전결집(佛典結集)》과 교단의 조직화를 통해 비로소 종교로서의 면모를 갖추게 되었다. 불설 중 교리와 사건에 관한 부분을 법(法)이라 하고, 출가자들의 행위에 관한 규정과 승가의 운영 및 규율에 관한 부분을 율(律)이라 하는데, 여기서 경(經) · 율(律), 이장(二藏)이 성립되었다. 그러나 교단은 외면상으로는 평온했지만 내면적으로는 보수파와 진보파간의 갈등이 심각하여 보수적 상좌부(上座部)와 진보적 대중부(大衆部)로 분열되었고, 훗날 진보파들과 재가신도(在家信徒)들을 중심으로 대승불교 운동이 일어났다. 역사적인 전륜성왕(轉輪聖王)이었던 고대 인도 마우리아왕조의 아소카왕에 의해 불교는 인도 전역으로 확대되었고, 카니슈카왕대에 이르러 서역 제국과 중국으로 전파되었다. 그리고 이는 다시 한국을 거쳐 일본으로, 또 다른 경로는 동남아시아 방면으로 전파되었다. 전자는 대승불교, 후자는 소승불교라고 한다.

2) 소승불교와 대승불교

소승불교가 아라한의 불교라면, 대승불교는 보살의 불교이다. 대승경전은 오로지 보살의 이념과 실천에 대해 설하고 있다고 해도 지나치지 않다. 보살이란 깨달음을 구하는 사람, 그리고 위대한 사람이라는 의미이며 불타가 되겠다는 커다란 서원을 세우고 고된 수행을 실천하고 있는 사람을 말한다. 따라서 보살에게는 자기가 불타가 될 수 있는 소질을 갖추고 있다는 신념이 없으면 안 된

다. 이 점이 찬불승이나 소승과 다른 대승의 독자적인 입장이다. 우선 소승과 다른 점은 소승, 즉 부파불교는 아라한이 되는 것을 목표로 하여 교리를 조직하고 있다. 제자가 불타와 똑같은 깨달음을 얻는다고 하는 것은 소승불교에서는 생각할 수 없다. 거기에는 당연히 자기에게 불타가 될 수 있는 소질, 즉 불성(佛性)이 갖추어져 있다는 인식도 없다. 성불할 수 있는 것은 불타와 같이 위대한 사람뿐이라는 생각이다. 이 자기인식의 차이가 바로 대승불교와 부파불교의 근본적인 차이이다.

3) 선사상(禪思想)

일반적으로 알려진 선(禪)이란 말은 고대 인도의 명상법인 요가에서 비롯된 것인데, 붓다의 깊은 사유와 정각을 통해 불교의 실천 수행인 선정(禪定)으로 대표되는 용어이다. 선이란 원래 범어의 dhyana, 팔리어의 jhana의 음사이다. 원어는 마음을 통일하는 것, 마음을 특정한 것에 집중하는 것을 의미한다. 의역해서 정려(靜慮), 의미를 첨가해서 선정(禪定)이라고도 한다. 이것은 유가(瑜伽; 요가), 삼매(三昧) 등과 함께 고래로 인도에서 중시된 명상의 실천을 나타내는 말의 하나이다. 중국 선에는 한 스승에서 한 제자에게로 직접 불법(佛法)을 전수하는 '사자상전(師資相傳)'의 수수(授受) 형태가 보여지는데 이것은 인도불교에서는 볼 수 없던 것이다.

4) 불교의 종교적 특성

신(神)을 내세우지 않으며, '지혜(智慧)'와 '자비(慈悲)'를 중심 사상으로 한다. 지혜란 무상(無常) · 연기(緣起)가 중심인 사상으로 후에 공(空)의 사상으로 발전한다. 자비는 무한 · 무상(無償)의 애정과 일체의 평등을 주장하는 사상으로 누구에게나 누구나 평등하여야 하며, 애정으로 대해야 함을 강조하고 있다. 불교사상은 현실을 직시(直視)하고 현실에서 자비와 지혜를 실천할 것을 강조하고 있다. 불교사상에 있어 최종의 목표이며 이상의 경지는 각성(覺性) 또는 해탈(解脫)로 이를 이루어 열반(涅槃; 니르반)에 이르기를 기원하는 사상이다.

5) 불교사상을 이해하기 위한 용어

(1) 석가모니

석가라고 하는 부족 출신의 성자(聖者, muni)를 의미하며, '붓다'라는 용어는 자각한 사람, 진리를 깨달은 사람을 의미한다. 이것이 중국에 전해져 불타(佛陀), 불(佛), 부도(浮屠) 등과 같이 한자의 음과 훈을 빌어 표기하게 되었다.

(2) 삼보(三寶)

불교에서 삼보(三寶; 세 가지 보물)이라 함은 바로 진리를 깨우치신 부처[佛寶], 부처의 진리의 말씀[法寶], 그리고 부처님의 법대로 수행하는 스님[僧寶]를 가리킨다. 바로 이 삼보에 지극한 마음으로 귀의하는 것이 불교 신앙의 핵심이다. 우리나라에서는 예로부터 삼보사찰(三寶寺刹)이라 하여 통도사와 해인사, 송광사를 신앙의 근본이 되는 사찰로 존중하여 왔다.

불보(佛寶)사찰 통도사는 신라시대 자장(慈藏, 590~668)에 의하여 부처의 진신사리가 봉안된 우리나라의 대표적인 적멸보궁이다. 법보(法寶)사찰 해인사는 세계의 문화유산인 고려 목판팔만대장경을 봉안하고 있는데 부처의 가르침인 경전의 목판인 경판을 모셨다는 의미에서 법보사찰의 위치에 놓이게 되었다. 승보(僧寶)사찰인 송광사는 고려시대 이후 16국사가 배출된 승가의 대표적 사찰로서 우리나라 최고의 승보사찰로 숭앙되어 왔다.

(3) 적멸보궁

적멸보궁에 불사리를 모심으로써 부처가 항상 이곳에서 적멸의 즐거움[樂]을 누리고 있음을 의미한다. 따라서 진신사리를 모시고 있는 이 불전에는 따로 불상을 봉안하지 않고 불단만 갖춘다. 적멸보궁 바깥쪽에 사리탑을 세우거나 계단을 만들어 진신사리를 봉안한다.

우리나라는 불사리를 모신 곳이 많지만 대표적인 5대 적멸보궁으로는 양산 통도사 적멸보궁, 평창 오대산 중대(中臺)의 월정사 적멸보궁, 인제 설악산 봉정암의 적멸보궁, 영월 법흥사 적멸보궁, 정선 정암사 적멸보궁 등이 있다.

(4) 여의주

글자 그대로 뜻하는 바를 모두 이룰 수 있는 구슬로 전설에 따르면 용왕의 뇌속에서 나온 것이라 하며, 사람이 이 구슬을 가지면 독이 해칠 수 없고 불에 들어가도 타지 않는 공덕이 있다고 한다. 제석천왕이 아수라와 싸울 때 부서져 남섬부주에 떨어진 것이 변한 것이라고도 하며, 지나간 세상의 모든 부처의 사리가 불법이 멸할 때에 모두 변하여 이 구슬이 되어 중생을 이롭게 한다고도 전하여진다. 여의륜관음은 두 손에 이 보주를 가졌고 사갈라 용왕의 궁전에도 있다고 한다. 밀교에서는 이것을 극 비밀로 여겨 대비 · 복덕 · 원만의 표시로 삼고 있다.

(5) 금강계단(金剛戒壇)

부처의 계율을 받는 단을 이야기하는 것으로, 특별히 금강계단이라고 부르는 것은 계를 지키는 마음이 금강과 같이 굳건하여 자칫 파계하는 일이 없기를 기원하는 의미가 깃들어 있다고 할 수 있다.

(6) 팔상도(팔상성도; 부처님의 여덟 가지 모습)

부처님의 80년 생애란 모두가 오직 중생을 제도하기 위하여 몸을 낮추어 보인 방편이었다. 즉 부처의 일생은 생사고해에서 허덕이는 중생으로서의 일생이 아니라, 중생을 교화하기 위하여 일부러 생사고해에 드는 원력으로서의 일생이라는 것이다. 그리하여 부처는 일생 동안에 중생을 제도하기 위하여 크게 여덟 가지의 모습을 보였으니 이것을 팔상성도(八相成道)라 한다. 이 그림은 도솔래의상(兜率來儀相), 비람강생상(毘藍降生相), 사문유관상(四門遊觀相), 유성출가상(踰城出家相), 설산수도상(雪山修道相), 수하항마상(樹下降魔相), 녹원전법상(鹿苑轉法相), 쌍림열반상(雙林涅槃相)으로 구성되어 있다.

2 불교의 한반도 전래 및 시대별 불교양상

한반도에 불교가 전래된 것은 삼국시대로 당시 우리 민족은 불교를 외래종교로 받아들였으나 점차 단순한 종교로서의 기능만이 아니라 전반적인 민족문화를 형성하는 데 중추적인 역할을 했다. 삼국 가운데에서 제일 먼저 불교를 받아들였던 나라는 고구려였으며, 소수림왕 2년(372)에 전진의 부견왕이 순도(順道)를 시켜 불상과 불경을 고구려에 전하였다. 소수림왕은 불교를 받아들이고 사신을 보내어 감사의 뜻을 표하고 순도로 하여금 왕자를 가르치게 했다. 소수림왕 4년(374)에는 진나라의 승려가 고구려에 왔다. 소수림왕은 우리나라 최초의 절인 초문사(肖門寺)와 이불란사(伊弗蘭寺)를 세우고 순도와 아도(阿道)를 각각 그 절에 머물도록 하였다. 처음에 불교는 기본적인 교학보다는 재래의 토속신앙과 상통하는 인과와 구복사상으로 받아들여졌다.

1) 삼국시대 불교

(1) 고구려

제17대 소수림왕 2년(372)에 불교를 공식적으로 받아들여 한자의 발달과 건축, 조각, 회화 등 국가문화 형성에 지대한 공적을 남겼으며 일본의 삼론종 종조가 된 혜관(慧灌)법사, 신라 거칠부에게 가서 신라 불교의 승통(僧統)이 된 혜량(惠亮)법사, 일본 법륭사 벽화로 유명한 담징대사 등은 동방문화사에 고구려 불교의 흔적이라 할 수 있다.

(2) 백제

백제에는 고구려보다 12년 뒤인 침류왕(枕流王) 원년(384)에 불교가 전래되었다. 인도의 고승 마라난타(摩羅難陀)가 동진에서 바다를 건너 백제로 들어오자 왕은 그들을 궁안에 머물도록 하였고 이듬 해 10명의 백제인을 출가시켰다. 이후 백제의 불교는 성왕(聖王) 4년(526)에 인도에서 귀국한 겸익(謙益)을 맞이함으로써 크게 발전하였다. 백제는 특히 불교경전과 고승, 예술가, 기술자를 일본에 보내어 일본문화에 영향을 주었다. 제29대 무왕은 신라 24대 진평왕의 셋째 공주인 선화공주를 왕비로 삼아, 즉위 후 어느 날 사자사에 행차하는데 용화산 아래 큰연못에서 미륵삼존불이 나타남을 보고 절을 지어줄 것을 소원해, 연못을 메워 미륵사를 창건하였다는 이야기가 전한다. 이곳에 높이 47자 되는 6층 석탑을 세웠는데 현재 5층이 남아 있다.

(3) 신라

신라의 불교 수용은 순탄하지 않았다. 고구려의 전도승들은 신라에 들어와 불교를 왕실이 아닌 민간인들에게 포교하기 시작하였다. 눌지마립간(눌지왕)시대에 고구려에서 신라에 들어온 묵호자(墨胡子)가 신라의 서북경 지방인 일선군(一善郡)에 들어와 모례(毛禮)의 집에서 불법을 전하여 모례는 신라인으로서 최초의 신도가 되었다. 당시에 중국 사신이 향을 신라에 가지고 오자 묵호자는 법흥왕의 딸 성국공주의 병을 향을 태우고 기원을 올려 완쾌시켰다. 이로써 왕실에서도 불교를 알게 되었으나 홍포되지는 않았다. 그 뒤 소지마립간(소지왕) 때에 고구려에서 삭발승인 아도가 들어와 불법을 전도하여 불교를 신봉하는 자가 크게 늘었던 것으로 전해진다.

특히, 신라는 법흥왕의 출가로 크게 발전하는 계기를 맞았다. 이 후로 법흥왕의 부인인 파도부인 역시 출가해 기록으로 전하는 한국 최초의 비구니로 기록되고 있다. 신라불교의 특색은 정토사상이라 할 수 있다. 이는 지금 살고 있는 이 땅이 바로 정토라고 믿는 사상으로 고구려나 백제의 불교와는 다른 모습을 보인다. 신라불교를 대표하는 원효대사의 학문적 업적 역시 신라불교를 중흥시킨 힘이라 할 수 있다. 또한 호국안민정신으로 원광법사의 세속5계는 화랑도의 기조가 되어 삼국통일의 저변에 깔린 불교의 영향을 말해준다.

2) 고려

고려의 불교는 왕사(王師), 국사(國師)의 제도가 있어 백성의 숭앙을 받았으며 국가와 사회의 정치와 행정에 참여한 것을 알 수 있다. 고려불교의 양상은 귀족화되어 민중과 유리되어 감으로써 조선조 억불정책의 요인으로 남기도 하였다.

3) 조선

고려조에 융성하던 불교가 억불정책으로 인해 산중불교로 전락하였으며, 조선조에 이루어진 중요 불교건축 중 흥천사, 원각사 10층탑, 법주사 팔상전, 김홍도가 그렸다고 전해지는 수원 용주

사의 후불탱화 등과 세조 5년(1459)에 불교음악인 영산회상곡을 제작하여 조정의 정악으로 삼는 등의 행적을 볼 수 있다. 그리고 임진왜란과 같은 국난의 시기에는 서산대사, 사명대사 등에 의한 승군의병 활동이 행해졌다. 이는 삼국시대 이후로 이어져오는 호국불교 사상을 볼 수 있는 예라 하겠다.

4) 중국

대체로 기원전후 무렵 한과 간다라와의 동서교역을 담당했던 비단무역상을 따라 불교의 승려가 중국으로 들어오며 전래되었을 것으로 보여지며, 기록에 의하면 후한 명제(58~75) 때, 황족인 초왕(楚王) 영(英)이 불교를 믿었다는 불교에 관한 최초의 기록이 전해진다.

제 2 절 사찰의 구성과 관계 기물

1 사찰의 시대적 특징

사찰은 절 · 사원(寺院) · 정사(精舍) · 승원(僧院) · 가람(伽藍) 등으로 불린다. 불교 사찰의 어원은 산스크리트의 '상가라마'이다. 그것을 중국에서 승가람마(僧伽藍摩)라고 음역(音譯)하였고, 후에는 '가람'이라고 표기하게 되었다. 중국에서는 사(寺)나 사원(寺院)이라 부르며, 이는 회랑이나 담장으로 둘러 싸인 건물을 의미한다. 중국 당 이후에 사(寺)는 사찰을, 원(院)은 사찰 내 특정 건물을, 암(庵)은 산 속 사찰이나 토굴양식의 사찰을 가리켰다. 우리나라의 '절'이라는 명칭의 유래에 대해서는 여러 설이 있으나 사찰에 가서 절을 하는 관례에서 유래된 것으로 보기도 한다.

불교 역사상 최초로 등장한 절은 마가다국 왕사성(王舍城)의 죽림정사(竹林精舍)이다. 인도에서는 승려들이 사는 곳을 비하라(精舍), 차이트야(之提), 승가람(伽藍), 아란야(阿蘭若) 등 4가지로 구별하여 불렀다고 한다. 일반적으로 가람배치 양식은 고구려시대에는 1탑3금당, 백제는 1탑1금당 양식을, 신라는 1탑3금당 병렬식을, 고려는 무탑식과 혼재된 양식이 사용되었으며, 조선시대는 고려 가람배치의 계승과 모방에 그친 특징을 가지고 있다.

1) 고구려

가장 먼저 불교를 받아들인 375년에 초문사(肖門寺), 이불란사(伊弗蘭寺) 등이 창건되었고, 392

년(광개토대왕 2)에는 평양에 9개의 절이 창건되었으며, 또한 498년(문자왕 7)에 금강사(金剛寺)가, 영류왕 때는 영탑사(靈塔寺) · 육왕사(育王寺) 등 많은 절이 건립되는 등 활발히 불교를 받아들이며, 사찰건축에도 힘썼음을 알 수 있다. 1937년 평양 청암동의 금강사지(金剛寺址, 5세기)의 예에서는 남향으로 중문(中門) 안에 팔각목탑이 배치되고 동서(東西)에 2개의 건물터가 있으며 북쪽에 3개의 건물터가 동서로 나란히 배치되어 있음이 확인되었다. 1975년에 발굴된 평양 왕릉동 정릉사지(定陵寺址, 5세기)는 남향으로 중문 안에 팔각목탑이 배치되고 동서에 2개의 건물터가 있으며 북쪽은 회랑으로 막혔고, 회랑 안에 3개의 건물터가 동서로 나란히 배치되어 있었다. 그리고 중문에서 팔각탑이, 경내는 회랑으로 둘러져 있었다. 고구려는 팔각의 목탑을 사찰의 중심 건물로 하는 1탑3금당식(一塔三金堂式)에 가람배치를 즐겨 했던 것으로 추정하고 있다.

〈그림 5-1〉 청암리사지 가람 배치도

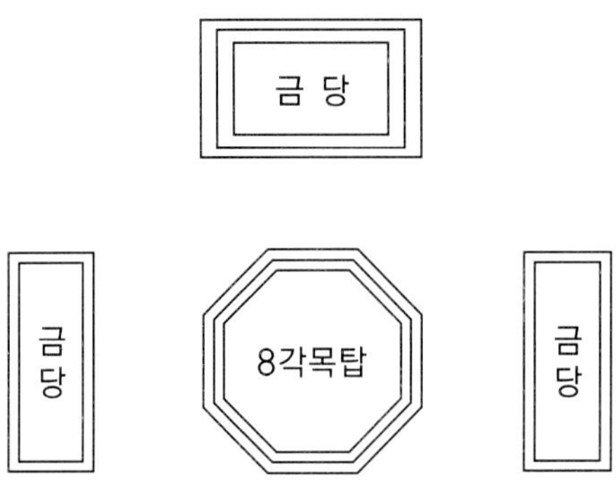

2) 백제

백제의 한성시대 절터는 아직 한 곳도 발견되지 않았다. 공주에 있는 대통사지(大通寺址)는 527년(성왕 5)에 창건된 절이다. 기록상으로는 왕흥사(王興寺) · 칠악사(漆岳寺) · 오합사(烏合寺) · 천왕사(天王寺) · 도양사(道讓寺) · 미륵사(彌勒寺) · 보광사(普光寺) · 호암사(虎灸寺) · 백석사(白石寺) · 오금사(五金寺) · 사자사(獅子寺) · 북부수덕사(北部修德寺) 등이 있었다. 발굴현황은 1936년의 부여 군수리사지(軍守里寺址), 1938년의 부여 동남리사지(東南里寺址), 1966년의 부여 은산면 금강사지(金剛寺址), 1980년의 부여 정림사지(定林寺址), 1982년 익산 미륵사지 등의 발굴이 이루어졌다.

부여 군수리사지는 절이 남향으로 중문 · 방형목탑 · 금당 · 강당이 남북 일직선상에 배치되고, 중문에서 강당까지 회랑이 둘러져 있다. 또, 금당과 강당 좌우에는 2개의 건물터가 있다. 동남리사지는 절이 남향으로 중문 · 금당 · 강당이 남북 일직선상에 배치되고 중문에서 강당까지 회랑이 둘러져 있다. 이 동남리사지에는 탑지가 없는 것이 특이하다. 금강사지는 동향으로 중문 · 탑 · 금당 ·

강당이 동서 일직선상에 배치되고 중문에서 강당까지 회랑이 둘러져 있다. 정림사지는 남향으로 중문 · 탑 · 금당 · 강당이 남북 일직선상에 배치되고 중문에서 강당까지 회랑이 둘러져 있다. 익산 미륵사지는 남향으로 3개의 탑과 3개의 금당이 동서로 나란히 배치되어 있다. 일탑일금당식(一塔一金堂式)의 가람배치가 많은데 익산 미륵사지는 일탑일금당병렬식으로 이해되고 있다.

〈그림 5-2〉 익산 미륵사지 가람 배치도

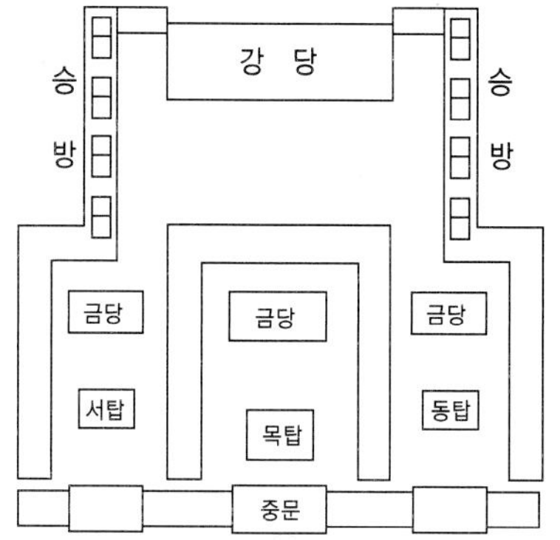

〈그림 5-3〉 부여 군수사지 가람 배치도

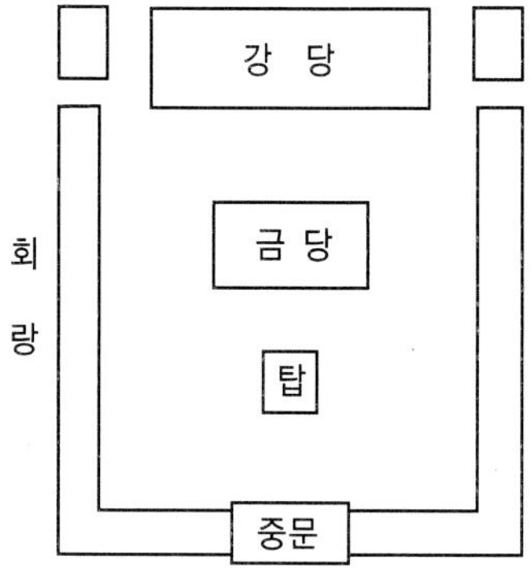

3) 신라

신라는 법흥왕(法興王) 이후 많은 사찰이 건립되었다. 고구려와 백제의 경우는 하나의 탑을 중심으로 일정한 숫자의 건물이 배치되는 양식이지만 신라의 경우에는 건물의 수가 일정하지 않고 다양하게 나타나는 특징을 갖는다.

534년에 흥륜사(興輪寺)가 착공되어 544년에 준공되었고, 535년에 영흥사(永興寺), 566년에 기원사(祇園寺), 597년에 삼랑사(三郎寺), 553년에 기공하여 645년에 완공한 황룡사(皇龍寺), 634년에 분황사(芬皇寺), 635년에 영묘사(靈廟寺) 등이 창건되었다. 이 중에 확실한 가람배치를 알 수 있는 것은 황룡사지이다.

황룡사지는 목탑지 남방 전방의 좌우에 치우쳐 경루와 종루로 보이는 건물지가 있고 금당과 강당 좌우에도 나란히 동당(東堂), 서당(西堂)의 건물지가 각각 노출되어 고구려 양식인 일탑삼금당(一塔三金堂) 배치의 영향을 받았음을 알 수 있다. 또한 강당 및 중문의 좌우에서 나온 회랑은 금당 좌우에 회랑과 서로 만나지 않고 그냥 동서로 뻗어지고 있는 특이한 양식으로 신라 가람배치의 특색을 보여주고 있다.

경주시 적동 고선사지의 경우에는 단탑식 배치인데 협소한 지리적인 여건 탓인지는 알 수 없으나 중문 다음에는 바로 금당과 강당의 순으로 배치되어 회랑에 싸여 있으며 탑은 금당과 중문 사이에 해당하는 서쪽에 회랑 밖에 독립된 회랑을 갖고 배치되어 있는 특징을 보여주고 있다. 또 탑원(塔院)과 금당원(金堂院)이 만나는 쪽에만 두 회랑이 겹쳐 복랑(複廊)으로 되어 있는데 이러한 가람배치는 일본의 국분사로 이어지고 있다. 신라의 사찰들은 평지(平地)에 있는 점이 특징이며 절의 중심 건물은 여전히 탑이다.

〈그림 5-4〉 황룡사터 가람배치도

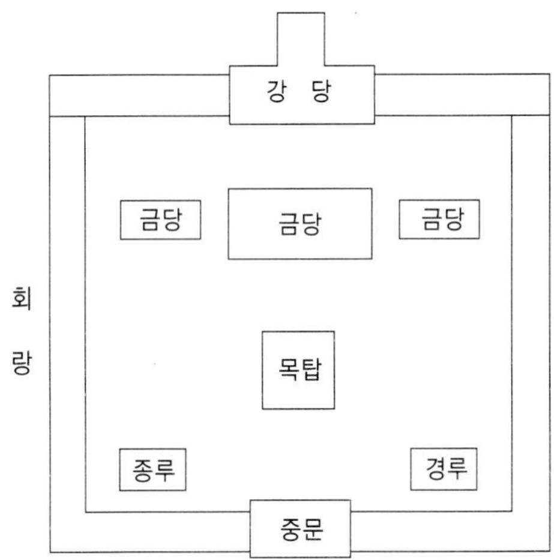

4) 통일신라

통일신라 때는 수많은 가람이 있었다. 이 중에 대표적인 것이 1959년에 발굴 · 조사된 감은사지(感恩寺址)와 일제 강점기에 조사된 천군리사지(千軍里寺址), 단편적으로 조사된 망덕사지(望德寺址), 사천왕사지(四天王寺址) 및 1969년에 발굴 · 조사된 불국사(佛國寺) 등이다.

감은사지는 남향으로 중문 · 금당 · 강당이 남북 일직선상에 배치되고 금당 앞 좌우에 쌍탑(雙塔)이 있으며 중문에서 강당까지 회랑이 둘러져 있다. 또한 절이 산기슭에 자리잡았다. 천군리사지는 남향으로 중문 · 금당 · 강당이 남북 일직선상에 배치되고 금당 앞 좌우에 쌍탑이 있으며, 중문에서 강당까지 회랑으로 둘러져 있다.

불국사지는 남향으로 중문[자하문] 금당 강당[부설전]이 남북 일직선상에 배치되고 금당[대웅전] 앞 좌우에 다보탑과 석가탑이 건립되었으며, 중문에서 강당까지 회랑이 둘러져 있다. 통일신라 8세기까지의 가람은 쌍탑일금당식(雙塔一金堂式)으로 절이 산에 건립되었다. 통일신라 후기에는 산지(山地) 가람이 발달하여 자연의 지세에 따라 건물이 건립되어 쌍탑이 없거나 일탑일금당식이거나, 경우에 따라 무탑(無塔) 절이 생겼다.

금당 앞에 놓이는 단탑이 동서의 쌍탑으로 바뀌어 쌍탑단금당식(雙塔單金堂式) 가람배치가 되어 9

세기경까지 크게 유행하였는데 우리들이 쉽게 볼 수 있는 가람배치일 것이다. 쌍탑지로 추정되는 경주시 배반동 사천왕사지를 시원으로 경주시 구황동 망덕사지, 경북 경주군 양북면 용당리 감은사지, 동 장항리 사지, 동 외동읍 원원사지 등 8세기 가람과 경주시 남산동 남산사지, 강원도 양양군 강현면 둔전리 진전사지, 전남 구례군 마산면 횡전리 화엄사, 전북 남원군 산내면 대정리 실상사, 전남 장흥군 유치면 봉덕리 보림사 등의 9세기에 해당하는 가람이 있다.

이 양식은 8세기경까지는 중문과 강당을 잇는 외곽 회랑 외에 금당의 좌우에도 회랑이 붙어 있을 뿐더러 불국사 같이 복랑도 나타나게 되었다. 9세기 이후부터는 선종(禪宗)의 영향으로 가람이 산간(山間)으로 점차 이동함에 따라 경영문제나 지세의 제약 등에 기인하여 회랑이 없어지면서 엄격한 가람배치의 양식이 점차 무너지게 된다. 이러한 쌍탑식 가람배치의 시원은 5세기이래 중국의 운강석굴 부조(浮彫)에 쌍탑이 새겨진 예가 있고, 기록 등에서 찾을 수 있는데 특히 당대(唐代)에 와서 성행한 양식으로 우리나라를 거쳐 일본에 전해진 것으로 설명된다.

일본의 경우는 약사사에서 찾을 수 있는데, 한편 통일신라기에도 단탑식(單塔式)가람이 경주시 덕동 고선사지를 비롯하여 경북 경주군 현곡면 나원리사지, 경주시 황복사지, 경북 문경군 가은읍 원북리 봉암사지 등으로 맥을 잇고 고려와 조선시대에는 모두 이 양식으로 이어졌다.

5) 고려시대와 고려시대 이후

고려는 통일신라의 가람배치를 계승하였다. 초기에는 탑에 대한 배려가 높았으나 후기로 오면서 탑이 없는 절이 많이 생겼다. 고려의 가람은 산지 일탑일금당병렬식(山地一塔一金堂竝列式)과 산지 쌍탑병렬식(山地雙塔竝列式), 산지 무탑식(山地無塔式)이 혼재한다. 조선시대는 고려 가람배치의 계승과 모방에 그치고 말았다.

전북 익산군 왕궁면 왕궁리사지, 충남 부여군 장암면 장하리 사지, 충남 부여군 외산면 만수리 무량사, 경북 예천군 예천면 남본리 개심사지, 서울 홍제동 사형사지, 강원도 동산리 월정사 등을 예로 들 수 있다. 가람배치의 방향도 대부분 남향인데 충북 중원군 미륵대원 같이 북향을 한 경우도 있으나 그것은 극히 일부이다. 그리고 전북 남원시 왕정동 만복사지는 중문, 탑, 금당순서의 배치에 탑의 서쪽에 또 하나의 금당이 있는 서전동탑식(西殿東塔式)의 특이한 가람배치를 보이고 있다.

조선의 경우에는 불상이 봉안된 법당이 예배의 중심대상이 되어 탑의 규모는 작아지고 약화되었다. 그리고 탑이 금당 앞의 중앙선 밖으로 위치하거나 성역(聖域) 밖으로 밀려나서 사원의 한 장식품으로 변하기도 하였다. 이러한 예는 경기도 여주군 북내면 천송리 신륵사, 경기 남양주군 조안읍 송촌리 수종사, 강원도 양양군 강현면 전진리 낙산사, 전북 부안군 산내면 석포리 내소사, 전북 고창군 아산면 삼인리 선운사 등에서 찾아 볼 수 있다. 후기에 들어와서는 금당 앞의 좌우에 승방이 놓이고 금당 앞으로 누각(樓閣), 천왕문(天王門), 금강문(金剛門), 일주문(一柱門)의 순서로 배치되었다. 회랑은 모두 없어져 성역과 사역의 구별이 사라지고 산곡전체가 사찰화(寺刹化)되어 남문에 해당하는 일주문이 그 사역의 시작을 상징하게 되었다.

2 사찰의 구성

1) 불전 배치의 원리

사찰의 건물은 좌체(左體) 우용(右用)의 원칙에 맞게 배열된다. 체(體)와 용(用)은 경전에 자주 등장하는 말로, 체는 본체라는 뜻이고 용은 화용(化用), 곧 변화의 작용이며 그 용도라는 뜻이다. 그래서 사찰에서는 불전과 보살전을 배치함에 있어서 주불을 모셔놓은 대웅전을 중심으로, 화용이 없는 본체를 뜻하는 비로자나불과 미륵불의 전각을 왼쪽에 세우고, 응화작용(應化作用)이 있는 관음전과 명부전, 나한전 등을 오른쪽에 배치한다.

(1) 일주문(一柱門)

절을 찾을 때 가장 먼저 마주하게 되는 문으로 일직선 기둥 위에 지붕을 얹어 만든 건축물로 불교에서 일심(一心)을 상징한다. 즉 신성한 사찰로 들어서기 전에 세속의 번뇌로 흩어진 마음을 하나로 모아 진리의 세계로 향하라는 의미를 담고 있다.

(2) 피안교(彼岸橋)

그곳은 아무런 고통과 근심이 없는 불 · 보살의 세계이다. 따라서 피안교란 '열반의 저 언덕에 도달하기 위해 건너는 다리'를 뜻하고 있다. 즉, 피안교를 건너는 것은 세속의 마음을 청정하게 씻어버리고 진리와 지혜의 광명이 충만한 불 · 보살들의 세계로 나아간다는 것을 의미한다.

(3) 금강문(金剛門)

금강문은 사찰에 따라 인왕문이라고도 하는데, 부처님의 가람과 불법을 수호하는 두 개의 금강역사가 지키고 있는 문이다. 그 가운데 왼쪽을 지키고 있는 것은 밀적금강이고 오른쪽을 지키고 있는 것은 나라연금강이다. 밀적금강은 입을 벌리고 있고 나라연금강은 입을 다물고 있어 합쳐서 우주만물의 처음이자 마지막을 상징하는 신성한 진언인 옴을 나타내고 있다. 이들은 제각기 상체를 벗고 손에는 금강저를 들고 매우 역동적인 자세들을 취하고 있는데, 이것은 불법을 훼방하려는 세상의 사악한 세력을 향해 경계하는 의미를 담고 있다.

(4) 천왕문(天王門)

불교의 수호신 역할을 하는 사천왕을 모셔둔 전각으로 동 · 서 · 남 · 북 사방을 지키는 사천왕 상은 각각 방위에 따라 색깔과 모습을 달리한다.

〈표 5-1〉 사천왕의 특징

방위	이름	오른손	왼손	피부색	얼굴특징	역할
동	지국천왕	칼	주먹	청색	다문 입	선한 이에게 복, 악한 자에게는 벌을
남	증장천	용	여의주	적색	노란 눈	만물을 소생시키는 덕을 베품
서	광목천왕	삼지검	탑	백색	벌린 입	악인에게 고통을 주어 도심을 일으키게 함
북	다문천왕	비파		흑색	치아보임	어둠 속을 방황하는 중생제도

(5) 불이문(不二門)

천왕문을 지나 절 경내로 들어서는 문으로 불이(不二)는 불교에서 해탈의 경지를 뜻한다. 그래서 '해탈문'이라고도 한다. 즉 이 문을 들어선다는 것은 속세와 구별되는 부처의 세계로 들어선다는 것을 의미한다. 현판을 불이문이라고 하지 않고 다른 이름으로 하는 경우도 있다[1].

(6) 대웅전(大雄殿, 대웅보전)

석가모니불을 모시는 전각으로, 편액을 대웅전(大雄殿) 또는 대웅보전(大雄寶殿)이라 한 것은 석가모니 부처님의 덕호(德號)가 대웅이기 때문이다. 부처님이 큰 힘이 있어 사마(四魔)에게 항복을 받았으므로 대웅이라 한 것이다. 일반적으로 대웅전은 사찰 경내의 가장 중심에 위치하며, 내부에는 주존불인 석가모니불을 중심으로 좌우에 문수와 보현의 두 보살을 봉안한다. 이때 문수는 지혜와 지식을 보현은 명상과 실천을 상징한다. 격을 높여 대웅보전이라 할 때는 주존불로 석가모니불을, 좌우에 아미타불과 약사여래불을 모시며, 각 여래상의 좌우에 제각기 협시보살을 봉안하기도 한다.

또한 삼세불(三世佛)과 삼신불(三神佛)을 봉안하는 경우도 있다. 삼세불로는 석가모니불을 중심으로 좌우에 미륵보살과 갈라보살을 협시로 봉안하며, 다시 그 좌우에 석가의 제자인 가섭과 아난의 상을 모시기도 한다. 갈라보살은 정광여래로서 과거불이며, 미륵보살은 미래에 성불하여 부처가 될 미래불이므로 과거 · 현재 · 미래를 연결하는 삼세불을 봉안하는 셈이다. 대웅전은 석가모니불이 임하는 장소이자, 사부대중이 예배를 드리고 설법을 듣는 영산회상의 장소이며, 피안의 정토를

1 자하문(紫霞門) – 불국사 청운교, 백운교 33계단 위에 있는 불이문이다. 자하문을 우리말로 옮기면 '자줏빛 안개가 서려 있는 문'이라는 뜻으로 여기서 자줏빛은 부처님을 의미한다. 저만치 대웅전으로부터 부처님의 기운을 어렴풋이나마 느낄 수 있는 위치에 있음을 말한다.

향해 가는 반야용선의 선실을 상징한다.

(7) 극락전(極樂殿, 아미타전 · 무량수전)

불교도의 이상향인 서방극락정토를 상징하는 전각이다. 이상향인 극락이 서쪽에 있으므로 보통 동향으로 되어 있으며, 예배하는 사람들이 서쪽을 향하도록 배치되어 있다. 극락의 주불인 아미타불이 자기의 이상을 실현한 극락정토에서 항상 중생을 위하여 설법하고 있음을 상징하기 때문에 극락전(極樂殿)을 일컬어 아미타전(阿媚陀殿) 또는 무량수전(無量壽殿)이라고도 한다. 내부에는 주불인 아미타불을 중심으로 관세음보살과 대세지보살을 협시보살로 봉안한다. 관세음보살은 지혜로써 중생의 음성을 관하여 그들을 번뇌의 고통에서 벗어나게 하며, 대세지보살은 지혜의 광명으로 모든 중생을 비추어 끝없는 힘을 얻게 한다.

(8) 관음전(觀音殿, 원통전)

관세음보살(觀世音菩薩)을 모신 전각을 말한다. 관세음은 세간의 음성을 관(觀)한다는 뜻이고, 관자재는 지혜로 관조하여 자재한 묘과(妙果)를 얻었다는 뜻이다. 또한 관세음보살은 어디에 있다 하더라도 시방세계에 두루 통하지 않는 데가 없어 원통교주(圓通敎主)라고도 하며, 이러한 의미를 살려 전각의 이름을 원통전(圓通殿)이라고도 한다.
관세음보살은 중생에게 온갖 두려움이 없는 무외심(無畏心)을 베푼다는 뜻의 시무외자(施無畏者), 자비를 베푼다는 뜻의 대비성자(大非聖者), 세상을 구제하므로 구세대왕(救世大王)이라 불리기도 한다. 중생이 고난에 빠져 있을 때 열심히 그 이름을 외우면 그들을 구제한다고 한다. 아미타불의 왼쪽에서 부처님의 교화를 돕고 있는 보살로 그 모습에 따라 천수관음, 십일면관음 등으로 일컬어진다.

(9) 비로전(毘盧殿, 대적광전 · 화엄전)

연화장세계(蓮華藏世界)의 교주인 비로자나불을 본존불로 모신 전각이다. 화엄종의 맥을 계승하는 사찰에서는 주로 이 전각을 본전으로 건립하여 『화엄경』에 근거한다는 뜻에서 화엄전(華嚴殿), 『화엄경』의 주불인 비로자나불을 봉안한다는 뜻에서 비로전(毘盧殿), 그리고 『화엄경』의 연화장 세계가 곧 대적정(大寂靜)의 세계〔열반의 경지〕라는 뜻에서 대적광전(大寂光殿)이라고도 한다.

(10) 지장전(地藏殿, 명부전)

지장보살(地藏菩薩)과 함께 십대왕(十大王) 등 명부(冥府; 사람이 죽은 다음에 염라대왕에게 심판받는 곳)의 권속들을 봉안한 전각이다. 지장보살을 단독으로 모신 전각일 경우에는 지장전(地藏

殿)이라 이름 붙인다. 지장보살은 부처가 입멸한 뒤부터 미륵불이 출현할때까지 천상에서 지옥까지 일체 중생을 교화하도록 석가모니불의 부촉(咐囑)을 받은 보살이다.

(11) 미륵전(彌勒殿, 용화전)

미륵(彌勒)이란 범어 미트레야(mytreyua)를 음역한 말이다. 미륵은 현재는 보살로서 천상의 정토인 도솔천의 천인을 위하여 설법하고 있지만, 석가모니가 입열한 뒤 56억 7천만 년이 지나면 이 세상에 하생하여 용화수 아래에서 성불하고, 3회에 걸쳐 설법할 것을 약속하고 있다. 이때 미륵보살이 부처의 자격을 얻으므로 미륵불이라 한다. 유적으로는 김제 금산사의 미륵전이 유명하다. 이 미륵전을 일명 장륙전(丈六殿)으로도 부르는데, 그것은 거대한 미륵존상을 봉안한 불전이라는 의미로 통한다.

(12) 팔상전(八相殿, 영산전)

영산(靈山)은 영축산정은 부처님이 『묘법연화경』을 설법하던 곳으로, 영산전을 통해 불교의 성지를 드러낸 것이며, 이곳에 참배함으로써 사바세계의 불국토인 영산회상에 참배하게 되는 것이다. 그 주위에는 석가모니불의 생애를 그린 8폭의 〈팔상탱화〉를 봉안한다. 이와 같이 팔상의 탱화를 봉안하고 있기 때문에 영산전(靈山殿)을 팔상전(八相殿)이라고도 한다. 대표적으로 보은 법주사 팔상전과 순천 송광사 영산전 등이 있다. 이 중 법주사 팔상전은 목탑으로, 석가의 〈팔상탱화〉를 사방에 배치하고 그에 따른 불상을 조성하여 봉안한 것이 특징이다. 특히, 천태종사상을 계승한 사찰은 영산전을 본전으로 한다.

(13) 약사전(藥師殿, 유리광전)

약사여래를 대의왕불(大醫王佛)이라고도 하는데, 약사여래가 중생의 병을 치료하고 수명을 연장하며 재화를 소멸하는 등의 원(願)을 세우고 있기 때문이다. 능히 일체 세상사에서 열렬히 구하고자 하면 뜻과 같이 이루어지며, 중생들이 약사여래의 권능을 의심하지 않고 열심히 예배하면 갖가지 질병과 재액이 소멸된다고 믿는다.

(14) 문수전(文殊殿)

지혜 제일의 문수보살(文殊菩薩)을 모시는 전각이다. 문수보살이라는 이름은 범어 만주스리(man-jusri)를 음역하여 만든 말이다.

(15) 응진전(應眞殿, 나한전)

석가모니 부처님의 제자들인 16나한을 모신 불전으로 수도승에 대한 신앙형태를 나타낸다. 응진전 중에는 불전에 석가여래좌상을 봉안하고, 그 왼쪽과 오른쪽에 협시로 미륵보살과 제화갈라보살 또는 아난과 가섭을 세우는 곳도 있다. 그 좌우에 16나한을 안치하고 끝에 범천과 제석천을 배치하는데 5백 나한을 모신 곳도 있다. 후불탱화는 연상도나 16나한도를 안치한다. 응진전은 주불전에서 떨어진 곳에 자리잡고 있으며 불단을 화려하게 꾸미지는 않는다.

(16) 천불전(千佛殿)

천불은 과거 · 현재 · 미래의 삼겁(三劫)에 각기 이 세상에 출현하는 부처님을 뜻하는데, 단순히 천불이라 할 때는 현겁(現劫)의 천불을 말한다. 석가모니불은 천불 가운데 제4불이 된다. 천불전에서는 천불에게 공양하여 그 가피력을 입기 위해 천불회라는 법회가 열린다.

(17) 보광전(普光殿, 보광명전)

석가모니불을 모시는 보광전은 원래 고대 중인도 마가다국 보리도량에 있었다고 하는 불전의 이름이다.

(18) 삼성각(三星閣, 칠성각 · 산신각 · 독성각)

칠성각(七星閣)은 칠성광여래(북두칠성)를 모시는 전각이고, 산신각은 우리 고유의 토속신인 산신을 모시는 전각이다. 그리고 독성각(獨聖閣)은 말세 중생에게 복을 베푸는 나반존자(那般尊者)를 봉안한 전각이다. 세 분을 함께 모실 경우에는 삼성각(三聖閣)이라 한다. 이 건물들을 전(殿)이라 하지 않고 각(閣)이라 하는 이유는 그것이 불교 본연의 것이 아니기 때문이라는 견해도 있다.

(19) 강당

사찰 내에서 경과 율을 강설하고 연구하는 장소로 설법과 강의가 이루어진다. 설법전(說法殿) 또는 무설전(無說殿) 이라고도 한다.

(20) 선방(승방)

승려들이 기거하면서 학습, 수양, 참선 등을 행하는 집 또는 방을 가리킨다. 선종에서는 아주 중요한 공간으로 여겨지며, 대부분 대웅전을 향하여 좌측에 배치되어 있다.

(21) 삼묵당

식당과 욕실, 해우소로 말을 하지 않는 장소를 이른다.

(22) 장경각

경전을 봉안한다는 의미이나 대부분 경판이 보관되어 있다. 세계문화유산으로 등재된 가야산의 해인사 팔만대장경각이 대표적이다.

(23) 조사당

사찰에는 수도하는 고승(高僧)대덕(大德)이 있어야 그 격이 더욱 높아지고, 그 빛이 더욱 밝게 빛나는 것이다. 조사당(祖師堂)은 고승대덕의 영정을 모시는 전각으로, 대표적인 것으로 순천 송광사 국사전(國師殿)과 부석사 조사당 등이 있다.

(24) 범종각과 종고루

보통 불이문을 들어서면 왼편으로 범종각이 보인다. 범종각은 범종 하나만 있는 경우도 있지만 웬만큼 큰 절에는 범종각 안에 범종 외에 법고, 목어, 운판 이렇게 네 가지 악기를 한 자리에 모아 놓는다. 이 네 가지 악기는 각기 독특한 불교의 의미를 담고 있다.

(25) 측옥

화장실, 동사 또는 해우소라고 불린다.

제 3 절 불탑

1 탑의 이해

1) 탑의 개념

부처의 몸이 영원히 머무는 곳, 탑은 '탑파(塔婆)'를 줄인 말이며, 탑파는 부처님의 몸에서 나온 사리를 모신 곳으로 고대 인도에서 성인의 유해를 화장하고 그 유골을 봉안하던 스투파(stupa)라는 범어를 한자어로 음역한 것이다. 인도에서 만들어진 최초의 탑은 반구형의 분묘와 같은 모양이었다. 석가모니 열반 후 인도의 풍속대로 화장을 하고 그 신골(身骨), 사리(舍利)를 봉안하고 그것을 보호하기 위한 돌이나 흙으로 높게 쌓아 올린 구조물이 탑의 시원이다. 즉 탑파는 석가모니의 사리를 봉안하기 위하여 만들어진 건조물에서 비롯된 것이다. 기원 1세기경 대승불교의 영향으로 불상이 만들어지기 전에는 가장 중요한 예배 대상이었고 불자들이 기도하는 사찰도 탑을 중심으로 만들어졌다.

2) 탑의 기원

탑이 언제부터 축조되었는지는 정확하게 알 수 없지만, 고대 인도에서는 탑이라는 말에 분묘적인 성격이 있기 때문에 불교 성립 이전부터 만들어졌을 것으로 추정된다. 그러나 오늘날과 같은 불탑으로서의 성격은 기원전 5세기 초에 석가가 열반하자 그를 모시기 위해 만들어졌다. 석가모니가 인도 북중부 쿠시나가라의 사라 쌍수 밑에서 열반하자 그의 제자들은 유해를 화장하였다. 그러자 인도의 여덟 나라는 석가모니의 사리를 차지하기 위하여 쟁탈전을 일으켰다. 이때 석가모니의 제자인 도로나의 중재로 불타의 사리를 팔등분하여 여덟나라에 나누어 주고 각기 탑을 세우니 이를 '분사리' 또는 '사리팔분'이라 한다. 이외에도 사리 대신 사리를 넣었던 병이나 다비하고 난 남은 재를 넣어 만든 것을 합하여 총 열 개의 탑이 조성되었다. 점차 사리신앙이 확대되면서 부처님의 머리카락이나 족적(足跡) 및 의발(衣鉢)까지 숭배하여 이들을 넣어 탑을 만들기도 했다.

그 후 석가가 열반한 지 200년 후 인도제국을 건설한 마우리아왕조의 아소카왕은 불사리를 안치한 8탑을 발굴하여 그 중 7탑을 열고 불사리를 다시 8만4천으로 나누어 전국에 널리 사리탑을 세웠다. 또한 아쇼카왕은 부처님의 성스러운 흔적이 있는 곳을 모두 순례하면서 기념탑을 조성하였다. 이 탑 중 가장 오래된 것은 기원전 3세기경의 산치 제1탑으로 표면은 석조, 내부는 벽돌로 조성되어 있다.

이러한 성격을 지닌 탑은 불교의 전파와 함께 각 나라에 널리 세워졌으나 나라마다, 시대마다 그 의미나 양식이 다르게 나타났다. 우리나라에서는 1세기경 인도로부터 불교와 함께 전해진 불탑이 중국을 거쳐 4세기경에 전해지면서, 초기에는 다층누각(多層樓閣)의 목탑이 발달한 중국의 영향으로 목탑이 주종을 이루었던 것으로 추정된다. 고구려의 평양 청암리사지, 백제의 부여 군수리사지, 신라의 경주 황룡사지 등의 발굴을 통해 목탑의 발달이 확인되었다. 삼국시대 말기부터 우리나라에서 쉽게 구할 수 있는 화강석을 사용한 석탑이 크게 유행하면서 가히 석탑의 나라라는 명성을 얻게 된다(중국은 전탑(塼塔)의 나라, 일본은 목탑(木塔)의 나라, 그리고 우리나라는 석탑(石塔)의 나라).

2 탑의 분류

1) 재료에 의한 분류

탑은 사용하는 재료에 따라 토탑(土塔), 목탑(木塔), 전탑(塼塔), 모전석탑(模塼石塔), 석탑(石塔), 청동탑(靑銅塔), 납석제탑(蠟石製塔) 등으로 나누어 볼 수 있다. 토탑이나 금속제탑은 사리 장엄

의 목적으로 제작된 공예적인 면이 강조된 것으로 보통의 탑은 크게 목탑, 전탑, 석탑 등 세 종류로 나눌 수 있다.

(1) 목탑(木塔)

목탑은 인도에서는 드물게 만들어졌으며, 중국에서 크게 성행하였다. 그 자체가 목재로 이루어진 건조물로서 한반도에서 불교전래 초기부터 서기 600년경에 이르는 시기에 유행하였다.
초기의 목탑은 삼국이 모두 중국의 높은 누각형(高樓形) 목탑 양식의 조형을 모방하여 누각형식의 여러 층으로 건립되었던 것으로 추정되며, 방형(方形) 혹은 다각형의 평면을 이루었을 것으로 학자들은 추정한다. 그 예로는 경주 황룡사 9층 목탑터와 사천왕사의 목탑터는 신라목탑터의 흔적이며, 백제의 유적인 부여 군수리 목탑지 그리고 평양 청암리절터의 목탑터는 고구려시대의 대표적인 목탑터이다. 그러나 여러 차례의 전란으로 모두 소실되어 현재는 삼국시대나 고려시대의 것은 남은 것이 없다. 다만 현재까지 목탑 양식을 전해 주는 흔적으로는 조선시대 후기의 건축물인 충북 보은의 법주사 팔상전(국보 55호)과 1984년 화재로 소실된 후 복원된 전남 화순의 쌍봉사 목탑(보물 163호)이 있을 뿐이다.

(2) 전탑(塼塔)

전탑은 구운 벽돌인 전(塼)으로 만든 탑이다. 벽돌은 고대인도에서 널리 쓰인 건축재로서 인도의 산치 제1탑의 내부가 구운 벽돌로 되어 있다. 중국 역시 인도의 영향으로 전탑이 성행하였다. 우리나라의 경우에는 삼국통일을 전후한 시기에 나타나기 시작한 것으로 학계에 알려지고 있다. 우리나라의 전탑은 대부분 경북지방에 집중되어 있는데, 전탑이 넓은 지역과 기간 동안 유행하지 못한 이유에 대해서는 재료의 획득과 탑의 조성이 어려운 점, 붕괴하기 쉬운 점 등을 들 수 있다.
한국의 전탑은 4각이 대부분이며, 기단이 단순화되어 낮은 단층기단이 일반적이다. 중국의 전탑이 내부공간이 있는 반면, 한국의 전탑은 내부공간이 전혀 없거나 공간이 간략화된 감실이 있는 것이 일반적이다. 옥개[지붕]는 층급[층단]을 이루고, 기와를 얹은 흔적이 보인다. 현재 전해지는 전탑으로는 안동 신세동 7층전탑(8세기), 안동 조탑동 5층전탑(통일신라), 안동 동부동 5층전탑(통일신라), 송림사 5층전탑(경북 칠곡, 9세기), 고려 이외에도 여주 신륵사 다층전탑, 안동 금계동 다층전탑 등이 있다.

(3) 모전석탑(模塼石塔)

전탑을 모방하여 벽돌모양으로 석재를 조형하여 탑을 조성한 경우로 옥개석을 여러 개의 석재로 만들고 상부 낙수면과 하부 층급 받침에 층단을 이루어 전탑의 옥개석과 유사한 모습을 한 탑들을 지칭한다. 신라시대의 분황사 모전석탑이 대표적이다.

(4) 석탑(石塔)

한반도는 질 좋은 화강암이 많이 채취되는 지역으로 석탑의 조성에 매우 유리한 조건을 가지고 있었다. 실제로 현재 전해지는 많은 석조미술품의 상당량이 화강암으로 이루어진 것들이다. 화강암은 조각과 건조물에 적합한 암질, 뛰어난 내구성 그리고 전란에 소실되지 않는 영속성을 지님은 물론, 아름답고 장엄한 미관에 대한 자부심을 가지도록 하였다.

석탑은 그 수가 너무 많아 일일이 열거하지 못하지만 감은사지 동서3층 석탑, 고선사지 3층석탑, 불국사의 다보탑과 석가탑은 신라탑의 좋은 본보기가 되며 백제계 석탑으로는 익산미륵사지 서탑, 정림사지 석탑, 왕궁리 석탑을 들 수 있다. 이들 석탑은 고려로 내려오면 백제계통의 양식을 이어온 석탑과 신라계통의 양식을 이어온 석탑으로 구분되기도 하는데, 백제계통의 석탑은 기단이 단층이고 신라계통의 석탑은 이중기단(二重基壇)이다.

2) 형태에 의한 분류

탑의 형태에 따라 복발탑, 중층탑, 특이형의 세 가지로 나눌 수 있다. 밥그릇을 엎어놓은 듯한 복발형의 인도 스투파는 동아시아에 전해지면서 누각형태, 고루형으로 변하고 복발형의 스투파는 탑의 가장 윗부분인 상륜부로 남게 되었다.

(1) 복발탑

인도의 초기 탑 형식으로 바릿대를 뒤집어 놓은 것과 같다 하여 이름 붙여진 탑이다. 복발탑의 원형은 산치 제1탑에서 찾을 수 있다. 이 탑의 형태는 복발을 받쳐주는 기단부가 있으며, 기단부는 돌을 쌓아 단을 만들게 된다. 이 기단부를 요도(繞道)라 하여 사람들이 걸어 다닐 수 있도록 만들었는데 이 길은 남문과 연결되어 있다. 그리고 기단 위에 세운 탑신으로 내부는 흙 같은 것으로 채우고, 표면을 벽돌로 쌓아 마치 바리를 엎어 놓은 것처럼 보이는 복발이 있고 그 위에 상륜부가 있다.

상륜부는 평두(平頭)와 산개(傘蓋)로 이루어져 있으며, 평두는 보통 네모꼴의 석감으로 복발의 꼭지에 장치하는 것으로 여기에 사리를 안치하기도 하였다. 산개는 평두 위의 둥근 바퀴모양의 것으로 반개(盤蓋), 윤개(輪蓋), 상륜(上輪), 승로반(承露盤), 노반(路盤) 등으로 불리었다. 산개의 수는 1~13개까지 다양하며, 이것을 꽂는 자루 같은 것을 간, 찰주(刹柱), 또는 심주(心柱)라고 부른다.

(2) 중층탑

다층건물의 모양을 이용한 것으로 기단부는 흔히 2층인 경우가 많다. 이때 아래의 것을 1층 기단 또는 하층 기단이라고 하며, 위의 것을 2층 또는 상층기단이라고 부른다. 기둥은 4~5개가 일반적이다.

탑신부는 보통 홀수의 중층으로 구성되며, 이 층수에 대해 살펴보면, 우주 원리에 응하는 길상의 수가 사용되고 있다. 우리나라의 불탑은 대부분 3 · 5 · 7 · 9… 등의 기수(奇數)로만 이루어져 있다. 이러한 기수의 층수는 불교 교리나 사상에 바탕을 둔 것이라기보다 우리나라를 비롯한 고대 동양의 우주관이나 음양오행사상(陰陽五行思想)에 뿌리를 두고 있다. 3은 완전성을 갖춘 수로 천 · 지 · 인의 삼재를 표상하는 수이다. 또한 3은 삼양개태(三陽開泰), 복록수삼성(復祿壽三星), 세한삼우(歲寒三友) 등에서 보듯이 길상의 의미를 지닌 수로도 인식 되었다. 5는 《설문(說文)》에 의하면 천위(天位)의 수라 하며, 또한 목(木), 화(火), 수(水), 금(金), 토(土)의 오행에 응하는 수이다. 7은 천 · 지 · 인과 사시를 상징하는 수이며 때로 북두칠성(北斗七星)을 상징하기도 한다. 9는 양이 완성된 수이다. 또 구천(九天), 99칸집, 구중궁궐(九重宮闕)이라는 말이 있듯이 많다는 뜻으로도 쓰인다. 그런가 하면 9는 구(久)와 발음이 같은 연유로 장구(長久)의 의미를 갖기도 하며, 존귀 또는 길상의 상징 부호로 쓰이기도 한다.

(3) 이형탑

특별한 형식의 계보가 없는 것으로 대표적 이형탑으로는 다보탑과 보현인탑이 있다. 다보탑의 경우에는 초기에는 3층으로 조성되었던 것을 후에 2층으로 변형한 탑이다. 보현인탑은 탑속에 보현인 다라니경을 봉안하는 경우로, 한국에서는 천안에 있는 보현인탑이 있다.

3 탑의 구조

1) 석탑의 구조

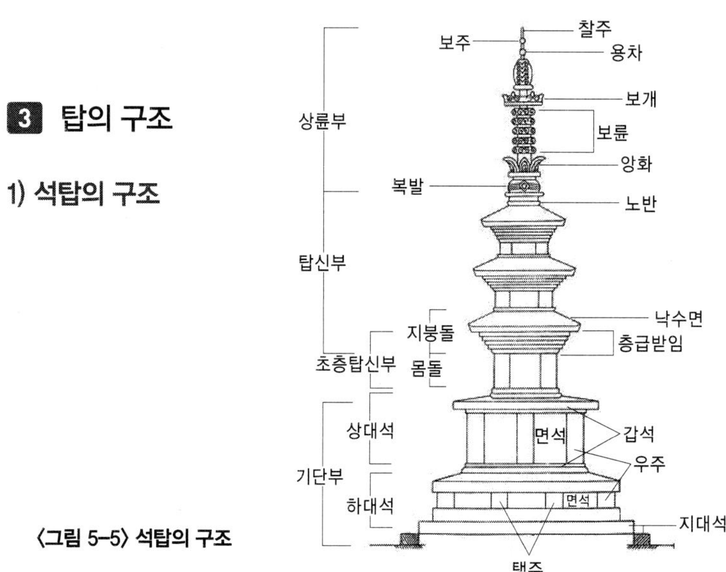

〈그림 5-5〉 석탑의 구조

(1) 기단부

시대나 지역에 따라 단층 또는 2층으로 기단을 만들어 사용하였다.

(2) 탑신부

석탑의 몸체에 해당하는 부분으로 일석(一石)으로 조성된 몸돌(탑신석)과 목조건축의 지붕 역할을 하는 지붕돌(옥개석) 그리고 층급받침(옥개받침)으로 이루어져 있다. 특히 건립시기에 따라 낙수면은 그 길이와 경사도에 차이를 보인다.

(3) 상륜부

탑신부 위쪽부터 상륜부가 전개되는데, 상륜이라는 말은 수연(水烟) 밑에 있는 구중원륜(九重圓輪) 또는 보륜(寶輪)을 딴 이름이다. 현존하는 탑 가운데 상륜부가 조성 당시의 형태대로 남아있는 것은 그리 많지 않다. 남원 실상사 삼층석탑(동탑)과 실상사 백장암 삼층석탑, 평창 월정사 팔각구층석탑, 문경 봉암사 삼층석탑, 그리고 1970년대에 복원된 불국사 석가탑 등에서 완전한 상륜부의 보습을 볼 수 있다. 월정사나 마곡사의 탑은 상륜부가 금속재로 만들어져 있어 이채롭다.

상륜부는 아래로부터 노반(露盤), 복발(覆鉢), 앙화(仰花), 보륜(寶輪), 보개(寶蓋), 수연(水烟), 용차(龍車), 보주(寶珠)의 순서로 철심에 꿰어 올려져 있다. 수연 아래에 있는 테 모양의 장식을 특별히 상륜이라 하는 것은 표상(表相)이 높이 솟았기 때문이며, 또한 모든 사람들이 우러러 보기 때문이다. 상륜부의 세부를 자세히 살펴보면 다음과 같다.

① **찰주(刹柱)** : 상륜부 조성을 위한 철제촉으로 꽃술의 형태를 하고 있다.

② **보개(寶蓋)** : 보륜과 수연 사이에 있는 닫집 모양의 부분이다. 보개는 모든 개념과 형식을 초월한 열반의 경지를 나타낸다.

③ **수연(水煙)** : 보개 위에 올려져 있는 불꽃 모양의 장식품을 말한다. 예로부터 장인들이 화재를 꺼리는 관습 때문에 특히 불에 인연이 있는 이름을 피하여 수연이라 하였다.

④ **보주(寶珠) · 용차(龍車)** : 상륜부 꼭대기에 있는 것이 보주이다. 보주는 불가사의한 힘을 지닌 마니주(摩尼珠)로서 일명 여의주라 한다. 여의주는 일정한 형상이 없으며, 맑고 사무치고 가볍고 묘하여 모든 천하의 물건들이 환히 나타나며, 능히 어떠한 병(病)이라도 제거한다.

⑤ **앙화(仰花)** : 복발 위의 꽃모양 장식으로 하늘 향한 꽃의 형태이다.

⑥ **노반(露盤)** : 승로반(承露盤)의 준말로 최상부 옥개석 위에 놓아 석탑이 신성한 조형물임을 상징한다.

2) 목탑의 구조

목탑의 구조를 파악할 만큼의 현재 전해지는 목탑이 많지 않아 대개의 경우, 전해지는 목조건물과 석탑에서 그 구조를 유추해 볼 뿐이다. 다음은 조선시대에 조성된 것이기는 하나 현존하는 목탑인 법주사 팔상전의 구조이다.

〈그림 5-6〉 목탑의 구조

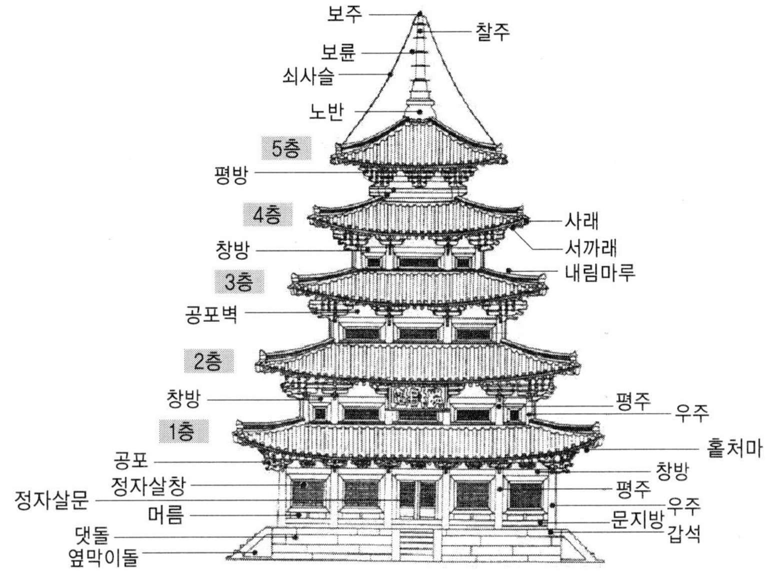

3) 탑 안에 넣는 보물

탑 안에는 여러 가지 귀하게 여기는 것들이 봉안되는데 이를 사리라 하고, 이 사리를 모시기 위한 도구들을 사리구 · 사리장엄구라 한다. 사리에는 부처의 유골을 지칭하는 진신사리(眞身舍利)와 부처의 정신적인 상징물인 불경이나 법의(法衣) 등의 법신사리(法身舍利)가 있으며, 승려의 사리인 승사리(僧舍利) 등이 있다. 이러한 사리는 사리용기에 담아 다양한 공양물과 함께 탑에 봉안된다. 이 사리구는 직접 사리를 담는 그릇인 사리용기와 이 용기를 다시 감싸고 장엄하기 위한 외함으로 이루어진다.

〈그림 5-7〉 감은사지 동탑 사리구(보물 1359호)

사리용기는 유리, 수정, 황금 같은 값비싼 재료를 사용하여 만든다. 그 형태는 대개 병이나 항아리 또는 원통형인데 이 사리용기를 다시 은, 동, 철, 돌, 흙으로 만든 용기로 두 겹, 세 겹, 네 겹, 다섯 겹 때로는 여섯 겹씩 겹쳐서 감싸게 된다. 우리나라에 불사리가 전래된 때는 진흥왕 10년(549)에 양나라에서 보내온 것이 처음이며, 그 뒤 선덕여왕 때에 자장법사가 당나라로부터 직접 불두골(佛頭骨), 불아(佛牙), 불사리백립(佛舍利百粒)을 가져와 황룡사탑과 태화사탑 그리고 통도사 계단에는 가사와 함께 나누어 봉안하였다.

사리를 안치하는 장소는 목탑의 경우 탑의 중심 기둥 받침돌인 심초석 위에 구멍을 마련하여 봉안하지만 때로는 탑의 꼭대기인 상륜부에 두기도 하였다. 석탑은 목탑보다 사리봉안이 안전하므로 일정한 제한이 없다. 이처럼 사리장엄구는 최대의 정성과 기술로 만들어진 신앙과 미술과 과학기술의 결정체로서 당시의 금속공예 연구에 가장 귀중한 자료이다.

4) 대표적 탑들

(1) 안동 신세동 칠층전탑(국보 16호)

우리나라에서 가장 큰 전탑으로 높이는 17m로 규모가 장대하고 상승감이 있으면서도 안정감과 비례미가 뛰어난 탑으로 통일신라시대에 건립되었다. 기단부에 팔부중상(八部衆像)이 새겨져 있다. 안동 조탑동 오층전탑에는 금강역사상(金剛力士像)이 조각되어 있는데, 지방양식의 파격미를 엿볼 수 있다. 탑 위의 금동 장식은 조선시대에 녹여서 다른 데 썼다는 기록이 있다. 일제강점기에 보수하면서 기단부의 모습이 크게 훼손되었으며, 낙수면의 기와도 군데군데만 남아 있다.

(2) 안동 동부동 오층전탑(보물 56호)

통일신라시대 유물인 오층전탑은 높이 8.35m이며 몸 부분에는 각 층마다 감실을 표현했다. 특

히 2층 남면에는 인왕 두 분을 조각한 화강암 판석이 들어 있다. 낙수면에는 처마 끝에 나무를 설치하여 서까래처럼 받치고 4층까지 기와를 입혔다. 전탑에 기와를 입힌 예는 남아 있는 것이 많지 않지만, 신세동 칠층전탑에도 기와가 있는 것으로 보아 옛날에는 목조탑을 본따 기와를 입히지 않았나 짐작하게 한다.

(3) 불국사 삼층석탑(국보 21호)

불국사 대웅전 앞에 동서로 대립한 석탑 가운데 서탑으로 신라 경덕왕때 만들어졌다. 이 탑을 일명 「무영탑(無影塔)」이라고도 하며, 동쪽의 다보탑에 대칭되는 호칭이다.

이중기단 위에 건립된 전형적인 한국의 석탑이며 이후 한국 석탑의 주류는 이 석탑 양식을 따르고 있다. 하층 기단은 야석으로 다진 적심 위에 설치되었고 중석에는 4면에 우주와 탱주 각각 2주씩이 각 면에 모각되었고 갑석은 4매로 덮되 윗면에 경사가 있고 중앙에는 호형과 각형의 2단 괴임이 있다. 상층 기단은 높고 우주와 탱주가 각각 2주씩이 있다. 갑석에는 밑에 부연이 있고 윗면에는 경미한 경사가 있으며 중앙에는 각형 2단의 옥신 괴임이 마련되었다. 탑신부는 옥신석과 옥개석이 각각 한 돌로 되었고 각층 옥신에는 4우주가 있을 뿐 다른 조식이 없으며 옥개석은 받침이 각층 5단이며 위에는 각형 2단의 옥신 받침이 있다. 상륜부는 노반 · 복발 · 앙화만 남았으나 1969년의 불국사 복원공사를 계기로 「실상사백장암삼층석탑」의 상륜부를 모방하여 결실된 부분을 보충하였다. 탑을 중심으로 주위에 연화를 조각한 탑구가 마련되었는데 이것을 「팔방금강좌」라 하며 다른 탑에서는 예를 볼 수 없다.

1966년 수리 때 2층 옥신에 일변 41cm, 깊이 19cm의 사리공이 있었고 전각형 투각금동사리외함과 함께 그 안에서 유리제 사리병 등의 장엄구가 발견되었으나 그 중에서도 당측천무후자를 사용한 다라니경천은 목판인쇄물로서 주목되었다.

(4) 불국사 다보탑(국보 20호)

불국사 대웅전 앞에 동서로 대립한 2기의 석탑 중 동쪽에 있는 것이다. 하층 기단에는 4면에 계단이 설치되고 난간이 있었으나 현재는 바닥의 기둥만 남아 있다. 상층 기단은 4우주와 중앙의 탱주를 세우고 우주 위에는 2단의 두공을 십자형으로 받쳐서 방형 갑석을 올렸다. 이 갑석 위는 팔각 3단의 신부가 있는데 하단은 방형 난간 속에 석굴암 본존대좌를 연상케 하는 별석을 주위에 돌렸고 중단은 팔각 난간 속에 죽절형 기둥을 세웠고 상단은 팔각 앙련 위에 꽃술형 기둥 8주를 세워서 각각 팔각 신부를 둘러싸고 있다. 옥개석은 팔각이고 그 위에 팔각 노반 · 복발 · 앙화 · 보륜 · 보개의 순으로 상륜부가 이루어져 있다. 하층 기단 윗면 4우에는 사자 1구씩이 배치되어 있었으나 그 중 3구는 일정시대에 없어지고 1구만 남아 있다. 석조의 다보탑은 석조 가공기술의 뛰어남이나 전체 형태구성의 미묘함이나 상하 비례의 아름다움이 석조 탑 최고의 걸작이다.

(5) 화엄사 사사자삼층석탑(국보 35호)

화엄사에는 특이한 형태의 3층 석탑과 또한 특수한 형태의 석등이 탑 앞에 건립되었다. 이 탑의 형상은 하대석 위에 높직한 3단의 괴임을 마련하여 하층 기단 중석을 받쳤으며, 각 면에는 우주만 두었다. 그 위에는 3좌씩의 안상을 조각한 속에 천인상을 1구씩 다시 조각하였다. 혹은 악기를 연주하고 혹은 춤을 추는 듯하며 혹은 공양의 자세를 취하였는데 수법이 극히 우수하다. 갑석은 밑에 부연이 있고 윗면에는 경사가 없다. 상층 기단에는 우주 대신 우각 방향을 향하고 있는 사자 1구씩을 배치하되 밑에는 복련과 앙련이 조각된 대석을 받쳤고 머리 위에는 앙련석으로 갑석을 지탱하게 하였다. 중앙에는 복련대 위에 선 승상 1구를 세웠고 그 머리 위에 해당하는 갑석 이면에는 연화가 조각되었으나 이 상이 머리로 갑석을 받치지는 않았다. 갑석은 평박하고 윗면에 약간의 경사가 있으며 중앙에 각형 2단의 괴임이 있다. 탑신부는 옥신석과 옥개석이 각각 1석씩이며 각층 옥신에는 양 우주가 모각되었는데 초층만은 우주 없이 4면에 문비형을 조각하고 그 속에 자물쇠와 두 개의 고리를 조각하였으며, 그 좌우에는 남면에 인왕상을, 양측면에 사천왕상을, 후면에는 보살상을 각각 조각하였다. 옥개석 추녀는 수평이고 받침은 각층 5단씩이다. 상륜부에는 노반과 복발만 남았다.

(6) 월정사 팔각구층석탑(국보 48호)

고려시대에 유행하던 다각다층의 뛰어난 일례로 하대석 위에 4석으로 구성된 중석이 있으며, 8각의 각 면에는 안상 2좌씩이 조각되고 갑석 또한 4석인데 위에는 복판의 복련이 조각되었다. 이 위의 상층 기단 중석과의 사이에는 별석이 삽입되었고 윗면에는 괴임이 얕게 마련되었다. 상층 기단 중석에는 각 우각마다 우주가 모각되고 갑석 밑에는 얕은 받침이 있다. 탑신부는 옥신석 또는 옥개석의 크기에 따라 2개 또는 3개의 석재를 사용하였고 상층부는 1석씩이다. 초층 옥신 밑에는 8각의 별석 받침이 삽입되었고 옥신에는 우각마다 우주가 있고 앞뒤와 좌우의 4면에는 형식적인 감형이 있으나 그 중 남면의 것이 크다. 2층 이상의 옥신에는 우주형만 있고 옥개석의 처마는 두껍고 추녀 밑은 수평이며 받침은 층단형이 아니고 사분원 상하에 각형이 있는 일반형 석탑 기단 갑석의 괴임 형식을 따랐다. 추녀 밑에는 풍령(풍경)이 달려 있다. 상륜은 완전한데 노반 · 복발 · 앙화 · 보륜까지는 석조이고 그 이상의 찰주를 비롯하여 보개 · 수련 · 용차 · 보주 등은 금동제이지만 창건 당시의 것은 아니다. 1970년 10월 해체시에 5층 옥신에서 많은 사리장엄구가 발견되었다. 이 석탑 앞에 한쪽 무릎을 끓은 「보살상」 1구가 배치되어 있음은 강릉 「신복사지삼층석탑」과 같은 형식이다.

(7) 경천사 십층석탑(국보 86호)

이 석탑은 원인(元人)이 대리석으로 제작한 것이어서 우리나라 석탑의 양식과는 전혀 다른 원나라의 탑파양식을 보여주고 있다. 1909년경 일본 궁내대신에 의하여 토쿄로 임의 반출되었다가 많은 손상을 입은 상태로 반환되어 경복궁 뜰에서 전시되던 것을 현재는 부식을 우려해 국립중앙박물관 실내로 이전해 전시하고 있다.

3층의 기단은 사방두출의 아(亞)자형 평면이고 각 면석에는 불 · 보살 · 인물 · 초화 · 반룡 등이 조각되었다. 갑석 상하에는 연화문을 조각하되 3층 갑석 윗면에는 난간형을 모각하여 탑신부와 같은 형식을 취하였다. 탑신부는 3층까지 기단부와 같은 평면이고 4층 이상은 방형이다. 옥신부에는 밑에 난간형과 상부의 구조를 받치듯이 다포 형식의 포작을 모각하였고 각 면 좌우에는 원주가 표시되었으며 면석에는 12회상을 조각하여 불 · 보살 · 천인 등이 만조되었다. 옥개부는 밑에 역시 다포계의 포작이 받치고 있고 낙수면에는 기왓골이 세밀하게 표현되었다. 상륜부에는 노반 · 복발 · 앙화가 있으나 그 형식은 신라의 석탑과는 다르며 그 위에 보탑형과 보주가 얹혀 있다. 이 석탑 초층 옥신 이맛돌에 조탑명이 각자되어 있는 바 '지정팔년무자'라는 년기에 의하여 고려 충목왕 4년(1348)에 건립되었음을 알 수 있다.

(8) 분황사 모전석탑(국보 30호)

이 탑은 중국의 전탑을 모방하여 일일이 돌을 벽돌처럼 잘라서 이를 포개고 짜맞추어 세운 백제계 탑으로 신라 선덕여왕 당시에 제작되었다. 지금은 3층까지만 남아 있으나 원래는 5층탑으로 여겨지며 규모가 제법 큰 탑에 속하고 있다. 탑의 기단 위에는 네 모퉁이에 돌사자를 배치하고 1층탑신의 네 벽에는 돌로 문틀을 짜고 널찍한 돌로 출입문도 달아 내부로 통할 수 있게 하였는데. 문의 양옆에는 인왕상이 조각되어 험상궂은 표정으로 문을 지키고 있다. 또 벽돌모양의 석재로 탑을 만들다 보니 탑에는 전혀 기둥이 없고 처마 밑과 지붕 위의 경사면은 자연히 층이 지게 되어 있다.

(9) 법주사 팔상전(국보 55호)

우리나라에 유일하게 남은 5층 목조탑으로 지금의 건물은 임진왜란 이후에 다시 짓고 1968년에 해체 · 수리한 것이다. 벽 면에 부처의 일생을 8장면으로 구분하여 그린 팔상도(八相圖)가 그려져 있어 팔상전이라 이름 붙였다.

1층과 2층은 앞 · 옆면 5칸, 3 · 4층은 앞 · 옆면 3칸, 5층은 앞 · 옆면 2칸씩으로 되어 있고, 4면에는 돌계단이 있는데 낮은 기단 위에 서 있어 크기에 비해 안정감을 준다. 지붕은 꼭대기 꼭지점을 중심으로 4개의 지붕면을 가진 사모지붕으로 만들었으며, 지붕 위쪽으로 탑 형식의 머리장식이 달려 있다. 건물의 양식 구조가 층에 따라 약간 다른데, 1층부터 4층까지는 지붕 처마를 받치기 위해 장식하여 만든 공포가 기둥 위에만 있는 주심포 양식이고, 5층은 기둥과 기둥 사이에도 공포를 설치한 다포양식으로 꾸몄다.

건물 안쪽은 사리를 모시고 있는 공간과 불상과 팔상도를 모시고 있는 공간, 그리고 예배를 위한 공간으로 이루어져 있다.

제 4 절 탑의 시대별 특징

1 삼국시대

삼국의 불탑은 목탑에서 출발하여 삼국시대 말기인 7세기에 들어와 석탑이 등장하기 전까지는 목탑이 삼국시대 불탑의 주류를 이루었다고 추정되며, 그 중에서도 고구려의 목탑은 팔각칠층탑이 주로 세워져 백제나 신라의 목탑과 구별된다. 목탑이 주류를 이루는 가운데 삼국시대 말기에 들어 석탑이 등장하는데 그 변화의 흔적은 백제의 미륵사지 석탑과 정림사지 석탑에서 찾을 수 있다.

1) 고구려

현재 고구려의 불탑은 남아 있는 것이 없으나 《삼국유사》의 육왕탑조에 의하면 "고구려의 광개토왕이 요동성을 순행하던 중 성 옆에 복발탑을 보고 7층목탑을 세웠다"라는 기록이 있으며, 1953년 함경남도 순천의 요동성총에서 발견된 요동성도 벽화에서도 성곽 내부에 다층 목조건물이 그려져 있어 이 그림이 삼국유사의 요동성탑임을 추정케 하고 있다. 또 《삼국유사》에는 평양의 대보산에 영탑사 팔각칠층석탑을 세우게 된 내력도 적혀 있어 팔각칠층석탑의 존재를 일러주고 있다. 평양의 청암리절터, 정릉사터, 대동군의 상오리 절터, 금강사지, 토성리 등지에서 조사된 탑지에서는 제법 규모가 큰 팔각의 목탑이 세워졌던 흔적이 확인되었는데, 이 탑들은 한결 같이 절 안의 한 가운데에 탑을 세우고 주변의 동 · 서 · 북편에는 법당이 하나씩 배치되는 이른바 1탑 3당식의 배치형태를 이루고 있었다.

2) 백제

백제의 조탑기술은 실로 뛰어나 우리나라 최상의 불탑으로 기록되는 신라 황룡사 구층탑과 일본 최고의 탑으로 알려진 호류지의 목탑을 제작한 것으로 알려져 있다. 백제 탑의 두드러진 특징은 7

세기 이후 목탑을 석탑으로 재현하고 있다는 점이다. 그 예로는 익산의 미륵사지석탑을 들 수 있다. 이 탑은 2층 기단 위에 석재를 목재와 같이 잘게 나누어 짠 목조건물 모양의 탑신을 올리고 있다. 1층 탑신의 네 면은 밑이 넓고 위가 좁은 기둥들을 각 면에 여러 개씩 세우고 중심부에는 사방에서 내부로 통하는 통로를 내어 목탑에서의 사방에 출입문을 내는 형식을 그대로 반영하고 있다. 아울러 탑신 내부의 중심부에는 탑신을 떠받치는 중심축과 같은 철주가 세워져 있는 것도 목탑의 구조와 흡사하다. 뿐만 아니라 기둥 위로 처마를 구성하는 방식이나 넓은 판석을 덮어 지붕을 내고 추녀 끝에 네 귀에서 살짝 위로 올린 듯 처리한 것도 목탑과 비슷하여 이 탑은 비록 석탑이지만 전체적인 외형은 목탑을 충실히 모방하고 있는 것이다. 이러한 기법은 부여의 정림사지 오층석탑에서 석탑으로 발전된 모습을 보여주고 있다. 즉 낮은 기단위로 네 귀에 안정감 있는 기둥을 세우고 기둥과 기둥 사이의 벽은 두 장의 판석을 잇대어 마치 사방으로 출입문을 달아 놓은 듯한 형태를 취하고 있다. 또한 처마 밑의 석재 맞춤방식은 미륵사탑보다 간략화되면서 정림사탑 특유의 예술성을 가미하였고 지붕돌은 평활하여 여유가 있으며, 2층 이상의 탑신부를 설계함에 있어서도 정확한 감축비율이나 규칙성들의 질서를 잃지 않고 있어 전체적으로 짜임새가 완벽하고 조형기법이 탁월한 새로운 백제석탑으로 완성되었음을 알 수 있다.

3) 신라

초기 신라의 불탑은 진흥왕대에 이르러서는 궁궐을 지으려던 터에 우물에서 용이 나타난다는 상서로운 기운이 일게 되자 이 궁터에 신라 최대의 사찰인 황룡사를 짓고 절 한가운데에는 9층목탑을 세우고 법당에는 장육삼존불상을 안치했다고 한다. 황룡사의 9층목탑은 높이가 226척에 해당하는 큰 탑으로 90여 년에 걸쳐 조성하여 선덕여왕 14년에 완성한 것으로 전한다. 신라에서도 불탑의 주류를 이루었던 목탑의 전통은 통일신라시대까지 이어지는데, 7세기에 들어 석탑이 등장하게 된다. 현재 경주에 일부가 남아 있는 분황사 모전석탑은 선덕여왕 3년에 조성된 것으로, 신라만의 독특한 목탑과 전탑을 혼합한 형태이며, 더욱 양식적인 정비와 격자결구의 규칙성을 가지고 있다.

2 통일신라시대

삼국을 통일한 신라왕조에서는 삼국의 문화적 융합이 이루어지며 특히 석탑에 있어서는 신라적인 요소와 백제적인 요소가 결합되어 나타난다. 이와 같은 시기의 대표적인 석탑으로는 의성탑리 오층석탑을 들 수 있다. 이 탑의 형태는 기본적으로 목탑을 본뜬 백제식의 석탑을 모방하고 있으면서도 지붕의 형태는 분황사 모전석탑의 형태를 취하고 있어 백제탑과 신라탑의 절충형을 보여주는 예라고 하겠다.

또 다른 예로, 감은사지탑은 신문왕 2년(682)에 낙성된 사찰의 탑으로 2층 기단은 여러 개의 기둥돌과 벽판석으로 짜맞추어 잘 정비되어 있다. 탑신은 네 개의 기둥돌과 네 개의 벽판석으로 짜여지고 지붕돌은 여러 개의 몸돌과 네 개의 받침돌로 구성되었는데 처마 밑의 층단받침은 5단으로 되어 있다. 이러한 형식은 경주의 고선사지 삼층석탑에서도 동일하게 적용되고 있어 두 탑에서는 통일신라 석탑의 전형이 완성되고 있음을 알 수 있다.

7세기 후반에 이미 전형을 이루기 시작한 통일신라시대의 석탑은 8세기 초의 경주 나원리오층석탑이나 구황동삼층석탑으로 불리는 황복사지삼층석탑은 탑신의 부재를 기둥돌과 벽판석으로 분리하지 않고 한 면에 하나씩의 석재를 이용하여 거기에 기둥 모양을 새기는 등 석재의 결합이 더욱 간결해지고 있다. 그리고 이때까지의 탑은 기단에 비하여 탑신이 장중하고 규모 또한 후대의 석탑보다 거대한 것이 특징이다. 8세기 중엽에 들어서는 많은 석탑들이 더욱 간략화 된 결합방식으로 이루어지는데 여기에는 하나의 체계적인 법식이 발견되고 있다. 이 시기의 대표적 석탑인 불국사삼층석탑을 살펴보면 탑신부는 3층을 기본으로 하여 몸돌과 지붕돌이 각각 하나씩의 돌로 짜졌는데, 기단은 훨씬 강화되고 전체적으로는 초창기의 괴량감 넘치는 탑에서 다소 규모는 작으나 안정된 탑으로 정착되고 있다. 이러한 법식은 통일신라시대 석탑의 전형으로, 왕경인 경주를 벗어나 지방으로의 건립이 확산되어 경북 금릉의 갈항사삼층석탑(758)이나 경남 창녕의 술정리동삼층석탑에서도 동일한 형식을 보이고 있다.

그러나 사회적으로는 신라왕조가 쇠망기에 접어드는 9세기 이후로는 신라왕실의 쇠망과 함께 석탑의 규모가 축소되고 결구법식도 일부 생략되며 탑의 장식이 증가되기는 하나 전체적인 조형성이 퇴조를 보인다. 오히려 이 때에는 선종 불교의 등장과 함께 지방의 사찰에서 선승들의 승탑과 탑비도 높게 조형되어 신라시대 석조미술의 또 다른 면모를 보이게 되었다. 당시에 세워진 탑으로 경남 합천의 해인사삼층석탑(802), 경주의 창림사삼층석탑, 대구 동화사의 비로암삼층석탑(863), 전남 장흥의 보림사삼층석탑(876) 등이 비교적 건립연대가 확실한 석탑들이다.

이외에도 이형탑들이 보이는데, 이는 전형의 조영법식을 벗어나 기단이나 탑신부를 변형시켜 외형상으로도 일반형 석탑과는 뚜렷이 구분되는 석탑들도 일부 조성되고 있었다. 그 중에서도 가장 뛰어난 이형석탑은 불국사에 남아 있는 다보탑으로 맞은 편에 세워진 석가탑과 함께 8세기 중엽의 통일신라시대의 석탑을 대표하고 있다.

3 고려시대

석탑이 가장 많이 조성되던 시기로 수준 높은 작품에서부터 비록 서툴지만 지방적인 특색을 드러내는 작품들까지 다양하다. 형태에 있어서 일반적인 사각다층탑으로부터 다양한 이형석탑이 조성되기도 하였다. 현재 남아 있는 것이 거의 없고 다만 규모가 200척이 넘었다는 광통보제사 오층탑, 개국사, 혜일중광사, 진관사, 홍왕사, 민천사, 연복사 등 개성 부근의 사찰에 세워진 목탑과 남원의 만복사탑 등에 대한 기록들이 남아 있다. 고려시대의 석탑은 신라 석탑의 전통이 강하게 영향을 미치면서 약간의 변형을 시도하여 일반화된 양식으로 성립된다.

일반적으로는 신라석탑의 전형양식을 계승하여 평면 사각형의 2층기단 위에 다층의 탑신을 얹고 있는데 중부 이남지방에서 주종을 이루면서 약간의 변형을 가하고 있다. 대체로 기단과 탑신은 신라 석탑에 비하여 폭이 좁아지고 탑신은 층 수가 많아져 전체적으로는 길쭉한 형태를 취하고 있는데, 탑신 밑에 별도의 판석을 삽입하기도 하고 어떤 탑은 기단 위아래로 연꽃무늬를 돌려 마치 불상대좌와 같은 모습을 이루기도 한다. 또 지붕돌은 두껍고 처마가 네 귀에서 위아래가 모두 곡면으로 들리며 일부의 탑에서는 기단도 단층으로 생략되는 경우가 있다. 그리하여 신라 석탑에서 보여주는 당당한 느낌은 줄어들고 비록 유연한 감은 있으나 대부분 늘씬한 형태를 이루어 안정감이 적다. 대표적인 탑으로는 경북 예천의 개심사지오층석탑, 충남 청양의 정산서정리구층석탑, 강원도 강릉의 신복사지삼층석탑, 국립중앙박물관으로 옮겨 온 개성의 남계원칠층석탑과 경북 칠곡의 정도사지오층석탑, 그리고 전북 김제의 금산사오층석탑 등을 들 수 있으며 이 밖에도 수많은 고려시대의 석탑이 이 범주에 속하면서 전국적인 분포를 보이고 있다.

4 조선시대

조선의 건국은 불교의 쇠퇴와 함께 불탑도 쇠퇴하였다. 조선시대에 조성된 불탑 중에서 목탑으로는 태조의 후비인 신덕왕후 강씨의 명복을 빌기 위하여 정릉 부근에 홍천사를 짓고 세운 5층의 사리각, 그리고 속리산 법주사 팔상전, 전남 화순의 쌍봉사 대웅전 등이 조선시대의 목탑으로 전하여져 온다. 지금은 법주사 팔상전만이 유일한 조선시대 목탑인 동시에 우리나라의 단 하나뿐인 목탑으로 남아 있다. 그러나 법주사 팔상전도 여러 번의 개축과정을 통하여 조선시대에 이른 것이며, 그 시초는 지금도 남아 있는 초창기의 기단과 함께 통일신라시대로 거슬러 올라간다.

조선시대의 석탑은 새로운 양식이 성립됨이 없었다. 세조 13년(1467)에 세워진 서울 탑골공원의 원각사지십층석탑은 고려 말기의 경천사지십층석탑을 본 딴 것이며, 경상북도 함양의 지리산에 있는 벽송사 삼층석탑은 신라의 일반형석탑과 형식상에서 조금도 차이가 없다. 신륵사 다층석탑은 기단부의 조형은 경천사지십층석탑을, 그리고 탑신부는 고려석탑의 형식을 따르고 있다.

제 5 절 사찰주변의 석조건축물

1 석조부도

1) 부도(승탑)의 이해

부도는 스님들의 묘탑(墓塔)으로, 절 밖 한적한 곳에 모셔져 있는 부도는 스님의 사리를 모셔둔 곳이다. 역사가 오래된 절에는 부도군(부도밭)을 이뤄 둘레에 담을 두르기도 한다. 이는 대웅전 공간에 놓인 탑(塔, 불탑)과 구분되며 여기에 표현된 내림마루, 추녀 등 건축적인 요소는 당시의 목조건축이 전해져 내려오지 않는 상황에서 당대의 건축을 추정해 볼 수 있는 중요한 자료가 된다. 경복궁에 있었던 지광국사현묘탑, 염거화상탑, 연곡사부도, 실상사부도 등은 그 대표적인 예에 속한다.

우리나라의 부도는 이미 삼국시대 말기인 7세기 전반부터 원광법사(圓光法師)와 혜숙사(惠宿師) 등의 부도가 만들어졌다는 기록이 삼국유사에 전하고 있으나, 현재는 9세기 이후의 것들만이 남아 있다. 선종의 보급과 함께 선사들의 사회적 비중이 커지게 되었고, 본연의 마음이 곧 부처이고 그것을 깨달은 사람은 곧 부처와 동격이 되며, 일문일가(一門一家)라고 했으니 그 독립성의 의미는 더욱 강조되었다. 일문을 이끌어 온 대선사의 죽음은 석가모니의 죽음 못지 않게 여겨 성불(成佛)했다고 믿어지는 대선사의 사리도 그만한 예우로 봉안해야 했으며, 그렇게 하는 것이 그 절의 권위와 전통을 위해서도 필요했다. 이렇게 하여 선사들의 부도는 가장 엄숙하고 가장 아름답게 장식되었다. 신라 말기에 만들어진 아름답고 장엄한 부도들은 바로 선종이 새로운 시대의 주역으로 성장하는 과정을 보여주고 있으며, 선종을 후원했던 지방 호족세력의 문화 능력을 과시하고 있다.

〈그림 5-8〉 부도 양식

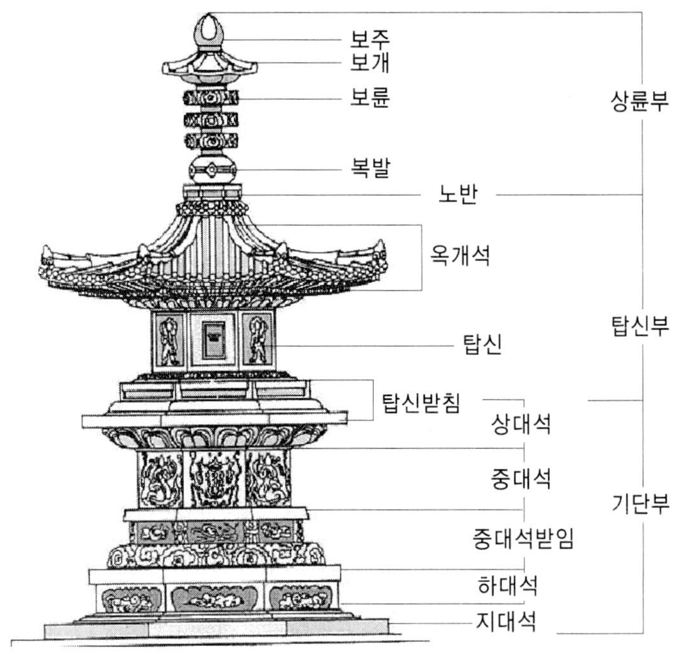

2) 연곡사 동부도

연곡사에는 동부도 · 서부도 · 북부도가 있는데, 그 중 형태가 가장 우아하고 아름다운 부도가 바로 이 동부도다. 8각원당을 기본형으로 삼은 부도로서 방형 지대석 위에 기단부와 탑신 · 상륜부를 중적한 일반형인데, 각부의 조식이 매우 정교하다. 하대석은 8각 2단으로 구성되었으며 하단에는 운룡을, 상단에는 각 면의 좌 · 우 · 상부 윤곽을 둥근 테로 돌리고 그 안에 각기 형태가 다른 사자를 1좌씩 조각하였다. 윗면에는 각형으로 된 3단의 괴임을 마련하여 중대석을 받았다. 중대석은 낮은 편이며 각 면에는 통식의 안상 속에 팔부신중을 조각하였는데, 무기를 취하고 있다.

상대석은 중대석 괴임대와 대칭을 이루는 3단의 받침대 위에 놓여졌으며 측면에는 중판앙련이 상하 2열에 16판씩 장식되었는데, 연판 안을 다시 꽃무늬로 장식하였다. 윗면에는 높직한 탑신괴임대가 있는데, 각 우각마다 중간에 둥근 마디가 있는 주형을 세우고 그 안에 가릉빈가 1구씩을 조각하였다. 괴임대 윗면에는 낮은 2단의 괴임단을 각출하고 그 위에 8각 탑신석을 받고 있다. 탑신의 각 면에는 문비 · 향로 · 사천왕상 등이 조각되어 장중한 표면 장식을 보이고 있다. 옥개석은 충실히 목조건축의 옥개부를 모방하여 이중 연목과 기왓골을 모각하였고 끝에는 막새까지 나타내고 있으며 옥개석 아랫면에는 운문을 장식하였다. 상륜부는 앙화 위에 사방으로 날개를 활짝 편 봉황을 조각한 석재를 얹고 다시 연화문석의 보륜을 중적하였다.

2 석등

1) 석등의 개요

석등은 부처의 광명을 상징한다 하여 광명등(光明燈)이라고도 하는데, 대개 사찰의 대웅전이나 탑과 같은 중요한 건축물 앞에 배치되는 사찰 내 기물이다. 불교의 가람배치 양식에 따른 한 구조물로서 전래되어 등기(燈器)로서의 기능과 사원 공간의 첨경물(添景物)로서의 기능을 함께 발전시켜 왔다. 그 최고(最高)의 예는 백제 때 건립한 전북 익산시의 미륵사지석등에서 볼 수 있다. 이 석등은 팔각의 화사석(火舍石; 점등하는 부분)만 남아 있어 삼국시대의 석등양식은 고찰할 자료가 없다. 통일신라시대에 많이 건립된 석등의 기본양식은 하대석 위에 간주(중대석)를 세우고 그 위에 상대석을 놓아 화사석을 받치고 그 위를 옥개석으로 덮어 평면이 8각으로 조성되어 있다. 석등은 이와 같은 8각의 기본형이 주류를 이루면서 내려오다가 8각의 4면에 보살상이나 사천왕상을 조각하는 등 시대적 · 지역적 특징을 보이면서 발전하여 왔다.

지방적인 특징으로서는 전북 남원의 실상사 석등이나 임실의 용암리 석등과 같이 고복형(鼓腹形)의 간주가 나타나는 예를 들 수 있고, 충북 보은의 법주사 쌍사자석등이나 경남 합천의 영암사지 쌍사자석등은 그 형태가 변형된 이형양식의 예로 들 수 있다.

고려 전기에는 통일신라 때의 8각형 양식에서 벗어나지 못하다가 차차 독자적인 양식을 이루어 사각형을 기본형으로 하되 원형의 간주 위에 사각형의 앙련석 · 화사석 · 개석을 얹었으며, 충남 논산의 관촉사 석등, 개성시 장풍군 현화사지 석등이 대표적이다. 사자석등형의 이형양식은 경기 여주 고달사지 쌍사자석등의 예와 같이 이 시대에도 건조되었으나 신라 때와 같이 쌍사자가 두 발로 서서 사각형의 하대석 위에 쭈그리고 앉아 있을 뿐 상대석을 직접 받치지 않고 그 위의 다른 부재가 받치도록 되어 있는 점이 다르다. 한편 고려 후기의 공민왕 현릉의 장명등과 같이 석등을 사찰뿐만 아니라 능묘에도 장명등으로서 건조하였으며, 조선시대에도 이를 본따 왕릉에는 반드시 장명등을 세우게 하였다. 그 양식은 경기 여주의 신륵사 보제존자 석종 앞 석등과 같이 이보다 앞서 유행하였던 세장(細長)한 간주 대신 중대석으로 형태가 바뀌고 있다. 조선시대에는 사찰의 창건이 억제됨에 따라 석등의 건조도 극히 드물었다. 충북 중원의 청룡사지 사자석등과 경기 양주의 회암사지 쌍사자석등의 예에서 조선 전기에 이형 양식의 석등이 건조되었음을 알 수 있다.

2) 대표적 석등

(1) 법주사 쌍사자석등(국보 5호)

전형 양식에서 파생된 이형 양식의 통일신라시대 석등으로, 중대석인 쌍사자를 제외한 모든 부재

가 전형을 따르고 있다. 널찍한 8각 지대석 위에 연화하대석을 비롯하여 간주석, 연화상대석, 화사석, 옥개석 등이 모두 별석으로 조합되었다. 지대 윗면에는 높은 2단으로 되어 있다. 연화하대석은 원형 평면으로 8엽의 단판복련을 배치한 것으로, 판 안에 화문장식을 하였는데 유사한 문양을 합천 백암리석등 · 합천 영암사지쌍사자석등에서 찾아볼 수 있다. 사자는 비교적 둔후한 모습으로, 힘차게 하대석을 딛고 앞다리와 머리로 힘겨운 듯이 연화상대석을 떠받고 있다. 상대석에 장식된 연화는 16판의 중련으로 되어 있는데 아래 연판 안에는 1조의 반원문을, 위 연판 안에는 삼주문으로 장식하였다. 화사석은 8각으로 폭에 비하여 창 주변에는 1단의 턱을 마련하였다. 옥개석 역시 8각으로, 밑면에는 2단의 받침과 절수구를 마련하였다. 낙수면의 경사도는 완만하며 정상에는 8판연판으로 개식을 하였으며 연봉오리형의 보주로 장식한 완전한 석등 중의 하나이다.

(2) 보림사 석등(국보 44호)

전남 장흥, 통일신라 경문왕(10년, 870) 때 조성, 신라의 전형적인 모습으로 네모꼴의 바닥돌 위에 연꽃무늬를 새긴 8각의 아래받침돌을 얹고, 그 위에 가늘고 긴 기둥을 세운 후, 다시 윗받침돌을 얹어 불을 밝혀두는 화사석을 받쳐주도록 하였다. 화사석은 8각으로 4면에만 창을 뚫어 놓았고, 그 위로 넓은 지붕돌을 얹었는데 각 모서리 끝부분에 꽃장식을 하였다. 석등은 지붕 위에 여러 장식들이 놓여 있다. 이 석등은 모두 완전한 형태를 지니고 있는 귀중한 자료가 되고 있다.

(3) 화엄사 각황전(覺皇殿) 앞 석등(국보 12호)

전남 구례, 통일신라 헌안왕 4년(860)에서 경문왕 13년(873) 사이에 세워졌을 것으로 추정되며, 전체 높이 6.4m로 한국에서 가장 커다란 규모이다. 8각 바닥돌 위의 아래받침돌에는 엎어놓은 연꽃무늬를 큼직하게 조각해 놓았고, 그 위로는 장고 모양의 가운데 기둥을 세워두었다. 장고 모양의 특이한 기둥형태는 통일신라시대 후기에 유행했던 것이며, 기둥 위로는 솟은 연꽃무늬를 조각한 윗받침돌을 두어 화사석을 받치도록 하였다. 8각으로 이루어진 화사석은 불빛이 퍼져나오도록 4개의 창을 뚫어 놓았다. 큼직한 귀꽃이 눈에 띄는 8각의 지붕돌 위로는 머리 장식이 온전하게 남아 있어 전체적인 완성미를 더해 준다.

(4) 영암사지 쌍사자석등(靈岩寺址 雙獅子石燈, 보물 353호)

경남 합천, 영암사터에 세워진 통일신라시대의 석등으로, 1933년경 일본인들이 불법으로 가져가려는 것을 마을 사람들이 막아 면사무소에 보관하였다가 1959년 절터에 암자를 세우고 원래의 자리로 옮겨 놓았다.

이 석등은 사자를 배치한 가운데받침돌을 제외한 각 부분이 모두 통일신라시대의 기본형태인 8각으로 이루어져 있다. 아래받침돌에는 연꽃모양이 조각되었고 그 위로 사자 두 마리가 가슴을 맞대고 서 있다. 사자의 뒷발은 아래받침돌을 딛고 있으며, 앞발은 들어서 윗받침돌을 받들었다. 머리는 위로 향하고 갈퀴와 꼬리, 근육 등의 표현이 사실적이다. 화사석은 4면에 창이 있고 다른 4면에는 사천왕상(四天王像)이 조각되었다. 사천왕은 불교의 법을 지키는 신으로 당시 호국사상의 목적 아래 많이 나타나게 되었다. 지붕돌은 8각으로 얇고 평평하며, 여덟 곳의 귀퉁이마다 자그마한 꽃조각이 솟아 있다.

각 부분의 양식이나 조각으로 보아 통일신라 전성기에 비해 다소 형식화된 면을 보이고 있어 통일신라 후기인 9세기에 만들어진 것으로 여겨지며, 법주사쌍사자석등(국보 제5호)과 견줄 수 있는 걸작이라 할 수 있다.

(5) 관촉사 석등(灌燭寺石燈)

보물 제232호, 충남 논산, 고려시대의 석등으로 관촉사 앞뜰의 큰 석불 앞에 놓여있는 4각 석등으로, 불을 밝혀두는 화사석(火舍石)이 중심이 되어 아래에는 3단의 받침돌을 쌓고, 위로는 지붕돌과 머리장식을 얹었다. 평면이 정사각형으로 이루어진 전형적인 고려식으로, 아래받침돌과 윗받침돌에 새겨진 굵직한 연꽃무늬가 두터움을 드러내고 있다. 가운데받침은 각이 없는 굵고 둥그런 기둥으로 세웠는데, 위아래 양끝에는 두 줄기의 띠를 두르고, 중간에는 세 줄기의 띠를 둘렀다. 특히 중간의 세 줄기 중에서 가장 굵게 두른 가운데 띠에는 8송이의 꽃을 조각하여 곱게 장식하였다. 2층으로 이루어진 화사석은 1층에 4개의 기둥을 세워 지붕돌을 받치도록 하였는데, 기둥이 빈약한 반면 창은 매우 넓다. 각 층의 지붕들은 처마가 가볍게 곡선을 그리고 있으며, 네 귀퉁이에는 큼직한 꽃 조각이 서 있어 부드러운 조화를 이룬다. 꼭대기는 불꽃무늬가 새겨진 큼직한 꽃봉오리 모양의 장식을 두었는데, 조각이 두터워서인지 무거워 보인다.

전체적으로 뒤에 서 있는 석불 못지 않게 힘차 보이나, 화사석의 네 기둥이 가늘어 균형이 깨지고, 받침의 가운데 기둥이 너무 굵고 각이 없어 그 효과가 줄어든 감이 있다. 석조미륵보살입상(보물 제218호)과 함께 고려 광종 19년(968)에 지어진 것으로 추정되며, 남한에서는 화엄사각황전 앞 석등(국보 제12호) 다음으로 거대한 규모를 보여준다.

(6) 실상사 석등(實相寺石燈)

보물 제35호, 전북 남원, 실상사는 지리산 천왕봉의 서쪽 분지에 있는 절로, 통일신라 흥덕왕 3년(828)에 홍척(洪陟)이 선종 9산의 하나로 실상산문을 열면서 창건하였다. 이 석등은 실상사 보광명전 앞뜰에 세워져 있다. 석등은 불을 밝히는 화사석(火舍石)을 중심으로 밑에 3단의 받침을 쌓고, 위로는 지붕돌과 머리장식을 얹었는데, 평면은 전체적으로 8각형을 기본으로 하고 있다. 받침

부분의 아래받침돌과 윗받침돌에는 8장의 꽃잎을 대칭적으로 새겼다. 화사석은 8면에 모두 창을 뚫었는데, 창 주위로 구멍들이 나 있어 창문을 달기 위해 뚫었던 것으로 보인다. 지붕돌은 여덟 곳의 귀퉁이가 모두 위로 치켜올려진 상태로, 돌출된 꽃모양 조각을 얹었다. 머리장식에는 화려한 무늬를 새겨 통일신라 후기의 뛰어난 장식성을 잘 보여준다.

이 석등은 규모가 커서 석등 앞에 불을 밝힐 때 쓰도록 돌사다리를 만들어 놓았으며, 지붕돌의 귀퉁이마다 새긴 꽃모양이나 받침돌의 연꽃무늬가 형식적인 점 등으로 보아 통일신라 후기인 9세기 중엽에 만들어진 작품으로 보인다.

3 석비

1) 석비의 개요

비(碑) · 빗돌 · 석비(石碑) 등 여러 말이 있으며, 거기에 새겨 넣은 글은 금석문(金石文)이라 하여 귀중한 사료(史料)가 된다. 한국은 비석이 언제부터 세워졌는지 확실치 않으나 고구려 때 광개토왕비(廣開土王碑)가 세워진 것으로 보아 그 이전부터 있었던 것으로 추정된다. 진흥왕순수비(眞興王巡狩碑), 창녕(昌寧)의 척경비(拓境碑), 백두산 정계비(定界碑) 등은 역사상 자랑할 만한 비석이다. 통일신라시대를 거쳐 고려시대에는 많은 비석이 세워졌으며, 조선시대에는 여러 종류의 비석이 성행하여 그 유품의 일부는 오늘날까지도 이어지고 있다.

비석의 종류로는 묘비(墓碑)를 비롯하여 능비(陵碑), 신도비(神道碑), 기적비(紀蹟碑), 기념비, 순수비, 정려비(旌閭碑), 송덕비(頌德碑), 애민비(愛民碑), 영세불망비(永世不忘碑) 등이 있으며, 그 밖에도 유허(遺墟), 성곽(城郭), 대단(臺壇), 서원(書院), 묘정(廟庭), 빙고(氷庫), 교량, 제지(堤池) 등에 세우는 지적비(地積碑)가 있다. 비석은 대개 비신(碑身)과 이수(耳首) · 귀부(龜趺)로 되어 있으나 요즈음 서민층의 묘소에는 이수와 귀부 없이 비신만을 세우는 경우가 많다. 또 자연석의 일면을 갈아서 글을 새기고 위를 둥글게 한 것을 갈(碣)이라고 한다.

2) 주요석비

(1) 중원 고구려비(국보 205호)

우리 나라에서 발견된 유일한 고구려비로, 마멸된 부분이 많아 비문 전체의 내용을 완벽하게 알 수는 없지만, 장수왕 때 한강 하류의 여러 성을 공략한 후 이를 기념하여 세운 것으로 추정된다. 따라서 이 비의 건립연대는 5세기 후반으로 보인다.

비의 높이는 2.03m 너비 0.55m 가량 되는 두툼한 돌기둥 모양으로, 규모는 작은 편이다. 네 면에 모두 예서풍의 글씨가 새겨졌는데 앞쪽에 23자씩 10행, 왼쪽면에는 23자씩 7행, 오른쪽에는 6행, 뒷면은 몹시 마멸되었으나 너비로 보아 9행 정도의 흔적이 있어 모두 400자 가량 된다. 하지만 비문 첫머리의 '고려대왕(高麗大王)'이라는 구절에서 바로 고구려비임을 알 수 있다. 또한 '신라토내(新羅土內)'라는 명문이 두 군데에서 발견되는데 이는 신라 이외의 나라가 신라를 일컬었던 것으로 고구려에서 신라땅을 가리킨 것으로 해석된다.

(2) 진흥왕 순수비

진흥왕대는 신라가 종전의 미약했던 국가체제를 벗어나 일대 팽창, 삼국통일의 기틀을 마련한 때이다. 6세기 진흥왕은 재위 37년 동안 정복적 팽창을 단행하여 낙동강 서쪽의 가야세력을 완전 병합하였고, 한강 하류 유역으로 진출하여 서해안 지역에 교두보를 확보하였으며, 동북으로는 함경남도 이원지방에까지 이르렀다. 진흥왕은 이렇게 확대된 영역을 직접 순수하면서 이를 기념하려고 이른바 순수비를 세웠다. 지금까지 발견된 것은 창녕 신라진흥왕척경비(561년, 국보 33호) · 북한산 신라진흥왕 순수비(555년) · 마운령 신라진흥왕 순수비(568년) · 황초령 신라진흥왕 순수비(568년) 등 모두 4개이다. 또한 이러한 전승 기념비에는 정복집단의 신통한 능력과 정복사업의 위업을 자랑하고 정복지의 백성을 편안하게 해줄 수 있다고 선전함으로써 피정복민을 회유하는 고대사회의 이데올로기적 선전의 역할도 하였다. 해서체로 음각된 이들 순수비에는 신라의 강역뿐만 아니라 신료(臣僚)의 명단과 소속부명 · 관계명 · 관직명 등이 기록되어 있어, 진흥왕 당대의 금석문 자료로서 이 시대의 역사적 사실을 밝히는 중요한 자료이기도 하다.

(3) 단양적성비(국보 제198호)

높이 93cm, 윗너비 107cm, 아랫너비 53cm이다. 정확한 건립연대에 대해서는 545년(진흥왕 6) 이전, 550년, 551년 등 각기 다른 견해가 제시되고 있다. 1978년 1월 단국대학교박물관 조사단이 발견하였다.

오랫동안 땅속에 파묻혀 있었던 탓인지 판독이 불가능한 글자는 거의 없지만, 윗부분이 파손되어 전체 내용을 완전히 파악할 수는 없다. 문장은 순수한 한문식이 아니라 신라식 이두문(吏讀文)과 한문이 섞여 있다. 서체는 중국 남북조시대의 해서체(楷書體)이지만 예서풍(隸書風)이 강하게 남아 있다.

4 기타

1) 법주사 석련지(국보 64호)

8각대좌 위에 앉힌 원형 석조이다. 대좌 각면에는 안상이 장식되고 위에는 3단의 괴임이 있고 다시 앙련으로 중석을 받치고 있다. 중석은 작고 잘룩하게 구성하였는데, 운문을 굵게 조각하여 위의 큰 신부와는 상대적인 대조를 이루었다. 표면에는 중판 앙련이 조각되고 그 중 주된 연판에는 보상화가 장식되어 웅대한 꽃잎에서 오는 중량감과 함께 화사한 세련미가 넘친다. 위에는 동자주를 세워서 난간을 돌렸는데 밑의 난간벽에는 천인 · 보상화 등이 양각되어 한층 화려하다.
연지의 몸이 크게 균열되어 철제 꺽쇠로 연결하였고 위의 난간에도 손상이 많다. 그러나 상하의 각부가 아름다운 비례를 보이고 표면 조각은 만개한 연꽃을 상징하여 연지의 용도에 부합된다. 조각기법이 매우 우수하며, 제작 시기는 8세기를 넘지 않을 것으로 추정된다.

2) 사찰에서 볼 수 있는 문양의 상징

(1) 연꽃

불교의 정신세계와 불자들의 부처를 향한 신앙심을 짙게 투영하고 있는 상징적인 존재이다. 《화엄경탐현기(華嚴經探玄記)》에 의하면 연꽃은 네 가지 덕을 가지고 있다고 하는데 향(香), 결(潔), 청(淸), 정(淨)이 그것이다. 불 · 보살이 앉아 있는 자리를 연꽃으로 만들어 연화좌 또는 연대라 부르는 것도 번뇌와 고통과 더러움으로 뒤덮여 있는 사불 · 보살을 연꽃의 속성에 비유한 것이다. 연꽃은 인도의 고대신화에서부터 등장한다. 불교가 성립되기 이전 고대 인도 브라만교의 신비적 상징주의 가운데 혼돈의 물 밑에 잠자는 영원한 정령 나라야나의 배꼽에서 연꽃이 솟아났다는 내용의 신화가 있다. 이로부터 연꽃을 우주 창조와 생성의 의미를 지닌 꽃으로 믿는 세계연화사상(世界蓮華思想)이 나타났다. 세계연화사상은 불교에서 부처의 지혜를 믿는 사람이 서방정토에 왕생할 때 연꽃 속에서 다시 태어난다는 연화화생(蓮華化生)의 의미로 연결되었다. 한편 석가모니가 마야부인의 겨드랑이에서 태어나 사방으로 일곱 걸음을 걸을 때 그 발자국마다 연꽃이 피어났다고 한다. 이는 바로 연꽃이 화생의 상징물임을 나타낸다.

(2) 비천상

부처의 소리를 전하는 아름다운 선녀, 비천상은 주로 사찰의 범종에서 볼 수 있으나 때로는 석등, 부도, 불단이나 단청의 별지화(別枝畵) 등에도 나타난다. 비천은 불교의 천국에서 허공을 날며 악기를 연주하고, 춤추면서 꽃을 뿌려 부처님을 공양 · 찬탄하는 천인(天人)의 일종이다. 비천상은

'표대'라고 하는 넓고 긴 띠를 두르고 있는데, 하늘을 날 때 이 띠를 사용한다. 상원사 범종(국보 제36호)은 725년에 제작된 신라의 종으로, 현존하는 우리나라 최고(最古)의 종이며 가장 아름다운 비천상을 가지고 있다.

(3) '만(卍)'자

만만은 범어(梵語)로 스바스티카(Svastika)라 하며, 원래는 글자가 아니라 상(相)이요, 상징형이다. 부처의 가슴과 발 등에 나타나는 이 문양을 '상서로운 상(相)' 곧 길상의 상징으로 삼았으며, 동시에 부처의 경지를 나타내는 불심인(佛心印)으로도 사용하였다. 만이 오른쪽으로 도는 형태를 갖추고 있는 것은 우주와 태양계의 회전 운동에 동조하는 의미를 지니고 있다. 탑돌이를 할 때 우요삼잡(右繞三餓)이라 하여 탑을 중심에 두고 시계 방향인 오른쪽으로 세 번 돌고 절을 하는데, 이는 우주의 운행 질서에 순응하는 태도를 보여주는 예이다.

(4) 가릉빈가

부처의 소리를 전하는 묘음(妙音)의 새, 고승의 부도나 와당, 그리고 불단 등에서 새의 몸에, 사람 머리를 한 인두조신(人頭鳥身)의 새를 만날 수 있다. 범어로 카라빈카(kalavinka)라고 하고, 히말라야에 있는 설산(雪山)에서 태어났다고 한다. 자태는 물론이고 소리 또한 묘하고 아름다워 묘음조(妙音鳥), 미음조(美音鳥) 또는 옥조(玉鳥)라고 한다. 극락정토에 사는 새라고 하여 극락조라 부르기도 한다. 가릉빈가는 어떤 상황이나 장소를 미화하거나 이상화하려는 방법으로 흔히 사용된다. 불교 경전에 의하면 고대 중인도 교살라국 사위성(舍衛城) 남쪽의 기원정사(祇園精舍)에서 부처님께 공양하는 날에 가릉빈가가 내려와 춤을 추었고, 묘음천(妙音天)이 가릉빈무(迦陵頻舞)라고 하는 무곡(舞曲)을 연주하였다고 한다. 이로부터 불전이나 부도를 장식하는 소재로 가릉빈가가 자리잡게 되었다.

(5) 봉황

상상의 새인 봉황은 아무리 배가 고파도 죽은 것이나 조 따위는 먹지 않으며 청렴한 성품을 소유하고 있는 것으로 알려져 있다. 봉황은 동방 군자의 나라에서 출현하여 사해(四海) 밖을 날아 중국 전설상의 높은 산인 곤륜산(崑崙山)을 지나 중류지주(中流砥柱)에서 물을 마신다고 한다. 봉황도에는 보통 오동나무가 함께 그려지는데, 그것은 봉황의 보금자리가 오동나무이기 때문이다. 대나무를 그린 경우는 봉황이 죽실(竹實)을 먹고 산다는 이야기와 관련이 있다. 양산 통도사 지장전 내벽에는 토끼와 자라, 까치호랑이 그림 등과 함께 봉황과 오동나무를 소재로 한 봉황도가 그려져 있는데 완전한 민화풍이다.

⑹ 당초(唐草)

당초는 특정 식물의 이름이 아니라 식물의 형태를 일정한 형식으로 도안화한 장식문양의 일종으로, 당풍(唐風) 또는 이국풍(異國風)의 넝쿨이라는 의미를 지니고 있다. 당초문은 고대 이집트에서 발생하여 그리스에서 완성되었으며, 여러 지역에서 독특한 형식으로 발전하였다. 당초문양은 중국 전국시대의 미술뿐만 아니라 우리나라의 고대 미술에도 크게 영향을 미쳐 고구려 고분벽화를 비롯하여 사찰의 범종, 향환, 금고 등 여러 방면에서 장식문양으로 애호되었다. 당초문양은 다른 식물과 결합하여 또 다른 형식의 문양으로 표현되었는데 예를 들면 포도당초, 보상당초, 모란당초, 연화당초, 국화당초 등이 그것이다.

⑺ 꽃살문(창)

꽃살문 속에 스며 있는 길상의 상징, 궁궐이나 민가의 아(亞)자문, 띠살문 등이 단아하고 정제된 아름다움을 보여주는 것과는 대조적으로 사찰 법당의 문살(창)은 매우 화려하다. 대웅전이나 극락전, 비로전 같은 중심 법당의 문은 물론이고 관음전, 미륵전 등 보살전의 문에 이르기까지 사찰 법당 문의 대부분은 빗살문이나 솟을 빗살문, 또는 솟을 빗꽃살문 등의 형식으로 화려하게 장식되어 있다.

현존하는 사찰의 꽃살문 가운데 대표적인 예를 든다면 논산 쌍계사 대웅전, 공주 동학사 대웅전, 부산 범어사 대웅전, 칠곡 송림사 대웅전, 예천 용문사 대장전의 윤장대, 그리고 부안 내소사 대웅보전과 강화 정수사 대웅전의 꽃살문 등이 있다. 이 가운데 최고의 걸작품은 16세기경에 만들어진 내소사 대웅보전의 꽃살문이다. 현재는 단청이 많이 퇴색되어 화려함을 잃었지만 문양의 다양한 변화와 조화, 그리고 뛰어난 조각 솜씨가 돋보인다.

⑻ 사자

부처의 화신, 불교에서는 부처님의 위엄을 백수(百獸)의 왕인 사자에 곧잘 비유한다. 부처님의 설법을 사자후(獅子吼)라고 하는 것도 사자가 소리쳐 울 때 작은 사자는 용기를 내고 기타 일체의 금수(禽獸)는 도망쳐 숨어버리는 것처럼, 부처님이 설법할 때 보살은 정진하고 도를 벗어난 악귀들은 도망가기 때문이다.

제 6 절 불상과 불구

1 불상

1) 불상의 의미

부처의 권능과 신성의 표현, 불상은 석가모니 부처가 열반한 시기로부터 약 500년간은 불상을 만들지 않는 '무불상시대'였다. 이 시대 사람들은 불상 대신에 탑, 금강보좌(金剛寶座; 부처가 앉았던 자리), 보리수, 법륜 등 부처와 인연이 깊은 유물들을 경배의 상징 대상으로 삼았다. 사람들이 깨달아 부처가 되기 위한 수단으로 관불(觀佛)과 염불(念佛)이 있으며, 그것을 위해서는 구체적으로 가시화된 경배의 대상이 필요했던 것이다. 불상 제작이 처음으로 이루어진 것은 기원을 전후한 시기, 오늘날의 파키스탄 북서부 지역인 인도 북부 간다라 지방 사람들에 의해서였다. 오랫동안 그리스 문화의 영향 아래 있었던 간다라 지방 사람들은 그리스 사람들이 아폴로신과 같은 그들의 부처상을 만들기 시작하였다.

2) 불상의 종류

(1) 불상

'불'이란 붓다의 약칭이며 진리를 깨달은 사람이란 뜻이며 '여래'라고도 한다. 보통 '부처'라 하면 석가모니불을 이르지만 경전에 보이는 부처만 해도 35불, 53불, 1천불, 1만3천불로 표현되어 있어 그 종류가 매우 많음을 알 수 있다.

① **석가모니불** : 석가족의 성자라는 뜻으로 태자로 태어나 6년의 고행끝에 깨달음을 얻은 고다마 싯달타가 곧 그이다. 인간으로 태어나 생활하다가 부처가 되신 분이므로 응신불이라고도 한다(인간의 형상으로 태어나지 않은 부처는 법신불이라 한다). 대웅전, 대웅보전에 모셔져 있다.

② **아미타여래** : 무량광여래, 무량수여래라고도 하며 서방 극락세계를 다스리며 그의 광명과 자비는 시간과 공간을 초월하여 무한한 세계에까지 미치며 그 광명을 받은 사람은 모든 고통이 사라진다고 한다. 극락전, 무량수전에 모셔진다.

③ **비로자나불** : 대일여래, 마하비로자나여래하고도 하는데 전 우주 어디서나 지혜의 빛을 발하는 참된 부처이며 석가모니는 그 분신으로 태어났다고 믿어진다. 지권인을 하고 있다. 흔히 삼신일체라 하여 비로자나불을 중심으로 노자나불과 석가모니불이 함께 모셔져 있다.

④ **약사여래** : 동방 유리광세계의 주인이며 대의왕불이라고도 한다. 중생의 병을 치료하고 수명을 연장하며 재화를 소멸하고 의복, 음식 등을 만족하게 하는 등 12대 서원을 세운 부처이다. 손

에 약 항아리를 들고 있다. 약사전에 모셔진다.

⑤ **미륵불** : 석가모니 열반 후 56억 7천만년이 지나면 말세가 오는데 이때 도솔천의 미륵보살이 사바세계 용화수 아래 내려와 미륵불이 되어 석가모니불이 다 구제하지 못한 중생들을 용화 삼회설법을 열어 제도한다고 한다. 우리나라에서는 특히 이상향을 꿈꾸는 미륵신앙이 강하다. 미륵전, 용화전에 모셔진다.

(2) 보살

보살이란 성불하기 위해 수행에 힘쓰는 보리살타의 약칭이다. 보살은 위로는 부처를 통해 진리를 구하고 아래로는 중생을 교화하는 역할을 한다. 우리나라에서 받들어지는 대표적인 보살로는 관음보살과 지장보살이 있다.

① **관음보살** : 묘장왕의 막내딸 묘선이 향산에 입산하여 비구니가 되자 왕은 크게 노해 절을 불태우고 묘선과 다른 비구니를 죽였으나 묘선은 소생하여 중병에 걸린 묘장왕을 구환해주고 성도하여 관세음보살이 되었다. 중생의 모든 어려움을 구제하고 각기의 소원을 성취시켜주는 대자대비한 보살, 흔히 화려하게 치장하고 정병(깨끗한 물이 담긴 병)을 들고 있다. 관음전, 원통전에 모셔진다.

② **지장보살** : 지옥 끝까지 가서 최후의 일인까지 성불시킨 다음에 자신이 마지막으로 성불하겠다는 서원을 세운 명부의 보살로 흔히 석장(돌지팡이)을 들고 맨머리이거나 두건을 쓰고 있다. 명부전, 지장전에 모셔진다.

③ **문수보살** : 지혜의 화신이며 실천자인 보살이다.

④ **보현보살** : 자비행의 서원을 낸 보살로 코끼리를 타고 있다.

⑤ **나한** : 보살은 아니며 아라한의 준말이다. 온갖 번뇌를 끊고 이치를 밝혀 세상 사람들의 공양을 받을 만한 공덕을 갖춘 성자를 말한다. 나한전이나 응진전에 석가모니와 함께 모셔진다.

(3) 대표적 불 · 보살상

① **석굴암 본존여래좌상** : 석굴의 주실 중심에서 약간 뒤쪽으로 연화대좌를 안치하고 그 위에 본존을 봉안하였다. 나발의 머리 위에는 낮은 육계가 있고 상호는 원만하다. 넓은 이마 밑으로 양 눈썹이 두 겹의 반달형을 이루었으며 그 아래로 반쯤 뜬 양눈이 조용히 동해를 응시하고 있다. 상호의 표정은 근엄한 편으로서 뚜렷한 목의 삼도로 인하여 더 한층 엄숙한 느낌을 준다.

법의는 우견편단으로 왼쪽 팔에 걸친 의문이 무릎을 덮었는데 앞가슴의 표현이 더없이 사실적이다. 결가부좌한 무릎 위에는 오른발이 노출되었고 수인은 항마촉지인을 결하고 있다. 이 본존의 조각은 대좌와 함께 우아하고 세련되어 한국 석조미술의 정수이다. 대좌는 상 · 중 · 하로 이루어졌으며, 상 · 하대는 원형이나 중대석은 8각이다. 원형의 지대석 위에 하대석은 단정하고 우아한 단엽복련을 돌려 장식하였으며, 그 위에 중대석은 8각으로 각 모서리에 석주를 하나씩 세우고 그 안에 대석을 놓았는데, 이것은 곧 목조대좌를 보는 것 같다. 상대에도 하대와 대칭적으로 받침대를 각출하고 단엽앙련을 둘레에 조각하였다. 광배는 뒷벽에 별도로 두광을 원형으로 마련하였는데 주연에는 단판연화문이 돌려져 있다. 그리고 천장 정상 중앙에도 연화문이 장식된 원형의 두광이 있다.

② **금동미륵보살반가상(국보 78호)** : 단아한 모습의 국보 제83호인 금동미륵보살반가상과 더불어 우리나라 금동반가상의 최대 걸작 가운데 하나로, 반가상 양식이 지닐 수 있는 최대한의 기량을 발휘한 수작이다. 전체적인 형식은 국보 제83호와 비슷하나 화려한 보관 등의 차이를 보인다. 78호의 보관은 높이가 높고 보탑장식을 가지고 있다. 상호는 방형에 가깝게 묘사되었으나 근엄한 기풍을 보이며, 깊은 사유에 잠긴 표정을 짓고 있다.

양 어깨를 덮은 천의는 날개 모양으로 좌우로 퍼졌으며, 각 가닥이 좌우로 늘어져 무릎 위에서 X자형으로 교차되었다. 그리고, 하단에서 옷주름이 대좌에 걸쳐 표현되어 있어서 상하가 안정감을 주는 기법을 보인다. 오른손으로는 턱을 살짝 괴고 왼손은 내려서 반가좌한 오른발 위에 놓았으며, 왼발은 내려서 연화좌를 밟고 있는 등 전형적인 반가좌 양식을 갖추었다.

③ **송광사 목조삼존불감(국보 42호)** : 송광사에 전래되어 오는 이 불감은 이 절에서 활동한 보조국사 지눌(1158~1210)의 염지불감으로 전하는 유물이다. 이 불감의 형태는 닫으면 위가 둥근 원통형이 되고 열면 세 쪽이 연결되어 있는데, 중앙에 본존상을, 좌우에 보살상을 조각하였고 세 쪽을 경첩으로 연결한 형식이다. 본존상은 석가모니불이거나 노사나불로 볼 수 있으며 오른손은 시무외인의 수인을 결하고 있다. 법의는 통견이며, 두 줄씩으로 된 음각의 옷주름이 나타나 있다. 또 본존 주위에는 합장한 승상과 보살 · 동자상 · 사자상 등이 조각되어 있다. 위쪽에는 천개가 있고 아래에는 고사리 모양의 초문이 투각으로 장식되어 있다. 코끼리에 탄 좌협시불은 보현보살이고 사자에 탄 우협시불은 문수보살이다. 양쪽 보살상의 천개에는 비천이 날고 있다. 전체적인 조각수법은 매우 정교하고 세밀하며 각종 장엄 또한 화려하다.

이 불감의 구조나 양식 면에서 비교되는 목조불감이 일본 고야산의 금강봉사에 있는데, 일본의 밀교 진언종의 개조인 홍법대사 공해(774~835)가 806년 당에서 귀국할 때 가져왔다고 한다. 따라서 송광사 불감의 조상에서 보이는 조각수법이나 양식이 당시 우리의 불상과는 다른 이국적인 경향을 보이고 있어 일본 불감의 경우와 같이 당에서 전래했을 가능성이 짙다. 그러나 그 전래시기는 알 수 없으며, 다만 보조국사는 고려 때 사람이므로 그 이전에 전래된 불감이 국사의 염지불로 예배된 것으로 추정된다.

④ 서산 마애삼존불상(국보 84호) : 백제 고토인 충남 서산지역에 있는 가야산 계곡의 한 천연 절벽을 다듬어 만들었다. 본존은 온화한 미소를 지닌 원만형의 상호에 당당한 체구를 지닌 입상이다. 보주형의 두광이 매우 인상적이며 이목구비가 뚜렷하다. 법의는 통견이며, 수인은 오른손이 시무외인을, 왼손은 여원인을 결하고 있다. 이러한 수인은 삼국이 공통적으로 보인 양식이기도 하다. 좌우 협시보살은 모두 머리 주위에 연화문을 양각한 보주형 두광을 갖추었으며, 대좌에는 연화좌가 마련되어 있다. 우협시불이 보주를 지닌 보살입상인 반면에 좌협시불은 반가사유상이어서 특이하다. 이 삼존불은 삼국시대 최고의 마애불 중 하나로 꼽힌다.

2 불상의 형식

1) 석존을 표현하는 32길상

32길상 같은 특수한 묘상(妙相)을 갖추게 된 것은 모두 전생에 베푼 선행의 결과 때문이다.
석존의 존엄성을 나타내는 32길상의 구체적인 모습을 하나하나 살펴보면 다음과 같다.
① 손바닥과 발바닥에 수레바퀴와 같은 금(무늬)이 있다. (지혜)
② 발꿈치가 원만하다.
③ 장딴지가 사슴다리 같다.
④ 몸의 털이 위로 쏠려서 난다.
⑤ 항상 몸에서 솟는 광명이 한 길이다. (단엄함)
⑥ 살결이 부드럽고 매끄럽다. (청정)
⑦ 몸매가 사자와 같다.
⑧ 이가 40개이다.
⑨ 목구멍에서 맛 좋은 진액(최고의 추구)이 나온다.
⑩ 두 눈썹 사이에 흰 털이 난다.
⑪ 정수리에 살상투[肉]가 있다.
⑫ 신앙 대상으로서의 불상

2) 광배(光背, 지혜와 권능의 빛)

불상의 머리나 몸체 뒤쪽에 원형 또는 배 모양의 장식물을 광배(光背)라 하는데, 이것은 부처님의 몸에서 나오는 진리와 지혜의 빛을 상징화한 것이다. 광배는 일반적으로 두광(頭光), 신광(身

光)으로 구분하는데, 두광과 신광을 함께 이를 때는 거신광(擧身光)이라 한다. 또한 광배의 모양에 따라 위로 솟은 불꽃을 표현한 보주형(寶珠形) 광배와 앞이 뾰족한 배 모양의 주형(舟形) 광배로 나뉜다.

3) 백호(白毫) 및 장광상

부처님이 지니고 있는 신체적 특징 가운데 가장 기본이 되는 것이 32길상이다. 32길상 중에 두 눈썹 사이에 흰 털이 있는 백호상(白毫相)과 항상 몸에서 솟는 광명이 한 길이 된다는 장광상(丈光相)이 있다. 백호상이란 눈썹 사이에 흰 털이 오른쪽으로 말려서 붙어 있으며, 길이는 1장(丈) 5척(尺)이나 되는데 거기서 빛을 발한다는 것이다.

4) 자세

우리나라 불상에서 흔히 볼 수 있는 자세는 입상과 결가부좌(結跏趺坐)의 상이다. 결가부좌는 완전히 책상다리를 하고 앉는 정좌법(正坐法)으로 두 종류가 있다. 하나는 오른발을 왼쪽 넓적다리 위에 얹어놓은 다음 왼발을 오른쪽 넓적다리 위에 얹는 방법으로 항마좌(降魔坐)라 하고, 그 반대를 길상좌(吉祥坐)라고 한다. 이 자세는 각각 고행과 득도를 상징하며, 석가모니 부처가 설산 수도를 끝내고 보리수 아래에서 선정에 들어 정각(正覺)을 얻을 때 취한 자세가 바로 결가부좌였다는 데 근거한다.

5) 수인

부처의 손, 손가락의 모습을 '수인'이라 하는데 그 종류가 대단히 많다. 수인은 불상의 종류를 판단하는 근거가 되기도 한다. 아래는 현재 자주 사용하는 불상의 수인들이다.

(1) 지권인(智拳印)

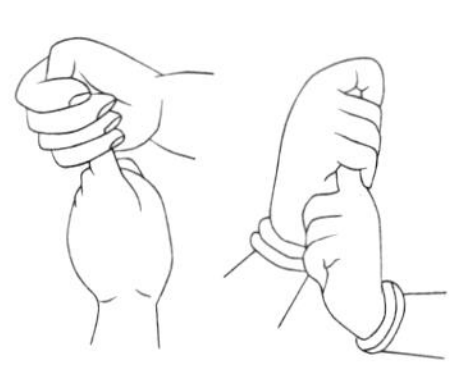

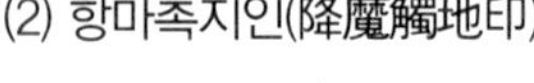

(2) 항마촉지인(降魔觸地印)

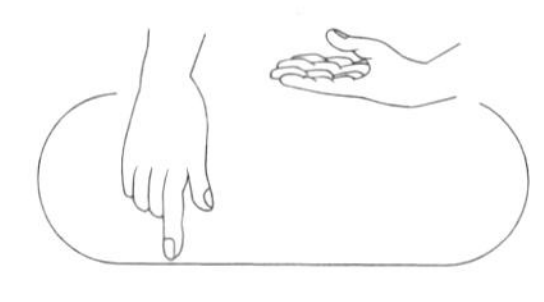

(3) 여원인(與願印)인과 시무외인(施無畏印)

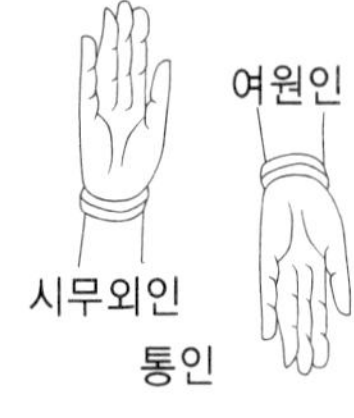

(4) 전법륜인(轉法輪印, 길상인) (5) 법계정인(法界定印, 선정인) (6) 설법인(說法印)

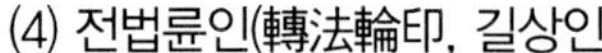

(7) 합장인(合掌印) (8) 연화합장인(蓮華合掌印) (9) 금강합장인(金剛合掌印)

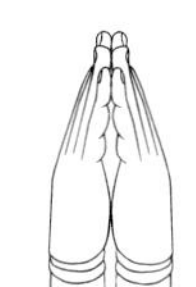

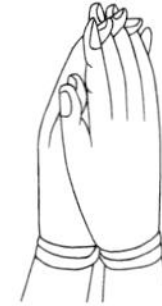

(10) 금강권인(金剛拳印)

(11) 아미타정인(九品印)

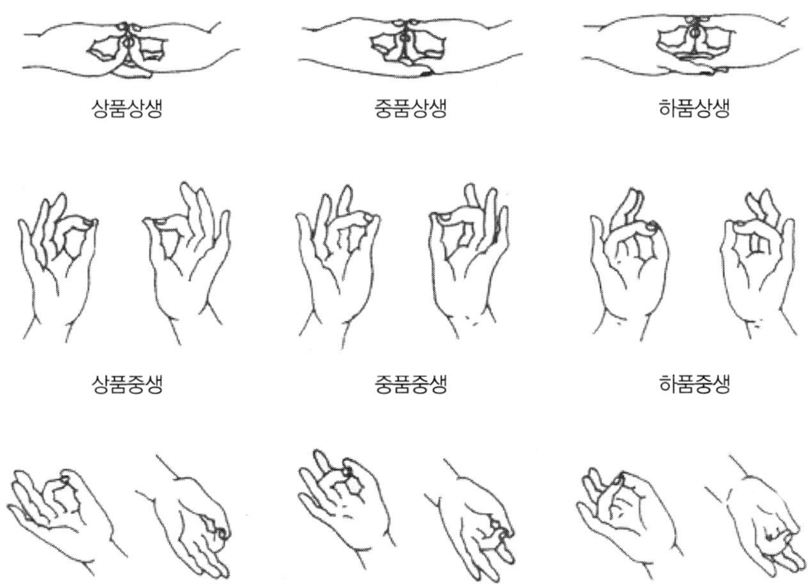

상품상생 중품상생 하품상생

상품중생 중품중생 하품중생

상품하생 중품하생 하품하생

6) 지물

부처나 보살 또는 신장의 권능이나 자비 등 다양한 실체를 드러내기 위한 방법으로 지물을 사용한다. 불경에 나타난 지물의 종류는 대단히 많은데 종류별로 간추려보면 다음과 같다. 법구류(法具類)로는 경책, 바리때, 정병, 구슬, 불자(拂子), 석장, 산개(傘蓋), 금강령, 거울 등이 있고 무구류(武具類)로는 법륜, 금강저, 칼, 창, 활, 방패, 도끼, 방망이, 끈 등이 있다. 또 악기류로는 비파, 공후, 쟁, 피리, 생황, 법라, 퉁소 등이 있다.

동물로는 사자 · 용 · 뱀, 식물로는 연꽃 · 버들가지(버드나무 열매) · 파초, 구슬로는 여의주, 건물로는 탑 · 궁전, 그밖에 장신구 · 해 · 달 · 별 · 구름 등의 자연물이 있다. 또한 지물들을 지니는 방법에는 두 가지가 있는데, 하나는 직접 손으로 잡는 방법이고, 다른 하나는 연꽃 위에 지물을 놓고 그 연꽃줄기를 손으로 잡는 방법이다.

인도 고대로부터 무기로 사용된 금강저는 제석천이 지닌 특수한 무기이다. 그 단단함과 날카로움으로 아수라를 쳐부수었다는 전설이 불교에 받아들여져, 굳세고 날카로운 지혜로써 중생의 무명번뇌를 부수어버리는 것을 상징한다. 석장은 승려가 짚은 지팡이를 말하며 지장보살을 상징하는 지물이다. 지팡이의 머리 부분을 탑 모양의 고리로 만들고 여기에 작은 고리를 여러 개 달아 지팡이가 움직이면 고리와 고리가 부딪쳐 소리가 나게 되어 있다. 석장은 고리 수에 따라 4환장, 6환장, 12환장 등의 종류가 있으며 가장 일반적인 것이 6환장이다. 여의주는 뜻하는 바를 모두 이룰 수 있는 구슬이다. 전설에 따르면 용왕의 뇌 속에서 나온 것이라 하며, 사람이 이 구슬을 가지면 독(毒)이 해칠 수 없고, 불에 들어가도 타지 않는다고 한다.

3 불구

1) 염주

불 · 보살께 예배할 때 손목에 걸거나 손으로 돌리는 법구의 하나이다. 또 염불하는 수를 세는데 쓰기도 하는 염주는 2등분씩으로 줄여 54개, 27개의 단주(수주)로도 제작되고 있다. 108개로 한 것은 108번뇌의 끊음을 표현한 것이고, 절반인 54개로 한 것은 보살 수행의 계위인 4선근, 10신, 10주, 10행, 10회향, 10지를 나타내고, 또 절반인 27개로 하는 것은 소승의 27현성을 상징한다고 한다.

2) 범종

사찰 4물(범종, 운판, 법고, 목어) 중 하나로 중생을 제도하는 법성(法性)의 소리. 절에 있는 네 가지 악기 모두 부처님의 법을 전하기 위한 것이지만 범종은 일반 사람들에게 잘 알려져 있다. 우리나라의 종은 특히 소리가 아름답고 여운이 길어 세계에 자랑할 만하다. 종을 매단 부분을 용뉴라 하는데 보통 용의 몸을 하고 있고 옆에는 우리나라 종에만 있는 음통이 있다. 종을 치는 나무를 당목이라 하는데 당목은 물고기(고래)모양[2]을 하고 있다. 경주에 있는 성덕대왕신종은 크기, 소리, 비천상 등이 유명하다.

현존하는 우리나라 범종 가운데 형식미나 예술미에서 손꼽을 수 있는 것은 신라시대의 평창 상원사 범종과 국립경주박물관 소장의 성덕대왕신종, 그리고 고려시대의 화성 용주사 범종과 조선 전기의 양주 봉선사 대종과 합천 해인사 홍치4년명 범종, 또 조선 후기의 김천 직지사 순치15년명 범종과 양산 통도사의 강희25년명 범종, 부산 범어사 옹정6년명 범종 등이다.

〈그림 5-9〉 성덕대왕 신종

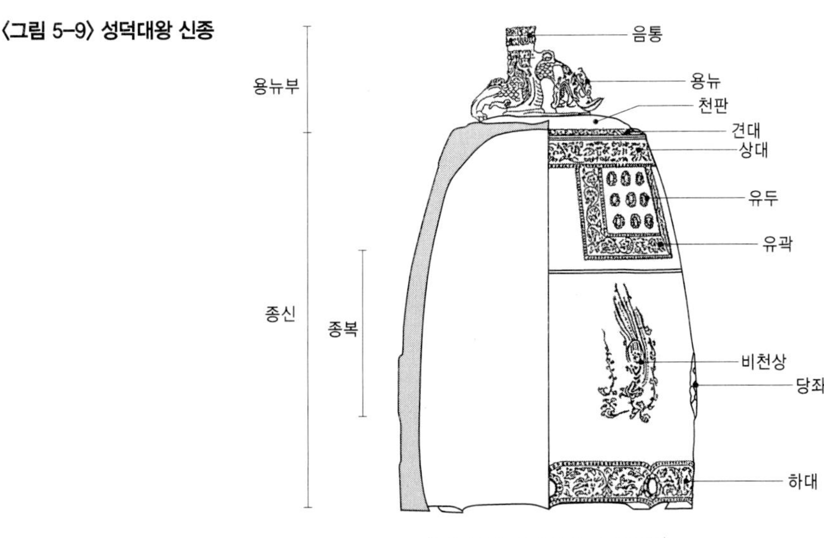

(1) 성덕대왕신종(국보 29호)

이 종은 우리나라 최대의 종이며 다른 불교 국가에서도 그 유례를 찾아보기 어렵다. 한국 종의 형식을 빠짐없이 갖추었고 문양이 완미할 뿐 아니라 주조기술 또한 뛰어나 8세기 중엽의 신라시대 예술의 발달상을 여실히 대변하고 있다.

종견에 붙여서 네 곳에 높이 72cm의 유곽이 배치되었고 견대 · 유곽 · 하대에는 각각 보상화문이

2 당목을 물고기(고래)모양으로 하는 이유
옛날에 바닷가에는 용들이 살고 있었는데 그 중에서도 포뢰용이라는 녀석이 잘 울고 고래를 무서워했다고 한다. 그 울음소리가 마치 종소리와 같았다. 그래서 종 위에 용모양의 용뉴를 만들게 되었고 고래를 무서워해 고래모양으로 나무를 깎아 종을 치게 되었다. 또한 범종을 다른 이름으로 경종, 장경, 화경이라 부르는 것도 포뢰용을 겁주어 좋은 소리를 내게 하려는 의도에서이다.

섬세하고도 우아하게 조각되었으며, 유곽 안에는 각각 한 연꽃으로 된 9개씩의 유가 있다. 종신에는 시원스럽게 넓은 공간이 마련되어 그 곳에 보상화로 된 지름 약 50cm의 당좌와 향로를 들고 상대해 있는 높이 약 1m의 비천이 각각 대칭되는 위치에 배치되었다. 정상에는 놀라운 솜씨의 용뉴가 붙고, 옆에는 높이 77cm, 지름 23cm의 음통이 붙어 있는데 표면에 3단으로 보상화가 조각되었다. 종구는 8릉을 이루었으며 문양대에는 능마다 연꽃 한 송이씩이 있어 변화를 주었다.

이 종의 종신에는 상대하여 있는 비천 사이 두 곳에 걸쳐 1,000자가 넘는 장문의 종명이 양주되어 있다. 이에 의하면, 신라 경덕왕이 부왕 성덕왕을 위하여 동 12만근을 들여 주조하려다 완성을 보지 못하고 돌아감에 다음의 혜공왕이 부왕의 뜻을 이어 771년에 완성한 것이니, 주종이 시작된 해를 경덕왕 1년(742)으로 잡는다면 30년이 걸린 셈이다. 이 종을 주조한 기술자의 성명은 불행하게도 명문의 마손으로 분명하지 않고 〈주종박사〉 밑에 〈주종차박사 나마 박한미〉 한 사람만이 보일 뿐이다.

(2) 상원사동종(국보 36호)

이 종은 우리나라에 현존하는 최고 · 최미의 종이다. 한국 종의 형식을 빠짐없이 갖추고 있을 뿐 아니라 종구가 약간 좁아서 고식을 띠고 있다. 종견과 종구와 유곽에는 각각 문양대를 돌렸는데 주연에는 일정한 간격으로 화문을 배치한 연주문을 돌렸다. 그리고 그 안에 1구 내지 4구의 주악비천상을 양주하고 꽃무늬로 윤곽을 잡은 반원형 구획을 드문드문 배치한 다음 공간을 당초문으로 채웠는데, 그 수법은 매우 정교하고 몇 가지 틀을 만들어 원형에 찍는 방법을 쓰고 있다. 종견에 붙은 4개의 유곽 안에는 각각 9개씩의 연화좌 중앙에서 솟은 듯한 돌기된 유가 배치되었고 유의 표면에도 섬세한 조각이 있다.

넓은 종신 공간에는 당좌와 상대하는 2구씩의 주악비천상이 각각 대칭되는 위치에 배치되었다. 주악상의 조각은 특히 우수하여 날리는 천의와 영락은 각선이 치밀하며 생동감이 넘친다. 정상에는 약동하는 한 마리의 용이 있고 그 옆에는 연꽃이 조각된 음통이 붙어 있다.

용뉴 좌우에는 70자에 달하는 명문이 음각되었는데, 첫머리에 '개원13년을축3월8일종성기지'라고 되어 있어, 신라 성덕왕 24년(725)에 주성되었음을 알 수 있다. 이 종은 원래 어느 절에 있었는지 알 수 없으나, 조선조 초기에는 이미 경북 안동 남문 문루에 걸렸던 것을 예종 1년(1469)에 상원사로 옮긴 것이다.

3) 법고(法鼓)

불교에서 법고는 '법을 전하는 북'이라는 뜻을 담고 있다. 나무통 양면에 암소와 숫소의 가죽을 대서 만드는데, 특히 가죽 걸친 짐승을 구원하기 위해 예불 시간에 맨 먼저 친다.

4) 운판(雲板)

구름모양을 하고 있는 철이나 청동으로 된 판이다. 판에는 구름문양이나 용, 불교와 관련된 무늬 등을 새겨 놓았는데 이 운판을 치면 날짐승과 허공을 떠도는 영혼들을 구제할 수 있다고 한다. 본래 절 부엌에서 식사 때를 알리는 용도로 쓰였다고 한다. 구름 모양을 한 것도 부엌에는 항상 불을 가까이 하기 때문에 그 상극이라 할 수 있는 구름 모양을 한 듯 하다.

〈그림 5-10〉 완주 화엄사 운판

5) 목어

나무로 물고기 모양을 만들고 그 속을 파내어 매달아두고 치는 악기다. 물고기 모양에서 말해 주듯이 목어를 치면 물 속에 사는 생명들을 구원할 수 있다는 뜻을 담고 있다. 목어와 관련된 전설로는 옛날 어느 절에 나쁜 행동만 골라하던 제자가 있었는데 병에 걸려 일찍 죽게 되었다. 결국 그 제자는 물고기로 다시 태어났는데 그것도 등에 나무가 솟아난 물고기로 태어나게 되었다. 그 물고기는 헤엄도 제대로 못 치고 하루하루를 고통 속에서 살아가게 되었다. 그러던 어느 날 스승이 배를 타고 가다가 슬피 우는 그 물고기를 보고 전생에 자신의 제자였음을 알게 되었다. 스승은 제자를 불쌍히 여겨 그를 위해 법회를 열어주어 그 고통으로부터 벗어나게 해 주었다. 그날 밤 꿈에 그 제자가 나타나 자신의 등에 난 나무를 베어 물고기 모양을 만들어 보여줌으로써 나중 사람들이 교훈으로 삼게 해 달라고 간청을 했다. 그래서 스승은 그 나무를 잘라 물고기 모양을 만들어 여러 사람들에게 알렸다고 한다.

〈그림 5-11〉 목어

6) 금고

금고는 금속으로 만든 북으로 금구 또는 반자라고도 한다. 주로 사람을 불러 모을 때 쓰는 도구이며, 모양은 평면으로 된 원형으로 한쪽은 막히고, 다른 한쪽은 터져서 막힌 쪽을 방망이로 치게 된다. 고려 고종 39년에 만든 경남 고성의 옥천사반자(보물 405호)가 전해진다.

7) 금강령

불교, 특히 밀교에서 많이 사용하는 불구(佛具)로 금령(金鈴)이라고도 한다. 여러 부처를 기쁘게 하고, 보살을 불러 중생들을 깨우쳐 주도록 하기 위해 사용한다. 금강저와 함께 쓰인다고 해서 금강령이라는 명칭이 붙었으며, 몸통은 종 모양이고 금강저 모양의 손잡이가 달려 있다. 하지만 손잡이에 보주(寶珠)가 달린 것도 있고 탑이 달린 것도 있다. 보주가 달린 것은 보령(寶鈴), 탑이 달린 것은 탑령(塔鈴)이라고 부른다. 크기는 대부분 15~20cm이다.

8) 향로

훈로(薰爐)라고도 하며, 악취를 제거하고 부정(不淨)을 없애기 위하여 향을 피우던 불구이다. 인도에서는 4,000년 전의 유적에서 향로로 추정되는 것이 발견되었다. 불교에서는 부처를 공양하기 위하여 향을 피운다. 향로가 가장 성행한 곳은 중국을 비롯하여 한국 · 일본 등이다.

9) 촛대

법당을 밝힘으로써 성스러운 예식을 치룰 수 있게 하는 기물이다. 가동식(可動式)과 고정식이 있으며, 도자기 · 청동제의 촛대도 제작되어, 실내장식의 역할도 하였다. 중국에는 BC 3세기에 초가 있었고, 전국시대 말기의 것으로 인정되는 촛대가 분묘에서 출토되었으며, 한대(漢代)의 분묘에서

도 출토되었다. 한국에서는 낙랑(樂浪)시대에 사용하였음을 입증하는 유물이 고분에서 출토되었는데, 청동으로 만든 촛대로 잔대 중앙에 초를 꽂는 못이 있다. 당시 사용된 초는 중국에서 수입한 밀랍인데, 귀중품이었으므로 대궐 · 절 등에서 사용되었을 뿐 일반화되지는 못하였다.

10) 다기

차를 담아서 불전에 공양할 때 사용한다. 맑고 신성한 차는 불교의 공양6물(향, 등불, 차, 꽃, 과일, 음식) 가운데 하나이므로 다기는 향로, 촛대 등과 함께 꼭 필요한 공양법구이다. 처음에는 토기로 된 다기로 시작하여 구리로 된 것이나 아름다운 청자의 상감을 지닌 다기가 만들어졌으며 오늘날에는 유기제품과 도자기로 된 것이 주류를 이룬다. 대부분 뚜껑이 있는 잔 모양이며 잔받침이 있고 크기는 15cm 정도이다. 청자로 된 다기들은 뚜껑이 없이 잔받침 위에 연꽃 모양으로 된 잔을 갖춘 경우가 많다.

고려시대까지는 불전에 차공양을 하였으나 조선시대의 억불정책 이후 차 대신 맑은 물을 다기에 담아 공양한다. 법당에 차를 올릴 때에는 다기를 받침에 받쳐서 들어간다. 다기를 놓는 자리는 부처 앞 중앙에 있는 향로의 왼쪽이다. 불전에 차공양을 하면 대중이 함께 다게(茶偈)를 염불한다. 대표적인 유물로는 국립중앙박물관에 소장되어 있는 청자탁잔과 태평양박물관에 있는 청자상감국화문탁잔 등이 있다. 찻잔을 들고 있는 석굴암 문수보살상과 청량사의 보살상(9세기), 법주사 희견보살이 머리에 이고 있는 커다란 석조 헌다기는 불교의 차공양 정신을 보여주는 유물이다.

11) 정병

정병은 맑은 물을 담아두는 병으로, 감로병을 의미하는데 깨끗한 물이나 감로수를 담는 병을 말한다. 《화엄경》 권하에 의하면 원래는 승려가 지녀야 할 18가지 지물의 하나였던 것이 점차 불전에 바치는 깨끗한 물을 담는 그릇으로 사용하게 되었다고 한다. 이 정병은 부처님 앞에 바치는 공양구뿐만 아니라 관음보살을 상징하는 지물로서의 역할도 함께 하며, 불교의식이 진행될 때는 려수게(濾水偈)를 행하면서 의식을 인도하는 승려가 솔가지로 감로수를 뿌림으로써 모든 마귀와 번뇌를 제거하도록 할 때 사용된다.

12) 불명패

부처님의 이름을 적은 장방형의 나무패로 법당 안의 불상 좌우측면에 나란히 놓는다. 패의 아래쪽에는 연화대를 두고, 패의 둘레에는 공예적 기법을 동원하여 아름다운 조각이나 장식을 하여 장엄함을 나타낸다.

13) 금강저

금강저는 스님들이 수법(修法)할 때에 쓰는 도구의 하나이다. 철이나 청동으로 만들고, 그 양끝을 한 가지로 만든 것을 독고라하며, 세 가지로 만든 것을 3고, 다섯 가지로 만든 것을 5고라 한다. 금강저는 본래 인도재래의 무기로 불퇴전의 굳센 보리심을 상징한다.

14) 불자

총채와 비슷한 모양의 불구로, 삼이나 짐승의 털을 묶어 자루끝에 매단 것이다. 이는 마음의 티끌이나 번민을 털고 악한 장애나 어려움을 없앤다는 뜻이 있다.

15) 연

일종의 가마로, 부처와 보살의 연대를 상징하여 만든 것이다. 형태는 연을 들게 되는 손잡이, 연의 몸채, 그리고 옥개 등으로 이루어져 있다. 손잡이는 앞뒤 2개씩이고, 손잡이 부분은 용을 새겨 넣는다. 몸체와 옥개부분에도 칠보 문양과 함께 수실을 드리워 놓는다.

16) 발우

절에서 사용하는 식기로 발, 바루, 바리때라고도 한다. 본래는 철발(鐵鉢)과 와발(瓦鉢)이 주였는데, 한국에서는 목발(木鉢)을 주로 쓴다. 목발은 나무로 깎아 만들고 칠을 하는데, 대추나무 · 단풍나무 등의 통나무를 토막 내어 크고 작은 것을 여러 개 파서 5~7층 가량 포개어 1벌이 된다. 승려 각자가 1벌씩 가지고 있으며, 소중하고 깨끗하게 다룬다. 석가모니 시절에는 쇠나 흙으로 만들어 사용하고 부처님은 돌로 만든 발우를 사용하였다고 한다.

17) 장엄용 불구

법당을 존귀하고 엄숙하게 꾸미기 위한 설치용 불구이다.

(1) 번

깃발과 형태가 비슷하며, 불전의 기둥이나 당간(幢竿)에 매달아 세우거나 천개 또는 탑 상륜부에 매달아 놓는다. 중생들이 이를 보고 불교에 귀의할 마음을 먹도록 하려는 의도로 세운다. 경전에 따르면 여러 종류가 있다. 형태는 대부분 위아래로 긴 직사각형이며, 머리쪽은 삼각형을 이루기도 한다. 관정(灌頂) 의식에 사용하는 관정번, 기우제가 열릴 때 뜰에 세우는 정번(庭幡)처럼 비단으

로 만드는 평번(平幡), 여러 가닥의 실을 묶어서 만드는 사번(絲幡), 금속과 옥을 이어 만드는 옥번(玉幡) 등이 있다. 길이는 190~250cm, 너비는 40~50cm에 이른다. 천의 색은 오방색으로 청색 · 황색 · 적색 · 백색 · 흑색을 사용한다. 고대의 것은 전하는 것이 없어 형태를 알 수 없으나 근래에는 주로 종이로 만들어 끈으로 전각 주변에 매단다.

(2) 당

사찰 앞에 세워두는 대형 깃발로 부처님과 보살의 위신과 공덕을 표시하는 깃발의 일종이다. 이는 중생을 지휘하고 마귀의 군사를 굴복시키는 상징물로 사용되기도 한다. 머리 모양은 용머리 등 여러 형태로 되어 있고, 아래에는 비단이나 다른 천에 부처와 보살을 그리거나 수를 놓기도 한다. 이와 같은 당을 달았던 기둥을 당간이라 하는데, 오늘날에는 당간지주만이 전해지고 있다. 대표적인 유물로는 공주 갑사의 철당간 및 지주, 나주 동문의 석당간 등이 전한다.

(3) 화만

산스크리트 쿠스마말라의 번역어이다. 인도 풍속으로 이것을 목에 걸거나 몸에 장식하기도 했으나 그 뒤에는 이것을 공양물로서 부처 앞에 바쳤다. 이것을 풀어서 손으로 사방에 뿌리는 것을 산화공양(散華供養)이라고 한다. 중국에서는 이것이 다시 바뀌어 불당이나 불상을 장식하는 장엄구(莊嚴具)의 하나가 되었다. 즉 내당(內堂)의 난간 등에 매달아 놓는 것인데, 대개 청동(靑銅) · 우피(牛皮) 등 부채 모양의 널빤지에 화조(花鳥) · 천녀(天女) 등을 투조(透彫)한 것을 말한다. 우피를 잘라서 투조한 것을 특히 우피화만이라 하여 귀하게 여긴다.

(4) 천개(天蓋)

'닫집'이라고도 한다. 대승경전(大乘經典)에 보면 "부처님의 백호(白毫)가 칠보(七寶)의 대개(大蓋)로 변하여 하늘을 가렸다."는 대목이 있다. 인도는 더운 나라이므로 부처님이 설법할 때는 햇볕을 가리기 위하여 산개(傘蓋)를 사용했는데, 이것이 후에 불상조각에 받아들여져 닫집이 된 것으로 여겨진다. 처음에는 천으로 만들었으나 후세에는 금속이나 목재로 조각하여 만든 것이 많아졌으며, 모양도 옛날에는 연화(蓮華)를 본떴으나 나중에는 4각형 · 6각형 · 8각형 · 원형 등 여러 가지가 나타났다. 이것을 천장에 달아놓기도 하고 또는 위가 구부러진 긴 장대에 달기도 한다.

(5) 화병

꽃을 꽂아 두는 병으로 불전에 생화를 꺾어다가 올리기 위한 기물이다. 생화를 바치는 풍습은 신라와 고려를 거쳐 정착된 것으로 보고 있다.

(6) 풍경

법당이나 탑의 옥개부분에 매달아 소리를 내는 불구로 풍령(風鈴), 풍탁(風鐸), 첨마(檐馬)라고도 한다. 이는 옛날 중국에서 전래한 것으로, 작은 종처럼 만들어 가운데 추를 달고 밑에 쇳조각으로 붕어 모양을 만들어 매달아 바람이 부는 대로 흔들리며 맑은 소리를 낸다. 소리를 내게 하는 연유는 수행하는 자의 게으름이나 함부로 행동하는 것을 경계하기 위함이며, 세상을 깨우치기 위함이라고 한다. 물고기 모양의 금속판을 이용하는 이유도 역시 늘 눈을 뜨고 있는 물고기를 닮아 언제나 깨어 있어야 한다는 뜻이다. 현재 전하는 것으로는 경주 감은사지 청동풍경, 익산 미륵사지 금동풍경 등이 있다.

토막 상식

사찰 내 전각의 이름과 해당 전각에 봉안 된 불상의 종류 

금당(불전), 강당(법당), 대웅전(대웅보전-석가모니, 문수 보현보살), 아미타전(극락전, 무량수전-아미타여래, 관음보살, 대세지보살), 약사전(약사여래, 월광보살, 일광보살), 관음전(원통전-관세음보살), 대적광전(화엄전, 비로전, 비로사나불), 영산전(팔상전-팔상탱화), 용화전(미륵전-미륵불), 나한전(석가모니, 16 나한상), 명부전(지장전-지장보살, 도명존자, 무독귀왕, 명부십왕상), 조사당(응진전-역대 조사의 영정), 사천왕문(사천왕상, 사찰수호), 인왕문(금강문-불법수호), 산신각(호랑이 산신탱화), 칠성각(칠여래), 독성각, 삼성각, 설법전(무설전), 누각, 범종각(종고루-대종, 북, 운판, 목어), 삼묵당(식당, 욕실, 해우소), 승당(불사 관리 및 의식주 제공), 선방(수양), 일주문, 방사(예비승려 교육장소), 노전(노스님 거처지)

제 6 장

유교, 유교 유적

제 1 절 유교의 전래역사와 조선의 주요사건

1 유교의 전래

한국의 유교전래는 정확한 기록은 없으나 삼국시대, 당(唐)나라의 학제인 국학(國學)을 받아들인 것을 기원으로 삼는다. 즉 고구려는 372년(소수림왕 2)에 태학(太學)을 세웠던 것이 최초의 유학 교육기관이며 유학교육의 최초기록이다. 그러나 백제의 왕인(王仁) 박사가 285년(고이왕 52)에 《논어》와 《천자문》을 일본에 전한 기록은 이미 그보다 이른 시기에 유학이 한반도에 전래되었음을 추정케 한다. 신라의 경우에는 682년(신문왕 2)에 국학 설립기록이 남아 있다. 이 후 신라의 많은 유학생이 당나라에서 활발한 활동을 펼쳐 최치원(崔致遠)의 당나라 과거급제 등의 기록을 남겼다.

고려시대에는 992년(성종 11)에 국자감(國子監)을 세웠고 문종 때는 최충(崔沖)이 9재(齋)를 설치하고 유학을 가르쳤다. 그러나 긴 시간 고려는 숭불정책, 무신정치 등으로 인해 유교의 침체기를 겪다가 충렬왕 때 안향(安珦)의 주자학(朱子 性理學) 수입과 교육기관 설치로 다시 부흥기를 갖게 된다. 그 학통은 고려 말, 이제현(李齊賢) · 이색(李穡) · 이숭인(李崇仁) · 정몽주(鄭夢周) 등에게로 전승되었으며, 특히 그 중에서 정몽주는 성리학에 정통하고 도덕과 경륜(經綸)에도 일가를 이루어 동방 이학(理學)의 조(祖)라 불린다.

2 유교와 관계된 조선의 주요사건

조선시대에는 유교를 국가 이념으로 설정하여, 적극적인 유교교육과 유교적 학풍이 성립 · 발전하는 시기이다. 조선 유교의 흐름은 정도전(鄭道傳)에서 찾을 수 있다. 그와 더불어 고려의 유신(儒臣) 길재(吉再)의 학통을 이어받은 김종직(金宗直)은 당대의 유종(儒宗)이 되었고, 그의 문인 김굉필(金宏弼) · 정여창(鄭汝昌)은 가장 유명하였으나 무오사화(戊午士禍)로 희생되었다. 그 후 조광조(趙光祖)가 유도(儒道)의 정치를 펴려 하였지만 기묘사화로 실패하고 많은 사류(士類)도 함께 화를 입었다. 이어 을사사화에는 이언적(李彦迪) · 노수신(盧守愼) 등의 거유(巨儒)가 유적(流謫)되었으며 거듭되는 사화로 유학자들은 차차 벼슬을 단념하고 산림(山林)에 숨어 오로지 학문과 후진양성에 전념하게 되었다. 서경덕(徐敬德) · 조식(曺植) · 김인후(金麟厚) 등은 그 대표적 인물이라 할 수 있으며, 특히 서경덕은 종래 답습하여 오던 주자의 이기이원론에 대하여 중국 장횡거(張橫渠)의 태허설(太虛說)을 이어받아 기일원론(氣一元論)을 주장함으로써 한국 주기론(主氣論)의 선구자가 되었다.

그 후 명종 · 선조 때에는 많은 유학자가 배출되어 한국 성리학의 전성시대를 이루었다. 그 중에서도 퇴계 이황 · 율곡 이이가 가장 뛰어나 이황을 동방의 주부자(朱夫子), 이이를 동방의 성인(聖人)이라 할 만큼 그 학풍은 후대의 학자에게 큰 영향을 끼쳤다. 이황은 4단 7정(四端七情)의 이기이원론을 주장하였으며, 그 학설은 일본의 여러 주자학자에게 지대한 영향을 끼쳐 동양사상에서 한국의 성리학이 중요한 위치를 차지하게 하였다. 그의 문하에서는 조목(趙穆) · 유성룡(柳成龍) · 김성일(金誠一) · 정구(鄭逑) 등 저명한 학자가 배출되었다.

한편 이이는 주기설(主氣說)을 확립시켰으며 그 학설은 김장생(金長生) · 이귀(李貴) · 조헌(趙憲) 등을 거쳐 김집(金集) · 송시열(宋時烈) 등에게 이어졌다. 이황의 학통은 이상정(李象靖) · 이진상(李震相) 등이 적극 발전시켰으며, 송시열의 문인 권상하(權尙夏)의 제자 이간(李柬)과 한원진(韓元震)은 인(人) · 물(物) · 성(性)에 대한 이론을 달리하여 낙론(洛論)과 호론(湖論)으로 갈리어, 이 무렵부터 유교는 별다른 발전을 보지 못하고 오히려 당쟁(黨爭)과 예송(禮訟)의 소인(素因)이 되었다. 18C에 와서는 공리공론만 거듭되는 순리학파(純理學派)를 대신하여 실사구시(實事求是)의 학문을 주장하는 실학파(實學派)가 대두되었다. 그 대표적 인물로는 유형원(柳馨遠) · 이익(李瀷) · 박지원(朴趾源) 등이 있다. 그러나 이 학파는 때마침 동점(東漸)한 서학(西學)에 물들었다는 혐의로 조정의 탄압을 받아 끝내 탁월한 경륜을 펴지 못하고 쇠퇴하였다.

그 후 성리학이 부흥하는 기세를 보였으나 이들은 여전히 여러 학설로 갈리어 자기 학파의 학설만 주장하였다. 조선 후기의 이같은 유학자들의 지나친 형식과 체면에 집착하는 완고함과 고집은 한국 개화에 커다란 장애가 되었으며 다만 일제의 침략으로 국세가 위급하자 송병선(宋秉璿) · 최익현(崔益鉉) · 조병세(趙秉世) · 민영환(閔泳煥) · 이준(李儁) · 안중근(安重根) 등의 유학자가 앞장서서 애국의 대의를 펼쳤다. 8·15 광복 후 전국 유림의 조직체인 유도회(儒道會)를 결성하고 성균관대학을 창립, 유교정신에 의한 새로운 민주교육이 실시되었다.

제 2 절 유교건축물

1 문묘(文廟)

1) 문묘의 역사

현재 서울 명륜동[당시 동부 숭교방(崇敎坊)]에 문묘가 자리잡게 된 것은 태조 6년이고 그 이듬해 7월 건물이 완성되었다. 이 때 준공된 성균관의 총 규모는 96칸으로 높게 자리잡은 묘우(廟宇), 즉 대성전을 중심으로 그 전면 좌우에 동무와 서무가 있었고, 후면에는 명륜당이 있어 그 좌우에는 각각 협실이 있다. 그 전면 좌우에는 장랑(長廊)과 청랑이 있다. 명륜당의 동쪽에는 청랑(廳廊)이 있었다. 창건 당시 묘우를 대성전(大聖殿)이라 하였으나 단종 원년에 이를 대성전(大成殿)이라 개칭하였다. 다시 성종 3년에는 문묘 옆에 전사청(典祀廳)을 세우게 되었으며, 성종 6년에는 반수(泮水)를 개착(開鑿)하였고, 또 명륜당 북쪽에 존경각(尊經閣)을 세웠다. 그리고 성종 21년에는 정록청(正錄廳) 북쪽에 향관청(享官廳)을 세우게 되었으니 위에서 반수라 함은 반궁(泮宮, 성균관)의 동쪽과 서쪽에서 남쪽으로 흐르게 하는 물을 말하는 것으로 이것은 일찍이 중국 주나라로부터 전해 오는 법으로 되어 있는 것이다.

이들 건물들 중 일부는 임진왜란 때 회진(灰塵)되었다가 기록을 근거로 해서 재건되었다.

2) 문묘의 공간구성

문묘는 공자(孔子)에 대한 제사를 지내는 곳으로 전묘후학(前廟後學)이란 전개의 법도에 따라 남쪽에 제례(祭禮)영역인 대성전과 동무 · 서무가 남쪽 정문인 신삼문(神三門)과 담장으로 둘러져 있고, 그 뒤쪽에 교학(敎學)영역인 명륜당과 동재(東齋) · 서재(西齋)가 있어 이들이 중심 골격이 되며 여기에 많은 부속건물로 이루어진다.

(1) 대성전(大成殿)

정면 5칸, 측면 4칸의 다포계 팔작지붕 집으로 매우 웅장한 자태를 드러낸다. 여기에는 공자(孔子)를 비롯한 5성(五聖)[1]과 주자(朱子) 등 16위의 중국 성현, 18위의 한국의 성현들을 배향하고 있다. 전면 1칸을 퇴칸으로 개방하고, 그 안쪽 벽에는 살창과 판문을 달았다. 나머지 3면은 모두 벽을 쳐서 감실형(龕室形) 공간을 이루었다. 화강석 5벌대의 정교한 기단 위에 원형초석을 얹고 그 위에 원기둥을 세웠으며, 넓은 기둥 사이에 다포계 포작들을 얹어 공포대를 형성했다. 팔작지붕의

1 중국 5성 : 공자, 안자, 증자, 자사, 맹자

용마루와 추녀마루는 양성을 하고, 용두와 잡상들을 장식하여 최고 위계의 건물임을 상징한다. 단청은 가칠단청으로 위엄있고 소박하여 유교의 성전임을 나타낸다. 정면 좌우에 배치된 11칸씩의 긴 동무와 서무는 측면 1.5칸의 구조로 앞의 퇴칸은 개방하였고, 신실(神室)의 내부는 11칸의 기다란 통칸으로 처리했다. 초익공계 맞배지붕의 단순한 구성이다.

(2) 동무(東武)와 서무(西武)

대성전 앞 동 · 서에 위치한 건물로, 공자의 제자들과 현인들의 위패를 모시는 곳

(3) 명륜당(明倫堂)

태조 7년에 최초로 세워질 때 대성전의 북장(北墻) 밖에 있었다. 건물은 정면 3칸, 측면 3칸의 정중당(正中堂)을 중앙에 두고, 좌우로 정면 3칸, 측면 2칸의 동서협실(東西夾室)을 나란히 건립했다. 정중당은 대청마루로, 동서협실은 온돌방으로 구성된 강학(講學) 공간이며, 좌우협실의 현판 글씨는 1606년 명나라 사신 주지번(朱之蕃)의 것으로 전한다.

(4) 동 · 서재(在)

학생들이 기숙하며 공부하는 곳으로, 동재는 동향으로 18칸, 서재는 서향으로 18칸

(5) 존경각(尊經閣)

명륜당의 북쪽에 위치하며 도서관 기능의 건물이다. 남향, 6칸

(6) 육일각(六一閣)

영조 19년(1743)에 건립되어 활과 화살, 대사례 기구 등을 보관하던 곳으로 향관청의 서쪽에 있다. 동향, 3칸

(7) 어서비각(탕평비각)

영조 18년(1742)에 건립되었으며, 반교(泮橋)의 남쪽에 있다. 북향, 1칸

(8) 삼문(三門)

대성전의 입구로 정면 3칸, 측면 2칸의 구성으로 중앙 기둥열 3칸에 판문을 달아 출입할 수 있게 했다. 초익공계와 다포계가 절충된 특이한 구조형식을 채택한 맞배지붕 집이다.

2 향교

1) 향교의 의미와 기능

(1) 향교의 의미

향교는 유교문화 위에서 설립 · 운영된 교육기관으로, 국가가 유교문화이념을 수용하기 위해 중앙의 성균관과 연계시키면서 지방에 세운 것이다. 향교의 개설은 고려와 조선왕조의 집권적 정치 구조 위에서 전개된 것으로 군현제(郡縣制)와 함께 왕경(王京)이 아닌 지방에서 유학을 교육하기 위하여 설립된 관학교육 기관이다. 국도(國都)를 제외한 각 지방에 관학이 설치된 시기는 고려이후이다. 고려는 중앙집권체제를 강화하기 위하여 3경(京) 12목(牧)을 비롯한 군현에 박사와 교수를 파견하여 생도를 교육하게 하였는데 이것이 향학(鄕學)의 시초이다.

향교의 연원은 유교문화이념이 소개되는 때부터 비롯되지만, 향교가 적극적으로 설립된 것은 숭유억불과 유교문화이념을 정치이념으로 표방한 조선시대부터이다. 조선왕조는 유교문화이념을 수용하여 지방 사회질서를 유교문화 논리에 접목시키며, 과거제 운영을 유교교육과 연계시키려 했다. 이를 위해 국가는 재정적 지원도 적극적으로 했다. 따라서 향교는 지방 수령의 책임하에 그 운영이 활성화되고 있었다.

(2) 향교의 기능

향교의 기능으로는 크게 세 가지를 들 수 있다. 첫째, 교육 기능, 둘째, 정치 기능, 셋째, 문화의 기능이다. 이를 간략히 살펴보면, 조선시대에는 향교의 설치를 통해 유학교육의 기회를 넓혔다. 국가는 모든 향교에 유학을 교수하는 관리인 교관(敎官)을 임명 · 파견했다. 교관은 유학에 소양이 있는 지식인으로 선임하고, 수령과 함께 파견되도록 법제화했다. 《경국대전》에 의하면 교관을 교수(敎授; 종6품) · 훈도(訓導; 종9품)로 구분, 군 · 현에는 훈도를, 부(府) · 목(牧) 이상은 교수를 파견하도록 법제화했음을 알 수 있다. 교육 대상자는 소수의 귀족문벌뿐만 아니라 많은 양인신분층에게 유학교육의 기회를 부여했다.

향교는 지방 지식인들의 구심처였으므로 문화적 기능을 수행하여, 유교문화이념에 따른 행사가 이곳에서 이루어졌다. 춘추의 석전례(釋奠禮)와 삭망의 분향이 향교의 문묘에서 이루어지고, 사직제 · 성황제 · 기우제 · 여제 등도 향교를 중심으로 거행되었기 때문에 지방민의 기원이 이곳에서 규합되었다. 또한 이곳은 많은 지역의 유생들이 모이는 곳으로 정치적 기능 또한 자연스러운 기능이라 하겠다. 향교는 출발에서부터 정치적 성향을 띠고 있었다. 즉 향교에서 유학을 교육받은 지방민은 생원 · 진사 시험을 거쳐 다시 성균관에 입학하고 문과시험을 통과하는 과정을 거쳐야만 중앙의 정치권에 진입할 수 있었다. 이러한 과정은 지방민의 입장에서는 중앙정치권에 진입하기 위한 합법적이고 개방된 절차라는 점에서 의미가 크다. 따라서 중앙세력의 대표격인 수령은 호구의 조사, 조세의 부과, 군적의 편성 등 정치운영에 있어서 절대적으로 지방 지식인들의 협조를 받아야 했다. 동시에 지방 지식인은 중앙정치를 비판하기도 한다.

2) 향교의 공간구성

향교는 주로 읍성(邑城) 밖의 한적한 곳에 위치하여 읍치(邑治)에서 비교적 가까운 곳에 자리하였던 것으로 여겨진다. 당시 고을의 북쪽에 위치한 진산(鎭山)과 문묘의 남향 선호개념에 따라 지역별로 다소 차이가 있었다.

동쪽을 선호했는데, 그 이유는 '좌묘우사(左廟右祀)'의 개념에 따라 읍치의 좌측, 즉 동쪽에 문묘를 두고 서쪽에 사직단을 배치하는 원리를 따른 것으로 보인다. 향교의 건축구성은 대체로 성균관의 유형과 유사하다. 향교의 공간은 문묘와 동(東)·서(西) 양무(兩武)로 구성되는 묘(廟)의 공간과 '명륜당(明倫堂)'과 동·서 양재로 구성되는 강학공간(講學空間) 및 교직사(校直舍), 존경각(尊經閣), 경판고(經板庫), 전사청(典祀廳), 제기고(祭器庫) 등으로 구성된다. 즉 교육공간으로는 강의실인 명륜당과 기숙사인 재가 있었으며, 배향공간으로 공자의 위패를 비롯한 4성(四聖)과 우리나라 18현(十八賢)의 위패를 배향하는 대성전(大成殿)으로 구획되었다. 향교의 건물배치는 평지의 경우 전면이 배향공간이고 후면이 강학공간인 전묘후학(前廟後學), 구릉지의 경우에는 전묘후학과 반대로 전학후묘(前學後廟)이거나 나란히 배치되기도 했다. 군·현마다 학생 정원의 규모가 다르듯이 건물의 규모도 대소(大少)의 차이가 있었다. 그러나 밀양향교(密陽鄕校)에서처럼 동쪽에 강학공간을, 서쪽에 배향공간을 두는 예외적인 배치법도 있다.

3) 교육과정

향교의 교과과정은 생원·진사의 시험 과목을 통하여 유추해 볼 수 있다. 《경국대전》에 의하면 생원 초시의 시험과목은 오경의(五經義)·사서의(四書疑) 2편(編)이며, 진사 초시는 부(賦) 1편, 고시(古詩)·명(銘)·잠(箴) 중 1편을 짓도록 되어 있다. 복시(復試)의 경우도 초시의 것을 되풀이한다. 사장(詞章)인 제술(製述)과 경학 공부를 병행하도록 시험이 출제되었던 것으로 보아 향교 교육도 이에 준하였을 것이다.

교생들이 강습한 교재는 《소학》, 《사서오경》을 비롯한 제사와 《근사록(近思錄)》, 《심경(心經)》 등으로 성균관이나 서원의 그것과 크게 차이는 없었다. 그 중에서도 특히 《소학》과 《가례》는 조선 초기부터 교생들에게 권장된 책으로서, 각종 과거의 시험과목으로 부과되었다.

4) 대표적 향교

(1) 나주향교

전라남도 나주시 교동에 있는 조선시대의 향교로 전남 유형문화재 제128호로 지정되어 있으며, 나주목은 전주부에 이어 호남에서 두 번째 가는 고을이었으므로 향교의 규모도 컸다. 1398년(태조 7)에 창건되었다고 하나 정확하지 않다. 현재 대성전, 명륜당, 강학공간의 정문인 동문만이 조선시대 건물이고 나머지는 근래에 건립한 것이다. 내 · 외신문은 솟을대문의 형식이었으나 현재 평삼문으로 변형되어 있다. 다만 사마재는 민가 용도로 그 잔해를 남기고 있다.

건물의 배치는 전묘후학(前墓後學)으로, 이는 일반적인 향교의 전학후묘와 달리 앞에 제향을 두는 대성전을 두고 강학을 하는 명륜당을 뒤에 두는 방법이다. 이는 서울의 성균관과 같은 배치법으로 평탄한 대지에 건물을 배치할 때는 이와 같은 법칙을 따랐다.

(2) 강릉향교

1313년(충선왕 5)에 강원도 안무사(按撫使), 김승인(金承印)이 강릉시 교동(校洞) 화부산(花浮山) 아래 건립한 향교이다. 1411년(태종 11)에 불타버린 것을 1413년 강릉대도판관(大都判官) 이맹상(李孟常)이 지방의 유지 68명과 함께 발의하여 중건하였으며, 그 후 여러 차례에 걸쳐서 중수하였다. 1909년에는 이 향교 안의 명륜당(明倫堂)에 화산학교(花山學校)를 건립하였는데, 1910년에 폐교되었으며 1919년에 수선강습소(首善講習所)를 설립하였다. 또한 1928년에 강릉농업공립학교, 그 후 강릉공립상업학교 · 강릉공립여학교 · 옥천(玉川)초등학교 · 명륜중고등학교 등이 명륜당에서 개교하였다. 1985년 1월 17일 강릉시 유형문화재 제99호로 지정되었다.

3 서원

1) 서원의 발달과정

서원은 오늘날로 치면 사립대학 그리고 도서관의 역할을 담당했던 교육기관이자 선현들을 모시는 제향소, 그리고 향촌지역에 큰 영향력을 행사하는 기구였다. 서원이라는 용어는 고려말부터 등장했지만, 당시의 서원은 일종의 개인학교 사숙(私塾)이나 도서실의 형태였던 것으로 보인다. 조선 초까지만 해도 서원은 서당, 서사, 정사 등과 같은 소규모 교육기관의 별칭이었다.

(1) 성립 배경

서원의 기원은 중국 당나라 말기부터 찾을 수 있지만 제도화된 것은 송나라에 들어와서이다. 특히 주자가 백록동서원을 열고 도학연마의 도장으로서 이를 보급한 이래 남송 · 원 · 명을 거치면서 성행하게 되었다. 우리 나라의 경우는 1543년(중종 38), 풍기군수 주세붕이 성리학을 전래해온 고려말 학자 안향(본명 안유)을 배향하고 유생을 가르치기 위하여 경상도 순흥에 백운동서원을 창건한 것을 시초로, 사림의 장수처(藏修處)이면서 동시에 향촌사림의 집회소로서 정치적 · 사회적 기구로서의 성격을 강하게 지니고 있었다.

(2) 성립과정

주세붕은 1541년 풍기군수로 부임하여 이곳 출신의 유학자인 안향을 모시는 문성공묘(文成公廟)를 세워 배향해 오다가 1543년에는 유생교육을 겸비한 백운동서원을 최초로 건립하였다. 또한 영남감사의 물질적 지원과 지방유지의 도움으로 서적과 학전을 구입하고 노비를 확충하는 등 그 영속화를 위한 재정적 기반을 마련하였다.

서원이 독자성을 가지고 정착 · 보급된 것은 이황에 의해서이다. 그는 풍기군수에 임명됨을 기회로 우선 서원을 공인화하고 나라 안에 그 존재를 널리 알리기 위하여 백운동서원에 대한 사액과 국가의 지원을 요구하였다. 그는 예안의 역동서원(易東書院) 설립을 주도하는가 하면, 10여 곳의 서원에 대해서는 건립에 참여하거나 서원기(書院記)를 지어 보내는 등 그 보급에 주력하였다.

서원의 건립은 본래 향촌유림들에 의하여 사적으로 이루어지는 것이므로 국가가 관여할 필요가 없었으나, 서원이 지닌 교육 및 향사적 기능이 국가의 인재양성과 교화정책에 깊이 연관되어 조정에서 특별히 서원의 명칭을 부여한 현판과 그에 따른 서적, 노비 등을 내린 경우가 있었다. 이러한 특전을 부여 받은 국가공인의 서원을 사액서원이라 하였다. 1550년 풍기군수 이황의 요청으로 명종이 백운동서원에 대하여 '소수서원(紹修書院)'이라고 직접 쓴 현판과 서적을 하사하고 노비를 부여하여 사액서원의 효시가 되었다. 그 뒤 전국 도처에 서원이 세워지면서 사액을 요구하여 숙종 때에는 무려 131개소의 사액서원이 있었다. 그 뒤 영조 때에는 서원폐단의 격화로 인한 강력한 단속으로 사액은 일체 중단되기에 이르렀다.

(3) 초창기에서 철폐기까지 서원의 전개과정

초창기인 16세기에 건립된 서원의 숫자는 19개소, 사액된 곳이 4군데였다. 서원은 선조대에 들어와 사림계가 정치의 주도권을 쥐게 된 이후 본격적인 발전을 하게 되었다. 양적인 면으로 보면 선조 당대에 세워진 것만 60여 개소를 넘었으며, 22개소에 사액이 내려졌다. 그 뒤 현종 때까지는 증가하는 경향을 보여 연평균 1.8개씩 106년간 180여 개소가 설립되었으며, 그 가운데 90%가 사액서원이었다.

지역별로는 초창기의 경상도 지역에 집중되던 것이 이후에는 전라 · 충청 · 경기도 지역에서의 건

립이 활발해졌으며 한강 이북지역에도 차차 보급되어, 특히 황해도의 경우는 선조 연간 이례적으로 크게 증가하고 있었다. 당시까지 배향자의 대부분이 조광조나 이황, 이이, 조식 등 사화기의 인물이거나 성리학 발전에 크게 기여한 유학자의 범주를 벗어나 서원의 발전은 기능면에서도 확대되어 향촌사림 사이의 지면을 익히고 교제를 넓히는 취회소로서의 구실과, 특히 향촌에서 발생하는 여러 가지 문제에 관한 의견 교환이나 해결책을 논의하는 향촌운영기구로서의 기능을 더하였다. 그러므로 임진왜란이나 병자호란 때 향촌방어를 목적으로 한 의병활동이 활발하였고 또 그것을 일으키기 위한 사림의 발의와 조직의 편성에 서원이 그 거점으로서의 구실을 다하였다.

숙종대에 들어 166개소(사액 131개소)가 건립되는 급격한 증가 현상을 보이자 서원명칭으로는 건립이 금지되었다. 따라서 금지령을 피하여 대신 사우(祠宇; 따로 세운 사당)가 건립되는 사례가 성행하였다. 1644년(인조 22) 영남감사 임담의 상소로 제기되기 시작하여 1713년 말에는 추향자가 중첩되는 설립을 엄금하고 사액을 내리지 않을 것을 결정하였다. 숙종은 서원에 대한 조사를 명령하여 1719년(숙종 45)부터 서원의 존폐를 결정하였고, 뒤이어 경종대에 들어와 사액서원의 혜택과 특전을 없애거나 대폭 축소했다. 이 후 영조 17년(1741)에는 서원철폐를 단행하여, 1714년 갑오 이후 건립된 서원은 물론 사우, 영당 등의 모든 제향기구를 일체 폐쇄하였다.

이후 강력한 중앙집권 하에 국가체제의 정비를 꾀하던 흥선대원군은 1868년(고종 5)과 1870년 ~ 1871년 두 차례의 사원정리를 감행하여 학문과 충절이 뛰어난 인물에 대하여 1인1원 이외의 모든 중첩된 서원을 일시에 폐쇄시킴으로써 전국에 47개소의 서원만 남겨놓게 되었다. 이때 남은 47개소는 서원명칭을 가진 것이 27개소, 사당이 20개소이다.

2) 서원의 입지 및 공간구성

서원을 구성하고 있는 건축물은 크게 선현의 제사를 지내는 사당과 선현의 뜻을 받들어 교육을 실시하는 강당, 그리고 원생 · 진사 등이 숙식하는 동재와 서재의 세 가지로 이루어진다. 이외에 문집이나 서적을 펴내는 장판고, 책을 보관하는 서고, 제사에 필요한 그릇을 보관하는 제기고, 서원의 관리와 식사준비 등을 담당하는 고사(庫舍), 시문을 짓고 대담하는 누각 등이 있다. 이러한 서원건축은 고려 때부터 성행한 음양오행과 풍수도참사상에 따라 수세(水勢), 산세(山勢), 야세(野勢)를 보아 합당한 위치를 택하여 지었다.

건물의 배치방법은 문묘나 향교와 유사하여 남북의 축을 따라 동 · 서에 대칭으로 건물을 배치하고 있으며, 남쪽에서부터 정문과 강당 · 사당 등을 이 축선에 맞추어 세우고 사당은 별도로 담장을 두른 다음 그 앞에 삼문(三門)을 두어 출입을 제한하였다. 담장으로 외부 공간과의 구획을 지어 분별하게 하였지만 담장의 높이는 높지 않게 하거나 그 일부를 터놓아 자연과의 조화를 깨지 않고 적응시키는 방법을 쓰고 있어 내부에서 밖을 바라볼 때 자연의 산수를 접할 수 있도록 계획한 것이 서원건축의 특징이다.
경내의 조경 또한 철 따라 피고지는 꽃과 낙엽수를 심어 계절에 따른 풍치를 감상하도록 하였고, 경외에는 소나무, 대나무 등을 심어 푸른 산의 정기와 선비의 기상을 풍기게 하였다. 나무들은 대체로 산수유, 느티나무, 은행, 작약, 살구, 모과, 진달래, 개나리, 난초, 모란, 매화, 단풍 등을 심었다.

3) 대표적 서원

(1) 도산서원

퇴계 이황 선생에 의해 건립되었으며, 퇴계선생을 배향하는 곳으로 안동호를 끼고 있다. 이곳의 시사단(詩社壇)은 경상북도 유형문화재 제33호로 조선시대 지방별과를 보았던 자리를 기념하여 세운 작은 비각(碑閣)이 키 큰 소나무를 두르고 있다. 퇴계선생 사후, 정조대왕이 선생의 유덕을 추모하여 1792년에 규장각 대신이었던 이만수(李晩秀)를 도산서원으로 보내어 임금의 제문(祭文)으로 제사를 지내게 하고 그 다음날 이곳 송림에서 어제(御製)로 과거시험 별과(別科)를 본 역사를 지닌 곳이다. 정조는 제출자 중 7명을 시상한 다음, 왕의 전교(傳敎)와 제문(祭文)을 도산서원 강당인 전교당에 게시하고 그 일을 기념하여 단을 쌓고 기념비를 세운 곳이 바로 시사단이다. 시사단의 비문은 당시 영의정인 번암 채제공의 글씨이다. 이 유래 깊은 시사단이 안동댐 건설로 수몰되어 송림은 사라지고 1976년에 높이 10m, 반경 10m의 축대를 쌓아 단(壇)만 그 위로 옮긴 것이다.
도산서원은 퇴계 선생님이 생전에 지어진 도산서당 영역과 퇴계선생 사후에 건립된 영역으로 나누어질 수 있다. 서원 정문인 진도문을 중심으로 동서로 배치된 서고(書庫)가 바로 동광명실(東光明室), 서광명실(西光明室)이다. 동광명실은 순조 19년(1819)에 건축하였는데 선생이 애독하던 수택본(手澤本)이 대부분이고, 서광명실은 1930년에 증축한 것으로 국내 유현들의 문집이 보관되어 있다.
도산서당(陶山書堂)은 퇴계선생이 직접 설계하고 공사는 법련스님에게 편지를 통해 건물설계를 지시하였다 한다. 서당은 3칸집으로 마루칸을 암서헌, 온돌방을 완락재라 이름지었다. 서당 동쪽 구석에는 연못을 파고, 암서헌 동편에 몽천(蒙泉)샘 위에 단을 쌓아 그 위에 매화, 난초, 소나무, 국화를 심고 절우사(節友社)라 이름하였다. 절우(節友)란 '절개를 지키는 친구'란 뜻으로 선비가 반드시 지녀야 할 불사이군(不事二君)의 덕목이다. 서당 앞을 출입하는 곳을 막아서 사립문을 만들고 이름을 유정문(幽貞門)이라고 하였다.
농운정사(濃雲精舍)는 도산서당과 함께 지은 것으로 제자들이 기숙하면서 공부하던 곳이다. 모두 여덟 칸으로 된 공(工)자형 건물로 공부방이 시습재(時習齋)이며, 침실이 지숙료(止宿寮)이며, 낙동강의 맑은 흐름을 볼 수 있는 마루는 관란헌(觀瀾軒)이라 이름 붙였다. 공(工)자형의 집은 '공부(工夫)한다'는 공(工)자에서 따온 것이며, 시습재는 공자께서 《논어》에서 말한 '학이시습지 불역열호'에서 따온 말이다. 도산서원의 중심이 되는 주강당 전교당(典敎堂, 보물 제210호)은 각종 회합과 공부가 이루어지는 곳으로 흔치 않게 정면 4칸 측면 2칸의 짝수 칸으로 이루어진 전교당의 '도산서원' 편액은 선조의 사액(賜額)으로 한석봉의 글씨이다.

퇴계선생의 위패를 모신 상덕사(보물 제211호)는 왼쪽으로 치우쳐 있다. 병산서원도 이런 구조를 가지고 있다. 상덕사 옆에는 전사청(典祀廳)이 있는데 제수(祭需)를 마련하는 곳으로 제사 그릇과 여러 도구 및 술 등을 보관하고 있다. 2019년 유네스코 세계유산으로 등재

(2) 소수(紹修)서원

풍기군수였던 주세붕[2]에 의해 건립되었으며, 배향자는 우리나라 성리학의 선구자인 안향(안유) 선생이다. 안향[3]선생의 연고지에 조선 중종 37년(1542)에 사묘를 세운 후, 다음 해에는 안향 선생의 영정을 봉안하고 학사를 옮겨 지어 백운동서원을 창건했다. 그 뒤 명종 4년(1549) 퇴계 이황 선생이 풍기군수로 부임하여 경상감사 심통원에게 서원의 편액과 토지·노비를 하사해 주도록 청하자 감사 심통원이 조정에 청함으로써 이듬해 명종 5년(1550) 5월 왕명으로 대제학 신광한이 서원의 이름을 '소수(紹修)'라 지었으니 "이미 무너진 교학을 다시 닦게 하였다"는 뜻이다. 명종 임금이 손수 「소수서원(紹修書院)」 편액 글씨를 써서 하사하여 우리나라 최초의 서원이자 공인된 사학기관으로 인정되었다. 인조 11년(1633)에는 서원을 창건한 주세붕 선생을 추가로 배향하였다.

서원 경내에는 강학당, 일신재, 학구재, 장서각, 문성공묘 등이 있고 회헌 영정(국보 제111호), 대성지성문선왕전좌도(보물 제458호) 등 중요유물과 각종 전적이 소장되어 있다. 또한 이곳이 통일신라시대 이래 사찰이었음을 알려주는 숙수사지 당간지주(보물 제59호)와 주세붕 영정(보물 제717호) 등이 남아 있다. 2019년 유네스코 세계유산으로 등재

(3) 병산(屛山)서원

서애 류성룡 선생에 의해 건립되었으며, 류성룡를 배향자로 하고 있다. 병산서원은 본래 풍악(楓嶽)서당이라 하여 조선 명종 18년(1563) 풍산읍에 창건되었으나 선조 5년(1572)에 현재의 위치로 옮겨진 서원이다. 고려 말부터 사림의 교육기관으로 사용되던 이 서원을 류성룡 선생(1542-1607)이 후학 양성을 위해 이곳으로 옮기고 이름을 병산이라 고쳐 부른 것이다. 철종 14년(1863)

---

2 주세붕(1495~1554) 선생은 많은 저서를 남겼고 황해도 관찰사, 동지중추부사 등을 역임한 청백리였다.
3 회헌 안향(1243~1306) 선생은 고려 원종 원년(1260년) 진사과에 급제한 후 우사의 등을 거치면서 학문 진흥에 전력한 우리나라 최초의 주자학자이며 문신이다.

병산서원이라는 사액을 받은 이곳은 고종 8년(1871) 대원군의 서원철폐령이 내려졌을 때 제외된 전국 47개 서원 중의 하나이다. 서원 경내에는 류성룡 선생의 위패를 모신 존덕사를 비롯해 입교당, 전사청, 동 · 서재, 만대루와 함께 류성룡 선생의 문집들과 각종 문헌을 소장한 장판각 등의 건물이 빼어난 자연환경에 둘러싸여 있다. 2019년 유네스코 세계유산으로 등재

(4) 도동서원

도동서원은 조선 5현의 첫머리[首賢]를 차지하는 문경공(文敬公) 한훤당(寒暄堂) 김굉필(金宏弼) 선생의 도학을 계승하기 위하여 퇴계 이황과 한강 정구 선생의 주도로 유림의 협조를 받아 세워졌다. 1607년(선조40)에 사액서원이 되었으며, 흥선대원군의 서원철폐에도 존립하였다.
입구에는 강 건너 고령군까지도 보이는 정자, 수월루(水月樓)와 그 밑의 외삼문으로 환주문(喚主門)에 이어 중정당(中正堂), 사당의 주요 건물이 남북으로 일직선상에 놓여있다. 계단이 서원의 중심축으로 좁고 가파른 산비탈에는 다양한 꽃들과 배롱나무로 꾸며진 꽃계단과 그 위에 자리한 환주문은 한 폭의 산수화를 보는 듯하다. 도동서원은 도학정신과 예술미가 어느 한쪽으로도 치우치거나 모자라지 않는 중정(中正), 바로 중용(中庸)의 미가 이루어낸 아름다운 서원이다. 2019년 유네스코 세계유산으로 등재

(5) 유네스코 세계유산 등재 서원들

위 서원들과 함께 유네스코는 2019년 9개의 서원을 연속유산으로 세계유산에 등재하였다. 함께 등재된 서원들로는 경남 함양(남계서원), 경북 경주(옥산서원), 전남 장성(필암서원), 대구광역시 달성(도동서원), 전북 정읍(무성서원), 충남 논산(돈암서원)이 있다. 이들 한국의 서원은 16세기 중반부터 17세기 중반까지 사림에 의해 건립되었으며, 성리학을 기반으로 하는 한국 사회 문화 전통과 자연지세(自然地勢)를 활용하는 한국인의 건축적 탁월성을 보여주고 있다. 형태와 디자인, 자재와 구성물질, 전통적 기법과 관리체계, 입지와 주변 환경적인 측면에서 높은 수준을 보여주고 있다.
각 서원은 각기 다른 제향인물을 통해 강한 학문적 계보와 유형적 구조물들을 창조하였다. 향촌 지식인들은 서원이 효과적인 교육 수행이 가능하도록 하는 교육 체계와 유형적 구조물들을 창조하였다. 이곳에 모인 유림들은 성리학 경전 연구를 수행하고, 세계에 대한 이해와 이상적 인간형을 만들기 위해 노력하였다. 9개로 구성된 이 유산은 한국 서원의 특성과 발전을 보여주며, 서원이 건축적으로 어떠한 과정을 통해 발전하였는지 각각의 과정을 통해 보여준다. 이와 더불어 서원에는 해당서원을 거쳐 간 인물들이 남긴 전적, 문집, 기문, 목판 등이 잘 보호 · 관리되고 있으며, 제향은 지금까지 창건 당시의 모습 그대로 계승되어 시행되고 있다. 기록유산과 무형유산 모두 개별 유산들이 지속된 전통을 보여주고 있다.

제 7 장

선사유적 및 매장문화

선사시대란 일반적으로는 문헌사료(文獻史料)가 존재하지 않는 시대, 즉 문헌사료에 의하여 씌어진 역사에서 취급하는 시대에 대비하여 사용되고 있다. 선사시대를 대표하는 각 시대의 특성과 각 시대의 매장문화를 살펴보고자 한다.

제 1 절 고분의 시대별 특징

1 구석기시대(舊石器時代)

한국에서의 구석기시대 유적은 1935년 함북 동관진(현 온성군 강안리)에서 처음 발견된 이래 1960년대의 공주 석장리와 두만강 어귀의 웅기 굴포리유적, 단양 수양개에서 고래와 물고기 등을 새긴 조각이 발견되었는데, 이를 통해 구석기인들의 소박한 솜씨를 엿볼 수 있다. 이러한 예술품에는 구석기인들의 사냥감의 번성을 비는 주술적 의미가 깃들인 것으로 보인다. 지금까지 유적 약 50 여곳이 발견되었다고 보고되었다. 남한의 대표적 유적인 공주 석장리유적은 전기에서 후기에 걸친 11개의 구석기 문화층이 발견되었다. 연천 전곡리유적을 비롯해 임진강과 한탄강 연안의 많은 유적에서는 아리안 주먹도끼가 발견되기도 하였다.

구석기 후기(기원전 1만 5천 년~1만 년)에 그려진 동굴벽화에는 사냥하는 인물, 동물의 모습이 사실적이고 생동감 있게 그려져 있다.

2 신석기시대(新石器時代)

한국에서는 대체로 BC 4000년경부터 신석기시대가 시작된 것으로 알려지고 있으며, 이 시대에 사용된 토기는 빗살무늬토기[櫛文土器]로 양식에 있어서 함북지역과 기타 지역의 2가지로 구분된다. 초기에는 주로 해안이나 강변에서 어로 · 수렵 · 채집으로 생활하였으나, 말기에 이르러 조 · 피 · 수수 등의 곡식을 생산하게 되는 농경생활을 영위하게 되었다. 황해도 봉산군 지탑리(智塔里) 유적에서 돌가래 · 돌보습[石犁] · 돌낫 등의 농기구와 탄화된 곡물이 발견되어 농경 사실이 입증되었다. 이들은 원형 또는 방형의 움집을 짓고 살았다. 웅기(雄基)의 패총 움집에서는 오늘날의 화덕과 같은 난방장치도 발견되었다. 한편 1983년 5월에는 경상북도 울진군 평해읍(平海邑) 후포리(厚浦里)에서 BC 10세기 전후로 추정되는 신석기시대 말기의 유적지가 발굴되었다.

석기시대 전반을 대표하는 무덤양식으로는 구덩무덤은 구덩이를 파고 별도의 시설 없이 시체를 묻은 무덤양식으로 선사시대부터 현대까지의 가장 보편적인 매장법이다. 확실한 유적은 발견되지 않았지만, 구석기시대의 묻기는 이와 같은 구덩무덤이었을 것으로 생각된다. 주로 조영된 시기는 껴묻거리로 넣어진 토기와 석기류 등을 통해 신석기시대 후기부터 청동기에 걸쳐 조영이 활발했을 것으로 보인다.

신석기 및 청동기시대의 것은 두만강 어귀의 웅기(雄基) 용수동(龍水洞) 조개무덤에서 간단한 집터와 함께 발견되었다. 여기서 나온 사람뼈 14구는 모두 얕게 판 모래땅에 머리는 동쪽으로 향하고, 몸은 수평으로 발을 뻗고 누워 있는 자세이다. 일반적으로 구덩무덤은 땅을 파고 시체를 묻는다는 뜻에서는 토광묘(土壙墓)와 같다. 그러나 널무덤이 시체를 넣는 구덩이를 분명히 파고 관 및 곽(槨) 같은 시설을 하는 데 비해서, 구덩무덤은 아무 시설 없이 시체만을 바로 묻는다는 점이 다르다.

3 청동기시대(青銅器時代)

이 시기는 종교 및 정치적 요구와 밀착되어 있었다. 그것은 당시 제사장이나 군장들이 사용하였던 칼, 거울, 방패 등의 청동 제품이나 토제품, 바위 그림 등에 반영되어 있다. 그 가운데서 청동검과 청동거울, 청동방울 등 독특한 것들이 많이 발견된다. 이 시기의 미술에는 장식에 아름다움을 나타내기 위한 노력이 많이 엿보인다. 그 모양이나 장식에 당시 사람들의 미 의식과 생활 모습이 표현되어 있다. 새나 말의 조각을 붙이거나 혹은 쌍방울을 단 칼자루끝 장식, 말이나 범의 모양을 한 띠고리, 둘이나 다섯 혹은 여덟 개의 방울을 단 의기(儀器) 등 다양한 미술품들이 나타나고 있다. 또 지배층의 무덤인 돌널무덤 등에서 출토된 청동제 의기들은 말이나 호랑이, 사슴, 사

람 손 모양 등을 사실적으로 조각하거나 기하학 무늬를 정교하게 새겨 놓았다. 이들은 주술적 의미를 가진 것으로, 어떤 의식을 행하는 데 사용된 것으로 보인다. 흙으로 빚은 짐승이나 사람 모양의 토우(土偶) 역시 장식으로서의 용도 외에 풍요를 기원하는 주술적 의미를 가지고 있었다. 울산의 반구대 바위 그림에는 거북, 사슴, 호랑이, 새 등의 동물과 작살이 꽂힌 고래, 그물에 걸린 동물, 우리 안의 동물 등 여러 가지 그림이 새겨져 있다. 이것은 사냥과 물고기 잡이의 성공과 풍성한 수확을 비는 염원의 표현으로 보인다. 고령의 바위 그림에는 동심원, 십자형, 삼각형 등의 기하학 무늬가 새겨져 있다. 동심원은 태양을 상징하는 것으로 다른 농업 사회에서의 태양 숭배와 같이 풍요를 비는 의미를 가지고 있다.

1) 돌무지무덤

일정한 구역의 지면에 구덩이를 파거나 구덩이 없이 시체를 놓고 그 위에 돌을 쌓아 묘역을 만든 무덤으로 청동기시대 초기의 것으로는 요동반도(遼東半島) 일대의 장군산(將軍山) 등에서 확인되며, 이들 무덤에는 부장품으로 토기편과 석촉 등의 석기류 몇 점이 있을 뿐이다. 이러한 무덤은 다음 부장품과 무덤시설에서 차이가 나는 무덤으로 변하는데, 부장품으로 비파형동검을 비롯한 마구류 · 수레부속 · 방패 · 활촉 · 도끼 · 끌과 각종 장신구가 나왔다.

고구려는 건국 초부터 돌무지무덤을 조성하여 왔는데, 압록강의 지류인 훈강(渾江) 유역의 요녕성(遼寧省) 지방과 압록강 유역에 군집되어 있다. 초기에는 강가 모래바닥에 냇돌을 네모지게 깔고 널[棺]을 놓은 뒤 다시 냇돌을 덮는 정도의 간단한 구조였으나, 점차 냇돌 대신에 모난 깬돌[割石]을 써서 벽이 무너지지 않게 계단식(階段式)으로 쌓았으며, 돌무지의 외형은 대체로 방대형(方臺形)을 이룬다.

백제의 돌무지무덤의 특징은 고구려 재래식 무덤형태로 얕은 대지 위에 네모난 돌무지를 층층이 쌓아 올리고 가운데 주검을 넣은 형식으로 제일 아래 단(段)의 네 변에는 돌이 무너지지 않도록 버팀돌을 설치하였는데, 한 변이 50m가 넘는 것도 있다. 석촌동 3호분은 크게 파괴되었지만 4호분의 경우는 3단의 기단식 돌무지무덤으로 위에 돌방과 형식상의 널길이 남아 있는 것으로 보아 돌방무덤 이전의 단계로 돌무지무덤으로서는 가장 발전된 단계이며, 그 연대는 모두 4~5세기 정도로 여겨진다. 한편, 냇돌을 쓴 고식(古式) 돌무지무덤이 한강 상류인 양평군 문호리, 춘천시 중도, 제천시 교리 · 도화리 등의 남한강 유역에서 보인다.

2) 고인돌(支石墓, 지석묘)[1]

한국 청동기시대의 대표적인 무덤 양식으로 우리 나라 고인돌은 크게 두 가지(북방식 · 남방식)로 분류할 수 있다. 남방식 고인돌은 매장시설의 주요 부분이 지하에 설치되어 있는 것으로 우선 매장시설이 지상에 있는 북방식 고인돌과 형태상으로 구분된다. 고인돌이 마지막으로 사용된 시기에 대해서는 대체로 초기 철기시대의 대표적인 묘제인 움무덤[土壙墓]이 등장하기 이전, 즉 기원전 2세기경으로 보는 것이 일반적이다. 고인돌에서는 간돌검과 돌화살촉이 주요 부장품으로 발견되고 있으며, 민무늬토기와 붉은간그릇 등 토기류와 청동기가 부장된 경우도 있다.

(1) 북방식 고인돌

북방식 고인돌은 4개의 판석(板石)을 세워서 평면이 장방형인 돌방을 구성하고 그 위에 거대한 뚜껑돌(蓋石)을 올려놓은 것으로, 주로 한강 이북에 분포하고 있으며, 평안남도와 황해도 지방의 대동강(大同江) · 재령강(載寧江) · 황주천(黃州川) 일대에 집중되어 있다. 뚜껑돌 크기는 대개의 경우 2~4m 정도가 보통인데, 황해도 은율(殷栗)의 경우처럼 8m 이상에 전체 높이가 2m 이상인 경우도 있다. 돌방 뚜껑의 유무와 돌널, 돌방, 덧널 등 돌방의 구조, 그리고 돌방의 수 또는 학자들의 분류기준에 따라 다양하게 분류된다. 그러나 북방식 고인돌 중에는 네 개의 받침돌 중 한두 개가 없어진 경우도 많다. 돌방 내부 바닥에는 자갈이나 판석을 깐 것도 있으나, 그냥 맨땅으로 된 것이 보통이다. 그러나 돌방 바깥쪽에 돌을 깐 경우는 거의 없다.

(2) 남방식 고인돌

남방식 고인돌은 '바둑판식'이라고도 불리는 것으로, 판석 · 할석 · 냇돌 등을 사용하여 지하에 돌방을 만들고 뚜껑돌과 돌방 사이에 3~4매, 또는 그 이상의 받침돌이 있는 형식으로서 주로 전라도 · 경상도 등 한강이남 지역에 분포되어 있다. 지하 널방의 구성은 여러 가지 방법이 사용되어 왔으나, 이들은 반드시 그 윗면을 덮는 자신의 뚜껑을 가지고 있다. 뚜껑으로 판석을 이용하기도 하였으나 나무로 만든 뚜껑을 덮었을 가능성도 많다.

(3) 개석식 고인돌

개석식 고인돌은 뚜껑돌과 지하 돌방 사이에 받침돌 없이 뚜껑돌이 직접 돌방을 덮고 있는 형식으로 「무지석식(無支石式)」 또는 「놓인형 고인돌」이라고도 하는데, 남방식 고인돌에 포함시키기도 한

1 한국(韓國)에서는 지석묘와 함께 사용하며, 일본(日本)에서는 지석묘(支石墓)로 부르고 있다. 중국(中國)에서는 석붕(石棚) 또는 대석개묘(大石蓋墓)라 하고, 이외 지역에서는 돌멘(Dolmen)이나 거석(巨石, Megalith)으로 부른다. 고인돌의 축조시기에 대해서는 한국에서는 청동기시대(青銅器時代)에, 일본에서는 죠오몽(繩文) 만기(晚期)에서 야요이(彌生) 중기(中期)까지, 서유럽에서는 신석기시대(新石器時代)에서 청동기시대 초기까지, 동남아시아에서는 선사시대에서 역사시대(歷史時代)에 이르기까지 거석숭배(巨石崇拜) 사상에서 만들어진 것이다.

다. 개석식 고인돌의 또 다른 특징은 돌방 주위 사면에 얇고 납작한 돌을 평탄하게 깔아 놓은 적석시설(積石施設)이다. 국토 전역에 걸쳐 분포하고 있으며 숫자상으로도 가장 많다.

3) 고인돌 대표지역

(1) 고창 고인돌유적(사적 391호)

〈그림 7-1〉 전북 고창 고인돌

고창읍 죽림리와 아사면 상갑리 일대의 매산마을을 중심으로 동서에 걸쳐 표고 15~50m 내에서 군락을 이룬다. B.C. 400 ~ B.C. 100년경(청동기시대 말 ~ 초기 철기시대)까지 이 지역을 지배한 청동기시대 족장의 가족묘역이다. 5만여 평에 1,000여 기 이상으로 추정되나 1999년 마한백제문화연구소의 지표조사 결과 북방식 3기, 지상석곽식 44기, 남방식 251기, 기타 불명 149기로 전체 447기가 확인되었다. 크기는 길이 1m 미만에서 최대 5.8m에 이르며 3m 미만이 80%, 3m 이상이 20%, 4m 이상이 21기로 그 중 6기는 5m가 넘는다. 북방식 · 남방식 · 개석식 등 국내에서 조사되는 고인돌의 각종 형식을 포괄하고 상석의 크기 또한 소형 석곽인 개석부터 거석까지 있어, 동북아시아의 고인돌 변천사에 중요한 자료가 된다. 2000년 ICOMOS(국제기념물유적회의)를 통해 세계문화유산으로 등록되었다.

(2) 화순 고인돌유적(사적 410호)

화순지역에는 화순 고인돌 유적을 중심으로 한 반경 5km 주변일대에 50개군 400여 기의 고인돌이 밀집분포하고 있다. 화순군에는 160개 군에 1,323기가 분포하고 있다. 전남 내륙지역에서 가장 밀집도가 높으며 또 많은 분포수를 보인다. 이곳에는 100톤 이상의 커다란 기반식 고인돌 수십 기와 크게는 280여 톤 규모의 국내 최대 규모(무게)의 상석이 있다. 춘양면 대신리, 도곡면 효산리, 도곡면 대곡리, 도암 도장리 등에 분포되어 있다. 화순에는 확실한 탁자식 고인돌은 없지만 그와 비슷한 형식이 효산리와 대신리 고인돌에서 발견되고 있다. 발굴된 고인돌 중에 무덤방 위를 바로 덮개돌로 덮은 개석식 고인돌이 발견되었다. 화순의 고인돌은 숫자의 방대함과 함께 여러 개의 받침돌을 지상위에서 짜 맞춘 지상석곽형, 바둑판 형태의 기반식, 받침돌이 보이지 않는 무지석형 등 다양한 형식의 고인돌이 분포되어 있다.

춘양면 대신리 고인돌의 발굴로 화순에서는 시신이 안치된 무덤방이 확인되었고 각종 석기와 붉은 간토기, 민무늬토기편 등이 발견되었고 대곡리 적석목관묘에서는 국보 제143호인 청동검, 팔주령, 청동거울 등 청동기 일괄유물이 출토되어 고인돌 다음 시기에도 중요한 지역임을 증명하였다.

(3) 강화 고인돌유적(사적 137호)

인천시 강화군 하점면 부근리에 위치하며 규모가 큰 탁자식 고인돌로 전체 높이는 260cm이며, 덮개돌은 길이 650cm, 폭 520cm, 두께 120cm의 화강암으로 되어 있다. 강화도에는 대체로 120여기의 고인돌이 분포하고 있는 것으로 알려져 있으며, 이 중 탁자식 고인돌이 44기, 기반식 고인돌이 35기가 확인되며 그 밖에는 형식을 알 수 없거나 파괴 또는 매몰되어 형체를 알 수 없는 것들이다. 강화도의 고인돌은 취락과 경작지로 이용되는 해안지대인 30~40m 고도의 완경사지나 구릉상에 주로 분포하고 있다.

이 고인돌에 대한 발굴조사는 아직 이루어지지 않았으나 인근 삼거리에 있는 고인돌에서 무문토기조각과 마제석검, 가락바퀴를 비롯한 유물들이 나온 것으로 미루어 삼거리 유적과 비슷한 유물들이 들어 있을 것으로 짐작된다.

4) 덧널무덤

시신을 관에 넣은 다음, 나무로 덧널을 만들어 수많은 껴묻거리를 넣고 덧널을 다시 수많은 돌로 덮어(돌무지) 그 위에 봉분을 만들었다. 이러한 고분 양식을 돌무지 덧널 무덤(적석목곽분; 積石木槨墳)이라 한다. 따라서 고구려의 굴식 돌방 무덤에 비해 도굴이 어려우며 벽화를 그릴 벽이 없으므로 벽화도 없다. 천마총은 당시 만들어진 신라의 고분 가운데 규모가 작은 편에 속한다.

4 철기시대

한반도의 경우에는 BC 4~BC 3세기경에 이미 중국에서 한반도로 이주민들을 통해 한국에 전래되기 시작하였는데, 이 시기에는 철기뿐만 아니라 중국 계통의 청동기도 함께 전래되었다. BC 2세기 초 위만(衛滿)조선의 성립으로 대동강 유역에는 청동기와 철기시대가 공존했으며, BC 1세기 말 한군현(漢郡縣)의 설치와 함께 한반도는 본격적으로 철기시대가 발달하여 부여 · 고구려 · 옥저 · 동예 등의 북방지역과 삼한이 지속되던 남방지역에 급속히 전파되어 철기부족국가 형성의 기틀이 되었다.

철기시대의 유물은 대체로 독무덤(甕棺墓)과 널무덤(土壙墓)에서 발굴되며, 철기문화의 전파는 씨족공동체사회를 친족공동체사회로 변환시켰으며, 철제 농기구를 이용한 농경방식이 개발되어 생산력을 증가시켜 사회구조에 일대 변화를 초래하였다. 이러한 철기문화는 1세기경에 고대국가인 고구려와 뒤이어 백제 · 신라의 3국을 형성하였다.

1) 널무덤

인류사회의 원초적 보편적인 묘제(墓制)로서 세계적으로 중국에서는 신석기시대부터 유행하였고, 한국에서는 초기 철기시대에 출현하여 삼국시대 전기까지 유행한 묘제이다. 대표적인 유적으로 평남 평양시 태성리, 황해도 은율군 운성리, 경북 경주시 조양동, 경남 김해시 예안리 등의 널무덤군(群)을 들 수 있다. 평면적인 형태별로 보면 사각형, 직사각형, 원형(圓形), 타원형(楕圓形) 등이 있다. 일반적으로 널(棺)과 덧널(槨)과 같이 일차적으로 유해를 보호하는 장구(葬具)가 있는 것은 널무덤에 포함시키지 않지만, 관용적으로는 나무널(木棺)과 나무덧널(木槨)을 사용하였어도 이미 부패하여 그 존재 유무를 확인할 수 없을 때는 널무덤에 포함시키는 경우도 있다.

그 가운데서 태성리유적은 기원전 1세기 이후의 것으로, 세형동검(細形銅劍)과 철기 및 전한계(前漢系) 토기가 함께 출토될 뿐만 아니라 널 · 덧널과 같은 장구도 출토되어 평안도 재래의 동검문화(銅劍文化)와 중국 전한문화(前漢文化)가 복합된 유물상을 보여준다. 조양동유적은 1~3세기 것으로 철기 · 청동기 · 와질토기(瓦質土器)가 함께 출토되었는데, 목관이 장구로 사용된 이른 시기와 덧널이 장구로 사용된 늦은 시기의 두 단계로 구분된다. 예안리 유적은 4세기 것으로 덧널이 장구로 사용되었으며, 철기와 도질토기(陶質土器)가 함께 출토되었다. 여기서 주목되는 것은 이들 널무덤이 한결같이 널 또는 덧널을 장구로 쓰고 있는 점이다. 따라서 이들 유적을 널무덤으로 정의하기보다는 사용된 장구에 따라 구분해야 할 것이다.

2) 독무덤

크고 작은 항아리 또는 독 두 개를 맞붙여서 관으로 쓰는 무덤양식으로 중국 본토 · 남만주 · 한국 · 일본 등지에 널리 퍼져 있다. 한국에서는 청동기시대와 초기 철기시대부터 시작된 유적들은 역사시대까지 이어져 선사시대 유적인 평안남도 강서 태성리, 황해도 안악 복사리, 공주 남산리, 광주 신창동, 김해 회현리, 부산광역시 동래 패총부터 역사시대인 경주 조양동, 서울 석촌동 · 가락동 · 영암 내동리 등의 유적이 있다. 특히 영산강 유역의 독무덤은 다른 지방의 고분들과는 달리 독자성이 뚜렷하고 고도의 토기 제작기술이 아니면 만들 수 없는 특수한 대형의 전용(專用) 옹관을 주된 매장시설로 하고 있어 백제의 지방토착세력 및 마한 토착집단과 관련하여 중요한 자료를 제공하고 있다.

〈그림 7-2〉 독무덤

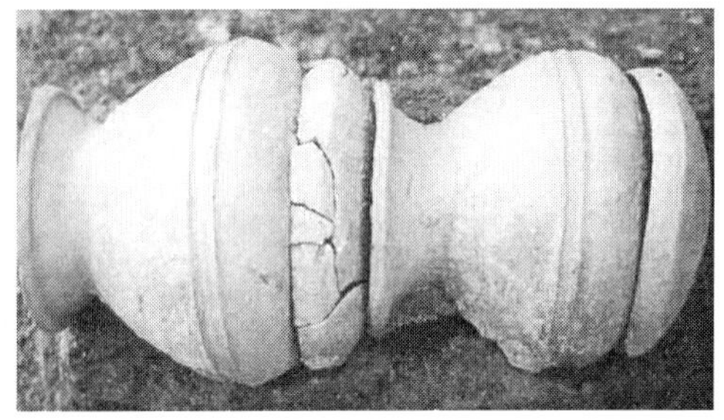

독무덤에 주검을 넣는 방법은 크게 3가지로 나눌 수 있다. 규모가 매우 큰 경우는 어른을 눕혀서 묻는 독무덤, 합친 길이가 50~130cm 범위이면서 하나의 옹관의 길이가 60cm 정도 되는 두 개의 옹관을 맞물려 사용하는 어린이를 묻기 위한 관으로 김해 예안리의 독무덤에서는 실제로 어린아이의 유해가 발견되어 소아장(小兒葬)임을 알 수 있다. 또한 독무덤은 이차장(二次葬)으로서 세골장(洗骨葬)일 가능성 역시 배제할 수 없다. 이 독무덤은 일본에 건너가 규슈[九州]지방에 독무덤을 조성하게 하였으며, 중국 · 일본을 연결하는 동아시아 독무덤문화권을 형성하게 하였다.

5 각 시대를 대표하는 특성 및 대표적 왕릉

1) 고구려고분

(1) 안악3호분(동수묘)

황해남도 안악군 용순면 유순리에 위치한 고구려시대의 벽화고분. 1949년에 처음으로 발견된 이 무덤은 현무암과 석회암의 큰 판석으로 짜진 돌방무덤으로 남쪽인 앞으로부터 널길 · 연실 · 앞방 · 뒷방으로 형성되며, 앞방은 좌우에 조그만 옆방이 하나씩 달려 있어 좌우 너비가 커지고 있다. 한편, 앞방과 뒷방은 4개의 팔각돌기둥으로 구분되어 서로 투시할 수 있고 주실, 즉 뒷방은 동벽과 뒷벽의 안쪽에 판석벽과 돌기둥을 각각 세워 회랑부를 만들고 있다. 그리고 각 방의 천장은 네 귀에 각각 삼각형 돌을 얹어 천장 공간을 좁히기를 두 번 반복하고 그 위에 뚜껑돌을 얹는 모줄임천장으로 되어 있다. 이것은 우리나라에서 현재까지 알려진 가장 오랜 모줄임천장이다.

벽화는 널길벽에 위병, 앞방의 동쪽 옆방에 부엌 · 도살실 · 우사 · 차고 등, 서쪽 옆방에 주인공 내외의 좌상, 앞방 남벽에 무악의장도와 묵서묘지, 뒷방 동벽 · 서벽에 각각 무악도, 회랑벽에 대행렬도가 그려져 있다. 전실 동벽에는 하단에 위치한 도끼를 든 무사(부월수), 상단에는 주먹으로 상대방을 때려 눕히는 격투기인 수박하는 모습의 수박도의 그림이 그려져 있다. 그 외의 벽화내용은 무악대와 장송대에 둘러싸인 주실 앞에 주인 내외의 초상도를 모신 혼전과 하인들이 있는 부엌 · 우사 · 마구고 등을 두고 맨 앞은 위병이 지키는 설계이며, 이것은 왕 · 귀족 · 대관들의 생전 주택을 묘사하고 있다. 또한 이 묘에서는 절대연대와 묘주(墓主)의 이름을 알 수 있는 명문이 발견되었다. 묘주인 동수는 326년(미천왕 27)에 랴오둥에서 고구려로 귀화한 무장이며, 357년(고국원왕 27)에 죽어서 안악 유순리에 묻힌 것이다. 동수묘의 구조는 여러 점에서 당대의 중국묘 형식을 따르고 있다.

(2) 강서대묘

강서3묘는 강서 대묘 · 중묘 · 소묘의 세 무덤으로 평안남도 남포시 강서구역 삼묘리에 위치하는데 동쪽으로 2km를 가면 덕흥리 고분이, 서쪽으로 6km에는 수산리 벽화 고분이 있다. 이 중 강서대묘는 평안남도 강서삼묘 중 가장 큰 벽화고분이다. 고분의 분구는 원형이며 기저부의 지름은 약 51.6m, 높이는 8.86m이다. 무덤의 구조는 널방 남벽의 중앙에 달린 널길과 평면이 방형인 널방으로 된 외방무덤이다. 벽화의 내용은 사신도 및 장식무늬이며, 회칠을 하지 않은 잘 다듬어진 널방 돌벽 면에 직접 그렸다. 널방 남벽의 입구 주변에는 인동 당초무늬를 그려 장식하고 좌우의 좁은 벽에는 주작을 한 마리씩 그렸으며, 동벽에는 청룡, 서벽에는 백호, 북벽에는 현무, 천장 중앙의 덮개돌에는 황룡을 각각 그렸는데 천장의 황룡은 침수에 의하여 박락되어 분명하지 않다. 고분축조 및 벽화연대에 관하여는 여러 가지 견해가 있지만 대체로 6세기 후반에서 7세기 초로 추정되며 벽화는 대체로 철선묘법으로 그려졌는데, 사신도는 그 구상이 장대하고 힘차며 필치가 세련되어 우리나라 고분벽화 중에서 극치를 이루는 걸작으로 평가된다. 사신도는 각기 4방위를 나타내고, 우주의 질서를 지키는 수호적 존재이다. 이러한 유형의 벽화는 삼국시대에 중국으로부터 유입되었으며 오행사상에 입각한 천문, 방위관과 색채관에 기인한 것으로 추정된다.

〈그림 7-3〉 강서대묘 도면

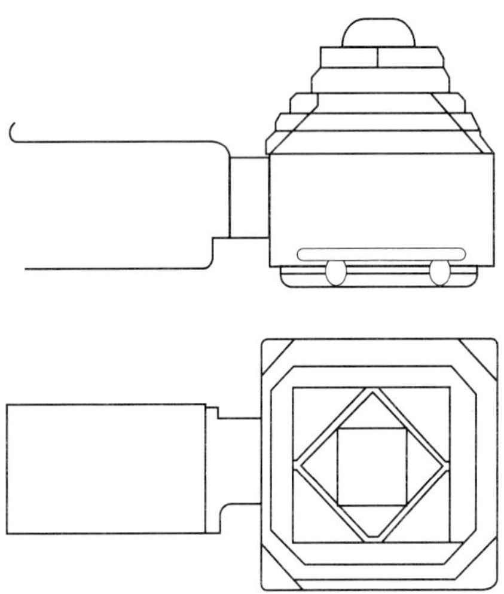

2) 백제고분

(1) 무령왕릉

충남 공주시 금성동에 위치하며, 사적 제13호이다. 백제는 초대 온조왕에서부터 마지막 의자왕까지 무려 30명의 왕이 있었지만 왕릉의 주인이 밝혀진 것은 제25대 무령왕이 유일하다. 무덤의 양식은 중국 남북조시대의 영향을 받아 무덤 내부를 벽돌로 쌓아 만들었다. 바닥과 천장의 구조는 능 입구에서 복도(널길=연도)를 따라 들어가면 바닥보다 21cm 높게 널방(현실)이 있고, 중앙에는 다시 21cm 높게 쌓은 시상대(주검 놓은 대)가 놓여 있다. 천장은 돔형이다. 벽에는 보주형 등감[2]이 있다. 여기에는 백자로 만든 등을 넣었으며, 주위에는 붉은색으로 불꽃 무늬, 그 위에 푸른색으로 당초무늬가 그려져 있다. 벽은 처음 1단은 벽돌 4장을 가로로 눕혀서 쌓고, 그 윗단은 벽돌을 세로로 세워서 나란히 쌓는 형식으로 계속 쌓아 올렸다.

2 등을 넣을 수 있도록 만든 열린 벽장

출토유물로는 금제 왕, 왕비의 관식(국보 제154, 155호), 금제 왕과 왕비의 귀고리(잎새 모양, 국보 제156, 157호) 등 다수의 악세서리 및 청동신수경(국보 제161호), 석수(국보 제162호, 돌로 만든 들짐승 조각상)와 지석 2개(국보 제163호, 매지권), 중국제로 보이는 청자 및 백자와 환두(換頭)대도 등이 있다.

3) 신라고분

(1) 미추왕릉

사적 175호, 대릉원 입구의 첫번째 능으로 능 뒤편에 대나무 밭이 있다. 미추는 제13대 왕으로 김씨로서는 최초로 신라왕이 된 인물이다. 1970년 경주 종합관광개발 계획에 따라 조성된 대릉원의 고분 중에서 유일하게 주인이 전해 내려오는 무덤이 신라 미추왕릉이다. 이 능 입구에는 삼문을 세우고 능 전체에 담장을 둘러놓았다. 능 앞에는 화강석 혼유석을 설치하였다. 높이 12.4m, 지름 58.7m이고, 대릉원 안의 황남대총이나 천마총 같은 형태로 외형은 원형토분이고 내부는 돌무지덧널무덤으로 추정된다. 미추왕은 262년 즉위하여 22년간 나라를 다스렸다. 어머니는 이비갈문왕의 딸로 박씨이다. 김씨들이 서라벌에 들어 온 후, 왕족들과의 결혼을 통해 오랜 세월 기반을 다져온 결과 13대에 와서 마침내 왕위에 오르게 되었다.

4) 가야고분

가야의 옛 영역이었던 낙동강 유역과 남해안 일대에 산재해 있으며, 특히 낙동강의 주변지역이 중심이 된다. 지리산 너머의 남원 · 임실 등지에서도 확인되고 있다. 이들 고분은 가까이에 산성을 두고 근처 구릉의 정상 또는 비탈을 입지로 선정하고 있다. 즉 대구 달성 고분군의 남서쪽에 달성이 있고, 고령 지산동(池山洞) 고분군 부근에 이산산성(耳山山城)이, 함안(咸安)의 말이산(末伊山) 고분군 부근에 성산산성(城山山城)이 있다.

이들 고분은 기본적으로 원삼국시대의 여러 무덤형식을 계승하고 있으나 각 지역마다 특색있게 변천하고 있다. 이들 고분의 대표적 양식은 돌덧널무덤[石槨墓]이고, 이외에 돌방무덤[石室墳] · 움무덤[土壙墓] · 널무덤[木槨墓] · 독무덤[甕棺墓] · 돌널무덤[石棺墓] 등이 있다. 신라 · 가야 지역에서 큰 봉토분이 3세기 말 ~ 4세기 초경에 조성되었던 것으로 미루어 왕권의 형성시기를 짐작할 수 있게 한다. 이렇게 다양한 묘제를 가진 가야고분은 대체로 「돌널무덤 → 돌덧널무덤 → 돌방무덤」 순으로 변하는데 각 고분에는 조영시기를 대표하는 각종 유물이 껴묻혀 있어 가야의 문화를 종합적으로 이해하는 데 중요한 자료가 되고 있다. 이들 가야고분에서는 토기를 비롯해서 널과 널장식 · 장신구 · 무기 · 말갖춤새 등이 출토되고 있다.

5) 남북국시대

(1) 통일신라

① 성덕왕릉

성덕왕(聖德王; 재위 702~737)은 신문왕(31대)의 둘째 아들로 형인 효소왕(32대)의 뒤를 이어 왕위에 올라 안으로는 정치를 안정시키고 밖으로는 당나라와 외교를 활발히 하여 국력을 튼튼히 함으로써, 삼국 통일 이후 가장 평화롭고 살기 좋은 시절을 이루었으니 문화면에서도 눈부신 발전을 가져오게 하였다.

능의 밑둘레는 52m인데, 봉분더미가 무너지지 않도록 아래쪽에 돌로 호석을 두르고, 12지상(十二支像)을 배치하였으며 그 바깥은 돌기둥을 세워 난간(欄干)을 만들었다. 무덤 남쪽에는 잘 다듬은 돌로 안상이 새겨진 상석(床石)을 설치하였고, 더 남쪽 좌우에는 문인석(文人石)이 배치되어 있다. 또 네 마리의 돌사자가 왕릉을 중심으로 동서남북을 향하여 지키도록 배치되어 있으며, 50m 남쪽에는 비석을 세웠던 돌거북이 엎드려 있어 통일신라시대에 들어와 이룩된 획기적인 왕릉형식을 보여주고 있다. 그런데 이 12지상들이 서 있는 위치를 자세히 살펴 보면, 호석 받침돌 가운데만 서 있는 것이 아니고 오른편에 붙어 있는 것, 왼쪽에 가까이 있는 것 등 들쑥 날쑥이다. 이는 효성왕 때 처음 만든 무덤 호석에다 나중에 12지상을 만들어 세웠다는 사실을 증명하는 것이다. 그때가 바로 35대 경덕왕 때이다.

잘 다듬어진 높은 상석이 남쪽에 놓이기 시작하는 것은 이 능에서부터이다. 불국사를 만들고 석굴암의 석굴을 창안하여 생동감있는 조각을 할 당시였으므로, 선왕의 무덤도 새로운 양식으로 화려하게 꾸밀 수 있었던 것이다. 성덕왕릉의 여러 가지 구조는 이후 신라 왕릉의 규범이 되었을 뿐만 아니라 고려 · 조선 시대 왕릉 양식의 시원(始原)이 되었다.

② 괘릉(掛陵 사적 26호)

신라 38대 원성왕릉으로 전하는 괘릉(掛陵)은 원래 못이던 곳을 메우고 무덤을 만들었는데, 물이 무덤 안으로 스며들어와 관을 바닥에 놓지 못하고 무덤 벽에 걸어 놓았기 때문에 걸 괘(掛)자를 써서 괘릉(掛陵)이라 불렀다고 한다. 괘릉은 통일신라의 묘제를 모두 갖추고 있는 무덤으로 화표석, 문무인상, 사자상을 세우고 무덤 둘레에 난간을 두르고, 호석에는 12지신상을 새겼다. 화표석은 무덤의 경계를 표시하는 것으로 8각으로 된 돌기둥을 세웠다. 그 안으로 양쪽에 석인상을 세웠는데 무인상이라 부르고 있다. 그러나 실제 갑옷을 입고 있지는 않다.

문인상은 양팔을 가슴께로 들어 손을 맞대고 있으며, 머리에는 모자를 쓰고 도포를 입고 있다. 문인상의 특이한 점은 외관상은 관인으로 보이는데 뒤에서 보면 도포 밖으로 갑옷을 입고 있다. 그 안으로 사자 네 마리가 머리를 동서남북 방향으로 하고 있다. 성덕왕릉 · 흥덕왕릉에는 사자가 무

덤 사방에 배치되어 있는데, 괘릉은 무덤 앞쪽에 모두 배치되어 있다. 무덤 둘레에 돌로 만든 널찍한 판석이 있고, 그 사이에 열두 가지의 동물 형상의 12지신상은 무덤을 지키는 호위신으로 중국에서는 무덤 안에 넣었고, 우리나라에서는 무덤 둘레 호석에 새기는 것이 일반적인 방법이다. 12지신상을 무덤 밖에 새긴 것은 성덕왕릉이 처음이다. 괘릉 12지신상의 특징은 말상이 정면으로 보고 있고, 나머지 상들은 말을 향해서 좌우로 고개를 돌리고 있다.

(2) 발해

길림성, 흑룡강성 및 연해주와 함경남북도 등지에서 고분군이 발견된다. 이 가운데 돈화현 육정산 고분군은 발해 초기의 왕실무덤들이 있는 곳이고, 상경(上京) 근처에 위치한 영안현 삼령둔, 대목단둔, 풍수위자 및 대주둔의 고분군은 그 이후 시기의 발해왕실 무덤들이다.

발해고분은 축조의 재료와 규모로 볼 때 돌방무덤 · 돌덧널무덤 · 돌널무덤[石棺墓]이 주류를 이루고 있고, 이 밖에 널무덤 · 벽돌무덤 등도 있다. 돌방무덤 가운데 대표적인 것으로는 돈화현 육정산고분에서 발견된 정혜공주(貞惠公主)무덤과 삼령둔 고분군에서 발견된 삼령고분을 들 수 있다. 특히 정혜공주무덤은 천장이 말각천정(抹角天井)의 구조인데, 이것은 고구려 후기의 큰 봉토돌방무덤[封土石室墓]의 구조와 같아 육정산 고분군이 발해 초기의 왕실무덤들이었음을 확인할 수 있다.

한편 화룡현 용두산(龍頭山) 고분군에서 발견된 정효공주(貞孝公主)무덤은 벽돌무덤으로서 축조 재료나 그 안에 그려진 벽화양식으로 보아 당(唐)나라의 영향을 많이 받았음을 알 수 있다. 여기서 발견된 벽화는 회화사 연구뿐만 아니라 당시의 생활상을 알려주는 중요한 자료가 되고 있다. 대체로 돌방무덤과 벽돌무덤은 왕족 등을 비롯한 비교적 높은 신분층이 사용한 무덤양식이고, 돌덧널무덤은 그보다 하위의 신분층이나 관리들이 쓰던 것들이다. 일반인들은 주로 돌널무덤이나 널무덤을 썼던 것으로 추정된다.

매장방식으로는 단인장(單人葬), 부부합장(夫婦合葬), 여러 사람을 한꺼번에 묻는 다인장(多人葬), 화장(火葬), 이차장(二次葬) 등이 있다. 발해고분에서 발견된 유물 중에는 도기류가 주류를 이루며 하남둔(河南屯) 성터 안에서 발견된 하남둔 고분군에서는 순금으로 만든 각종 장식품들이 쏟아져 나온 바 있다.

6) 고려시대

횡혈식 석실분, 석관묘, 그리고 토광묘 등이 사용되었는데 이 중 일반 백성은 토광묘를 주로 사용하였다. 왕릉은 풍수지리설에 입각해 주산을 능 위에 두고 남향을 하고 능은 주산의 중턱을 넘어서는 약간 높은 곳에 위치하였다. 능의 전면은 수층의 단을 형성하고 봉분의 높이는 대략 3~4.5m 정도이고 내부는 신라와 같은 횡혈식 석실분이며, 외부는 흙으로 봉분을 만들어 덮은 형태이다. 봉토의 아래쪽에는 호석을 두르고 12지상을 조각하였다.

무덤의 구성형태는 정면에 석상, 좌우에는 망주석(望柱石)이 마주보도록 되어 있다. 제2단에는 장명등(長明燈), 제3단에는 문신(文臣)석과 무신(武臣)석 각 한 쌍식을 배치하고 그 앞의 광장에는 정(丁)자각이 건립되었다. 왕릉의 내부에는 연도가 없는 석실분으로 바닥에는 벽돌을 깔고, 중앙에는 널받침을 만들었으며, 벽은 돌로 하여 그 표면에 회칠을 하고 천장에는 별자리를 그린 성신도(星辰圖)를, 네 벽에는 사신도와 십이지신상을 각각 그렸다.

제 2 절 왕릉

1 왕릉의 의미

사후의 왕과 왕비가 거주하는 공간에 대한 명칭으로는 시신을 모신 관을 재궁(齋宮)이라 하고 재궁을 임시로 안치한 곳을 빈전(殯殿)이라 하였다. 또 빈전에 모신 지 5개월이 지나 재궁을 왕릉으로 옮겨 갈 때 잠시 머무는 천막을 영장전(靈葬殿)이나 영악전(靈幄殿)이라고 하였다. 왕릉에서 왕과 왕비의 시신을 모시는 지하의 석실을 현궁(玄宮)이라고 하고, 이 곳은 지하에 건설된 궁이라는 의미를 갖는다. 왕릉의 구조는 왕이나 왕비가 생전에 기거하던 궁궐과 같은 곳으로 여겼다. 이러한 이유에서 왕릉은 궁궐을 짓기 위해 명당을 고르고, 궁궐을 보호하기 위해 궁성을 쌓고 궁궐을 일과 휴식공간으로 나누고 왕의 권위를 상징하기 위해 장엄하게 건물을 조성하듯이 왕릉도 같은 과정을 거친다.

2 분묘(墳墓)의 구분[3]

1) 왕실 묘제에 따른 구분(위계에 따른 구분)

① 능(陵, 陵上, 陵寢, 仙寢) : 임금이나 왕후의 무덤

---

3 총(塚) : 옛 무덤 가운데 규모는 크지만 묻힌 이가 누구인지 불확실 한 경우 발굴된 대표적 유물을 가지고 명명(금관총, 천마총, 무용총 등)
분(墳, 丘墓) : 구릉처럼 높게 봉분한 무덤

② 원(園, 園所) : 왕세자, 왕세자빈, 왕의 사친(私親) 등

③ 묘(墓) : 대군, 공주, 옹주, 후궁, 귀인 등의 무덤, 서민의 무덤을 지칭

2) 분묘 조성 형태에 따른 구분

〈표 7-1〉 분묘조성 형식과 예

명칭	형식	예
단릉(單陵)	왕이나 왕비 중 어느 한 분만을 매장하여 봉분이 하나인 능	장릉(단종)
쌍릉(雙陵)	왕과 왕비를 하나의 곡장(曲墻) 안에 모셔 봉분이 나란히 2기로 조성된 능	대부분의 왕릉
삼연릉(三連陵)	왕 · 왕비 · 계비 등 세분의 봉분 3기를 나란히 조성한 능	경릉(헌종 · 효헌성황후 · 효정성황후)
동원이강릉(同原異岡陵)	왕과 왕비의 능을 정자각 뒤 좌우 두 언덕에 각기 한 기씩 조성한 능	목릉(선조 · 의인왕후)
합장릉(合葬陵)	왕비의 관을 함께 매장하여 한 개의 봉분으로 조성한 능	홍릉(고종 · 명성태황후)

3 왕릉의 축조와 구조

왕릉의 조성은 왕의 승하와 함께 시작된다. 왕이 승하하면 왕릉 조성을 위한 관청인 산릉도감(山陵都監)이 설치된다. 왕릉건설의 첫 단계는 관상감(觀象監)의 지관과 조선 최고의 풍수가들을 동원해 좋은 터, 즉 명당을 찾는 일이었다. 왕릉은 일반인들이 접근할 수 없는 신성지역으로 금표(禁標)를 세워 사람들의 출입을 막았다. 왕릉의 영역 안에서는 나무를 베거나 짐승을 잡을 수 없으며 그 영역은 매우 넓어 능지기 외에 수호군이 몇백 명이나 배치되었다.

4 왕릉 주변의 상징물들

왕릉의 구조와 구조에 걸맞는 구조물들을 왕릉권역의 입구에서부터 정리하면 다음과 같다.

① **홍살문(홍전문, 紅箭門)** : 능(陵) · 원(園) · 묘(墓) · 궁전(宮殿) · 관아(官衙) 따위의 정면 앞에 세우던 붉은 칠을 한 문으로 둥근 기둥(높이 약 9m 이상) 두 개를 세우고, 위에는 지붕이 없

이 붉은 살이 박혀 있다. 이 곳을 경계로 속세(俗世)와 신성(神聖)한 세계가 구별된다는 의미를 나타낸다.

② **금교(禁橋)** : 홍살문을 지나 신도(神道)로 가는 중간에 있는 다리로 신성한 장소로 건너간다는 의미이다.

③ **신도(神道)** : 무덤 근처(홍살문)에서 그 무덤으로 가는 큰길로 돌을 깔아 두었으며, 가운데는 임금의 통행로이고, 관료와 일반인은 그 좌우로 통행하게 하였는데 바닥에 다듬지 않은 돌을 깔아 신성한 공간에서 경거망동한 걸음으로 빨리 걷지 말라는 의미를 담고 있다.

④ **신도비(神道碑)** : 임금이나 고관의 무덤 남동쪽에 남쪽을 향하여 큰 길가에 세우는 비이다.

⑤ **수복청(守僕廳)** : 능침에서 제사에 쓰이는 제물(祭物) 등을 준비하고 만드는 건물로 평상시에는 능을 관리하는 기능도 맡고 있다.

⑥ **비각(碑閣)** : 비석(碑石)을 세워 놓고 그 위를 덮어 비석을 보호하기 위해 지은 집.

⑦ **정자각(丁字閣)** : 고무래 정(丁)자 모양으로 지은 집으로 왕릉의 봉분 앞에 지어 놓은 제전(祭殿; 제사를 지내기 위한 집)으로 여기서 제사가 진행된다.

⑧ **문 · 무인석(文 · 武人石)** : 능 앞에 문관의 형상으로 깎아 다듬어 만든 것으로 문인석은 도포를 입고 머리에는 복두나 관을 쓰고, 손에는 홀(笏)을 들고 공복차림을 하고 있다. 무인은 무관의 복장으로 갑옷차림으로 칼을 빼어 손을 앞으로 모은 자세를 하고 있다.

⑨ **석양(石羊) · 석호(石虎)** : 주위로부터의 역귀나 나쁜 기운을 물리쳐 봉분을 보호한다는 의미로 건원릉[조선 태조]의 경우 봉분의 좌우에 두 쌍을 배치하고 있으며, 홍유릉의 경우 명나라 태조의 홍릉을 모방하여 정자각 앞쪽으로 석물을 배치하여 문 · 무인석, 석양, 석호와 함께 낙타와 코끼리 형상의 석물을 함께 두었다.

⑩ **망주석(望柱石)** : 무덤 앞 양쪽에 세우는 한 쌍의 돌기둥으로 돌받침 위에 8각 기둥을 세우고, 맨 위에 둥근 대가리가 얹혀 있다.

⑪ **장명등(長明燈)** : 석등(石燈), 석등롱(石燈籠)이라고도 하며 불교의 영향으로 보여진다. 네모지게 만든 것으로 밑에는 긴 받침이 있고, 중간부분은 등을 넣는 부분이며, 맨 위에 정자모양의 지붕이 덮여 있다.

⑫ **향로석(香爐石)** : 향안석(香案石)이라고도 하며, 무덤 앞에 향로를 올려놓는 돌로, 네모반듯한 돌에 네 다리를 새겨 탁자처럼 되어 있다.

⑬ **상석(床石)** : 무덤 앞에 제물을 차려 놓기 위해 널찍한 돌로 만들어 놓은 상으로 혼유석과 향로석의 가운데에 놓는다.

⑭ **북석(고석, 鼓石)** : 무덤 앞의 상석을 괴는 북 모양의 둥근 돌이다.

⑮ **혼유석(魂遊石)** : 상석 뒤와 봉분 앞에 놓는 장방형의 돌로 영혼이 나와 놀도록 마련한 자리이다.

⑯ **봉분(봉토, 封墳)** : 흙을 둥글게 높이 쌓아 올리는 일이나 그 흙 또는 무덤으로 우주의 중심이며 모태(자궁)를 상징한다.

⑰ **둘레돌(호석, 護石)** : 능묘의 봉토 주위를 둘러친 돌로 무덤의 봉토 주위로 봉토가 흘러내리는 것을 방지하기 위한 것이다. 호석의 유래는 현존 분묘 가운데 신라 김유신의 묘에서 처음으로 보인다.

⑱ **12지신상(12支神像)** : 둘레돌의 각 면에 새긴 12동물의 상으로 주위로부터 나쁜 기운이나 악귀를 물리치기 위함이다.

⑲ **난간석(欄干石)** : 봉분에 쉽게 접근하지 못하도록 일정한 높이로 가로막은 석물을 가리킨다.

⑳ **곱은담(곡장, 曲墻)** : 능(陵) · 원(園) · 묘(墓)의 뒤에 쌓은 나지막한 담을 가리킨다.

〈표 7-2〉 조선의 왕릉, 세계문화유산(2009년 등재)

		내용	비고
정릉	정릉	태조 이성계의 둘째부인 신덕왕후의 능	사적 208호, 정릉 소재
서오릉	경릉	덕종과 소혜왕후의 능	사적 198호, 고양 소재
	창릉	조선 8대 예종과 계비 안순왕후의 능	
	명릉	조선 19대 숙종과 제1계비 인현왕후, 제 2계비 인원왕후의 능	
	익릉	숙종의 왕비 인경왕후의 능	
	홍릉	영조의 왕비 정성왕후의 비의 능	
	순창원	영종의 첫 아들 순회세자와 공회빈 원씨의 무덤	
	대빈묘	숙종의 후궁 희빈 장씨의 묘	
	수강원	조선 21대 영조의 후궁 영빈이씨의 무덤	
서삼릉	희릉	조선 11대 중종의 계비 장경왕후의 능	사적 200호, 고양 소재
	효릉	조선 12대 인종과 부인 인성왕후의 능	
	예릉	조선 25대 철종과 철인왕후의 능	
	광릉	조선 7대, 세조와 정희왕후의 능	사적 197호, 남양주 소재
동구릉	건원릉	조선 초대 태조의 능	사적 193호, 구리 소재
	현릉	조선 5대 문종과 현덕왕후의 능	
	목릉	조선 14대 선조와 의인왕후, 계비 인목왕후의 능	
	휘릉	조선 16대 인조의 계비 장렬왕후의 능	

동구릉	숭릉	조선 18대 현종과 명성왕후의 능	사적 193호, 구리 소재
	혜릉	조선 20대 경종의 왕비 단의왕후의 능	
	원릉	조선 21대 영조와 계비 정순왕후의 능	
	수릉	익종(문조)과 신정왕후의 능	
	경릉	조선 24대 헌종과 효현왕후 계비 효정왕후의 능	
태강릉	태릉	조선 11대 중종의 계비 문정왕후의 능	사적 201호, 노원구 소재
	강릉	조선 13대 명종과 그의 비 인순왕후의 능	
홍유릉	홍릉	조선 26대 고종과 명성왕후의 능	사적 207호, 남양주 소재
	유릉	조선 27대 순종과 왕비 순명효황후, 계비 순정효황후의 능	
	사릉	조선 6대 단종의 비 정순왕후의 능	사적 209호, 남양주 소재
헌인릉	헌릉	조선 3대 태종과 그 비 원경왕후의 능	사적 194호, 서초구 소재
	인릉	조선 23대 순조와 그 비 순원왕후의 능	
선정릉	선릉	조선 9대 성종과 제 2계비 정현왕후의 능	사적 199호, 강남구 소재
	정릉	조선 11대 중종의 능	
융건릉	융릉	장조(사도세자)와 헌경왕후(혜경궁 홍씨)의 능	사적 206호, 화성 소재
	건릉	조선 22대 정조와 부인 효의왕후의 능	
파주삼릉	공릉	조선 8대 예종의 왕비 장순왕후의 능 한명회의 딸	사적 198호 파주 소재
	순릉	조선 9대 성종의 비 공혜왕후의 능	
	영릉	진종과 효순왕후의 능	
	장(章)릉	인조의 아버지 원종과 인헌왕후의 무덤	사적 202호, 김포시 소재
	의릉	조선 20대 경종과 그의 계비 선의왕후의 무덤	사적 204호, 성북구 소재
영령릉	영릉	조선 4대 세종과 왕비 소헌왕후의 능	사적 195호, 여주 소재
	영릉	조선 17대 효종과 왕비 인선왕후의 능	
	장(莊)릉	조선 6대 단종의 능	사적 196호, 영월 소재
	연산군묘	조선 10대 연산군과 거창군 부인의 묘	사적 362호, 도봉구 소재
	온능	중종의 왕비 단경왕후의 능	사적 210호, 양주 소재
	광해군묘	조선 15대 광해군과 문성군 부인의 묘	사적 363호, 남양주 소재
	장(長)릉	조선 16대 인조와 인렬왕후의 묘	사적 203호, 파주 소재

북한지역에 소재하고 있는 제릉(태조의 첫 번째 부인, 신의왕후의 능)과 후릉(정종과 그의 왕비 정안왕후의 능)은 세계문화유산 등재에서 제외되었다.

제 8 장

의례와 의식

의례란 일정한 격식과 절차에 따른 행동양식을 규정한 것을 의미한다. 의례는 중심에 따른 관념에 따라 종교의례와 생활의례로 나뉜다. 생활의례는 일반적으로 생활의 한 단계에서 다른 단계로 통과할 때 치러지기 때문에 흔히 통과의례라고 부른다. 신라와 고려는 불교적 통과의례가, 조선은 유교적 통과의례가 각각 발달하였다.

제 1 절 통과의례

관혼상제(冠婚喪祭)는 '한국인의 한평생'이란 의미를 갖는 것으로 관례(冠禮) · 혼례(婚禮) · 상례(喪禮) · 제례(祭禮)을 일컫는 4가지의 예절이라 하여 사례(四禮)라고도 하고 가정에서 행하는 예절이라 하여 가가례(家家禮)라고도 한다.

조선 전기까지는 제가(諸家)의 설(說)이 구구하여 일정한 기준이 없었으나 영조(英祖) 때의 학자 이재(李縡)가 《주문공가례(朱文公家禮)》에 근거를 두고 여러 학설을 참작하여 당시의 실정에 맞게 예법을 만들어 《사례편람(四禮便覽), 1844》을 지었으니, 이후 이것이 사례의 표준이 되었다.

1 관례 및 계례 : 성년례(成年禮)

남자는 상투를 짜고 여자는 쪽을 찐다. 보통 결혼 전에 하는 예식으로, 15~20세 때 행하는 것이 원칙이나 부모가 기년(朞年) 이상의 상복(喪服)이 없어야 행할 수 있다. 또 관자(冠者)가 《효경(孝經)》, 《논어(論語)》에 능통하고 예의를 대강 알게 된 후에 행하는 것이 보통이다. 음력 정월 중의 길일을 잡아 행하는데, 관자는 예정일 3일 전에 사당(祠堂)에 술과 과일을 준비하여 고(告)하고, 친구 중에서 덕망이 있고 예(禮)를 잘 아는 사람에게 빈(賓)이 되기를 청하여 관례일 전날 자기 집에서 유숙(留宿)하게 한다. 당일이 되면 관자 · 빈 · 찬(贊; 빈을 돕는 사람)과 그 밖의 손님들이 모여 3가지 관건(冠巾)을 차례로 씌우는 초가(初加) · 재가(再加) · 삼가(三加)의 순서가 끝나고 초례(醮禮)를 행한 뒤 빈이 관자에게 자(字)를 지어 준다.

예식이 끝나면 주인(主人; 관례의 주재자)이 관자를 데리고 사당에 고한 다음 부모와 존장(尊長)에게 인사를 하고 빈에게 예를 행한다. 여자는 15세가 되어 비녀를 꽂는 것을 계라 하고, 혼인 뒤 시집에 가서 사당에 고하고 비로소 합발(合髮)로 낭자하여 성인이 된다. 이와 같이 남자는 관례, 여자는 계례를 행한 뒤에야 사회적 지위가 보장되었으며, 갓을 쓰지 못한 자는 아무리 나이가 많더라도 언사(言辭)에 있어서 하대를 받았다.

2 혼례

1) 의혼(議婚)

신랑과 신부집에 서로 사람을 보내어 상대의 인물, 학식, 인품, 형제 유무 등을 조사하고 뜻이 맞으면 두 집안이 혼인을 의논한다 하여 의혼(議婚)이라고 하며 이것을 달리 면약(面約)이라고도 한다.

혼인을 의논할 때에는 먼저 성씨, 동성동본 여부, 동성동본이 아닌 경우에라도 한 조상에서 갈라져 나왔는지 여부 등을 확인한다. 불혼(不婚) 조건은 지역적인 사정이나 각 가정의 형편에 따라 조금씩 다르다.

2) 납채(納采)

납채란 사성을 신부집에 보내는 의식을 말하는데, 사성은 '사주(四住)'를 말하며, 혼담에 합의를 본 다음 남자쪽의 주혼자가 신랑의 생년월일시를 써서 중매인이나 친한 사람을 시켜 신부집의 주혼자에게 보내 정식으로 청혼하면 그것을 신부집에서 받고 약혼이 성립된다.

3) 연길(涓吉)

연길이란 혼례의식을 치를 좋은 날을 선택하는 것으로 사주를 받은 신부 집에서는 혼인 날짜를 잡아 신랑집으로 보내는데 내용을 백지에 써서 사주 보자기에 싸서 근봉에 끼워 보낸다.

4) 납폐(納幣)

신랑집에서 신부집에 대하여 혼인을 허락해준 데 대한 감사의 뜻으로 보내는 예물로 '봉채(封采; 봉치)' 또는 '함'이라고도 한다. 이때 예물은 신부용 혼수와 예장(禮狀) 및 물목을 넣은 혼수함을 결혼식 전날 보낸다.

5) 전안례(奠雁禮)

신부의 부친이 신랑을 문 밖에서 맞아 들이면, 신랑은 북쪽을 향하여 무릎을 꿇고 앉는다. 그리고 기러기를 쟁반위에 올려 놓으면 시자가 받아간다. 이때 신랑은 머리를 숙이고 엎드렸다가 일어나 두 번 절한다. 옛날에는 산 기러기를 가지고 예를 올렸으나 너무 번거로워 보통 나무로 깎은 기러기를 채색하여 사용하거나, 종이로 만들어 사용하게 되었다. 혼례에 기러기를 사용하는 것은 기러기가 신의를 지키는 새이며, 한번 교미한 한 쌍은 꼭 붙어 살고 다른 상대와는 교미하지 않기 때문이라 한다.

6) 교배례(交拜禮)와 근배례(謹杯禮)

신랑 신부가 처음으로 대면하여 백년해로를 서약하는 예식이다. 교배례와 근배례를 합쳐서 초례라고 한다. 식장 준비는 대청이나 뜰에 동서로 자리를 마련하고 병풍을 남북으로, 교배상은 한가운데 놓는다. 상위에 촛대 한 쌍을 켜놓고 송죽 화병 한 쌍과 백미 두 그릇, 목각 기러기 한 쌍을 남북으로 갈라 놓는다. 세숫대야에 물 두 그릇을 준비하고 술상 두 상을 준비해 둔다.

7) 상수(床需)와 사돈지(查頓紙)

상수는 신부집에서 혼례식을 거행할 때 사용했던 음식을 신랑집에 보내는 것을 말한다. 이때 보내는 물품명을 기록한 물목을 함께 보내는데, 이 물목은 육어주과포(肉魚酒菓脯)의 순으로 적고, '사돈지'라 하여 신부 어머니가 신랑 어머니에게 보내는 편지도 함께 보낸다. 이 상수와 사돈지로 신부 어머니의 음식 솜씨와 신부 집의 범절을 평가받는다.

8) 친영(親迎)

다른 말로는 혼행(婚行)이라고도 하는데 신랑이 신부집에 가서 혼례식을 올리고 신부를 맞아 오는 예로써 신부집에서 모든 의식을 치르고 신랑은 첫날밤을 신부집에서 지내고 사흘을 묵은 뒤 신부를 데리고 자기 집으로 돌아온다.

9) 우귀(于歸)

우귀는 '신행(新行)'이라고도 하는데, 신부가 정식으로 신랑집에 입주하는 의식이다. 현구례는 신부가 신랑의 부모와 친척에게 첫인사를 하는 의식으로 우귀일에 한다. 이때 신랑의 직계존속에게는 사배씩 하고 술을 권한다. 이 경우 시조부모가 살아 있는 경우에도 시부모를 먼저 뵙고 그후에 시조부모를 뵙는다. 그 다음에 촌수나 항렬의 순서에 따라 인사를 드린다.

3 상례(喪禮)

사람이 죽어서 장사 지내는 의식 절차로서 임종(臨終)에서 염습(殮襲), 발인(發靷), 치장(治葬), 우제(虞祭), 소상(小祥), 대상(大祥), 복제(服制)까지의 행사를 가리킨다. 한국은 신라시대부터 고려시대에 걸쳐 불교와 유교의 양식이 혼합된 상례가 행하여졌으나 고려 말 중국으로부터 《주자가례(朱子家禮)》가 들어오고 조선 전기에는 배불숭유(排佛崇儒)를 강행한 영향 등으로 불교의식은 사라지고 유교의식만이 행하여졌다.

상례의 절차

① **임종(臨終)** : 임종이 가까우면 정침(正寢)이나 대청에 모신다. 종신(終身)이라고도 한다.

② **고복(皐復)** : 초혼(招魂) 또는 '혼부른다'라고도 한다. 지붕에 올라가 옷을 흔들고 망자의 이름을 부른다. 고복하는 옷은 지붕에 놓아두거나 사자밥과 함께 시신 위에 얹어 놓기도 한다.

③ **사자상(使者床)** : 저승사자는 항상 3명이 다닌다고 믿어 밥 세 그릇, 반찬, 짚신 세 켤레, 돈 등을 마당가나 대문 밖에 차려 놓는다.

④ **발상(發喪)** : 고복이 끝나면 자손들이 곡을 하고 머리를 풀며 흰옷으로 갈아입는다. 부상(父喪)에는 두루마기의 좌측 팔을, 모상에는 우측 팔을 끼지 않는 좌단우단(左袒右袒)의 격식을 갖추고 시신 앞에 부복하고 근신한다.

⑤ **염습(殮襲)** : 시신을 목욕시키는 것을 '습'이라 한다. 향물이나 쑥물로 목욕시키고 수의를 입히며, 입에는 쌀과 동전을 넣는다.

⑥ **소렴(小殮) 및 대렴(大殮)** : 수의를 입히고 시신을 묶는 것을 '소렴', 그 뒤 다시 일곱마디로 묶는 것을 '대렴'이라고 한다. 보통 '염'이라 통칭한다.

⑦ **입관(入棺)** : 염이 끝나면 시신을 관에 넣는 것을 의미한다.

⑧ **성복(成服)** : 염습이 끝나면 상복을 입게 된다. 상제는 몽건을 쓴다.

⑨ **문상(問喪)** : 상가집을 방문하는 것으로 부고[1]를 받고 찾는 것이 일반적이다.
⑩ **발인(發靷)** : 발인제를 지낸 뒤 관을 상여에 얹고 장지로 출발한다.
⑪ **산역(山役)** : 지관의 지시에 따라 산신제를 지내고 하관한다.
⑫ **하관(下棺)** : 관을 묻는 절차를 거행한다.
⑬ **반곡(反哭)** : 산에서부터 본집으로 반혼(返魂)하는 의식이다.
⑭ **우제(虞祭)** : 혼이 방황할 것을 염려하여 지내는 제사이다.
⑮ **졸곡(卒哭)** : 무시곡(無時哭)을 마친다는 뜻이며 삼우를 지낸 뒤 거행한다.
⑯ **소상(小祥)** : 초상 1년 후에 지내는 제사이다.
⑰ **대상(大祥)** : 초상 후 만 2년이 되는 날이다. 상청도 철거하고 상복을 벗으며 신주는 가묘로 옮긴다.

4 제례

사례(四禮) 중의 하나이며, 제사(祭祀)를 지내는 예로 조상이나 신령에게 음식을 올리고 정성을 표하는 예절의 의식으로 제사를 지내는 순서, 형식을 총칭하기도 한다. 이는 나를 있게 해주신 조상을 기리는 것으로 가신신앙(家神信仰)으로까지 승화된다.

1) 제사의 종류

제사의 대상, 장소, 제사일에 따라 다르게 분류할 수 있다. 제사의 대상에 따라서는 기제사(忌祭祀), 세일사(歲一祀), 시조제(始祖祭), 선조제(先朝祭), 이제, 상중제례(喪中祭禮) 등이 있으며, 제사의 장소에 따라서는 사당(祠堂)제례, 정침(正寢)제례, 묘(墓)제 등이 있다. 제사일에 따른 종류로는 망일(亡日)제례, 생일(生日)제례, 택일(擇日)제례, 명절(名節)제례 등으로 나눌 수 있다.

① **사당제(祠堂制)** : 사대조 즉 고조까지 신위를 모시며 그 이상은 시제나 절사를 받게 되어 있다.
② **시제(時制)** : 4계절 중 매 계절 가운데 달의 정일이나 해일을 골라 고조 이하 조상 신위에게 지내는 제이며, 제의 장소는 대청이다. 제 3일 전 사당에 고한다.
③ **묘제(墓祭)** : 고조 위부터는 1년에 한 번 자손들이 모여서 10월 묘에서 제사를 지낸다. 증손이 주관한다. 묘제를 지내기 전에 산신제를 먼저 지내며, 묘제 후 종중(宗中)의 일을 의논하고 제물을 나누어 먹는다.

1 부고(訃告) : 친척과 친지에게 상이 났음을 신속하게 알리는 행위

④ **절사(節祀)** : 경기지방에서는 한식 · 추석 등의 명절을 묘지에 가서 제사를 지낸다. 제물은 대개 삼색 실과에 포 · 전만을, 추석에는 송편, 설에는 떡국을 놓는다. 절차는 단잔(單盞), 육배(六拜)로서 분향, 강신, 종배로 간단하다.

⑤ **기제사(忌祭祀)** : 3년상 다음해부터 기일의 자정에 대청에서 제상을 차려 놓고 위패를 모셔다가 직계비속들이 모여 제사를 지낸다. 기제는 사대봉사(四代奉祀), 즉 고조까지만 모신다.

⑥ **세일사** : 기제사를 지내는 조상보다 윗조상에 대해 1년에 한번씩 지내는 제사로 음력 10월 중 택일하여 묘지에서 지낸다.

⑦ **선조제** : 시조와 기제사를 드리는 조상 이외의 조상에게 입춘 때 지내는 제사이다.

⑧ **정침제례** : 기제사나 이제와 같이 제사를 드릴 조상의 신주만 다른 방에서 모시고 드린다.

⑨ **이제** : 사당의 조상 중 자신의 부모만을 따로 모셔 제사를 지내는 것으로 대개는 음력 9월 15일이나 부모님의 생신날 지낸다.

2) 제물의 진설

제사상을 진설하는 방식은 지역이나 가문에 따라 다소 다른 규칙이 있는데 기본적인 양식은 다음과 같다. 진설의 순서는 신위로부터 제1열에 면, 메, 갱을 진설하고 제2열에 주잔을 놓는다. 제3열에 건어포, 적, 탕의 순서이고, 제4열에 김, 생채, 장, 숙채, 작채를 진설하고, 제5열에 대추, 밤, 곶감, 감, 배, 사과, 은행, 잣, 자두, 오이, 단석, 엿, 유과, 양과를 진설한다. 이와 더불어 이루어지는 몇 가지 규칙을 살펴보면 다음과 같다.

① **홍동백서(紅東白西)** : 과실을 놓는데 붉은 것은 동편, 흰 것은 서편에 놓는다.

② **어동육서(魚東肉西)** : 물고기 적은 동쪽에, 육고기 적은 서쪽에 놓는다.

③ **좌포우혜(左脯右醯)** : 포는 왼쪽에, 식혜는 오른쪽에 놓는다.

④ **두동미서(頭東尾西)** : 생선의 머리는 동쪽을 향하고, 꼬리는 서쪽을 향하도록 놓는다.

⑤ **조율이시(棗栗梨柿)** : 동쪽에서부터 대추, 밤, 배, 감의 순서로 놓고, 그 외의 과실은 순서가 없다.

⑥ **반서갱동(飯西羹東)** : 밥은 서쪽에 놓고 국은 동쪽에 놓는데, 살아 있는 사람의 상차림과 반대이며 이때 수저는 밥과 국 사이에 놓는다.

⑦ **적전중앙** : 적은 5열 중 가운데 해당되는 3열에 놓는다.

⑧ **고서비동** : 남자조상(고위)의 밥, 국, 술은 서쪽에, 여자 조상(비위)의 것은 동쪽에 놓는다.

⑨ **생동숙서(生東熟西)** : 생것은 동쪽에, 익힌 것은 서쪽에 놓는다.

3) 지방 쓰는 법

본래 신주를 모셔놓고 제사를 지내야 하지만 신주를 모시지 못할 경우에는 지방을 써서 제사를 지낸다. 지방은 깨끗한 창호지에 쓰며, 길이는 7치, 너비는 2치 정도로 한다. 지방에는 벼슬이 있으면 벼슬을 쓰고 없으면 '현고학생부군신위'라고 쓴다. 여자는 남편이 벼슬이 있으면 벼슬에 따라 달라진다. 만일 벼슬이 없더라도 구품벼슬시에 쓰는 유인(孺人)을 쓴다. 또한 재취나 삼취한 일이 있더라도 전취 배위(配位)와 같이 모신다. 또, 학생(學生)은 처사(處士) 또는 자사(自士)라고도 쓰며, 18세 미만에 죽은 자는 수재(秀才), 수사(秀士)라고도 쓴다.

4) 기제사 지내는 절차

① **분향(焚香)** : 제주가 향을 피운다.
② **강신(降神)** : 술잔에 술을 조금 부어 모사 그릇에 세 번 나누어 붓는다.
③ **참신(參神)** : 참가자 일동이 2번 절한다.
④ **초헌(初獻)** : 제주가 신위께 술잔을 가득 부어 올린다.
⑤ **독축(讀祝)** : 제문을 읽는다.
⑥ **아헌(亞獻)** : 2번째 술잔을 가득 부어 올린다.
⑦ **종헌(終獻)** : 3번째 술잔을 조금 남기고 부어 올린다.
⑧ **첨작(添酌)** : 제주가 3번째 술잔의 나머지 부분을 채운다.
⑨ **계반삽시(啓飯揷匙)** : 밥 뚜껑을 열고 숟가락을 꽂는다.
⑩ **합문(闔門)** : 집사들도 문밖으로 나오고 문 앞에 꿇어 앉는다.
⑪ **계문(啓門)** : 헛기침을 하고 문을 연다.
⑫ **헌다(獻茶)** : 숭늉 그릇을 국그릇과 바꾸고 밥을 세 숫가락 물에 만다.
⑬ **철시복반(撤匙復飯)** : 수저를 원위치로 옮기고 밥그릇 뚜껑을 닫는다.
⑭ **사신(辭神)** : 참가자 모두 2번 절한다.
⑮ **철상(撤床)** : 술잔을 먼저 비우고 지방과 제문을 불사르고 음식을 치운다.
⑯ **음복(飮福)** : 제사에 사용한 음식들을 둘러앉아 같이 먹는다.

제 2 절 유교의식

1 종묘와 종묘대제

종묘대제는 조선시대에는 정전에서 매년 5대향(五大享)을 지냈고, 영녕전은 제향일(祭享日)을 따로 정하여 매년 춘추(春秋) 2회로 제례를 지냈으나, 1971년 이후로는 전주(全州) 이씨(李氏) 대동종약원(大同宗約院)에서 매년 5월 첫째 일요일 종묘대제를 올리고 있다. 종묘제례악과 함께 세계무형유산으로 등재되어 있다.

제례절차(祭禮節次)와 제례악(祭禮樂)은 종묘제례가 진행되면서 절차에 따라, 그에 해당하는 악(樂)과 일무(佾舞)가 따르는데, 그 진행과 해당 음악 · 무용은 다음과 같다.

〈표 8-1〉 종례 제례악의 악명 및 악곡

제례절차	주악위치	악명	악곡	일무
취위(就位), 출주(出主)				
참신(參神)	헌가(軒架)	보태평(保太平)	영신희문(迎神熙文)	문무(文舞)
신관례(神祼禮)	등가(登歌)	보태평(保太平)	전폐희문(奠幣熙文)	문무(文舞)
천조례(薦俎禮)	헌가(軒架)	풍안지악(豊安之樂)	진찬(進饌)	–
초헌례(初獻禮)	등가(登歌)	보태평(保太平)	보태평지악(保太平之樂) 11곡[2]	문무(文舞)
아헌례(亞獻禮)	헌가(軒架)	정대업(定大業)	정대업지악[3](定大業之樂) 11곡	무무(武舞)
종헌례(終獻禮)	헌가(軒架)	정대업(定大業)	정대업지악(定大業之樂) 11곡	무무(武舞)
음복례(飮福禮)				
철변두(撤籩豆)	등가(登歌)	옹안지악(雍安之樂)	진찬(進饌)	
송신례(送神禮)	헌가(軒架)	흥안지악(興安之樂)	진찬(進饌)	–
망료례(望燎禮)	–	–	–	–
퇴출(退出)	–	–	–	–

2 희문(熙文), 기명(基命), 귀인(歸仁), 형가(亨嘉), 즙녕(輯寧), 융화(隆化), 현미(顯美), 용광정명(龍光貞明), 중광(重光), 대유(大猷), 역성(繹成)
3 소무(昭武), 독경(篤慶), 탁정(濯征), 선위(宣威), 신정(神定), 분웅(奮雄), 순응(順應), 총수(寵綏), 정세(靖世), 혁정(赫整), 영관(永觀)

2 석전(문묘)대제

중요무형문화재 제85호로 문묘(文廟)에서 공자(孔子)를 비롯한 선성선현(先聖先賢)에게 제사지내는 의식이다. 조선시대에는 태조 7년(1398)에 성균관을 설치하여 국립 최고학부의 기능을 다하게 하였다. 정전(正殿)인 대성전(大成殿)에는 공자(孔子)를 비롯한 4성(四聖) · 10철(十哲)과 송조(宋朝) 6현(六賢) 등 21위를 봉안하고 동무 · 서무에는 우리나라 명현(名賢) 18위와 중국 유현(儒賢) 94위 등 모두 112위를 봉안하고 매년 봄 · 가을 두 차례씩 석전을 올렸다. 1949년 전국유림대회 결정으로 동 · 서무의 112위 중 우리나라 명현 18위는 대성전에 종향(從享)하고 중국 유현 94위는 매안(埋安)하였다. 또 지방 향교에서도 성균관과 같이 두 차례씩 석전을 올렸으며 현재도 성균관과 231개소(남한)의 향교에서는 매년 음력 2월 첫번째 정(丁)일 오전 10시(춘기석전), 음력 8월 첫번째 정(丁)일 오전 10시(추기석전) 에 석전을 봉행한다. 석전의 의식절차는 홀기(笏記)에 의해 진행되며《국조오례의(國朝五禮儀)》의 규격을 그 원형으로 하고 있다.

제례악의 구성은 악기는 팔음(八音), 즉 금(金; 편종 · 특종), 석(石; 편경 · 특경), 사(絲; 금 · 슬), 죽(竹; 지 · 적 · 약 · 소), 포(匏; 축 · 어 · 박), 토(土; 훈 · 부), 혁(革; 절고 · 진고 · 노고 · 노도), 목(木; 축 · 어 · 박) 등 여덟가지 재료로 만든 아악기로 연주된다. 따라서 아악을 연주하는 문묘제례에서도 주악을 담당하는 당상의 등가와 당하의 헌가의 편성이 아악기만으로 이루어지나, 이 두 악대의 규모와 편성에 포함된 악기의 종류는 시대별로 차이가 있다.

3 사직대제

중요무형문화재 제111호로 조선시대 토지와 곡식의 신에게 국토의 평안과 풍년을 기원하던 행사이다. 북쪽에 신위를 모시고 동서로 사단(社壇)과 직단(稷壇)을 배치하였다. 제사는 보통 2월과 8월에 지내고, 나라의 큰일이나 가뭄이 있을 때에는 기우제를 지내기도 하였다. 제사를 지내는 절차나 격식은 때에 따라 조금씩 달라져 왔으나 점차 중국의 방식을 모방하는 단계에서 벗어나 우리 고유의 예를 갖추게 되었다.

현재 전주이씨 대동종약원대에 있는 사직대제 봉행위원회에서 사직대제를 보존 · 계승하고 있다.

제 3 절 무속의식

무속(巫俗)의 중심되는 종교의례는 굿이다. 이 종교의례는 다른 종교와는 다른 두 가지 특징을 지닌다. 종합 예술적인 성격과 신명(神明)의 체험이 그것이다.

1 굿의 개념

굿은 음악, 복식(服飾), 춤, 제상(祭床), 무가(巫歌) 등의 전통 문화 요소를 포함한다. 굿의 독특한 면은 그 신내리는 체험에 있다. 무당은 신들려 단골에게 공수를 전하지만, 한 판의 굿은 직 · 간접의 신명 체험으로 이루어진다. 이 신명 체험의 조종은 바로 굿이다. 굿의 놀이성은 옛날부터의 전통에 뿌리를 둔 종합예술적 종교의례의 성격을 가진다.

굿은 준비과장, 본과장, 그리고 뒷전으로 구성된다. 첫 부분에서는 정신(正神)과 조상들이 굿판에 모셔지고, 이들은 본과장의 각 거리에서 일일이 따로 대접받는다. 거리는 다시 청신(請神), (娛神), 공창(空唱), 송신(送神)의 짜임새로 놀아진다. 뒷전에서는 거리에서 대접받지 못한 잡귀잡신(雜鬼雜神)들이 항목별로 놀려진다. 굿은 이렇게 완벽한 짜임새를 취하고 있다.

한국 무속에서의 신령은 정신(正神), 조상, 잡귀잡신의 세 범주로 나뉘어진다. 정신에는 한국의 하늘 · 땅 · 물 등의 자연신과 시조신 · 영웅신의 토착신령이 포함된다. 거기에 다른 종교의 신령으로서 이 땅에 기여한 외래신도 끼어든다. 조상으로서는 제가(祭家)의 양주(兩主)의 사대(四代) 조상이 다 모셔진다. 잡귀잡신은 정신(正神)에 끼지 못한 잡다한 범주의 것들이다. 이들은 모두 우리의 집안, 사회 및 국가를 위하는 넓은 의미에서의 조상의 성격을 가진다. 어느 조상이라도 결코 소홀히 대하지 않는 무속의 조화 원리를 볼 수 있다. 또한 굿은 무당과 단골, 단골의 집안과 이웃 및 동료 단골이 모인 가운데 베풀어진다. 이렇게 판이 짜지고 단골은 그 굿판에서 무당이 신령과 함께 만남으로써 자신의 문제를 푼다. 그것은 그 단골 집안의 깨어진 조화가 굿판의 종교 체험을 통해 다시 회복됨을 의미한다. 무속의식은 이러한 과정을 통해 사제(司祭), 예언, 치병(治病)의 기능을 수행해 왔다.

2 무(巫)의 유형과 무속의 지역적 특징

1) 무당형

강신체험을 통해서 된 무(巫)로서 가무로 굿을 주관할 수 있고 영력(靈力)에 의해 점을 치며 예언을 한다. 중부와 북부에 분포되어 있는 '무당', 박수(男巫)가 무당형에 해당한다. '보살(菩薩)', '신장(神將)할멈', '칠성(七星)할멈'으로 불리는 선무당류도 무당형의 방계(傍系)이다. 이들 선무당류는 강신체험으로 무당이 되어 영력(靈力)을 가지고 있으나, 가무로 정통한 굿을 주관할 수 없다. 무당류도 역시 중부 · 북부 지역을 중심으로 남부지역과 제주도에서도 발견된다.

2) 단골형

세습무(世襲巫)로서 무속상의 제도적 조직성을 갖춘 무다. 즉 무속상으로 관할하는 일정한 지역과 이 관할구역에 대한 사제권(司祭權)이 제도상으로 혈통을 따라 계승된다. 이러한 무는 호남지역의 세습무(世襲巫)인 '단골(당골)'과 영남지역의 세습무인 '무당'이 있다. 호남지역의 단골은 '단골판'이라 부르는 일정한 관할구역이 있고, 혈통을 따라 세습된다. 영남지역의 세습무인 '무당'은 무속상의 사제권이 대대로 세습되나, '단골판'과 같은 관할구역제(管轄區域制)가 약한 편이다.

3) 심방형

단골형과 같이 무의 사제권이 혈통을 따라 대대로 계승되는 세습무로서 무속상의 제도화된 일면을 보이면서도 영력을 중시하며 제주도에 분포되어 있다. 심방형의 무는 단골형과 같이 사제권이 제도상으로 혈통을 따라 세습되어 인위적으로 심방이 되나, 단골형이 신에 대한 인식이 극히 희박한 데 반해 심방형은 영력을 중시하여, 신관(神觀)이 구체적으로 확립되어 있는 점이 단골형과 다르다. 그리고 심방형이 무당형과 같이 영력을 중시하고 신에 대한 인식이 확고하나, 무당형과 같이 신이 직접 몸에 강신(降神)하지 않고 굿을 할 때, 무점구(巫占具)를 통해 신의 뜻을 물어 전달한다. 즉 직접적인 강신(降神), 영통(靈通)이 없이 매개물(媒介物)을 통해서만 신의 뜻을 물어 점칠 수 있고, 신을 향해 일방적인 가무로 굿을 주관하는 사제로서 단골형에 더 가까운 것으로 보인다.

4) 명두형

인간 사령(死靈)을 통해서 된 무인데, 체험된 사령(死靈)은 혈연관계가 있는 어린아이가 죽은 7세 미만의 사령(死靈)이며, 경우에 따라서는 16세 전후의 사령(死靈)도 있다. 명두형의 특징은 몸에 실린 사령(死靈)을 자기 집 신단(神壇)에 모시고 필요할 때 이 사령을 불러 영계(靈界)와 미래사(未來事)를 탐지시켜 점을 치는 것이다. 여아의 사령(死靈)을 '명두', 남아의 사령(死靈)을 '동자' 또는 '태주'라 부른다. 이와 같은 명두형의 무는 남부지역에 많이 분포되어 있으며, 중부와 북부지역에도 산발적으로 분포되어 있는데, 특히 호남지역에 집중적인 분포를 보이고 있다. 명두형의 무는 원래 사령을 불러 점을 치는 것이 전문인데, 근자에 이르러 무의 제의(祭義) 영역까지 침범하여 정통 무와 명두형 무가 대립되어 분화를 일으키게 되었다. 명두형은 무당형과 같은 유형의 강신무(降神巫) 계통으로 볼 수 있으나 무당형의 강신 대상이 일반적으로 自然神(천신, 옥황상제(玉皇上帝), 산신(山神), 일월성신(日月星神), 용신(龍神) 등)인 데 비해 명두형의 강신 대상은 특정한 혈연관계의 사아령(死兒靈)이다. 그리고 이 사아령을 특별한 의식(儀式)이 없이 자유자재로 불러 점을 치는 초혼술(招魂術)도 명두형의 특징적 성격이다.

3 굿의 종류

굿의 종류는 대체적으로 굿의 성격이나 규모 또는 굿의 주인공에 따라 나누어진다.

1) 굿의 목적에 의한 분류

① **천신굿** : 재수굿이라고도 하며 무속을 믿는 단골들이 매년 또는 3년맞이로 집안이나 사업의 번창을 위하여 푸짐한 재물과 정성을 바치고 벌이는 큰 굿을 말한다.

② **용신굿** : 주로 어촌의 풍어를 빌기 위하여 용신에게 지내는 이 굿은 강이나 바다에서 배를 타고 놀아진다.

③ **진오귀굿** : 죽은 망자를 위한 이 굿은 한국에서 재수굿에 비하여 사회적으로 훨씬 더 다양하게 분화되어 규모가 서로 다른 여러 가지 굿으로 발전하여 왔다.

④ **병굿** : 환자의 병치료를 위한 굿으로 잡귀나 혹은 그 집안의 원한 많은 조상이 환자에게 씌어 백약이 무효이고 병의 이유나 증세를 알 수 없어 고생할 때 행하는 굿으로 천귀를 벗기고 대신물림이란 행사를 하여 환자의 병을 치료한다.

⑤ **신령기자굿** : 무당이 오로지 스스로를 위하여 하던 굿이다. 이 류의 굿에는 허주굿, 내림굿, 진적굿 등이 있다.

2) 굿의 대상에 의한 분류

① **나랏굿** : 왕가의 주문에 의해 행하던 굿으로 나랏굿을 맡아 하던 무당을 '나랏무당' 또는 '국무(國巫)'라 불렀다.

② **성주받이굿** : 집안의 무사 태평과 대주의 안녕을 빌고 그 집안의 부와 번창을 위하여 그 집안 대주의 홀수 나이에 주로 행하여진다. 집을 새로 짓거나 수리 · 개축 · 증축 때도 행하여지며 집안에 관혼상의 커다란 일이 있을 때도 성주가 떴다 하여 성주굿을 베푼다.

③ **대감굿** : 집터를 관장하는 대감신을 모시는 굿이다. 보통 대감놀이, 대감거리, 터주, 터줏대감이라고 부른다. 대감의 종류는 상산대감, 논향대감, 별상대감, 군웅대감, 몸주대감, 도깨비대감, 안산대감, 밖산대감, 걸립대감, 터줏대감 등 다양한 종류의 명칭이 있어 말로 표현하기 어렵다. 대감신의 주요한 능력은 집안의 재운을 주관하는 기능이 있어 재물을 불러 주는 대신, 대감굿이 또한 재물을 많이 바치고 놀기 좋아하는 대감을 위해 먹고 마시며 놀 수 있도록 굿을 한다. 재물의 운수가 집터와 관계가 있어 풍수적인 신앙과 집의 각 부분을 여러 신이 각각 관장한다는 신앙이 무속으로 표현된 것이라 하겠다.

④ **용왕굿** : 물을 지배하는 용신(龍神)을 믿는 의식의 일종으로 용신은 곧 수신(水神)으로서, 옛날 사람들은 그 수신을 숭배함으로써 안심입명(安心立命)을 기하고자 하였다고 할 수 있다. 용왕굿은 어촌의 어민들 사이에 활발하게 전승되어 오고 있으며, 어민들의 공동제의(동제)로써 안전한 항해와 풍어를 기원하게 되는 자연스러운 굿이라고 할 수 있다. 어부들과 밀접한 관계로 용왕굿을 풍어제(豊漁祭)라고 부르기도 한다.

⑤ **제석굿** : 제석신을 제향하는 굿거리이다. 재수굿, 경사, 나라굿, 큰굿에 포함되어 각각의 지방에 따라 불사제석굿(중부지방), 시준굿(동해안), 셍굿(함경도) 등의 명칭으로 다르게 부르고 있다. 제석에서 사용되는 여러 가지 제물 중 특이한 것은 비린 것을 사용하지 않는다는 것이다. 삼색과일, 북어, 고양미, 제석시루 등 화려한 제상을 차리고 음식에 고깔을 접어 얹어 놓는다. 제석신은 생산을 관장하며 복(福)을 주는 신이다. 다만 불교적인 영향으로 형식이나 겉모양은 불교적인 색채가 매우 짙다.

3) 마을굿의 종류

① **도당굿** : 한국의 모든 마을에는 마을의 수호신을 모시는 제당이나 당집이 있다. 마을의 주민들은 이 마을수호신 덕분에 그들이 평안한 생활을 영위하고 있다고 믿는다. 그런 신앙에 따라 대개 한 해 걸러 한 번씩 그들의 수호신을 위한 굿의 비용을 마을 공동으로 내고 제상을 차려 음악과 춤으로 신령을 기쁘게 한다. 강릉의 단오제나 제주의 영등굿 등이 대표적인 도당굿에 속한다.

② **별신(別神)굿** : 별신굿의 별신은 '벨손 · 별손 · 벨신' 등으로 불리는데, 이 굿은 바닷가 마을에서는 풍어제와 동제를 겸하고 있다. 부락 수호신에게 지내는 제사로서 부락 공동으로 마을의 수호신을 제사하는 점에서 동제(洞祭)와 유사하다. 동제는 동민 중에서 제관을 뽑아 제사를 주관하게 하지만 별신굿은 무당으로 하여금 주재케 하는 점이 다르다. 별신굿은 동해안 지역 일부와 충청남도 은산에 한하여 전승되고 있는데 은산별신굿은 3년마다, 하회별신굿은 특정한 해를 정해 진행한다. 남해안 별신굿의 경우는 충무와 거제를 중심으로 하여 한산도, 사량도, 갈도 등의 남해안 지역에서 행하여지는 마을굿이다. 어민들의 풍어와 마을의 평안을 기원하는 제의로 보통 3년에 한 번씩 굿을 한다.

4 대표적 무속의식

1) 은산 별신제

이 굿은 중요무형문화재 제9호로, 옛날 은산마을에 큰 병이 돌던 어느날 밤, 마을 사람 꿈에 한 장군이 하얀 말을 타고 나타나 자신이 백제의 장군이며, 이곳에서 전쟁으로 죽은 자신과 부하들의 영혼을 거두어 줄 것을 부탁한다. 장군이 말한 곳으로 가 보니 오래되어 보이는 뼈가 널려 있어 뼈들을 잘 묻고 그들의 영혼을 위해 굿을 했던 것이 이 굿의 유래이다. 은산 마을에서는 매년 정월보름에 산신제를 지내고 별신제는 3년에 한 번씩 지내는데, 옛날에는 보름 동안 놀았으나 요즘은 8일 정도 행사를 한다. 정월 초에 한 해가 시작될 무렵 사람들은 겨울을 보내고 새 봄 맞을 채비를 마을굿의 형태로 지내는 것이다. 장터 북쪽으로 높이 70~80m의 당산이 있고 남쪽 기슭에 신당이 있는데, 주신(主神)인 산신(山神)부부가 모셔져 있고, 동쪽 벽에는 복신장군(福信將軍), 서쪽 벽에는 토진대사(土進大師)가 봉안되어 있다.

2) 강릉 단오제

강릉은 옛 동예의 땅으로 고대 부족국가의 제천의식이었던 영고, 무천에서 그 뿌리를 찾고 있다. 또한 강릉의 단오제는 중요무형문화재 제 13호이며, 2005년에 유네스코 세계무형문화유산으로 등재되었다. 무속 축제의 하나인 단오제는 현재 전해지는 가장 역사 깊은 축제 중 하나로 드물게 남은 대동굿이기도 한다. 시기적으로는 곡물을 파종하고 성장을 시작하는 시기로 곡물의 성장의례적 성격을 띠는 파종기 축제라 할 수 있다.

이 굿은 신화에서 유래하였으며, 굿의 순서는 이 이야기의 차례를 따라서 진행된다. 호랑이가 정

씨아가씨를 업어 가서 대관령 서낭과 결혼한 4월 14일은 신을 모셔 오는 날로, 강릉 단오굿은 이날부터 본격적으로 펼쳐지게 된다. 이 굿에서는 단오굿, 관노 가면극을 중심으로 한 그네, 씨름, 줄다리기, 윷놀이, 궁도 등 민속놀이와 여러 가지 기념행사가 펼쳐진다. 워낙 큰 행사이다 보니 기획하고 준비해서 치르는 과정에 지역 주민들 모두가 참여하게 된다.

3) 영산재(靈山齋)

유네스코 세계무형유산으로 2009년에 등재된 영산재는 불교의식의 하나로 중요무형문화재 제50호. 49재 가운데 하나로 사람이 죽은 지 49일 만에 영혼을 천도하는 의식이다. 이 의식에는 상주권공재, 시왕각배재, 영산재 등이 있다. 이 중에서 영산재는 가장 규모가 큰 의례로 석가가 영취산에서 설법하던 영산회상을 상징화한 의식절차이다. 영산회상을 열어 영혼을 발심시키고, 그에 귀의하게 함으로써 극락왕생하게 한다는 의미를 갖는다. 영산재는 국가의 안녕과 군인들의 무운장구, 큰 조직체를 위해서도 행한다.

영산재가 진행되는 절차는 의식도량을 상징화하기 위해 야외에 영산회상도를 내어 거는 괘불이운(掛佛移運)으로 시작하여 괘불 앞에서 찬불의식을 갖는다. 괘불은 정면 한가운데 걸고 그 앞에 불단을 세우는데 불보살을 모시는 상단, 신중(神衆)을 모시는 중단, 영가를 모시는 하단 등 삼단이 있다. 그 뒤 영혼을 모셔오는 시련(侍輦), 영가를 대접하는 대령, 영가가 생전에 지은 탐 · 진 · 치의 삼독의 의식을 씻어내는 의식인 관욕이 행해진다. 그리고 공양드리기 전에 의식장소를 정화하는 신중작법(神衆作法)을 한 다음 불보살에게 공양을 드리고 죽은 영혼이 극락왕생하기를 바라는 찬불의례가 뒤를 잇는다. 이렇게 권공의식을 마치면 재를 치르는 사람들의 보다 구체적인 소원을 아뢰게 되는 축원문이 낭독된다.

이와 같은 본의식이 끝나면 영산재에 참여한 모든 대중들이 다 함께 하는 회향의식이 거행된다. 본의식은 주로 의식승에 의하여 이루어지나 회향의식은 의식에 참여한 모든 대중이 다같이 참여한다는 데 특징이 있다. 끝으로 의식에 청했던 대중들을 돌려보내는 봉송의례가 이루어진다. 영산재에는 범패음악과 불교적 작법춤이 공연되는데, 매년 단오날을 전후하여 봉원사에서 거행되고 있다.

4) 진도 씻김굿

중요무형문화재 제72호. 씻김굿은 죽은 사람의 영혼이 극락에 가도록 인도하는 무제(巫祭)이다. 춤과 노래로써 신에게 빌고, 소복(素服) 차림이며 죽은 자의 후손으로 하여금 죽은 자와 접하게 한다는 점이 특징이다.

(1) 진도씻김굿의 종류

① **곽머리씻김굿** : 초상이 났을 때 시신(屍身) 옆에서 직접 하는 굿으로 '진씻김'이라고도 한다.

② **소상(小祥)씻김굿** : 초상에 씻김굿을 하지 않고 소상날 밤에 하는 굿.

③ **대상(大祥)씻김굿** : 대상날 밤에 하는 굿으로 '탈상씻김'이라고도 한다.

④ **날받이씻김굿** : 집안에 우환이 있거나 좋지 않은 일들이 자주 일어날 때 이승에서 풀지 못한 조상의 한을 풀어 주기 위하여 하는 굿으로 점장이가 날받이를 해주기 때문에 '날받이씻김'이라고 한다.

⑤ **초분(草墳) 이장 때의 씻김굿** : 초분을 하였다가 묘를 쓸 때 하는 굿으로 묘를 쓴 날 밤 뜰에 차일을 치고 죽은 자의 넋을 씻어준다.

⑥ **영화(榮華)씻김굿** : 조상 중 어느 한 분의 비를 세울 때 그 분의 넋이 영화를 누리라고 하거나, 집안에 경사가 있을 때 이는 조상이 돌보아준 은덕이라 하여 조상들을 불러 하는 굿.

⑦ **넋건지기굿** : 물에서 죽은 자의 넋을 건져 주고자 할 때 하는 굿으로 '용굿', '혼건지기 굿'이라고도 한다.

⑧ **저승혼사굿** : 총각이나 처녀로 죽은 자끼리 사후 혼인을 시키면서 하는 굿이다.

(2) 진도씻김굿의 순서

① **안땅** : 대청마루에서 여러 조상에게 오늘 누구를 위한 굿을 한다고 고하는 굿.

② **혼맞이** : 객사한 자의 씻김굿을 할 때에만 하는 굿.

③ **초가망석** : 씻김을 하는 망자를 비롯하여 상을 차려 놓은 조상들을 불러들이는 대목의 초혼(招魂)굿.

④ **쳐올리기** : 초가망석에서 불러들인 영혼들을 즐겁게 해주고 흠향(歆饗)하게 하는 대목의 굿.

⑤ **제석(帝釋)굿** : 진도지방 굿의 중심 굿으로서 어느 유형의 굿에서나 모두 행한다.

⑥ **고풀이** : 이승에서 풀지 못한 채 저승으로 간 한과 원한을 의미하는 '고'를 차일의 기둥에 묶어 놓았다가 이를 하나하나 풀어가면서 영혼을 달래는 대목의 굿.

⑦ **영돈말이** : 시신을 뜻하는 영돈을 마는 대목이다. 망자의 옷을 돗자리에 펼쳐 놓고 이를 돌돌 말아 일곱 매듭을 묶어 세운다.

⑧ **이슬털기** : 씻김이라고도 하는데 씻김굿의 중심 대목이다. 앞에 세워 놓은 '영돈'을 쑥물 · 향물 · 청계수의 순서로 빗자루에 묻혀 머리부터 아래로 씻는다. 이는 축귀적(逐鬼的) 의미를 지닌 쑥물 등으로 '영돈'을 깨끗이 씻어서 극락왕생하도록 기구하는 것이다.

이후 왕풀이 · 넋풀이 · 동갑풀이 · 약풀이 · 넋올리기 · 손대잡이 희설 · 길닦음의 순서로 굿이 진행되어 마지막 대목인 종천에서 끝난다. 하룻밤 내내 걸리는 씻김굿은 '길닦음'에서 절정을 이루는데, 끊어질 듯 애절하게 이어지는 삼장개비 곡조는 사람들의 눈물을 자아낸다.

5) 풍어제

어민들이 풍어와 어로의 안전을 비는 축제. 1985년 2월 1일 중요무형문화재 제82호로 지정되었다.

① **동해안 별신굿** : 부산에서 강원 고성에 이르는 동해안 지역 어민들의 풍어를 비는 축제이다. 동해안 축제에는 여러 가지가 있으나 매년 또는 몇 해마다 마을의 풍어를 비는 별신굿이 가장 큰 축제이다.

② **서해안 배연신굿 및 대동굿** : 황해도 해주 · 옹진 · 연평도(延坪島) 등 서해안 지역 어촌에서 어민들이 풍어를 기원하는 축제이다. 어촌의 대동굿은 마을의 풍어와 어로의 안전을 기원하는 제의이다. 20여 거리로 구성되지만, 뱃서낭을 맞아들이며 무당과 마을사람들이 재담하고 춤추는 '당산맞이', 무당이 제석신에게 복을 비는 '제석굿', 제물로 쓸 돼지를 잡으며 사냥하는 모습을 연출하는 '사냥굿', 신들이 고기잡이를 연출하는 '영산할아범' 등 연희적인 특성이 강하다.

③ **위도 띠뱃놀이** : 전북 부안군 위도면(蝟島面) 대리(大里)에서 매년 음력 정월 초사흗날, 마을의 바닷가에 높게 절벽을 이룬 당젯봉 정상에서 용왕제로 이어지는 마을의 공동제의(共同祭儀)이다. 유래는 고기잡이로 생업을 삼은 먼 조상 때부터 있던 풍어기원제이다.

④ **남해안 별신굿** : 해안지역의 풍어제 중에서도, 별신굿은 동해안과 남해안 일부 지역에만 전승되는 사제무(司祭巫) 주관의 마을 제의(祭儀)이다. 거제도(巨濟島)를 중심으로 하여 한산도(閑山島) · 사량도(蛇梁島) · 욕지도(欲知島) 등지에서 겨우 명맥을 유지하고 있다. 남해안 별신굿은 당골이라는 명칭과 함께 남부지방 특유의 무당 천시 경향에 의해 세습무인 사제무는 계승되지 않고 있다.

6) 서울 바리공주굿

중요무형문화재 제104호로 서울지방의 전통적인 망자천도(亡者薦度)굿이다. 보통 진오기 또는 진오귀라고도 한다. 일반인의 망자를 위한 굿은 평진오기, 중류층은 얼새남, 상류층은 새남굿이라 한다. 이 망자천도굿은 지방마다 명칭이 다른데, 서울 · 경기 지방은 보통 진오기, 충청 · 경상도는 오구굿, 제주도는 시왕(十王)맞이, 황해도는 진오기, 평안도는 수왕굿, 함경도는 새남굿 또는 망묵굿 · 망무기굿 등으로 부른다. 부정 · 가망청배 · 진적 · 불사거리 · 도당거리 · 초가망거리 · 본향거리 · 조상거리 · 상산거리 · 별상거리 · 신정거리 · 대감거리 · 제석거리 · 성주거리 · 창부거리 · 뒷전 등 17거리이다. 이렇게 거리수가 많고 장시간 소요되기 때문에 만신 5인과 잽이 6인이 참여한다.

〈그림 8-1〉 서울 바리공주굿

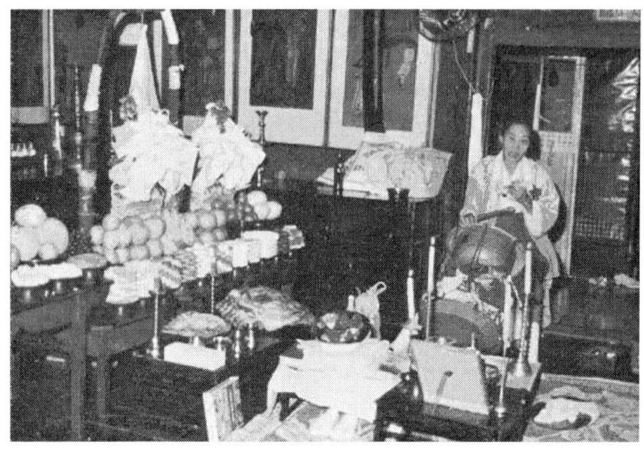

7) 제주 칠머리당 영등굿

영등굿은 바람이 많은 제주와 남해 일대에서 2월에 하는 섬지역 대동굿의 일종으로 풍어와 안전을 기원하는 무속의식이다. 이 굿은 바람의 여신인 영등할미, 용왕, 산신령 등을 대상으로 한다. 특히 제주의 칠머리당 영등굿은 제주지역의 독특한 정체성과 지역민의 삶의 애환을 보여주는 대표적 유산으로 유네스코 세계무형유산으로 2009년에 등재되었다.

제주의 영등할미는 음력 2월 1일에 찾아오는 바람신으로 어부, 해녀들의 안전과 풍어의 선물을 주고 2월 15일에 돌아간다고 알려진 여성신이다. 그래서 칠머리당 영등굿은 2월 초하루와 14일에 두 번 굿을 하고 있다. 초하루에 환영제를 그리고 14일에는 음식과 짚으로 만든 배를 바다에 띄우며 환영제보다 더 큰 규모의 송별제를 진행한다. 그러나 남해 일부 지역의 영등은 2월 1일에 찾아와 20일에 돌아가기도 한다.

제 9 장

한국의 음악과 무용

제 1 절 음악

1 국악의 분류

국악은 한국의 전통으로 이미 상고시대부터 이어왔다. 삼국시대를 거치며 중국의 음악과의 교류의 흔적을 찾을 수 있으며, 조선시대에는 독자적인 음악의 발전을 꾀했음을 알 수 있다. 국악은 몇 가지 기준에 의해 분류할 수 있다.

1) 정악(正樂)과 민속악(民俗樂)

토착성과 외래성에 의해 중국으로부터 전래된 아악 · 당악과 우리의 향악으로 나눌 수 있으며, 수용계층에 따라서는 양반계층의 음악인 정악과 민간의 음악인 민속악으로 분류가 가능하다. 정악은 전통음악 중 '아정(雅正)한 음악'을 가리키는 말로 '민속악'과 대비 되는 개념이다.

(1) 정악(正樂)

정악에 속하는 음악을 여러 갈래로 분류해 보면, 먼저 관현악 합주에는 거문고 중심의 음악(줄풍류)과 향피리 중심의 음악이 있고, 관악합주에는 향피리 중심의 음악(대풍류, 삼현육각)과 당피리 중심의 음악이 있으며, 취타에는 대취타 · 취타 · 길군악이 있다. 그리고 성악곡으로 가곡 · 가사 · 시조가 있다. 기악의 형태로는 궁중음악으로 그 쓰임에 따라 연례악인 여민락 · 수제천 · 보허자 · 낙양춘 등이 있으며, 군례악으로는 취타, 기악의 발생지에 따라서 이 땅의 음악인 향악으로 수제천, 취타, 여민락 등이 있고 중국으로부터 전해진 기악의 형태로는 당악인 보허자, 낙양춘이 있다. 민간에서는 주로 마을의 행사나 전통의 의례를 행할 때 사용되는 기악합주로 영산회상, 대풍류,

시나위, 풍물놀이가 있으며 최근에는 풍물놀이가 변형된 사물놀이도 이에 해당된다. 합주가 아닌 기악독주로는 산조가 있다.

조선 초기부터 왕실에서는 대소 제례를 행할 때 제례악을 사용하였다. 궁중(宮中)과 관아(官衙)의 연례(宴禮)와 제례악(祭禮樂)으로는 환구(圜丘)·사직(社稷)·종묘(宗廟)·문선왕묘(文宣王廟 문묘)·선농(先農)·선잠(先蠶) 등 여러 제향에는 아악이 주로 사용되었다. 종묘제례악은 초기의 형태는 정확히 알 수 없으나 세조 때 세종대왕이 지은 보태평(保太平)·정대업(定大業)으로 대체된 후 지금까지 사용하고 있다.

그 외에도 정조(正朝)·동지(冬至)·대전탄일(大殿誕日)·매월 삭망(每月朔望)과 같은 조하(朝賀)와 그 밖에 무시하례(無時賀禮)에 근정전이나 인정전에서 왕세자와 백관이 조하할 때 국왕이 나오면 18명의 악사로 편성된 전후고취(殿後鼓吹)가 여민악만(與民樂慢) 또는 성수무강만(聖壽無疆慢)을 연주하고 어좌에 좌정하면 59인으로 된 전정헌가(殿庭軒架)와 같은 음악을 연주하였다. 왕세자와 군신의 배례시에는 전정악인 낙양춘이 연주되었으며 왕이 환궁할 때는 여민악이나 보허자를 연주하였다.

《삼국지 위서 동이전》에 보이는 우리 상고시대 제천의식에서 연행되던 가무라든가 안악고적 제3호분 행열도에서 보이는 고구려 보행악대(步行樂隊)의 행렬음악(行列音樂)과 같은 음악은 궁중이나 관아의 연례악이라 할 수 없다. 그러나 안악 제3호분 후실 동벽에 보이는 현금·원함(阮咸)·종적(綜笛)·가(歌)·무(舞)로 편성된 고구려악이나 《삼국사기》 악지에 보이는 금척(琴尺)·가척(歌尺)·무척(舞尺)으로 편성된 신라악은 궁중 연례의 모습일 것이다. 이것이 통일신라시대에 이르면 거문고·가얏고·비파·대금·중금·소금·대고(大鼓)·박(拍)으로 편성된 이른바 삼현육죽음악(三絃六竹音樂)이 쓰였고 이 전통은 고려향악으로 이어진다.

고려에 이르러서는 향악과 함께 중국에서 당악과 아악을 들여와 고려의 연례와 제향에 쓰이는 음악은 다채로와졌다. 조선 개국 후 태종 2년 조회연향악(朝會宴饗樂)을 제정하여 중종 때까지 계속되었는데 이를 몇 가지로 구분하면 다음과 같다.

① 국왕이 사신을 위해 베푸는 연향악은 당악을 주로 사용했다.

② 종친형제를 위한 연향악은 당악과 향악을 겸해 사용했다.

③ 군신을 위한 연향은 금강성조(金剛城調)와 같은 향악을 주로 하였다.

④ 사대부의 공사연음악(公私宴音樂)은 향악을 주로 하되 당악도 썼다.

⑤ 서민들의 부모형제를 위한 연향악은 오관산·방등산·권농가(勸農歌)와 같은 향악을 썼다.

근대로 들어서면서 정악의 전통은 조선 상류층인 왕조의 몰락과 신분제도의 급격한 붕괴로 인하여 크게 위축되었다. 뿐만 아니라 현재 정악은 새로운 공연형태를 통해 대중에게 파고들기 시작

한 민속악에 밀려나게 됨으로써 그 좌표를 잃게 되는 위기에 직면해 있다. 이러한 현실을 타개하기 위해서 1909년에 결성된 우리나라 최초의 사설 음악기구 『조양구락부(調陽俱樂部)』는 김경남(金景南), 하순일(河順一), 한석진(韓錫振), 이병문(李秉文), 백용진(白鎔鎭) 등 10여 명으로 구성되어 정악의 보존과 전수 그리고 정악의 연주와 교육을 담당하고 있다.

(2) 민속악(民俗樂)

민요는 옛날부터 일반 백성들 사이에서 구전되어 오는 서정적이고 전통적인 우리 고유의 성악곡이다. 오랜 민족의 역사속에서 민중의 사랑을 받으며 불려지고, 또 민중에 의해 다듬어지면서 그들의 사상 · 생활 · 감정이 첨가되어 한민족 가슴의 혼이 되는 노래로 여겨진다. 민요 중에는 일 노래인 노동요가 많은 부분을 차지하고, 동요나 의식요인 상여소리 등도 있으며, 불리는 지역에 따라 남도민요, 경기 · 서도 민요 등 지역적인 특징을 지니고 발달되었다.
중요무형문화재 제57호인 경기민요는 서울 · 경기 지방에 전승되어 오는 민요로 서양의 장조와 비슷한 평조로 된 가락이 많아 깨끗하고, 경쾌하며 가락과 악절이 분명한 도시풍의 노래이다. 음빛깔이 부드럽고, 유창하며 서정적이다. 장단은 굿거리장단 · 세마치장단 · 자진모리장단 · 타령장단을 사용하며, 경기민요 중에는 민요가수가 불러 널리 알려진 노래가 많고, 우리가 잘 아는 아리랑 · 도라지타령 · 노들강변 · 닐리리야 · 군밤타령 · 개성난봉가(박연폭포) · 양산도 · 경복궁타령 · 노랫가락 · 방아타령 · 뱃노래 · 태평가 · 풍년가 · 한강수타령 등이 있다.

(3) 연주 형태에 따른 분류

연주의 형태에 따라 가(哥) · 무(舞) · 악(樂)이 함께 하는 종합예술형태, 성악만으로 구성되는 연주형태인 기악으로 이루어진 연주형태로 나누어 볼 수 있다. 가무악으로는 종묘제례, 문묘제례, 범패, 굿음악 등을 들 수 있으며 성악으로는 양반층에서 즐겨했던 정가로 불리는 가곡과 가사 · 시조 등이 있으며, 일반의 백성들에게 사랑을 받던 것으로는 판소리 · 잡가 · 민요 등이 있다. 가무악의 한 예인 무악(巫樂)은 무의식(巫儀式)에서 연주되는 음악으로 상고시대 제천의식에서부터 볼 수 있다. 《삼국지 위지 동이전(東夷傳)》에는 부여의 영고행사(은정월), 고구려의 동맹(10월) 행사에서의 가무 행위에 대한 기록이 전한다. 지금도 강릉 단오제, 부여지방의 은산별신제와 경기도 각 지역의 도당(都堂)굿에서 이를 볼 수 있다.

2 대표적인 음악

1) 제례악(종묘제례악)

조선 역대 군왕(君王)의 신위(神位)를 모시는 종묘와 영녕전(永寧殿)의 제향(祭享)에 쓰이는 음악으로 1964년 중요무형문화재 제1호로 지정되었으며, 2001년 5월 18일 유네스코 '인류구전 및 무형유산걸작'으로 선정되어 세계무형유산으로 지정되었다.

조선 건국 당시, 종묘제례악에는 당악 · 향악 · 아악 등을 두루 써왔으나 세종대왕은 1435년(세종 17) 우리의 향악으로 『보태평(保太平)』 11곡(曲)과 『정대업(定大業)』 15곡을 만들어냈다. 그러나 이것이 처음에는 제사음악이 아니고 조종(祖宗)의 공덕을 기리고 개국 창업(開國創業)의 어려움을 길이 기념하기 위하여 국초(國初)의 고취악(鼓吹樂)과 향악을 참작하여 만들었던 것이며, 이것이 종묘의 제례악으로 채택된 것은 1463년(세조 9)이었다. 세조는 "『정대업』과 『보태평』은 그 성용(聲容)이 성대하므로 종묘에 쓰지 않음은 가석(可惜)타(세조실록)"하여 최항(崔恒)에게 명하여 간단히 간추려 고치게 한 후 제례악으로 채택하게 하였다.

『보태평』은 조종(祖宗)의 문덕(文德)을 내용으로 한 것이고 『정대업』은 무공(武功)을 내용으로 한 것이다. 이에 쓰이는 악기에는, 아악기(雅樂器)인 편종 · 편경 · 축(柷), 당악기(唐樂器)인 방향(方響) · 장고 · 아쟁 · 당피리, 그리고 한국 고유의 횡취악기(橫吹樂器)인 대금 등이 있으며 매우 다채롭고 구색이 화려하다. 종묘제례 때 부르는 노래는 종묘악장(宗廟樂章)이라 하며 순한문으로 된 이 노래를 제향 절차에 따라 음악에 맞추어 부른다. 그리고 제향에서는 절차에 따라 춤도 추는데 이 때의 춤을 일무(佾舞)라고 한다.

2) 판소리

판소리는 민속악의 하나로 판놀음으로 연행되는 소리라는 뜻이다. 조선 후기에 서민들이 창극을 붙여 부르던 노래로 창우(倡優; 판소리를 전문으로 하는 가수) 한 사람이 한마당을 노래하고 말하고 몸짓을 하는데, 여기에 고수(鼓手)의 장단과 추임새도 중요하다. 소리의 특징과 지역에 따라 동편제와 서편제, 그리고 중고제로 나뉜다. 1964년 중요무형문화재 제5호로 지정되었으며, 2003년 11월 7일 유네스코 '인류구전 및 세계무형유산걸작'으로 선정되어 세계무형유산으로 지정되었다.

판소리의 형성 시기는 정확히 알 수 없으나 대체로 17세기경 남도지방에서 시작되어 18세기말까지는 판소리가 제 모습을 완전하게 갖추었을 것으로 추정된다. 평민들 사이에서 생겨나 발전된 판소리는 청중이 점차 상위계층으로 확산되어 가는 추세를 보였다. 조선 중기에는 판소리 12마당이라 하여 춘향가 · 심청가 · 흥보가 · 수궁가 · 적벽가 외에도 변강쇠타령 · 배비장타령 · 옹고집타령

등이 있었다고 전해지나 현재 남아있는 것은 춘향가 · 심청가 · 흥보가 · 수궁가 · 적벽가 다섯 마당뿐이다. 판소리의 근본을 보면 평민예술의 바탕을 지니면서도 탈춤이나 남사당놀이 등과는 달리 다양한 계층의 청중들을 널리 포용할 수 있는 폭과 유연성을 지녔다.

선율은 남도의 향토적인 선율을 토대로 일곱 가지 장단[1]에 따라 변화시키고, 또 아니리(말)와 발림(몸짓)[2]으로 극적인 효과를 높이는데, 이 때의 대사만을 가리켜 극가(劇歌)라고 한다.

3) 농악

농촌에서 집단노동이나 명절 같은 때 흥을 돋우기 위해서 연주되는 음악으로 풍물 · 두레 · 풍장 · 마당굿이라고도 한다. 김매기 · 논매기 · 모심기 등의 힘든 일을 할 때 일의 능률을 올리고 피로를 덜며 나아가서는 협동심을 불러일으키려는 데서 비롯되어 지금은 각종 명절이나 동제(洞祭) · 걸립굿 · 두레굿과 같은 의식에서도 빼놓을 수 없는 요소가 되고 있다. 농악대의 편성은 주로 마을기를 앞세우고 꽹과리 · 장고 · 북 · 징이며, 각각 1인씩 단출하게 구성된다.

농악의 기능에는 축원(祝願), 노작(勞作), 걸립(乞粒), 연예(演藝)의 기능이 있다. 각 기능은 그날 행사의 성격에 따라 특정 기능이 강화될 수 있다. 각 기능의 성격을 살펴보면,

축원(祝願) 기능은 마을신과 농사신을 위한 제사, 잡귀와 액운을 물리치고 풍요와 안녕을 기원, 봄의 풍농 기원과 추수의 기쁨을 나누는 풍년제 등으로 마을굿(당산굿), 성주굿, 마을의 기우제굿 등에서 농악이 행해지는 경우이다.

노작(勞作) 기능은 농사일을 하는 과정, 즉 모심기와 논매기, 풀베기, 타작 등의 순차에 따라 농민의 피로를 덜어주고 노동의 능률을 높이기 위하여 노동과 함께 치는 풍물굿으로 두레굿 또는 두레풍장굿을 말한다.

걸립(乞粒) 기능은 돈이나 곡식을 걷는 행위를 위한 것으로 마을의 행사를 위한 자금이나 마을 공동의 건물 또는 마을의 절을 건립하거나 중창하기 위한 모금을 위해 행해지는 농악이다.

연예(演藝) 기능은 판굿이나 연희를 놀 때 보여주기 위해 하는 농악으로 농악 춤에는 단체가 만드는 진짜기, 상모놀음 등이 병행된다. 한편 극은 탈을 쓰거나 특별한 옷차림을 한 잡색들이 재미난 촌극을 보여주는 것으로 진행된다. 버나 돌리기나 어린 아이를 어른 공연자의 어깨 위에 태워 재주를 보여주는 무동놀이와 같은 기예도 함께 연행된다. 이러한 기능이 현재는 무대예술적 성격의 풍물굿으로 변천되어 다채로운 의상을 갖추기도 하고, 무대화된 풍물굿으로 공연예술의 한 분야로 자리잡고 있다.

---

1 진양조(소리가 가장 느린 장단), 세마치(자진진양조, 쇠를 불릴 때 마치의 박자로 조금 느린 장단), 휘모리(소리가 가장 빠른 장단), 중모리(소리가 중간 빠르기로 안정감을 준다), 중중모리(흥취를 돋우며 우아한 맛이 있다), 자진모리(섬세하면서도 명랑하고 차분하다), 엇모리(평조음으로 평화스럽고 경쾌하다)

2 발림(광대가 노래할 때 연기로서 하는 몸짓), 너름새('발림'과 같으나 가사, 소리, 몸짓이 일체가 되었을 때 일컫는 말), 추임새(고수가 발하는 탄성, 흥을 돋우는 소리), 아니리(창 도중에 창이 아닌 말로 이야기하는 것)

지역적 특징에 따라 농악은 일반적으로 경기/충청도, 영동(강원도), 영남(경상남북도), 그리고 전라도를 호남 좌도와 우도로 나눈 5개 문화권으로 나누어 분류한다. 같은 문화권 내에서도 차이가 날 수 있다. 이러한 특성 덕분에 2014년 유네스코지정 인류무형문화유산으로 등재되었다.

4) 가곡

가곡은 우리나라의 고유 정형시인 시조에 곡을 붙여서 부르는 노래로 '삭대엽(數大葉)'이라 불리기도 한다. 반주는 거문고, 가야금, 해금, 대금, 단소, 장구 등으로 구성된 관현악 반주를 사용하며 가곡의 원형은 만대엽, 중대엽, 삭대엽 순으로 불렸다. 형식적으로는 시조시 한 편을 5장으로 나누어 부르며 중간에 시작하는 부분에서 전주곡인 '대여음', 그리고 '중여음'이라 불리는 간주곡을 넣어 부른다.

현재 전승되고 있는 가곡은 우조, 계면조를 포함하여 남창 26곡, 여창 14곡으로 여창의 경우 남창에 비해 섬세하고 높은 음역대를 소화하는 속소(가성)를 사용하는 차이가 있다.

5) 민요

민요는 특정한 창작자가 없이 자연적으로 발생하여 민중의 생활 감정을 소박하게 반영하고 있어 민족성과 시대상황을 나타내기도 한다. 한국의 민요는 대개 같은 가락의 사설을 바꾸어 부르는 유절형식(有節形式)이 많고 흔히 후렴이 붙는 특징이 있다.

전파된 범위와 세련도에 따라 토속민요와 창민요(唱民謠; 通俗民謠)로 구분되는데, 토속민요는 어느 국한된 지방에서 불리는 것으로 사설이나 가락이 극히 소박하고 향토적이다. 김매기 · 모내기 · 상여소리 · 집터 다지는 소리 등이 그 대표적인 예이다. 이와는 달리 창민요는 흔히 직업적인 소리꾼에 의하여 불리는 세련되고 널리 전파된 민요로서 육자배기 · 수심가 · 창부타령 · 강원도 아리랑 등이 그 예인데, 민요라 하면 대개의 경우 이 창민요를 가리킨다. 또한 창민요 중에서 아리랑 · 청춘가 · 이별가 · 군밤타령 · 닐리리야 · 도라지타령 등은 그 역사가 길지 않아 일종의 신민요, 속요라고도 한다. 창민요는 지방마다 가락의 차이가 있어 그 차이에 따라 경기민요 · 남도민요 · 서도민요 · 동부민요 · 제부민요로 나누어진다.

(1) 경기민요

중요무형문화재 57호이며, 경기도 · 충청도 지방에서 불리는 민요로 대개 5음 음계의 평조(平調) 선법을 지녔으며, 장 · 단 3도 진행이 많고 세마치나 굿거리장단으로 부르기 때문에 매우 경쾌하고 분명하다는 특징을 가지고 있다. 그 종류로는 창부타령, 이별가, 청춘가, 도라지타령, 태평가, 방아타령, 한강수타령, 군밤타령, 닐리리야, 천안삼거리 등이 있다.

(2) 남도민요

전라도 지방에서 불리는 민요로 판소리와 산조의 장단을 많이 사용한다. 극적이고 굵은 목소리를 눌러 내는 특징을 지니며, 새타령, 육자배기, 까투리타령, 진도아리랑, 강강술래 등이 있다.

(3) 서도민요

서도소리라 부르며 중요무형문화재 29호이다. 황해도 · 평안도 지방의 민요로 창법이 특수하여 콧소리로 얕게 탈탈거리며 떠는 소리, 큰 소리로 길게 죽 뽑다가 갑자기 속소리로 콧소리를 섞어서 가만히 떠는 소리를 내는 것 등이 특징이다. 난봉가, 자진염불, 몽금포타령(이상 황해도), 수심가, 배따라기, 안주애원성(이상 평안도) 등이 있다.

(4) 동부민요

태백산맥을 중심으로 한 경상도 · 강원도 · 함경도 지방의 민요로 대개 빠른 장단이 많이 쓰이며, 세마치(밀양아리랑) · 중중모리(쾌지나칭칭나네) · 자진모리(골패타령)와 단모리(보리타작소리) 등이 쓰인다. 강원도 민요는 중모리(한오백년)나 엇모리(강원도아리랑) 등 규칙적인 장단도 쓰이지만 정선아리랑 같은 민요는 평안도의 엮음수심가처럼 일정한 장단이 없다. 함경도 민요는 그 형태가 강원도 민요와 비슷하며 장단은 비교적 빠른 볶는타령 · 자진굿거리 등이 쓰인다. 밀양아리랑, 쾌지나칭칭나네, 보리타작소리, 튀전타령, 골패타령, 담바구타령(이상 경상도), 정선아리랑, 한오백년(이상 강원도), 신고산타령, 궁초댕기(이상 함경도) 등이 있다.

(5) 제주민요

제주민요는 중요무형문화재 제 95호로 제주지역의 지역적 특성인 바람과 파도, 물질 등의 특성이 반영된 노래가 만들어지고 불려졌다. 서도민요와 경기민요의 영향을 받은 육지 전달 민요와 제주섬에서 발생한 섬발생적 민요로 나뉜다. 이 외에도 직업의 종류에 따라 농사짓기소리, 고기잡이소리, 일할 때 부르는 소리(노동요), 의식에서 부르는 소리, 부녀요, 통속화된 잡요(창민요)로 나눌 수 있다. 제주를 대표하는 민요로는 오돌또기, 산천초목, 맷돌노래, 봉지가, 이야홍 타령, 개구리타령, 중타령, 서우제소리 등이 있다.

(6) 아리랑

대표적인 한국의 민요로 2012년 유네스코 세계무형유산으로 등재되었다. 형식은 매우 간단하며 후렴이나 사설로 '아리랑'또는 '아라리' 등의 구절이 사용된다. 시대나 지역에 따라 다양한 선율, 사설이 발달되어 왔으며 현재 약 60여종 3천 6백여 수의 곡이 전해지고 있다.

제2절 무용

전해오는 전통무용에는, 궁중 연례에서 추던 정재무, 문묘 · 종묘에서 추던 일무, 불교행사에서 추던 작법무, 기방에서 추던 기방무, 일반의 민중들에 의해 즐겨지던 민속무, 무속인들에 의해 굿에서 사용되던 무속무 등이 있다.

1 정재무(呈才舞)

음악의 편성은 주로 연례악(宴禮樂)으로는 향당악교주(鄕唐樂交奏) · 보허자(步虛子) · 여민락(與民樂) · 함영지곡(咸寧之曲) · 평조회상(平調會相) · 수재천(壽齋天) 등이 쓰인다. 정재 반주에 쓰이는 악기의 편성은 삼현육각(三弦六角)으로써 피리 · 대금 · 해금 · 장구 · 북으로 편성된다. 그리고 당악정재는 당악을 사용하고 당피리 등 당악기가 중심이 되며 그 가락은 완만하고 음악의 변화가 적다. 또한 향악정재는 향악을 반주음악으로 사용하는데 악기 편성은 향피리 등의 향악기가 중심이 되어 있으며, 그 가락은 당악에 비하여 다소 윤택하고 부드러우며 화려하고 음악의 변화가 많다.

정재의 내용은 춤의 처음과 끝 또는 춤의 중간에 부르는 노래로써 설명한다. 이 노래의 종류로는 창사(唱詞) · 치어(致語) · 치사(致詞) · 구호(口號)가 있으며 춤이 시작되어 제일 먼저 부르는 것을 선구호라 하고 춤이 끝나고 퇴장하기 직전에 부르는 것을 후구호라 한다. 구호는 죽간자가 부르고, 무원이 부르는 것을 창사라 한다. 그리고 중무가 부르는 것을 치어라 한다. 그런데 치어나 창사는 치하하는 말이고 구호는 시일장(詩一章)으로 되어 있으며 이 두 가지 모두 송축하는 내용이라고 하였다. 창사는 어떠한 사(詞)를 노래로 부른다는 뜻으로 춤 추다가 중간에 부르는 노래였으나 조선 말기에 이르러서는 옛날의 구호와 치어에 해당하는 것까지 모두 창사로 통일되고 있다.

궁중정재에 있어서는 악가무일체(樂歌舞一體)라 하여 춤의 내용을 노래로써 설명하며 춤의 진행도 음악에 따라 좌우되었다. 음악을 연주하는 악사들을 지휘하는 집박악사(執拍樂師)가 박으로 무용도 함께 지휘하는 것이다. 박을 한 번 치면 음악이 시작되고 박을 또 한 번 치면 춤이 시작된다. 또한 창사를 부르기 전과 끝날 때는 박을 세 번 친다. 그리고 춤이 끝날 때도 세 번 친다. 이렇게 정재무는 음악과 함께 움직여지는 것이다.

정재에서 많이 사용된 곡은 영산회상(靈山會相)을 비롯하여 여민락(與民樂) · 보허자(步虛子) 등이다. 정재의 무보가 나와 있는 『고려사』 악지나 『악학궤범』 · 『정재무도홀기(呈才舞圖笏記)』에서 정

재가 진행되는 절차를 보면 기 · 승 · 전 · 결의 뚜렷한 형식이 있음을 알 수 있다. '기(起)'는 무용의 도입부로서 무원들이 나와 인사하고 어떤 내용의 춤을 추겠다는 것을 알리는 형식이다. '승(承)'은 춤의 연결부로서 무원들이 여러 가지 대형을 만들면서 춤사위가 활발해지는 대목이 된다. '전(轉)'은 무용의 진행상 중요부로서 춤의 절정부분이라 할 수 있다. 따라서 여기서는 중무자(中舞者)가 주인공이 되어 춤 추고 창사도 하는 형식을 이룬다. '결(結)'은 종결부로서 무원들이 춤의 끝을 알리고 인사하며 퇴장하는 춤의 끝부분이 되는 것이다.

2 처용무(處容舞, 중요무형문화재 제39호)

신라 헌강왕 때의 처용설화에서 비롯된 가면무로 2009년 유네스코 세계무형유산으로 등재되었다. 현재 전해지는 처용무는 궁중정재(宮中呈才) 가운데 그 역사가 가장 오래된 춤으로, 궁중 나례(儺禮)나 중요 연례(宴禮)에 처용탈을 쓰고 추었던 춤이다.

조선 초기부터는 일명 5방 처용무로 구성되었다. 처음에는 검은 도포(道袍)에 사모(紗帽)를 쓰고 1명이 추었으나, 조선 세종 때 확대되었다. 배경음악의 악곡과 가사도 고려 · 조선을 거치며 부연 · 확대되었으며 성종 때 완전한 무용으로 성립되어 학무(鶴舞) · 연화대무(蓮花臺舞)와 합쳐져 하나의 커다란 창무극으로 재구성되었다.

이 춤은 처용 5명이 5방위의 색인 청 · 홍 · 황 · 흑 · 백색의 옷을 입고 순서대로 등장하여 상대(相對)와 상배(相背) 또는 4방 · 5방형으로 춤을 구성하고 있다. 이들의 소매에는 만화(蔓花)를 그리고 흰비단의 한삼(汗衫)을 끼고 흰가죽신을 신는다. 처용무의 배경음악은 발생 때부터 있었던 것으로 여러 기록에 나타나지만 당시의 악곡에 대한 기록은 없다. 단지 조선 세종 때 윤회(尹淮)가 처용가 곡절(曲節)에 따라 개작하였다는『봉황음(鳳凰吟』의 악보가《세종실록》권146에 전할 뿐이다. 현재 행해지는 처용무에서는 초입부에 가곡 가운데 언락(言樂)을 부르고 후반부에는 편락(編樂)을 부르는데, 가사는《악학궤범》에 들어 있는 것에서 발췌한 것이고 악곡은 이왕직아악부의 하규일(河圭一)이 선택 · 편곡한 것을 쓰고 있다.

3 일무(佾舞)

종묘대제(宗廟大祭)에서 봉행한 의식무용으로 조선 초 국법으로 제정하여 조선말까지 엄격하게 시행하여 왔는데 이는 충효의 예를 중시하는 유교적 이념에게 기인한다. 일무는 여럿이 줄을 맞추어 춤을 춘다는 의미로 일무는 문무와 무무로 나뉘는데, 종묘대제뿐만 아니라 문묘대제에서도 시행하고 있다. 이 일무는 원래는 6일무였지만 지금은 8일무로 64명이 춘다. 1969년 이후로는 전주이씨 대동종약원의 주선으로 매년 1회 봉행(奉行)하고 있다.

무무(武舞)는 『정대업』 음악에 맞추어 추는 정대업지무(定大業之舞)이며, 무공(武功)을 찬미하기 위함이다. 무원(舞員)의 복장은 피변관(皮辨冠)에 홍주의(紅周衣)에 남사대(藍絲帶)를 하고, 목화(木靴)를 착용하며, 무구(舞具)로는 앞의 4줄은 검(劍), 뒤의 4줄은 창(槍)을 들고 춘다.

문무는 문덕(文德)을 송축하는 뜻으로 추는데, 제순(祭順)의 영신(迎神)례 · 전폐(奠幣) · 초헌(初獻)례 때에 춘다. 『보태평』 음악에 맞추어 추는 춤으로 보태평지무(保太平之舞)라 하며, 무원(舞員)의 복장은 홍주의(紅周衣)에 남사대(藍絲帶)를 띠며, 목화(木靴)를 신고 목화에 꽃을 그린 개책관을 쓴다. 무구(舞具)로는 왼손에 약(규황죽(硅黃竹)으로 만든 구멍이 셋인 악기)을, 오른손에는 적(翟; 나무에 꿩털로 장식한 무구)을 든다.

4 작법무

불교의식의 골자인 재(齋)를 올릴 때 추는 모든 춤의 총칭으로 불교무용이라 한다. 범패(梵唄)가 성음(聲音), 즉 목소리로 불전(佛前)에 공양드리는 것이라면, 작법은 신업(身業), 즉 몸 동작으로 공양 드린다는 뜻으로 동작과 형식 등에 따라 나비춤 · 바라춤 · 법고춤 등이 있다.

1) 나비춤

절에서 재(齋)를 올릴 때 추는 무용으로 승무(僧舞)와 비슷하나 나비 모양의 의상을 입고 춤추는 데서 붙여진 이름이다. 원래의 이름은 착복무(着服舞)이다. 반주음악으로는 범패 중의 『홋소리』나 태징을 사용하고 경우에 따라 반주 없이 추기도 한다. 완만하고 느린 동작으로 일관되는 춤이다. 연원은 확실하지 않으나 조선시대에 민속무용으로 널리 성행하였다 한다. 장삼과 고깔 차림으로 겉에 붉은 가사(袈裟)를 걸친 여러 명의 무용수들이 반주 없이 큰 법고(法鼓)를 치며 추는데, 그 쓰이는 용도에 따라 도량게작법(道場偈作法), 향화게(香花偈)작법, 운심게(運心偈)작법, 지옥고(地獄苦)작법, 백귀의불(白歸依佛)작법 등의 15가지 작법으로 나뉜다. 이 춤은 속화(俗化)하여 승무(僧舞) · 구고

무(九鼓舞) 등에도 영향을 끼쳤는데 이때는 반염불(도드리) · 굿거리 같은 반주음악이 뒤따른다.

2) 바라춤

양손에 바라를 들고 빠른 동작으로 전진후퇴(前進後退) 또는 회전(回轉)을 하며 활달하게 추는 춤이다. 불가에서는 모든 악귀를 물리치고 도량(道場)을 청정(淸淨)하게 하며, 마음을 정화하려는 뜻에서 춘다고 한다. 춤의 종류는 천수(千手)바라춤 · 명(鳴)바라춤 · 사다라니(四茶羅尼)바라춤 · 관욕게(灌浴偈)바라춤 · 먹(막)바라춤 · 내림(來臨)바라춤 등 6가지가 있다. 무복(舞服)은 고깔에 장삼을 입으며, 타령 비슷한 장단으로 반주한다. 최근 속화(俗化)되어 임의로 무대에 올려지기도 하는데, 이때는 반염불 굿거리장단을 쓰기도 한다.

3) 법고춤

법고를 두드리며 추는 범무(梵舞)이다. 법고는 절에서 조석(朝夕)의 예불 때나 각종 의식에 사용한다. 두드리는 의미는 세간의 축생(畜生)을 구제하기 위함이다. 이처럼 보이기 위한 춤이 아니었기 때문에 일정한 장단과 리듬이 없이 범패(梵唄)를 반주음악으로 해서 추며, 장삼을 걸치고 양 손에 북채를 든다.

법고를 치는 동작을 내용으로 하는 법고춤과 복잡한 리듬을 내용으로 하는 홍구춤의 두 가지로 나뉜다. 전자는 법고를 치는 동작에 치중하고 후자는 복잡한 리듬에 역점을 둔다. 이 춤은 승무 · 구고무(九鼓舞) 등의 민속무용에 영향을 주었으며, 속화(俗化)하여 임의로 무대에 올려지기도 한다.

5 민속무

민속무용은 시대에 따라 많은 영향을 받으며 변화되어 왔으며, 많은 것이 그 동안에 변질되고 소멸된 예가 많다.

1) 승무(僧舞)

중요무형문화재 제27호이며, 승려들의 춤으로 알려졌으나 불교의식에서 승려가 추는 춤이 아니고 흰 장삼에 붉은 가사를 어깨에 매고 흰 고깔을 쓰고 추는 민속춤이다. 춤의 구성은 체계적일 뿐 아니라 춤사위가 다양하고 춤의 기법 또한 독특하다. 6박자인 염불 · 도드리와 4박자인 타령 · 굿거리 장단에 맞추어 춤을 춘다. 또 장단의 변화는 7차례나 있어 춤사위가 각각 다르게 구분 · 정립되지만 무리 없이 조화를 이룬다.

승무의 기원에 대해서는 민속무용 유래설로는 황진이가 지족선사를 유혹하기 위하여 장삼, 고깔, 붉은가사를 매고 요염한 자태로 춤을 추었다는 황진이초연설(黃眞伊初演說)로부터 여러 가지가 존재하고 있으며, 불교무용유래설, 파계승번뇌표현설(破戒僧煩惱表現說), 산대가면극 중 노장춤이 승무의 원초적 기원이라는 노장춤유래설(老長舞由來說) 등이 있다. 승무의 반주악기는 장고 · 피리 · 저 · 해금 · 북이며, 반주악곡은 염불 · 빠른염불 · 허튼타령 · 빠른타령 · 느린굿거리 · 빠른굿거리 · 당악이며, 염불타령 · 굿거리 · 북치는 가락(자진모리 · 휘모리) 등으로 전체적인 흐름이 조화를 이룬다.

춤사위는 장단의 변화에 따라 7마당으로 구성되는 춤을 추는데 신음하고 번민하듯 초장의 춤사위에서부터 범속(凡俗)을 벗어나 열반의 경지에 들어가는 듯한 말미의 춤사위에 이르기까지 뿌리고 제치고 엎는 장삼의 사위가 신비로움 속에 조화의 극치를 이루고 있다. 이 춤은 조지훈의 시, 〈승무〉에서도 알 수 있듯이 하얀 버선코 끝으로 표출되는 허리와 다리의 가냘픈 모습, 치마 끝에서 보일 듯 말 듯한 버선코의 율동은 승무가 아니면 볼 수 없는 춤사위를 실감하게 하는 고차원적인 예술성과 심미성이 풍부한 춤이다.

2) 살풀이춤

남도(南道) 무무(巫舞) 계통의 춤으로 남도의 무악장단에 맞추어 추는 춤으로 살, 즉 액(厄)을 푼다(제거한다)는 뜻을 가진 민속무용이다. 이는 중요무형문화재 제97호로 지정된 수건춤, 즉흥무라고도 한다.

일반적으로 흰 치마 · 저고리에 가볍고 부드러운 흰 수건을 들고 추는데, 한국무용의 특징인 정중동(靜中動) · 동중정(動中靜)의 미가 극치를 이루는 신비스럽고 환상적인 춤사위로 구성된다. 살풀이에 있어서 수건은 매우 중요한 구실을 하는데, 서무(序舞)에서 짐짓 느리게 거닐다가 이따금 수건을 오른팔과 왼팔로 옮기고, 때로는 던져서 떨어뜨린 다음 몸을 굽히고 엎드려 두 손으로 공손히 들어올리기도 한다. 떨어뜨리는 동작은 불운의 살이라 할 수 있고 다시 주워 드는 동작은 기쁨과 행운의 표현이라 할 수 있다.

반주음악으로는 피리 2개, 대금 · 해금 · 장구 · 북이 각각 1개씩으로 다른 무용의 반주 때와 다름없으나 간혹 징을 곁들일 때도 있다. 그러나 장단은 항상 단장고(單杖鼓)이며 입타령으로 가락을 흥얼거려 효과를 높인다. 살풀이굿처럼 삼엄한 귀기(鬼氣)가 감도는 차가운 분위기와 고도의 세련됨이 조화된 춤이다. 살풀이는 두 갈래로 전승되고 있어, 하나는 이매방(李梅芳)류이며, 다른 하나는 김숙자(金淑子)류이다.

3) 강강술래

앞소리와 받는소리가 춤의 반주인 소리춤으로 전라남도의 해안지역에 퍼져 있는 우리나라의 대표적인 여성들의 춤으로 2009년 유네스코 세계무형유산으로 등재되었다. 이 춤은 주로 한가위 밤에 놀아왔지만 지방에 따라 차이가 있다.

강강술래의 역사적 유래에는 이순신 장군이 침공해 오는 왜적에게 우리 군사가 많다는 것을 꾸미기 위해서 부녀자들을 동원하여 남장시키고 손과 손을 마주 잡고 둥그렇게 원을 만들며 춤추게 했다는 임진왜란과의 연관설과 부여의 영고 · 고구려의 동맹 · 예의 무천 등에서 행해지는 제사의식에서 비롯되었다거나, 만월제의(滿月祭儀)에서 나온 놀이라는 것과, 마한 때부터 내려오는 달맞이와 수확의례의 농경적인 집단춤이었다는 고대의 제사의식에서 비롯된 놀이라는 것 등이다. 그 기원을 규명할 수는 없으나 강강술래는 집단의 대동적인 축제에서 시작된 것으로, 분포지역이 해안지방인 점에서 주로 남자들은 오랫동안 고기를 잡으러 나가고, 여성들이 마을에 남아 있으면서 달 밝은 밤이면 풍농과 만선을 기원하는 공동굿(제의) 형식으로 발달되어 왔다고 할 수 있다.

이러한 강강술래의 구성은 손에 손을 잡아 연결된 상태에서 원을 나타내는 원무가 중심이 되고, 사이 사이에 남생아 놀아라, 고사리 꺾기, 청어 엮기(풀기), 덕석 몰기(풀기), 지와 밟기, 꼬리 따기, 쥔쥐새끼 놀이, 문 열어라, 개고리 타령 등 부수적인 춤들이 번갈아 가면서 놀아지는데, 새로운 춤으로 넘어갈 때마다 원무의 형태를 이루고 있다. 이러한 원무는 시작과 끝, 주와 종, 선과 후, 앞과 뒤의 구별 없이 둥글게 하나가 되는 것으로, 구성원 모두가 동등한 조건에 놓여져 있으며, 강강술래를 통하여 쉽게 공동체의 성원이 될 수 있는 중요한 틀을 제공하고 있다고 할 수 있다. 강강술래는 그 지역 사람들의 생활 정서와 실제를 노래말로 담아 내고 메기는(앞) 소리와 받는 소리로 그 내용을 공감하는 집단춤으로 만들어 내고 있다.

4) 농악무

농악과 함께 발달한 무용으로, 전래되는 독립된 명칭이 따로 없을 뿐 아니라 춤사위나 짜임새도 일정하지 않고, 다만 지방에 따라 조금씩 다른 형식이나 특징을 가지고 있을 따름이다.

현재에 볼 수 있는 농악무의 지방적인 특색은 중부인 충청 · 경기지방 농악무는 춤사위의 종류가 적지만 담백하고 소박한 멋을 지녔으며, 동부의 강원 · 경상도지방 농악무는 춤사위가 다양하고 기교적이어서 화사한 느낌을 준다. 그러나 농악무 중에서도 호남지방의 것이 비교적 잘 발달되었는데, 이를 좀더 세분해 보면 평야가 넓은 우도(右道)는 악기를 손에 든 채 어깨를 들썩거리며 추는 너름새가 발달되었고, 산이 많은 좌도(左道)에서는 머리에 쓴 상모로 온갖 기교를 보여주는 웃놀음이가 발달되었다.

농악무를 맡은 구실에 따라 분류하면, 용대기(일명 용당기)를 든 기수들이 기폭을 펄럭이며 추는 기춤, 쇠꾼이 추는 부들상모놀이와 반부들상모놀이, 쇠채춤이 있으며, 장고잡이들이 추는 설장고춤, 북을 멘 북잡이들이 추는 설북놀이, 고깔을 쓴 버꾸잡이들의 버꾸놀이, 채상모를 쓴 버꾸잡이들의 채상놀이, 갖가지 탈을 쓴 잡색들이 함께 나와 각 지역 특유의 몸짓으로 추는 잡색놀이, 무동들이 수건이나 옷자락을 펄럭이며 추는 꽃나비춤 등이 있다. 이 외에 근래에 삽입된 것으로 보이는 징잡이의 징춤, 버꾸잡이의 열두발상모놀이도 있다.

제 3 절 한국의 전통연극

연극은 음악, 무용과 같이 공연(公演)의 형태를 취하기 때문에 공연예술 또는 무대예술이라고 한다. 무대는 연희하는 장소로서 옥외(屋外)의 놀이판, 굿판에서 현대식 극장무대에 이르기까지 각양 각색이나 연희하는 장소로서의 개념은 연극에서 빼놓을 수 없다. 관객은 단순한 구경꾼에서 연극에 창조적으로 참여하는 경우에 이르기까지 다양한 역할을 하며 무대와 객석의 호흡은 언제나 공연의 성과를 좌우한다.

한국 연극의 종류는 가면극, 인형극, 판소리, 창극, 신파극, 신극으로 분류하는 것이 보통이다. 중요무형문화재로 지정된 연극들로는 가면극과 인형극이 대부분이다.

1 탈춤의 이해

탈춤이란 탈을 쓰고 하는 연극이다. 탈춤은 놀이꾼과 구경꾼이 함께 판을 짜는 대동놀음으로 오랜 시기에 걸쳐 우리 민족의 중요한 놀이의 한 양식으로 전승되어 왔다. 탈춤은 생활 속에서 행해졌으며 탈춤 그 자체가 생활의 일부이거나 생활의 연장선상에서 이루어졌다. 이런 의미에서 본다면 탈춤은 대동놀음으로의 축제판이라고 할 수 있다.

탈춤은 그 기원은 생산의 풍성함을 기원하는 원시 농요제의나 부락의 안녕과 번영을 비는 부락굿 등이 목표하는 바는 제의를 통한 자연과 인간의 소통 · 화해인 것이다. 현재 전승되는 탈춤들은 축제적 전형성이 크며, 이러한 특성은 약화된 구성원의 결속을 강화시켜 주는 역할을 제공할 뿐만 아니라 사라져 가는 축제의 의미를 부활시킬 수 있다는 데서 그 중요한 의미를 가진다고 할

수 있다.

오늘날까지 전해 온 탈춤은 지역적인 특성, 발생 계통, 그 내용이나 탈꾼의 성격에 따라 분류해 볼 수 있다. 대체로 각 마을 단위의 현지 주민에 의해 자생적인 놀이로 된 것과 유랑 예인들의 놀이로 된 것, 이 둘로 크게 나누어 볼 수 있다. 앞의 것을 두레패적인 탈춤이라고 한다면 뒤의 것은 사당패적인 탈춤이라고 할 수 있다. 두레패적인 탈춤은 농경사회에서 집단적 마을굿에 그 기원을 두고 있으며 마을 행사의 하나로서 출발한 탈춤은 대방 전래의 각종 교방잡이와 불교 선전극, 그리고 궁중 의식의 연희 등에 직접 간접적으로 영향을 주고 받으면서 자라나 조선조 후기에 이르러 도시가 성립되자 농촌탈춤에서 도시탈춤으로 변모되거나 풍물의 잡색 놀이로 남게 되었다.

이들을 지방별로 구분해 본다면 서울을 중심으로 한 경기도 일원의 산대놀이(양주별산대, 송파산대), 황해도를 중심으로 한 지방의 탈춤(봉산, 강령, 은율), 그리고 낙동강을 가운데 두고 그 동쪽 부산 일원의 야류(수영야류, 동래야류)와 서쪽의 경남 일원의 오광대(고성 오광대, 통영 오광대, 가산 오광대) 등으로 분류된다. 사당패적인 탈춤으로는 남사당패의 덧배기, 중매구패의 걸립패나 주로 호남지방 솟대장이패의 탈춤 등이 있으며 무당굿 놀이에서 등장하는 탈춤 등이 있다.

탈춤은 탈이 갖는 은폐성, 상징성, 표현성에 덧붙여 일반 서민들의 삶을 거리낌 없이 표현하고 있는데 파계승, 몰락양반 등을 등장시켜 특정 지배계층의 비리를 공격하면서 민중의 불만을 풍자를 통하여 표현한다. 탈춤 속에는 한국인의 낙천적인 성격과 여유가 담겨 있으며 이 춤을 통해 평소의 불만과 갈등을 해소하고 이어지는 뒤풀이에서는 춤을 추는 사람들과 관중들이 한데 어울려 춤을 춤으로써 하나로 단결되는 동시에 넘치는 생명력을 되찾게 된다.

2 봉산(鳳山)탈춤

중요무형문화재 제17호이며, 봉산탈춤은 황해도 봉산군에 전승되던 탈춤이다. 19세기말 이래로 해서(海西) 탈춤을 대표하고 있다. 기원은 산대도감 계통극의 해서탈춤으로 봉산은 황주(黃州), 평산(平山)과 함께 《팔역지(八域誌)》의 소위 남북직로상(南北直路上)의 주요한 장터의 하나로 탈춤 공연의 경제적 여건이 갖추어져 있었다.

주로 5월 단오날 벽사(僻邪)와 기년(祈年)의 행사로서 놀았으며 내용은 7마당 5거리로 되어 있다. 제1은 사상좌(四上佐) 춤마당으로 사방신(四方神)에 배례하는 의식무(儀式舞) 장면이며, 제2는 팔먹중마당으로 첫째 거리는 팔먹중 춤놀이이며 둘째 거리는 법구놀이이며, 제3은 사당춤마당으로 사당(社堂)과 거사(居士)들이 흥겨운 노래를 주고받는 장면이며, 제4는 노장(老長)춤 마당으로 첫째거리는 노장 춤놀이로 노장이 소무의 유혹에 빠져 파계하는 장면이며, 둘째거리는 신장사 춤놀이로 신장사가 노장에게 신을 빼기는 장면이며 셋째거리는 취발이 춤놀이로 취발이가 노장으로부터 소무를 빼앗고 살림을 차리는 장면인데 여기서 모의적인 성행위와 출산은 풍요제의적(豊饒祭儀的) 성격을 띠고 있으며 제5는 사자춤마당으로 사자로 하여 노장을 파계시키고 파계승들인 먹중들을 징계하는 장면이며 제6은 양반춤마당으로 양반집 머슴인 말뚝이가 양반형제들을 희롱하는 장면이며 제7은 미얄춤마당으로 영감과 미얄할멈과 영감의 첩덜미리집과의 삼각관계를 그리다가 영감에게 맞아 죽은 미얄할멈의 원혼을 달래는 무당굿으로 끝난다.

봉산탈춤에 사용되는 탈은 팔먹중 · 노장 · 취발이탈과 같은 귀면형(鬼面型)의 이른바 목탈이 주요한 배역을 맡고 있다. 먹중의 기본 의상은 화려한 더거리에 붉고 푸른 띠를 매며 소매에는 흰 한삼을 달았고 다리에는 행전을 치고 웃대님을 맨다. 먹중춤은 한삼소매를 휘어잡고 뿌리거나 또는 경쾌하게 흩뿌리면서 두 팔을 빠른 사위로 굽혔다 폈다 하는 동작의 이른바 '깨끼춤'이 기본이 되는 건무(健舞)이다. 등장하는 배역 수는 34명이 되나 겸용하는 탈이 있으므로 실제로 사용되는 가면 수는 26개가 되며 상좌 4개, 먹중〔墨僧, 目僧〕 8개, 거사 6개, 사당, 소무(小巫), 노장〔僧〕, 신장수〔鞋商〕, 원숭이, 취발이(醉發), 맏양반(샌님), 둘째양반(서방님), 셋째양반(종가집 도련님), 말뚝이, 영감, 미얄, 덜머리집(용산삼개), 남강노인(南江老人), 무당, 사자 등이다.

봉산탈춤은 다른 지방의 탈놀이에서 끊임없이 영향을 받아들이면서 개량하였고 명수들의 배역과 뛰어난 연기로 주위에 명성을 떨쳤으며 19세기 말부터 20세기 초에 걸쳐 강령탈춤과 함께 황해도 탈놀이의 최고봉을 이루었다.

3 북청사자(北靑獅子)놀음

중요무형문화재 제15호, 북청사자놀음은 함경남도 북청지방에서 정월대보름에 행해지던 사자놀이, 곧 탈놀음으로 북청군 전 지역에서 행해졌다. 이 놀음은 삼국시대의 기악(伎樂) · 무악(舞樂) 이래 민속놀이로 정착된 가면놀이로, 주로 대륙계 · 북방계인 사자춤(獅子舞)이 민속화된 대표적인 예로 볼 수 있다.

이 사자놀음은 음력 정월 14일 밤부터 15일 새벽까지 놀고 서당과 도청(都廳; 마을공회당)에 모여 술과 음식을 갖춰놓고 논 뒤 16일부터는 초청받은 집을 돌며 놀았다. 이와같은 사자놀음의 주목적은 연초에 잡귀를 쫓고 마을의 평안을 비는 데 있었으며 집집마다 거둔 전곡(錢穀)은 마을의 공공사업과 사자놀음 비용 등에 써 왔다.

1950년 한국전쟁 뒤 월남한 연희자들에 의하여 현재는 서울을 중심으로 전승되고 있다. 문화재로 지정될 당시에는 애원성, 마당놀이, 사자춤 순서로 놀았으나 요즈음은 길놀이, 마당놀이, 애원성,

사자춤, 칼춤, 무동춤, 곱사춤, 재담, 넋두리춤으로 노는 경우가 많고 순서는 바뀔 수도 있다. 대개 애원성이 먼저이고 사자춤이 뒤이며 중간에 잡다한 춤들이 끼이는 것은 변함이 없다. 춤의 반주음악에 쓰이는 악기는 퉁소 · 장구 · 소고 · 북 · 꽹과리 · 징이다. 퉁소는 2개를 쓰나 많이 쓸 때 6개까지 쓴다. 해서(海西)나 경기지방의 탈놀이가 삼현육각(三絃六角)의 반주로 되어 있고, 영남지방 탈놀음이 매구풍장(농악)으로 되어 있는 데 비해 북청사자놀음만이 퉁소풍장으로 되어 있는 것은 매우 특이하다. 반주음악의 장단은 대개 춤곡에 따라 3분박 좀 느린 4박자나 좀 빠른 4박자로 굿거리장단에 맞는다.

북청사자놀음에 쓰이는 가면은 사자 · 양반 · 꺽쇠 · 곱추 · 사령 등이다. 내용은 퉁소와 북에 의한 반주와 애원성에 맞춰 애원성 춤을 추고 이어 꺾쇠가 양반을 끌고 나오고 악사가 뒤따른다. 양반이 사당과 무동 · 꼽새 등을 불러들여 논 다음 사자를 불러들인다. 사자춤에서는 상좌중이 함께 춤을 춘다. 사자가 여러 가지 춤추는 재주를 부리다가 쓰러진다. 양반은 대사를 불러 〈반야심경(般若心經)〉을 외우나 움직이지 않자 의원이 침을 놓아 일어난다. 꺾쇠가 사자에게 토끼를 먹이니 사자는 기운이 나서 굿거리장단에 맞춰 춤을 춘다. 양반이 기뻐서 사자 한 마리를 더 불러 춤을 추게 하고 사당춤과 상좌의 승무가 한데 어울리고 사자가 퇴장하자 마을사람들이 『신고산타령』 등을 부르면서 군무(群舞)를 추고 끝낸다. 우리나라 여러 사자놀음 가운데 북청사자놀음의 사자춤에는 여러 가지 뛰어난 춤사위가 있어 다양할 뿐 아니라 여러 가지 놀이꾼이 딸리고 여러 종류의 춤을 곁들이는 점에서도 가장 뛰어난 놀음이라 할 수 있다.

4 송파 산대놀이

중요무형문화재 제 49호, 송파산대놀이는 약 200여 년 전부터 현재의 서울 송파구 석촌호수 주변에 있던 송파장을 중심으로 연희되어 오고 있는, 현재 서울에 유일하게 존재하는 탈놀이다. 산대놀이는 서울을 중심으로 경기지방에서 연희되어 온 탈놀음으로 구파발, 녹번, 애오개(아현) 등지에 본산대가 있었고, 그 분파로 보이는 송파, 양주구읍, 퇴계원, 노들(노량진), 가믄돌(흑석동) 등지에 산대놀이가 있었으나, 현존하는 것은 송파산대놀이와 관원 관노놀이의 성격을 띤 양주별산대놀이뿐이다.

놀이는 정월대보름, 사월 초파일, 단오, 백중, 한가위 등의 명절에 세시놀이로 행해졌으며, 춤이 주가 되고 시대상을 풍자하는 재담, 창 등 여러 가지 동작을 보인다. 반주음악은 삼현육각(장구, 북, 쌍피리, 대금, 해금)의 악기 구성으로 타령, 굿거리, 염불(12박) 장단이 주가 되며 당악장단도 사용된다. 춤사위로는 타령-깨끼리춤(깨끼춤), 굿거리-건드렁춤, 염불-거드름춤의 유형으로 나뉘며, 40여 종의 춤사위로 세분화되어 있어 한국민속무용의 춤사위로 대변할 만하다.

마당구성은 산대놀이 12마당이 그대로 전승되어 있으며, 탈의 수도 32개로 양주별산대놀이에서 이미 잊혀진 해산어멈, 신장수, 신할미, 무당탈 등도 산대도감탈들이 거의 보존되어 있고 배역도 있어 비교적 고형을 잘 보존하고 있다.

5 양주 별산대놀이

서울과 중부지방에 전승되어 온 산대놀이의 한 분파로, 1964년 중요무형문화재 제2호로 지정되었다. 양주별산대는 지금으로부터 1700년경 후반 양주사람 이을축(李乙丑)이 서울 사직골 딱딱이패들에게 배워 양주에 정착시킨 것이라 하며, 그는 양주 최초의 가면제작가라고도 한다.

초파일 · 단오 · 추석에 주로 연희되고, 그 밖에 명절이나 기우제(祈雨祭) 때도 연희되었다. 놀이 전에 탈고사를 지내며, 제물과 제주를 음복하여 취기가 돌면 앞놀이(길놀이)가 시작되는데, 서낭대와 탈들을 앞세우고 풍물을 울리며 마을을 순회한다. 놀이는 다른 가면극의 경우와 마찬가지로 음악반주가 따르는 춤이 주가 되며 거기에 묵극적(默劇的)인 몸짓과 동작 · 사설, 그리고 노래가 곁들여져 가무적인 부분과 연극적인 부분으로 이루어진다. 등장인물은 상좌 2명과 먹중 4명, 그리고 완보(完甫) · 옴중 · 소무(小巫) · 연잎 · 눈끔적이 · 샌님 · 취발이 · 말뚝이 · 쇠뚝이 · 왜장녀 · 애사당 · 원숭이 · 포도부장 · 도령 · 해산모(解産母) · 신주부 · 신할아비 · 미얄할미 · 도끼 · 도끼누이 등이며, 탈은 대개 바가지탈로 현재 22개의 탈이 있어 역할에 따라 겸용하기도 한다.

놀이는 모두 8마당 9거리로 짜졌으며 제1마당은 상좌마당, 제2마당은 옴중마당, 제3마당은 먹중마당, 제4마당은 연잎 · 눈끔적이마당, 제5마당은 팔먹중마당, 제6마당은 노장마당, 제7마당은 샌님마당, 제8마당은 신할아비 · 미얄할미마당이다. 사설(대사)은 봉산탈춤이 비교적 운문적(韻文的)이라면 별산대놀이는 평범한 일상회화로 비어(卑語)를 쓰며 동작은 하나의 전기적인 역할을 한다. 춤사위는 한국 민속가면극 중 가장 분화 · 발전된 것으로 몸의 마디마디 속에 멋[神]을 집어넣은 염불장단의 거드름춤과 멋을 풀어내는 타령장단의 깨끼춤으로 구분되어 몸짓 또는 동작이 유연한 형식미를 갖추었다. 반주악기는 삼현육각(三絃六角), 즉 피리 · 젓대 · 해금 · 장구 · 북 등인데 꽹과리 · 호적 등을 추가하는 경우도 있으며 반주장단에는 염불 · 타령 · 굿거리 등이 있다. 연희의 내용은 산대도감 계통의 공통된 내용으로 남녀의 갈등, 양반에 대한 풍자 · 모욕, 서민생활의 빈곤상 등 당시의 현실 폭로와 특권계급에 대한 반항정신을 나타내는 것들이다. 오늘날 산대놀이라 하면 이를 가리킬 만큼 대표적인 것이 되었다.

6 고성 오광대놀이

'오광대와 들놀음(야유; 野遊)'은 경남 지역에 분포된 우리 탈놀이의 영남형이라 할 수 있으며, 그 발상지는 낙동강변의 초계 밤마리 장터로 신반 → 진주 → 마산 → 창원을 거쳐서 한 갈래는 김해 · 동래 쪽으로, 다른 한 갈래는 고성 · 통영 쪽으로 갈라졌다고 하는데, 현재 수영 · 동래는 '야유(들놀음)'라고 부르고, 고성 · 통영을 비롯해 다른 지방에서는 '오광대'라고 부르고 있다. '오광대'라는 이름의 오(五)에 대해서는 오행설(水, 火, 金, 木, 土), 오처용설(東, 西, 中, 南, 北; 오방신장), 오과장설 등이 있으나, 모두 같은 논거에 의한 것이며 '야유'는 들놀음을 뜻한다.

오광대는 이른바 산대도감극(山臺都監劇) 계통의 우리나라 고유의 탈놀이로서, 그 마당과 내용을 살펴보면 지방에 따라 조금씩 차이는 있으나 대체로 5~7마당으로 짜여 있고, 줄거리는 양반계급에 대한 반감과 모욕, 파계승에 대한 풍자, 남녀 애정관계에서 오는 가정의 비극 등으로 엮여 있으며, 연출 형태도 다른 탈춤의 경우와 마찬가지로 춤이 중심이 되고 재담과 창과 몸짓이 곁들여 연기되는 탈춤 놀이의 하나이다.

무형문화재 제7호, 오광대놀이는 걸립이나 집돌이를 하여 놀이 비용을 염출하였고, 장터나 그 밖의 놀이 마당에서 연기하였으며 악사들은 농악대가 담당하였다. 다른 가면극들처럼 춤이 주가 되고 재담과 창이 곁들여지는 탈춤극인데, 춤은 염불타령 · 굿거리 등 민속무용으로 이어지며 특히 꽹과리를 주조로 하는 장단맞춤 '덧배기춤'은 오광대만이 갖는 멋들어진 춤이다. 이 놀이는 일제시대에 중단되었다가 해방 후 군민의 요청으로 다시 살아났다. 고성 오광대는 다른 지방의 오광대와 비슷하나 벽사의 의식부나 사를 물리치고 상서로움을 비는 사자춤 등이 없다.

모두 다섯 마당으로 짜여 있으며, 그 순서는 첫째 마당인 문둥북춤, 둘째 마당은 '광대놀음'으로 원양반, 청제양반, 백제양반, 적제양반, 흑제양반, 홍백양반, 종가도령, 초랭이, 말뚝이의 여덟 광대가 한데 어울려 제각기 특징 있는 춤과 재담을 주고받는 '오광대'마당이다. 셋째 마당은 '비비 탈놀음'으로 인신수두(人身獸頭)의 비비가 나타나 양반을 조롱하는 내용이다. 넷째 마당은 승무이며, 다섯째 마당은 제밀주(작은어미)마당으로 양반사회의 처첩관계를 꼬집고 있다.

7 하회별신굿 탈놀이

경북 안동의 하회동과 병산동에서 전해 내려오는 탈춤으로, 이는 동네의 서낭신에게 제사를 올리고 풍년을 기원했던 풍습에서 유래한 것으로 여겨진다.

섣달 그믐날이나 정월 초이튿날 아침에 놀이패들이 마을의 서낭당에 올라가, 의식적인 절차로서

신을 불러내어 마을 집회장소인 동회로 돌아온다. 그리고 나서 사람들이 많이 모이면 농악놀이를 하며 한바탕 놀다가, 각시탈을 쓴 광대가 무동(舞童)놀이를 하면서 구경꾼에게 걸립(乞粒)을 도는 무동마당을 첫째 마당으로 하여 별신굿 놀이를 시작한다. 둘째 마당은 한쌍의 암 · 숫사자가 나와서 춤을 추는 주지놀이로서, 행사가 탈없이 끝나기를 비는 일종의 액막이 놀이를 하는 것이며, 셋째 마당은 백정이 소를 잡는 장면을 다루고 있고, 넷째 마당은 할미광대가 쪽박을 허리에 차고 나와 베짜는 시늉을 하면서 신세타령을 하는 것이다. 다섯째 마당에서는 파계승이 등장하며 '부네'라는 여인 때문에 파계를 하는 내용이며, 여섯째 마당에서는 양반과 선비가 나타나 서로 학식 자랑을 하면서 다투는 모습을 보여주는데, 양반이 결국 선비에게 욕을 먹고 지게 되지만 양쪽이 화해를 하고 함께 어울려 춤을 추면서 놀이가 끝나게 된다.

하회 별신굿탈놀이는 동네의 서낭신인 15세의 처녀신을 위로하기 위한 것이라고 하는데, 여기에는 그해 농사의 풍년을 기원하는 의미도 내포되어 있는 것으로 전해지고 있다.

8 남사당놀이

남사당은 조선시대 유랑남성연예인집단으로 이들의 연희(演戲)를 남사당놀이라 한다. 남사당놀이는 대개 농어촌이나 성곽 밖의 서민층 마을을 대상으로 하여 모 심는 계절부터 추수가 끝나는 늦은 가을까지를 공연시기로 하였다. 남사당패의 놀이는 6가지이며 2009년 유네스코 세계무형유산으로 등재되었다. 남사당놀이의 순서는 '풍물(농악)', '버나(대접돌리기)', '살판(땅재주)', '어름(줄타기)', '덧뵈기(탈놀음)', '덜미(꼭두각시 놀음)' 등으로 이루어진다.

풍물은 일종의 농악으로, 인사굿으로 시작하여 돌림벅구, 선소리판, 당산벌림, 양상치기, 허튼상치기, 오방(五方)감기, 오방풀기, 무동놀림, 쌍줄백이, 사통백이, 가새(위)벌림, 좌우치기, 네줄백이, 마당일채 등 24판 내외의 판굿을 돌고, 판굿이 끝난 다음 상쇠놀이, 따벅구(벅구놀이), 징놀이, 북놀이, 새미받기, 채상놀이 등의 순서로 농악을 친다. 물은 웃다리가락(충청 · 경기 이북지방)을 바탕으로 짰다고 하며, 참여 인원은 꽹과리, 북, 징, 장구, 날라리, 생각[侖角]의 잽이[樂士]와 벅구 등을 포함한 최소 24명 정도가 1조를 이룬다.

버나는 쳇바퀴나 대접 등을 앵두나무 막대기로 돌리는 묘기를 말하며, 돌리는 물체에 따라 대접버나, 칼버나, 자새버나, 쳇바퀴버나 등으로 분류된다. 살판은 오늘날의 덤블링을 연상시키는 묘기로 살판쇠(땅재주꾼)와 매호씨(어릿광대)가 잽이의 장단에 맞추어 재담을 주고받으며 재주를 부린다.

줄타기는 중요무형문화재 제58호이며, 공중에 맨 줄 위에서 줄광대가 재미있는 이야기와 발림을 섞어 재주를 부리는 놀이로 노래와 재담을 곁들여 줄 타는 사람과 구경꾼이 함께 어우러진 놀이판

을 이끄는 특징이 있다. 줄타기는 마치 얼음을 지치듯 줄을 타고 다녀 '어름' 또는 '줄얼음타기'라고도 부른다. 이전에는 주로 음력 4월 15일이나 단오날, 추석 등 명절날에 공연되었다.

줄타기는 공연 내용이나 상황에 따라 다소 차이가 있으나 일반적으로는 5단계로 이루어진다. 안전을 비는 '줄고사'가 첫시작이며, 다음은 여러 기술로 관중의 긴장을 유도하고, 이후에는 '중놀이'와 '왈자놀이'를 통해 관중의 긴장을 풀어주고 재미를 이끌어 낸다. 그리고는 다시 여러 기예를 통해 관중의 극적 긴장을 유도했다가 마지막으로 살판을 통해 긴장을 해소한 후 마무리한다. 이러한 줄타기를 할 때에 파계승과 타락한 양반 등의 풍자, 바보짓이나 꼽추짓, 여자의 화장하는 모습 등을 흉내 내어 웃음을 자아낸다.

줄타기 공연은 줄광대, 어릿광대, 삼현육각재비로 구성한다. 줄광대는 주로 줄 위에서 재주를 부리고, 어릿광대는 땅 위에 서서 줄광대와 어울려 재담을 나눈다. 삼현육각재비는 줄 밑에서 광대들의 동작에 맞추어 장구, 피리, 해금 등으로 흥을 돋는 연주를 한다. 김대균이 보유자로 전승되고 있으며 2011년에 유네스코 세계무형유산으로 등재되었다.

덧배기는 탈을 쓰고 하는 연희이다.

마지막으로 행해지는 덜미는 민속인형극 꼭두각시놀음으로 삼국시대 중엽 이후로부터 고려 초에 걸쳐 서역계의 인형놀음이 들어와 기존의 인형놀음과 혼습되어 전해진 것으로 알려져 있다. 꼭두각시놀음은 일반적으로 박첨지놀음, 꼭두박첨지놀음, 덜미 등으로 불리며, 전체 구성은 2마당 7거리로 이루어져 있다. 제1마당은 박첨지 마당으로 박첨지 유람 거리, 피조리 거리, 꼭두각시 거리, 이시미 거리이며, 제2마당은 평안감사 마당으로 매사냥 거리, 상여 거리, 절 짓고 허는 거리로 구성되어 있다.

9 택견

우리나라 전통무술의 하나로 중요무형문화재 76호이며, 2011년 유네스코 세계무형유산으로 등재되었다. 택견의 특징은 춤을 추듯 유연하고 탄력적인 동작과 순간적으로 우쭉거려 생기는 탄력을 이용해 파괴력을 드러내는 것으로 공격보다는 수비에 치중하는 발놀임을 가지고 있다. 택견의 수련모습은 고구려 고분벽화에서도 발견되는데 특히 고려시대 무인들이 즐겨 수련하던 무예가 조선시대에 대중화되어 오늘날의 형태로 전수되었다.

제 4 절 민속놀이

1 매사냥

매를 훈련시켜 사냥을 하는 방식으로 4000년 이상 세계의 많은 지역에서 행해진 사냥법이다. 매사냥에 사용할 매는 한로(寒露)와 동지(冬至) 사이에 잡아서 길들이며, 매사냥은 개인이 아닌 팀으로 이루어진다. 매사냥의 구성원은 꿩을 몰아주는 몰이꾼(털이꾼), 매를 다루는 봉받이, 매가 날아가는 방향을 봐주는 배꾼으로 구성된다. 우리 속담에 '시치미를 뗀다'라는 것이 있는데 이때 시치미는 매의 이름표로 타인의 훈련된 매를 잡아 시치미를 떼고 자신의 것으로 우길 때 쓰였던 표현에서 유래하였다. 우리나라는 매사냥에 대해 몽골, 아랍에미리트, 벨기에, 체코, 프랑스 등 11개국과 함께 공동으로 세계무형유산 등재를 신청해 2010년에 등재되었다.

2 안동 차전놀이

경북 안동지방에서 발달하였으며, 동채싸움이라고도 한다. 1969년에는 〈사단법인 안동차전놀이 보급회〉가 설립되고 이 해에 안동 차전놀이가 중요무형문화재 제24호로 지정되었다.

안동차전놀이의 유래는 통일신라 말에 후백제(後百濟)의 왕 견훤(甄萱)이 고려 태조 왕건과 자웅을 겨루고자 안동으로 진격해 왔을 때 이곳 사람들은 견훤을 낙동강 물속에 밀어 넣었는데 이로 말미암아 팔장을 낀 채 어깨로만 상대편을 밀어내는 차전놀이가 생겼다고 한다. 또 다른 전설에는 견훤이 쳐들어왔을 때 이 고을 사람인 권행(權幸)·김선평(金宣平)·장정필(張貞弼)(이들을 모신 3태 사묘가 안동에 있어 지금도 해마다 제사를 지낸다)이 짐수레와 같은 수레 여러 개를 만들어 타고 이를 격파한 데서 비롯한 놀이라고도 한다.

놀이는 먼저 부정을 타지 않게 정성껏 베어 온 길이 20~30척의 참나무를 X자 모양으로 묶어 동채를 만들고 끈으로 단단히 동여맨 다음, 가운데에 판자를 얹고 위에 방석을 깔아 동여맨다. 동채 머리에는 고삐를 매어 대장이 잡고 지휘할 수 있게 하고 판자 뒤에는 나무를 X자 모양으로 하여 4귀를 체목에 묶어 동채가 부서지거나 뒤틀리지 않게 한다. 참가자는 대장·머리꾼·동채꾼·놀이꾼으로 이루어지며 대체로 25~40세의 남자 500여 명이 동서로 갈리어 승부를 겨룬다. 동부의 대장을 부사(府使), 서부의 대장을 영장(營將)이라고 하며 승부는 상대편 동채가 땅에 닿거나 동채를 빼앗으면 이긴다.

3 안동의 놋다리밟기

해마다 음력 정월의 대보름날 밤에 몸단장을 곱게 한 젊은 부녀자들이 모여서 행하는 놀이이다. 놀이를 할 수 있을 정도의 사람들이 모이면 모두 일렬로 늘어서서, 각자 앞사람의 허리를 두 손으로 껴안은 채 엎드린다. 그 다음에는 어린 소녀를 뽑아서 사람들의 등을 밟고 지나가게 하고, 키 큰 사람 둘이서 양쪽으로 그 소녀의 손을 잡아 부축해 준다. 이 때, 놋다리 밟기의 노래가 불리워지며 그 가사 속에는 이 놀이가 생겨난 배경이 잘 나타나 있다.

고려시대의 공민왕이 중국의 홍건적에게 쫓기어 안동지방으로 파천했던 일이 있었는데, 당시 함께 갔던 왕비인 노국공주가 시내를 건널 때, 쉽게 건널 수 있도록 사람다리를 놓았던 데서 유래한 것이라고 한다. 그래서 이 노래속에는 여러 가지 궁중의 의복, 집기, 음식 등을 지칭하는 말이 나오며, 이 '놋다리'라는 말의 뜻은 '시냇물 위에 놓은 다리'라고 한다.

4 고싸움놀이

1970년 중요무형문화재 제33호로 지정된 광주 남구 대촌동(大村洞) 옻돌마을에서 정월 초순경부터 2월 초하루까지 하는 놀이이다. 짚으로 만든 '고'를 기구로 하여 승부를 겨루는 놀이이다. '고'는 옷고름, 고맺음 등에서 온 말로, 한 가닥을 길게 빼어서 둥그런 모양으로 맺은 것을 뜻한다. 옻돌마을에 전해오는 속설에 따르면, 이 마을이 황소가 쭈그리고 앉아 있는 상(相)이어서 터가 거세기 때문에, 그 기운을 누르기 위해 비롯되었다고 한다.

놀이는 정월 초순경 10여 세의 어린이들이 길이 5~6m의 고를 만들어 어린이 고싸움을 벌이는 데서부터 시작된다. 아이들이 고를 메고 놀다가 상대방 마을 앞을 돌아다니면서 슬슬 싸움을 걸면 시비가 붙고 드디어 소규모의 고싸움이 벌어진다. 다음날에는 아래 · 위 마을 15세 가량의 어린이들이 합세하고, 이를 관전한 20여 세의 청년들까지 참가하여 점차 규모가 커진다. 이때가 대개 정월 10일경이 되는데, 이 무렵부터 본격적인 고싸움 분위기에 휩싸여 두 마을의 유지들이 모여 대항전을 벌이기로 합의하고 준비에 들어간다. 짚을 거두어 고를 만들며, 줄다리기의 줄처럼 9겹의 줄이 되면 그 속에 통대나무를 넣고 어른의 팔뚝만큼 굵은 동아줄로 칭칭 감아 타원형의 고머리를 만든다. 그런 다음 줄 끝을 다른 줄에 대고 두 줄을 묶고 몸체를 만드는데, 그 속에도 통나무를 넣고 칭칭 감는다. 그리고 몸통에 5~6개의 통나무를 가로로 묶어 멜 수 있게 한다.

고가 완성되면 14일 밤에 당산제(堂山祭)를 지내고 15일은 쉰 다음 16일에 고싸움을 벌이는데, 오전에는 두 마을 합동으로 농악굿을 하고, 오후에 고를 메고 싸움터에 집결한다. 고를 멘 줄패장들이 돌진하여 상대방의 고를 찍어 눌러 땅에 닿게 하는데, 먼저 땅에 닿는 편이 진다. 그 사이 농악 소리가 하늘을 진동하고 싸움은 격렬하게 전개된다. 싸움은 20일까지 계속되는데, 승부가 나지 않으면 2월 초하룻날 줄다리기로 결판을 낸다.

5 영산(靈山) 줄다리기

경남 창녕군 영산면(靈山面)에 전승되는 민속놀이로 1969년 2월 11일 중요무형문화재 제26호로 지정되었다. 《동국세시기(東國歲時記)》에 의하면, 줄다리기는 한국에서는 오래 전부터 중부 이남 지방에서 널리 하였다고 하며, 오늘날에도 가장 많이 하는 민속놀이이다. 영산 이외에도 경남 의령지방, 전남 장흥지방, 충남 아산지방 등에서 특히 성행하는데 보통 정월 보름 이후에 한다.

놀이의 준비는 줄만들기부터 시작한다. 마을에서 모은 짚으로 3가닥 줄을 꼬아 두었다가 경기 하루 전날 줄을 길게 펴놓고 한 가닥씩 우차(牛車) 바퀴에 감고 돌려서 줄이 단단히 꼬이도록 한다. 줄엮기가 끝나면 줄말기를 한다. 전체적으로 완성된 줄의 모양은 2마리의 지네가 머리를 마주대고 서 있는 모습이다. 싸움이 시작되면 수많은 남녀노소가 줄을 잡는다. 심판의 신호에 따라 경기와 휴식이 번갈아 진행된다. 줄은 암줄과 수줄로 나뉘는데 암줄이 이겨야 풍년이 든다고 한다. 이긴 편의 밧줄과 꽁지줄을 풀어 짚을 한 웅큼씩 떼어다가 자기집 지붕 위에 올려놓으면 좋은 일이 생긴다고 하며, 또 그 짚을 소에게 먹이면 소가 튼튼하게 잘 크며 거름으로 쓰면 풍년이 든다고 한다. 마산 사람들은 이 짚을 사다가 풍어를 빌었다. 줄다리기가 끝나면 농악대를 앞세워 집집마다 다니면서 지신밟기를 한다.

영산 줄다리기는 풍농과 풍어를 기원하는 속신이 있으며, 집단적인 신체 단련과 경기의 즐거움 등이 깃들어 있는 놀이이다.

6 기지시(機池市) 줄다리기

충남 당진군 송악면(松嶽面) 기지시리(機池市里)에서 윤년이 드는 음력 3월 초에 하는 줄다리기로 1982년 중요무형문화재 제75호로 지정되었다. 참가 인원은 15~17만 명이며, 줄의 규모는 길이 200m, 지름 1m로 볏짚만 사용하여 만든다.

기지시리의 줄다리기는 지형에 따른 풍수지리설에 유래한다. 조선 선조 초에 당진 지방은 한나루[牙山灣]가 터져 하룻밤 사이에 17개 면 가운데 5개 면이 바다에 매몰되고, 남은 지역에는 전염병

이 퍼지는 등 재난이 겹쳐 민심이 흉흉하였다. 이때 이곳을 지나던 풍수지리학자가 이곳의 지형은 옥녀가 베틀을 놓고 베를 짜는 형상이기 때문에 윤년마다 지역 주민들이 극진한 정성으로 줄을 당겨야 모든 재난이 물러가고 또 예방되며, 안정된다고 하였다. 즉 베를 짜서 마전(피륙을 바래는 일)을 하는 데는, 짠 베를 양쪽에서 마주잡고 잡아당겨서 하므로 줄을 당기는 것은 그 형상을 나타내는 것이라 하여 처음에는 부녀자들이 줄을 당겼다가 남자들이 하게 되었다고 한다.

기지시리에서는 줄다리기를 이틀 앞두고 마을 동쪽에 있는 국수봉(國守峰)의 국수정에 제단을 설치하여 재난을 몰아내고 풍년과 번성을 기원하는 전야제인 당제(堂祭)를 지낸다. 다음날에는 농악대가 영기(令旗)를 선두로 방방곡곡에서 모여드는데, 100~120의 농악대가 참가하여 농악을 겨루고 농우(農牛)로 시상을 한다. 그 다음날에는 줄다리기를 하는데, 국도를 경계로 남쪽은 수상(水上), 북쪽은 수하(水下)로 지역을 구분하여 편을 가른다. 줄은 '숫줄'과 '암줄'이 있어, 이것을 연결하고 수상, 수하 팀 각각 수천 명이 완전한 자세를 갖춘 다음, 신호소리에 맞추어 시작한다.

앞의 두 건의 국가지정 줄다리기 외에도 삼척 기줄다리기(강원지정 제2호), 감내 게줄당기기(경남지정 제7호), 의령 큰줄땡기기(경남지정 제20호), 남해 선구줄끗기(경남지정 제26호) 등이 있다. 이처럼 벼농사와 관련해 협동과 기원의 의미를 담은 줄다리기에 대해 2015년 UNESCO는 한국, 베트남, 캄보디아, 필리핀의 줄다리기 문화를 공동으로 인류무형문화유산으로 등재하였다.

7 제주해녀문화

2016년 유네스코 인류무형문화유산으로 등재. 해녀(海女)는 제주 전역에 분포되어 있는 여성 공동체이며, 다른 기계의 도움 없이 수심 10m까지 잠수하여 전복이나 성게 등의 조개류를 생태친화적인 방법으로 채취하여 생계를 유지하였다. 해녀를 제주도의 몇몇 마을에서는 잠녀(潛女) 혹은 잠수라고도 부르며, 이들이 잠수 후 올라오며 내는 소리를 '숨비소리'라 부른다. 한편 이들은 특별히 지정된 '학교 바당'이라는 일부 바다에서 공동 작업을 해서 얻은 이익으로 공동체 어린이를 위한 초등학교를 짓는 연대와 조화의 정신, 그리고 강인한 삶의 생명력은 제주도민의 정신을 생생하게 보여주는 상징이 되었다. 현재는 80대의 고령자들이 대부분이며 어촌계, 해녀회, 해녀학교와 해녀박물관 등을 통해서 젊은 세대로 전승되고 있다. 해녀는 능력에 따라 하군, 중군, 상군의 세 집단으로 분류된다. 이 중 상군 해녀들의 지도로 물질기술은 전수되고 있으며, 이들은 한 해의 물질이 시작되는 시점에는 무당을 불러 바다의 여신인 용왕할머니에게 풍어와 안전을 기원하며 잠수굿을 지낸다. 일본 일부지역에서는 남녀가 함께 물질을 하는 경우가 있다.

8 씨름

최초의 남북한 공동 등재가 이루어진 유네스코 인류무형유산(2018). 씨름은 고구려 고분벽화에도 보이는 것은 물론 지금까지도 명절, 장날, 축제 등 다양한 행사에서 행해지는 대중적인 기예의 하나이다. 경기방식은 샅바나 띠 또는 바지의 허리춤을 잡고 힘과 기술을 겨루어 상대를 먼저 땅에 넘어뜨리는 것으로 승부를 가른다. 과거에는 씨름에서 마지막에 이기는 사람을 장사라 하여 풍년을 상징하는 황소를 포상하기도 하였다. 경기가 끝나면 장사는 황소를 타고 마을을 행진하며 축하 행사를 벌였다. 씨름은 어린이부터 노인까지 모든 연령의 공동체 구성원이 참여할 수 있으며, 지역에 따라 다양한 방식의 씨름이 발전해왔다. 부상 위험이 적고 접근하기 쉬운 경기로 정신적, 신체적 건강을 증진하는 수단이기도 하다. 씨름은 순우리말로 한자로는 각조(角觝), 각희(角戲), 상박(相撲)이라 불리기도 한다.

제 10 장

회화와 도자기

제 1 절 회화

1 조선 이전의 회화사

1) 고구려 회화

고구려는 기원전 1세기경 건국되어 대륙을 향해 위세를 펼쳤던 나라이다. 그리고 19대 광개토대왕 시대에 만주 통구지방 집안현을 중심으로 강력한 국가를 형성하였다. 이러한 성향은 미술에도 그대로 반영되어, 전해지는 고구려 미술품들은 대체적으로 활달하고 늠름하고 자유분방하며 용맹스러운 고구려인의 기상이 그대로 미술에 반영되어 있다는 평가를 받고 있다. 고구려의 미술은 옛 수도였던 국내성과 평양성 부근에 있는 고분, 불교 조각, 금속공예 등을 통해 알 수 있다.

(1) 고분 벽화의 변천

① 1기(4C말)

안악 3호분(357)으로 대표되는 시기이다. 이때의 벽화는 주로 프레스코 기법을 사용하여 벽화를 그리고, 천장구조는 모줄임 양식을 사용하고 있다. 그림의 기법은 원근이 없이 주인공을 중심에 크게 넣고 주변을 설명하기 위해 다른 사람들을 작게 그려 넣고 있다.

〈그림 10-1〉 안악 3호분 – 제1기 묘주 초상화

② 2기(6C 전반)

양식은 1기와 비슷하나, 불교의 전래를 통해 일상속으로 파고드는 불교적 영향이 많이 보이고 풍속화적이고 동적인 구성을 보이고 있다. 문양에 있어서는 당초문, 연화문과 오룡문 등이 보인다. 또한 고구려인의 강건하고 남성적인 기질의 생활상을 엿볼 수 있는 무용도, 풍속도, 산수화의 시작으로 보는 수렵도와 현무, 주작, 청룡, 백호를 그린 사신도 등이 보인다. 특히 무용총의 수렵도는 말을 달리며 활을 겨누는 기마인물이나 달아나는 짐승들이 모두 격렬하게 표현되어 있어 고구려인의 기상을 잘 표현하고 있다는 평가를 받고 있다. 회화적 기법에 있어서는 전에 비해 구성이나 묘사법이 훨씬 합리적이며 색채도 훨씬 선명해지게 되었다.

③ 3기(6C~7C 전)

이 시기는 단실로, 벽화의 내용도 풍속화는 사라지고 대신 제 2기의 천장에 있던 사신이 정면으로 내려와 도교적 성향을 보이고 있다. 무늬도 인동 당초문과 인동 연화문이 나타나 중국 수나라의 영향이 엿보인다. 이 시기의 대표적인 고분으로는 진파리 7호분, 통거우 4신총, 강서군 우현리 3묘 등이 있다.

고구려는 삼국 중에서 가장 일찍 한대와 육조시대 회화를 받아들여 자체 회화를 발전시켰다. 고구려는 힘차고 율동적인 고구려 특유의 회화로 발전시켰으며, 특히, 중기인 6세경부터 고구려만의 개성이 강조되다가 후기인 7세기에는 절정에 이르고 있다. 고구려의 그림은 주로 고분벽화에 남아있으며 활기찬 움직임과 웅혼한 기상과 풍부한 상상력의 아름다움을 느끼게 해주는 그림이라 할 수 있다. 주요 고분벽화로는 통구지방에서 발견된 무용총 수렵도, 사신총 현무도, 황해도 안악지방에서 발견된 안악 제2호분의 비천도(飛天圖), 평안남도 강서군에 있는 강서대묘의 사신도(四神圖), 용강군에 있는 쌍영총의 인물도, 집안 5개분군 제4호분의 일상도와 학을 탄 선인도, 제5호분의 해신 · 월신도 및 수레바퀴를 만드는 신 등을 들 수 있다.

고구려의 회화는 4세기 경부터는 중국 회화로부터 영향을 받은 것으로 보이며, 동적 · 추상적 · 리드미컬하고 힘에 넘치는 고구려 회화의 특징이 특히 두드러지게 된 것은 대체로 중기인 6세기 경부터이다. 이러한 특징은 고분벽화에 잘 나타나고 있다.

벽화를 보유하고 있는 무덤은 대부분 흙으로 덮은 봉토 내부에 굴식 돌방이 있는 것으로 쌍영총, 무용총, 강서 고분 등이 이에 속한다. 이 벽화에는 풍속도, 수렵도, 무용도, 사신도 등이 그려져 있으며, 구성이나 묘사법이 합리적이고 색채도 선명하다. 그림의 주제로는 대부분이 영생사상이 반영되어 죽은 사람의 생활기록이 가장 많다. 선이 굵고 강직하며 주제를 상징적이고 박력있게 다루어 대담하고 웅혼한 고구려인의 대륙적 기상을 보여준다. 고구려 미술은 담징, 가서일(加西溢) 등을 통해 일본에 영향을 미쳤다. 담징은 일본에 건너가 채색과 지묵(紙墨)의 방법을 전해 주었고, 법륭사의 벽화를 그렸던 것으로 전해진다.

〈그림 10-2〉 무용총

2) 백제시대 회화

부드럽고 세련된 백제의 양식은 고구려 및 중국 남조, 특히 양의 회화의 영향과 독자적인 발전으로 보여진다. 지금까지 알려진 백제의 회화로는 공주 송산리 6호분의 벽화, 부여 능산리 고분벽화 그리고 무령왕릉에서 출토된 왕비의 두침과 족좌의 칠기 그림 정도가 남아 있다. 공주 송산리 6호분과 부여 능산리 벽화 고분에 그려진 사신도, 비운문, 연화문과 부여의 규암면에서 출토된 〈산수문전(山水文塼)〉, 그리고 무령왕릉에서 출토된 〈족좌〉와 〈두침〉에 그려진 어룡이나 연화문, 〈동탁은잔〉에 새겨진 산악도 등의 자료들에서 백제 회화의 면모를 엿볼 수 있다. 그러나 남아 있는 벽화들도 대부분 박락(剝落)이 많아 자세한 모양을 알아보는 데 어려움이 있다. 그러나 능산리 고분벽화의 연화도, 운문도가 뚜렷이 남아 고구려 벽화와는 다른 우아하고 섬세한 백제적 감각을 느낄 수 있다.

3) 신라시대 회화

신라의 회화는 신라만의 독특함이 강하다 할 수 있는데, 대부분 호국적인 일념에서 만들어진 호국사상이 바탕이 되어, 장엄하고 건강한 아름다움을 지니고 있다고 할 수 있다. 신라 미술은 조각과 불상, 토기 특히 금속공예가 발달하였으나 전해지는 회화 작품이 매우 적다.

불교 미술은 삼국 중에서 신라가 가장 늦게 시작하였으나, 이미 6세기 후반에는 특유의 전통을 확립, 거창군에서 출토되어 간송미술관에 소장되어 있는 금동보살입상은 6세기 경에 이르러 신라화된 불상의 좋은 예이다. 몸의 좌우에 삐쭉삐쭉 돋아난 도식화된 옷자락과 X자형으로 교차된 주대

(珠帶)와 다리 위로 늘어진 천의(天衣) 자락은 중국이나 고구려, 백제에서도 볼 수 있지만, 보살의 특징적인 얼굴과 비례감이 뛰어난 몸매 등은 탁월하다 하겠다.

4) 통일신라시대 회화

통일신라시대에는 솔거, 홍계, 정화, 김충의 등의 훌륭한 화가들이 배출되었던 것으로 보아 회화가 크게 발전하게 된다. 솔거가 그린 황룡사의 노송도에 얽힌 전설, 당나라에서 활약한 김충의에 관한 기록, 당의 대표적 인물 화가였던 주방(周昉)의 그림들을 이 시대 신라인들이 대량 수입하였던 일 등을 고려하면 통일신라의 회화에서는 통일이전부터 시작되어 통일 후까지 이어지는 청록산수계통의 사실적이면서도 기운 생동하는 산수화와 아름답고 요염한 미인들을 즐겨 다루는 인물화가 유행했을 것으로 추측한다. 현존하는 통일신라의 유일한 회화인『화엄경변상도』는 이 시대의 세련되고 균형 잡힌 불교회화의 성격과 수준을 잘 말해 준다. 또한 전반적으로 동시대의 불상 양식과 궤를 같이 하고 있음도 확인할 수 있다.

통일신라시대는 신라시대와 마찬가지로 남아 있는 회화 작품이 없어 다만 극도로 발달된 조각공예와 각종 화려한 문양, 그리고 전채서(典彩署)라는 회화소를 나라에 둔 것으로 미루어 회화도 상당히 발달하였을 것으로 추측된다. 원성왕(785~798) 때 장군 김충의가 화법에 능하여 중국에 가서 이름을 날렸다는 기록과 경명왕(917~927) 때 정화, 홍계 두 화승이 흥륜사(興輪寺) 벽에 보현보살을 그렸다는 기록만이 남아있을 뿐이다. 상호 연관을 맺으면서도 각기 다른 양식을 형성하였던 삼국시대의 회화는 불교 조각이나 공예의 경우와 마찬가지로, 통일신라시대에 이르러 통합되고 조화되었다. 통일신라시대에도 화사를 관장하기 위해 세워졌던 것으로 보여지는 채전(彩典)이 계속 기능을 발휘했을 것으로 보인다. 그리고 당과의 교섭을 통하여 궁정 취향의 인물화와 청록산수화가 발전하였고, 불교 회화가 활발히 제작되었던 것으로 추측된다.

이 시기 불교 회화의 양상은 1977년에 발견된『방광불화엄경변상도(大方廣佛華嚴經變相圖, 754~755)』를 통해 어느 정도 엿볼 수 있는데, 이 그림은 불보살들의 자연스럽고도 유연한 자태, 그들의 균형잡힌 몸매가 이루는 부드러운 곡선, 정확하고 정교한 묘선, 호화롭고 미려한 분위기 등을 잘 표현하고 있어서 8세기 중엽경의 불교 회화가 당시의 불상과 마찬가지로 지극히 높은 수준으로 발전해 있었음을 보여 준다.

진흥왕 때 유명한 화가인 솔거는 황룡사에 청송을 그렸는데, 새들이 날아와서 앉으려다 떨어졌다는 일화는 솔거가 그린 벽화가 얼마나 사실적이었는가를 추측할 수 있게 하여 주며, 분황사(芬皇寺)의 관음상(觀音像)과 진주 단속사(斷俗寺)에 있는 유마상(維摩像)과 단군어진(檀君御眞)도 그렸다 하나 전하여지지 않는다.

5) 발해의 회화

발해의 도읍이었던 곳을 중심으로 많은 고분이 남아 있는데, 육정산 고분군은 정혜 공주묘가 있는 곳이고, 용두산 고분군은 정효 공주묘가 있다. 정혜 공주묘의 벽화, 불상, 와당을 비롯한 각종 공예품들을 통하여 발해의 미술이 상당히 높은 수준이었음을 확인할 수 있다. 발해는 특히 조각기술이 뛰어났으며, 현재 남아 있는 것은 규모가 작은 돌조각상들과 소조불상 몇 점인데, 돌조각으로는 정혜 공주묘에서 출토된 석사자상이 있다.

발해의 자기는 대체로 무게가 가볍고 광택이 있는데 그 종류나 크기, 형태, 색깔 등이 매우 다양하다. 특히 같은 시대 여러 나라의 도자기 공예보다 독특하게 발전되었으며, 당에 수출하기도 했다. 발해의 미술은 대체로 고구려 미술의 전통을 계승하고 당나라 문화의 영향을 수용하여 그 나름의 미술을 발전시켰다고 볼 수 있으나, 정확한 논의는 아직 이루어지고 있지 못하다.

6) 고려시대 회화

고려의 회화는 현존하는 것이 별로 없어 체계적 정리가 어렵다. 당시 송 · 원 등의 영향을 많이 받았을 것으로 짐작되며, 일본에 남아 있는 고려불화들에서 고려미술의 특징을 일부 엿볼 수 있다. 그러나 현존하는 고려불화와 도화원의 설치 등으로 미루어 볼 때, 고려회화는 높은 수준이었을 것으로 추측할 수 있다.

(1) 고려불화

불교 신앙을 관념적이고 상징적으로 표현해 낸 고려불화는 고려예술의 대표적 작품으로 뛰어난 예술성과 시대 정신의 표현으로 설명될 수 있다. 고려 전기에는 호국불교가, 후기에는 내세의 구원과 구복신앙과 관련이 깊은 아미타여래, 관세음보살, 지장보살 등이 추앙되어 자주 그려지곤 했다. 고려예술 가운데 중요한 하나의 성격이 교술적인 양식인데 고려불화는 그 대표적인 예이다. 종교 미술로서의 도상학적 교의에 따라 불교를 전파하려고 했던 것이다. 고려불화는 장중한 채색과 유려한 색으로 회화로서의 각별한 아름다움을 보여준다. 화면은 적색과 청색, 녹색의 극채색이 주조를 이루며, 밝은 빛을 주면서 동시에 장중한 느낌을 주는 금니를 베풀어서 금채의 반사에 의해 무한한 빛의 공간을 펼쳐주고, 이러한 빛의 반사효과로 해서 회화의 한계인 평면성을 극복해 내고 있다. 또한 구도법은 주존을 윗쪽에 크게 배치하고 기타의 존자는 대좌 아래쪽에 작게 배치하여 주존을 돋보이게 하는 방법을 썼다. 고려불화의 섬세한 표현 기법은 세부를 생략하면서 점차 퇴조해 갔는데, 이러한 구도법도 조선시대에 이르러서는 주존을 기타 존자들이 호위하는 모습으로 바뀌게 된다.

대부분 일본에 건너가 있는 고려불화는 관경변상도, 나한상, 관음보살상, 지장보살상, 아미타여래상 등을 포함하여 거의 70여 점에 달하는데 정성을 들인 정밀한 표현 속에 깊은 종교적 분위기와 격조 높은 아름다움을 보여주고 있다. 우수한 작품이 국내에는 호암미술관 소장품 이외에는 거의 없고 일본에 80여 점이 전해지고 있을 뿐이다. 이 작품들 중에서도 1286년 제작된 『아미타여래입상』, 동경 천초사 소장의 『양류관음상』, 서구방이 1323년에 그린 『수월관음보살도』 등은 고려시대 불교회화의 높은 수준과 독특한 성격을 특히 잘 보여준다. 이러한 그림들은 한결같이 금빛과 채색이 찬란하고 의습과 문양이 정교하며 자태가 단아하여 고려적인 특색을 짙게 풍긴다.

일본 동경의 천초사(淺草寺)에 소장되어 있는 혜허(慧虛)의 『양류관음도(楊柳觀音圖)』는 현존하는 고려 시대의 불교회화 중에서 가장 우수한 작품의 하나다. 비단 바탕에 아름다운 색을 써서 그린 이 작품은 관음상의 유연하고 부드러운 곡선의 몸매, 부드러운 동작, 투명한 옷자락, 호화로운 장식, 가늘고 긴 눈매, 작은 입, 섬섬옥수와 가냘픈 버들가지 등이 고려적인 특색을 너무나도 잘 드러내 준다. 관음의 이목구비는 물론, 옷자락과 문양 하나하나까지 완벽하리만큼 정교하다.

고려불화의 특징은 『양류관음반가상』에서 더욱 잘 드러난다. 왼편을 향해 다리를 꼬고 앉아 있는 유연한 자세, 가늘고 긴 부드러운 팔과 손, 가볍게 걸쳐진 투명하고 아름다운 사라(紗羅), 화려한 군의, 보석 같은 바위와 그 틈새를 흐르는 옥류, 근경의 바닥에서 여기저기 솟아오른 산호초, 이 모든 것들이 함께 어울려 극도의 아름다움을 자아내고 있다. 가늘고 긴 눈, 작은 입, 배경의 긴 대나무, 투명한 유리사발 안에 안치된 쟁반과 그것에 꽂혀있는 대나무 가지, 얼굴과 가슴 그리고 팔과 발에 그려진 황금빛 등도 이 시대의 불교회화에서 자주 발견되는 특징이며, 화려하면서도 가라앉은 품위 있는 색채, 섬세하고 정교한 의복, 균형잡힌 구성 등도 간과할 수 없는 특징이다.

(2) 고분벽화

1971년 경남 거창 둔마리에서 발견된 고분 벽화에도 고려회화의 특징이 잘 나타나 있다. 이 벽화의 제작 방법은 돌 위에 회칠을 한 후, 먹선으로 단숨에 그린 듯하여 현대의 드로잉 같은 느낌을 준다. 십이지신상과 사신도, 특히 『주악 천녀도』는 머리 쪽에 연화무늬의 빛을 지니고 있고 활달한 필치와 묘법은 생동감 넘치는 회화성을 느끼게 한다. 그밖에도 수덕사의 야화도와 수화도, 부석사 조사당의 보살상과 인왕상, 공민왕릉 등에 벽화가 남아 있다.

(3) 일반화

고려의 일반 그림은 현존하는 것이 매우 적다. 당시 화풍으로는 여말선초의 작품들로 미루어 고전 산수파와 마하파, 그리고 원말 4대가의 남종화풍 등이었을 것으로 보여진다. 현존하는 것으로는 해애(海崖)의 『세한 삼우도』와 『하경산수도』 그리고, 공민왕이 그린 것으로 전해지는 『천산대렵도』

가 있는데, 말을 탄 인물과 마른 나무, 풀 등 극도의 사실적인 필치는 웅대하고 품위있는 현세감을 느끼게 한다. 송나라 휘종의 찬사를 받았던 이령의 『예성강도』와 『천수사남문도』를 위시하여 이제현의 『기마강상도』, 필자 미상의 『금강산도』, 『진양산수도』, 『송도팔경도』 등이 문헌에 전해지고 있는 것은 이미 고려 전기에 한국적인 실경산수가 발전하기 시작했음을 보여주고 있다.

삼국시대와 통일신라시대에는 회화가 실용적인 기능에 치우쳤기 때문에 화공들의 전유물처럼 되어 있었으나, 고려시대에는 화원뿐만 아니라 왕족, 귀족, 승려들도 감상화의 제작과 완성에 참여함으로써 화가의 계층이 넓어지고 회화 영역 또한 인물화 위주의 차원을 넘어 감상을 위한 산수화, 영모 및 화조화, 사군자 등의 문인취향의 소재로까지 확대되고 다양화되는 경향을 띠었다. 그리고 화사(畵士)를 관장하는 도화서(圖畵署)가 설치되었으며, 상당수의 화가와 작품이 문집과 사서에서 확인되고 있다.

작품으로는 왕의 진영, 공신의 초상을 그린 인물화와 탱화, 변상도 등의 불교회화, 국학, 문묘 벽화 등의 유교 회화 및 산수, 영모, 궁정 누각도, 계회도 등의 일반 회화에까지 매우 다양했으리라고 짐작된다. 고려의 회화는 12세기에 이르러 특히 높은 수준으로 발전, 나라를 영예롭게 하는 것으로까지 여겨졌다. 초상화에 있어서는 제왕 · 공신, 기타 사대부들의 초상이 빈번하게 제작되었는데, 특히 제왕의 진영(眞影)을 모시는 진전(眞殿)의 발달은 괄목할 만한 것이다.

2 조선의 회화

고려시대 회화의 전통을 발판으로 건국 초부터 도화원(圖畵圓)이 설치되었고, 중국의 다양한 화법을 받아들여 회화미술이 꽃피게 되었다. 사대부와 화원들이 이 시대 회화의 발전에 주도적인 역할을 하였다. 대나무, 산수, 인물, 화초 등 다양한 소재들이 다루어졌으며 감상을 위한 산수가 대종을 이루었다. 그 중에서도 초상화는 동양의 삼국 중에서 가장 높은 수준으로 발달하였다. 인물의 정확한 묘사와 미묘한 정신 세계의 표출은 괄목할 만하다.

조선시대의 회화는 화풍의 변천에 따라 초기(1392년~약 1550년), 중기(약 1550년~약 1700년), 후기(약 1700년~약 1850년), 말기(약 1850년~1910년)로 나누어지는데 각 시대마다 각기 다른 경향을 찾아볼 수 있다.

1) 초기(1392년 ~ 약 1550년)

조선 초기 회화는 북송의 곽희파 화풍을 받아들여 그것을 우리 나름의 새로운 양식으로 개성있게 창조한 화가 안견에 의한 안견파 화풍이 주류를 이루면서 명대의 원체 화풍과 절파(浙派) 화풍의 유입과 이상좌에 의한 남송의 마하파(馬夏派)류의 화풍이 전개되었고 이장손과 서문보의 그림에서 보이는 미법산수화풍(米法山水畵風)도 보인다.

조선시대의 회화 발달과 관련하여 맨 먼저 관심의 대상이 되는 것은 초기, 그 중에서도 세종 때를 중심으로 한 15세기가 된다. 이 시기에 이미 안견과 강희안을 비롯한 거장들이 배출되어 격조 높은 한국적 화풍을 성취하고, 후대의 회화 발전을 위한 토대를 굳건히 하였다. 이 때에 형성된 한국 화풍의 전통은 초기의 성종 때를 거쳐 명종 초년까지 지속되었으며, 그 후로도 중기 회화 발전의 토대가 되었다.

조선 초기에는 고려시대 축적되었던 중국의 화첩이 다수 전승된 것 외에, 연경을 중심으로 한 명과의 회화 교섭이 활발히 이루어졌다. 그 결과, 다음과 같은 주요 화풍들이 중국으로부터 전래되어 한국적 화풍 형성의 토대가 되었다.

첫째, 북송의 이성과 곽희, 그리고 그들의 추종자들이 이룩한 소위 이곽파 또는 곽희파 화풍이, 둘째, 남송의 화원 마원과 하규가 형성한 마하파 화풍을 위시한 원체 화풍이, 셋째, 명대의 원체 화풍이 전래되었으며, 넷째, 절강성 출신인 대진을 중심으로 명초에 이룩된 절파 화풍이, 다섯째, 북송의 미불, 미우인 부자에 의해 창시되고 원대의 고극공 등에 의해 발전된 미법 산수화풍이 전래되었다. 조선 초기의 화가들은 이러한 화풍들을 철저히 소화하고 수용하여, 중국 회화와는 완연히 구분되는 특색 있는 독자적 양식을 발전시켰던 것이다.

조선 초기에는 이렇게 몇 가지 화풍을 토대로 한국적 화풍이 형성되었다. 16세기에 이르면 산수의 형태는 더욱 다듬어지고 공간은 더욱 넓어지며, 필벽(筆癖)은 토속화되는 한국적 준법의 발생을 보게 되었다. 이것은 세종 이래 조선 초기의 문화가 뿌리 내렸음을 의미하는 것이라 믿어진다. 또한 조선 초기에는 금강산도, 삼각산도 등이 화원들에 의해 활발하게 제작되어 실경산수의 전통의 뿌리를 내리고 있었다.

〈그림 10-3〉 안견 – 몽유도원도

2) 중기(1550년 ~ 1700년)

이 시기는 임진왜란, 정유재란, 정묘호란, 병자호란 등 대란이 잇달았으며, 사색붕당이 계속되어 정치적으로도 매우 불안한 시대였다. 그럼에도 불구하고 특색 있는 한국적 화풍이 뚜렷하게 형성되었다. 이 시대에는 첫째, 조선 초기 강희안 등에 의해 수용되기 시작한 절파계 화풍이 김시, 이경윤, 김명국 등에 의해 크게 유행하였고, 둘째, 이정근, 이홍효, 이징 등에 의해 조선 초기의 안견의 화풍이 추종되고 있었으며, 셋째, 이암, 김식, 조속 등에 의해 영모나 화조화 부분에 애틋한 서정적 세계의 한국화가 발전하게 되었고, 넷째, 묵죽, 묵매, 묵포도 등에서도 이정, 어몽룡, 황집중 등의 대가들이 꽃을 피웠다.

이 밖에도 중국 남종 문인화가 전래되어 소극적으로나마 수용되기 시작했다. 정치적으로 혼란했던 조선 중기에 이처럼 회화가 발전될 수 있었던 까닭은 조선 초기의 전통이 강하게 남아 전하고 있었기 때문이라고 믿어진다. 사실 중기의 화가들은 안견파 화풍을 비롯한 조선 초기의 회화 전통에 집착하는 경향이 두드러졌고, 새로운 화풍을 받아들이면서도 전통의 토대 위에 수용하였다. 또한 이 시대의 화가들은 한 가지 화풍에만 집착하기보다는 두서너 가지의 화풍을 수용하여 그리는 경향을 현저하게 나타냈다. 이 밖에도 이 시대에는 사대부와 화원들 중에 화가 집안을 형성하는 경향이 두드러지기도 했다.

이와 같이 조선 중기의 회화도 조선 초기 회화의 전통을 잇고 새로운 화풍을 가미하면서 조선 중기 특유의 양식도 발달시켰다. 이 시대는 수묵화의 전성기라고 지칭해도 좋을 만큼 묵법에서 대단한 발전을 이루었다. 다양한 주제의 구사, 상이한 화풍의 수용, 변화있는 필묵법 등은 이 시대의 회화에서 쉽게 엿볼 수 있는 현상들로 주목된다. 이 시기의 정치적 혼란과 보수적 경향 때문이었는데 이미 들어와 있던 남종화풍은 아직 적극적으로 유행되지 못했다.

〈그림 10-4〉 정선 – 금강전도

3) 후기(약 1700년 ~ 약 1850년)

〈그림 10-5〉 신윤복 - 야안도

한국적 화풍이 더욱 뚜렷한 양상을 보이게 된 시기로, 명 · 청대 회화를 수용하면서 보다 뚜렷한 민족적 자아 의식을 발현했다. 이러한 새로운 경향의 회화가 발전하게 된 것은 새로운 회화 기법과 사상의 수용 및 시대적 배경에 연유한다. 영 · 정조 연간에 자아의식을 토대로 크게 대두되었던 실학의 발전은 조선 후기의 문화 전반에 걸쳐 매우 중대한 의의를 지니고 있다. 한국의 산천과 한국인의 생활상을 소재로 삼아 다룬 조선 후기의 회화는 실학의 추이와 매우 유사함을 보여준다.

가장 한국적이고도 민족적이라고 할 수 있는 화풍들이 이 시대를 풍미하였다. 새로운 화법의 전개와 새로운 회화관의 탄생에 기반을 둔 이 시대 회화의 조류로는 첫째, 조선 중기 이래 유행했던 절파계 화풍이 쇠퇴하고, 그 대신 남종화가 본격적으로 유행하게 된 점이다. 둘째, 남종화법을 토대로 한반도에 실제로 존재하는 산천을 독특한 화풍으로 표현하는 진경산수가 겸재 정선일파를 중심으로 하여 크게 발달한 점이다. 셋째, 조선 후기의 생활상과 애정을 해학적으로 다룬 풍속화가 단원 김홍도와 혜원 신윤복 등에 의해 풍미된 점이며, 넷째, 서양화법이 전래되어 어느 정도 수용되기 시작했던 사실 등을 들 수 있다.

남종화법이 본격적인 유행을 하게 된 것은 조선 후기로, 이 남종화법의 유행은 조선 후기의 회화가 종래의 북종화 기법을 탈피하여, 새로운 화풍을 창안할 수 있는 가능성을 증대시켜 주었다. 또한 남종화법의 전개에는 남종 문인화론이 뒷받침하고 있었기 때문에 자연히 형사(形似)보다는 사의(寫意)를 중요시하는 경향이 대두되어, 역시 참신한 화풍의 태동을 가능케 하였다. 후기의 강세황, 이인상, 신위, 그리고 말기의 김정희 등은 남종화의 유행을 주도한 대표적인 인물이라 할 수 있다.

4) 말기(약 1850년 ~ 1910년)

이 시기에는 후기에 유행한 진경산수와 풍속화가 쇠퇴하고 그 대신 김정희를 중심으로 하는 남종화가 더욱 큰 세력을 떨쳤다. 또한 개성이 강한 화가들이 나타나 참신하고 이색적인 화풍을 창조하기도 하였다. 이러한 일련의 경향은 김정희와 그의 영향을 강하게 받은 조희룡, 허유, 전기 등 이른바 추사파와 윤제홍, 김수철, 김창수 등의 학산파, 그리고 홍세섭 등의 작품에서 전형성을 찾을 수 있다. 김정희 일파가 남종화법을 다지는데 기여했다면 윤제홍 일파와 홍세섭 등은 남종화법을 토대로 세련된 현대적 감각의 이색 화풍을 형성하는 데 그 공로가 있다고 하겠다. 특히 남종화법의 토착화는 한국 근대 및 현대의 수묵화가 외향적으로는 남종화 일변도의 조류를 형성케 한 계기가 되었다. 이 시대의 회화는 중국 청대 후반기 회화의 영향을 받으면서도 18세기 조선후기 회화의 전통을 이어 전 시대 못지 않게 뚜렷한 성격의 화풍을 형성하였고, 근대 회화의 모체가 되었다.
특히, 김정희는 금석학과 고증학에 뛰어났으며, 서예에서는 파격적인 추사체를 이루어 우리나라 서체를 일변시켰고 회화에서는 남종화 지상주의적 경향을 보였다. 이처럼 한국적인 화풍이 크게 발달하였던 조선 후기를 거쳐 말기에 이르면, 추사 김정희와 그를 추종하던 화가들에 의해 남종문인화가 확고히 뿌리를 내리게 되고, 후기의 토속적인 진경산수나 풍속화는 급격히 쇠퇴하게 된다. 또한 이 시기에는 김정희의 제자로서 호남화단의 기초를 다진 소치 허련과 함께 오원 장승업이 배출되어 개성이 강한 화풍을 형성하고 제자들인 심전 안중식과 소림 조석진 등을 통해 현대 화단으로까지 그 전통을 계승하게 되었던 것이다. 그러나 이들의 화풍이 중국적 성향을 강하게 띤 점은 아쉬움으로 지적되기도 한다.

5) 조선의 대표화가와 그들의 활동

(1) 양사언(梁士彦, 1517~1584)

조선초기 4대 서예가(김구, 양사언, 안평대군, 한호) 중의 한 사람이다. 호는 봉래(蓬來)이며, 유필에는 〈월정사비문(月精寺碑文)〉 등이 있다. 해서, 초서에 뛰어났으며 회양군수를 지낸 청렴결백한 공직자 생활을 하였다고 전해진다.

(2) 안평대군(安平大君, 1418~1453)

세종의 셋째 왕자로 서예가이다. 조맹부체의 명필임과 동시에 화가 안견의 후견인이다. '세종 영능 신도비'가 전하며, 호는 비해당(匪懈堂), 낭각거사(琅玕居士), 매죽헌(梅竹軒) 등을 사용했다. 1453년 강화에서 김종서와 함께 죽음을 맞았다.

(3) 한호(韓濩, 1543~1605)

중기의 서예가로, 호는 석봉(石峯). 해서 · 행서 · 초서에 능하였으며, 중국 서체의 모방에서 벗어나 호쾌하고도 강건한 서풍을 이루어 김정희와 더불어 조선 서예의 쌍벽을 이루었다. 〈석봉 천자문〉, 〈선죽교비〉, 〈행주 전승비〉가 남아 있다.

(4) 김정희(金正喜, 1786~1856)

정조 때의 뛰어난 서화가로, 호는 완당(阮堂), 추사(秋史) 등으로 불리운다. 추사체를 창시하였고 문인화에도 능했으며, 금석학 분야에도 업적을 남겼다. 『세한도』, 『고림도』, 『부작란도』 등의 그림과 많은 글씨가 있다.

(5) 안견(安堅, ?~?)

호는 현동자(玄洞子)로, 조선 초 세종연간에 활발히 활동한 화가이며, 도화서 출신의 화가. 대표작인 『몽유도원도』는 안평대군이 도원경에서 청유(淸遊)한 꿈을 안견에게 그리도록 하여 제작한 그림이다. 또한 『적벽도』 등이 국립중앙박물관에 현존한다(몽유도원도는 현재 일본의 텐리(天理)대학에 보존되어 있다).

(6) 강희안(姜希顔, 1419~1464)

호는 인재, 조선전기의 화가. 사대부 출신 화가로 시 · 서 · 화의 삼절(三絕)이란 칭송을 받았다. '고사관수도', '도교도' 등의 작품이 있다.

(7) 이상좌(李上佐, 15세기)

호는 학포(學圃), 조선 전기의 화가. 도화서 출신으로 안견과 함께 조선전기를 대표하는 화가이다. 화풍은 남송 원체화의 영향이 보인다. 『송하보월도(松下步月圖)』, 『나한도』 등의 작품이 있다.

(8) 김명국(金明國, 1600~?)

호는 연담(蓮潭), 도화서 출신이며, 호쾌한 필력과 분망한 화상(畵想)을 특징으로 한다. 『달마도』가 특히 유명하다.

(9) 신사임당(申師任堂, 1504~1551)

여성 화가, 사대부 출신으로 초충화(草蟲畵), 영모화, 포도화 등에 능했으며 『초충도』 등이 전해지고 있다. 최근(2005) 초충도는 새로 도안된 화폐의 그림으로 사용되고 있다.

(10) 강세황(姜世晃, 1713~1791)

호는 표암(豹庵)으로 산수화에서 부채(賦彩)의 농담(濃淡)으로 암석의 입체감을 표현하였다. 〈송도 기행첩〉, 〈자화상〉 등의 작품이 있다.

(11) 이정(李霆, 1541~?)

중종 때 화가. 호는 탄은(灘隱)이며, 묵화에 대단히 뛰어났다. 『묵죽도』, 『풍죽도』 등이 전해진다.

(12) 김홍도(金弘道, 1745~?)

영조 때의 도화서 출신의 화원화가로 호는 단원(檀園)이다. 그는 화원생활을 통하여 초상화나 동물화는 물론 기록화, 고사 인물이나 도석화(道釋畵), 진경산수화에 이르기까지 폭넓게 섭렵하였고, 서민들의 노동 현장에서 다양한 생활상이나 남녀의 애정 표현에 이르기까지 주제를 확대하여 풍속화의 회화적 수준을 높였다. 당시 서민들의 생활을 독특한 풍자로 그린 풍속화의 거장이다. 『행려풍속도(行旅風俗圖)』, 『풍속화첩』, 『군선도』, 『무이귀도도(武夷歸棹圖)』, 『무동(舞童)』 등이 있다.

(13) 신윤복(申潤福, 1758~?)

영조 때의 화가로 호는 혜원(惠園)이며, 도화서 출신이었다. 김홍도와 대조적으로 상류사회의 풍속도를 그렸으며 필체 또한 우아하다. 중세 말기 변모하는 도회상을 드러내는 데 주력하였다. 그의 풍속화와 풍속화적 성격의 그림은 대부분 19세기 초의 작품들로 사대부의 윤리관이나 체면치레에 일격을 가하는 것이다. 또 그에 정면으로 도전하는 사회의식이 깔려 있다. 신윤복의 진면목은 국보 135호로 지정된 〈혜원풍속도첩〉(간송 미술관 소장)을 통해 엿볼 수 있다. 『풍속화첩』, 『연당의 여인』, 『미인도』 등이 유명하다.

(14) 정선(1676~1759)

숙종 · 영조 때의 화가로 호는 겸재이다. 산수화에 능했으며, 우리나라의 경치와 풍경을 표현하는 독자적인 준법(겸재준)을 창시하여, 중국 화풍에 의존하지 않는 진경산수화(眞景山水畵)로 한국화를 정립했다. 대표작에는 『인왕제색도』, 『금강전도』, 『입암도』, 『통천문암도』, 『박연폭포』 등이 있다.

(15) 장승업(張承業, 1843~1897)

조선 말기 화단을 대표하는 화가로 호는 오원(吾園)이며, 천부적인 재능을 가진 화가로 평가되고 있다. 산수, 인물, 도석, 영모, 사군자 등에 모두 능했으며, 기행과 일화를 많이 남긴 화가이다. 『삼인문년도』, 『귀거래도』, 『홍백매병』, 『무림총장도』, 『웅도』 등을 남겼다.

(16) 윤두서(尹斗緖, 1668~1715)

호는 공재(恭齋)로 풍속화의 선구자적인 위치를 점한다. 집권 세력에서 소외된 남인계열의 사대부로 자신의 초상화로 유명하며, 당시에는 접하기 힘든 구도와 관찰을 통한 탄탄한 형식미를 갖춘 회화를 선보였다.

(17) 조영석(1686~1761)

노론계로 관료 생활을 했던 선비 화가, 호는 관아재(觀我齋) 또는 석계산인(石溪山人)이다. 조선후기의 사실주의론을 당대의 현실이 담긴 풍속화로서 구현하여 비교적 많은 양의 작품을 남겼다. 그가 즐겨 다룬 '속화' 그림에서 현장사생을 통해 전진시킨 화회적 성과는 동료나 후배 선비화가에게는 물론 18세기 중후반 중인층이나 화원 화가에까지 현실적 풍속화 소재를 보편화시키는 역할을 하였다.

3 기록화(조선시대)

우리나라의 기록화 제작의 전통은 삼국시대 이래 계속되었다. 초기에는 기록성을 우선으로 하는 그림이 제작되었고 그 종류와 범위는 실로 다양하였다. 특히 유교가 국가 운영의 기본 이념이었던 조선시대에는 기록화의 제작이 가장 활발하였다. 중국과의 외교관계나 어진의 제작, 각종 의례 관련 그림의 제작 같은 공리적인 목적을 위해 그림의 효용가치가 인정되었던 것이다. 주로 도화서 화원(畵員)에 의해 제작되었다.

1) 의궤(儀軌)와 의궤도(儀軌圖)

의궤(儀軌)란 조선왕조에서 왕실 및 국가의 각종 의례적 행사를 수행한 뒤 그 전말을 정리하여 후일 궤범으로 삼기 위해 남긴 문헌으로 조선왕조의궤는 2007년 유네스코 세계기록유산으로 등재되었다. 조선왕조의궤는 조선의 건국시기부터 제작되었을 것으로 보이나 임진왜란 이후 작성된 의궤만이 전하고 있다. 현재 전하는 의궤는 서울대 규장각 한국학 연구원에 소장된 546종 2,940책의 각종 의궤와 한국학 중앙연구원 장서각(藏書閣)의 287종 490책이 있다. 가장 오래된 의궤로는 선조 33년(1600)에 작성된 의인왕후(懿仁王后)의 '빈전혼전도감의궤(殯殿魂殿都監儀軌)'와 '산릉도감의궤(山陵都監儀軌)'가 현존하는 최고(最古)의 것이다.

의궤의 제작은 행사의 준비와 진행을 주관하던 임시관청인 도감(都監)이 철폐된 이튿날 세워진 의궤청(儀軌廳)에서 담당하였다. 도감은 행사의 종류에 따라 가례(嘉禮) · 책례(冊禮) · 빈전혼전(殯

殿魂殿) · 국장(國葬) · 산릉(山陵) · 부묘(付廟) · 상존호(上尊號) · 준숭(尊崇) · 천릉(遷陵) · 영건(營建) · 어진도사(御眞圖寫) · 영접도감(迎接都監) 등의 명칭으로 세워지며 의궤(儀軌)도 그에 따라 '○○도감의궤(○○都監儀軌)'라고 명명되었다. 다만 행사의 규모와 중요도에 따라 임시관청은 도감(都監) · 청(廳) · 소(所)로 구분되었다.

의궤는 왕이 열람하는 어람용(御覽用)과 의정부((議政府, 규장각(奎章閣)), 예조(禮曹), 춘추관(春秋館), 사고(史庫) 보관용으로 제작되는 분상용(分上用) 의궤(儀軌)가 있는데 애당초 제작 과정과 재료에서 차별화되었다. 대개 8건 내외가 만들어지는 것이 보통이나 대한제국기에는 내부용(內部用)이 늘어나면서 총 제작건수도 증가하였다. 특히 강화도 외규장각에 보관되어 오던 어람용 조선 의궤의 대부분은 병인양요 당시 프랑스로 건너가 프랑스 국립도서관에서 보관하고 있었다. 현재는 대부분의 책이 영구임대방식으로 2011년에 우리나라로 돌아왔다. 국내에는 1784년의 경모궁의궤(景慕宮儀軌)와 1866년 병인양요 이후의 어람용 의궤 정도가 남아 있다. 또 영국 국립도서관에는 1809년 혜경궁 홍씨의 관례주갑(冠禮周甲)을 기념하여 만든 기사진표리진찬의궤(己巳進表裏進饌儀軌)가 있는데 그림의 세밀한 필치와 화려한 색채감이 탁월하다.

이때 의궤의 본문과 함께 수록된 그림이 의궤도(儀軌圖)이다. 의궤도는 여러 의식절차 가운데 한 과정이 그려지는데 행렬반차도(行列班次圖)가 대부분을 차지한다. 그 외에 행사에 소용된 각종 의물도(儀物圖), 기용도(器用圖), 건물도(建物圖)가 삽화처럼 본문 사이사이에 그려져 있다. 영조 년간에는 행사도 형식의 의궤도가 그려지기 시작하였으나 그리 흔한 예는 아니다. 행사도가 그려진 의궤의 대표적인 예는 1795년 정조의 현륭원 원행(園幸)의 전말을 기록한 원행을묘정리의궤(園幸乙卯整理儀軌)와 화성 축조에 관한 화성성역의궤(華城城役儀軌)이다. 19세기에는 궁중연향(宮中宴享)에 관한 진연(進宴), 진찬(進饌), 진작의궤(進爵儀軌)에도 각종 연향 그림이 행사도 형식으로 그려졌다.

의궤도는 처음에는 육필화(肉筆畵)로 그려졌으나 시대가 내려올수록 목판(木版)과 육필(肉筆)의 혼합 과정을 거쳐 나중에는 거의 대부분이 목판(木版) 기법으로 제작되었다. 특히 원행을묘정리의궤(園幸乙卯整理儀軌), 화성성역의궤(華城城役儀軌), 19세기의 진연(進宴) · 진찬(進饌) · 진작의궤(進爵儀軌)는 행사도 형식의 그림이 적지 않게 수록되어 있어 조선의 목판화에 대한 자료가 되고 있다.

2) 궁중행사도(宮中行事圖)

궁중행사도는 국가와 왕실의 경축할 만한 행사의 모습을 사실적으로 묘사한 기록화를 말한다. 그 제작 연원은 15세기부터 관료사회에 크게 성행한 여러 종류의 계(契)의 결성과 함께 하는데 계의 결성을 기념하기 위한 기념화로서의 계회도(契會圖) 제작에서 찾을 수 있다.

계회도의 형태를 보면 초기에는 두루마리 형태의 계축(契軸)에서 시작해 점차 17세기를 지나며 화첩과 병풍에도 그리게 되었고 이를 계첩(契帖), 계병(契屛)이라 불렀다. 궁중행사도 가운데 가장 큰 비중을 차지했던 것으로는 궁중연향(宮中宴享), 기로소(耆老所), 능행(陵幸), 진하(陳賀)에 관한 그림들이 있으며, 대표적인 것들로는 궁중연향(宮中宴享)에 관련된 행사도와 18세기 이전의 친림사연도(親臨賜宴圖), 18세기의 진연도(進宴圖), 19세기의 진찬도(進饌圖) 등이 전하며, 기로소(耆老所) 관련 행사도로는 기사계첩(耆社契帖)이 대표적이다.

조선시대에 기로소에 들어간 왕은 태조, 숙종, 영조, 고종 등 4명의 왕이다. 태조를 제외한 세 왕은 행사도(行事圖)를 남겼다. 그 중에서 숙종이 1719년 59세 때 기로소에 들어간 것을 기념한 이 계첩은 영조와 고종이 행사도를 제작할 때 하나의 기준작이 되었다. 조선시대 궁중행사도의 대표작으로는 화성(華城) 및 능행(陵幸) 관련 행사도인 〈화성능행도병(華城陵幸圖屛)〉과 〈원행을묘정리의궤(園幸乙卯整理儀軌)〉가 전하고 있다. 끝으로 진하(陳賀) 관련 행사도는 대치사관(代致詞官)이 치사를 낭독하는 장면이 주로 그려졌으며 시각 구성은 정면 부감과 평행사선 부감으로 나뉜다. 〈헌종가례진하도병〉은 전자에 속하며 〈왕세자두후평복진하도병〉은 후자에 속하는 대표적인 예이다.

궁중행사도의 경우 궁중연향 그림이 가장 많이 그려졌으며 국초부터 20세기 초까지 조선시대 전 기간에 걸쳐 분포되어 있다. 의궤와 궁중행사도 모두 국가 전례에 의거한 의식절차를 그린 것이라 형식이나 표현 양식의 변화가 크지 않다는 공통점이 있다. 의궤는 18세기 후반 정조년간에 행사도 형식의 그림이 수록되면서 큰 변화를 보였고 이후의 의궤에도 상당한 영향을 미쳤다. 궁중행사도에도 18세기 후반에 서양화법을 수용하면서 변화가 나타나기 시작하였다. 그 이전에는 정면관 위주의 묘사, 좌우대칭에 대한 관심, 한 화면에 여러 시점의 공존, 평면적인 화면감각 등의 표현 양식이 큰 변함없이 지속되었던 것이다. 그러나 궁중행사도의 특징을 규정짓는 이러한 양식은 19세기에도 종종 사용되어 궁중행사도의 보수적인 표현 경향을 말해준다.

조선시대 궁중기록화는 유교적 이념과 가치관으로 무장된 관료사회가 만들어낸 한국적인 특색이 농후하다. 제작배경과 회화적인 특징면에서 명나라나 청나라의 궁정기록화와는 직접적인 비교가 어렵다. 사실의 시각적인 전달과 보존이라는 그림만이 가지는 고유성은 어느 시대의 화단에서도 큰 비중을 차지하며 중요한 역할을 하였다. 조선시대 궁중기록화는 이러한 감상과 기록이라는 그림의 이중적인 효용가치를 지닌다 할 수 있다.

제 2 절 토기와 도자기

1 토기

고대 토기는 점토로 유약을 입히지 않고 섭씨 600~800도의 낮은 온도에서 구워 다공질에 흡수성이 있는 그릇이다. 최근의 고고학적 연구에 의하면 한반도에서 토기의 발생은 신석기시대의 시작에 해당하는 기원전 6000~5000년경으로 추정하고 있다.

1) 원삼국시대

원삼국시대는 기원전후부터 서기 300년경까지이며, 철기의 사용이 일반화되고 등요를 이용하여 높은 온도로 구워낼 수 있는 기술을 습득함으로써 환원번조에 의하여 와질토기(瓦質土器), 회청색 경질토기(硬質土器)를 제작하기 시작하였다. 이 시대 토기의 종류는 종래의 무문토기가 계속 사용되는 한편 적색과 회색의 연질토기(軟質土器)도 함께 만들어져 용도와 종류에 따라 토기의 질이 다양화되었다. 성형 방법에서도 큰 항아리 등을 만들기 쉬운 타날법이 새롭게 도입되어 현대에 이르기까지 한국 도자기의 중요한 성형 방법으로 발전하였다. 또한 간단한 물레도 사용되고 번조법이나 성형법 등 제작기술 전반에서 큰 발전을 보였다.
삼국시대 후반경에는 유약을 씌우려는 노력이 진전되어 고화도 회유 경질토기가 백제에서 처음 만들어지고, 고구려에 이어 백제에서 저화도 연유도기의 제작법이 습득되었다. 이러한 성과는 곧 이어 백제와 고구려가 멸망하자 신라에 흡수되었다.

2) 고구려 토기

고구려 토기는 입구가 크게 벌어지고 손잡이가 네 개 달린 항아리(四耳壺), 배부른 단지, 깊은바리, 시루가 대표적인데 거의 납작밑(平底)이다. 또한, 고운 점토질의 바탕흙으로 물레를 써서 만들고 비교적 높은 온도에서 구운 것으로 회색, 황갈색, 검은색을 띠며 토기의 어깨나 몸통부분에 간단한 줄무늬가 베풀어지거나 마연한 암문(暗文)이 나타나기도 한다.

3) 백제 토기

원삼국시대의 전통적인 제작기법에 낙랑과 고구려 토기 제작기술을 받아들인 것으로 보이며, 금강 이남 지역에서는 가야토기의 영향도 보이고 5세기부터는 중국 육조시대 토기의 영향도 보인다. 따라서 백제 토기는 시대의 변화와 지역에 따라 그 종류와 형태가 매우 다양하게 발전하였다. 특색으로는 삿무늬의 보편화, 납작바닥의 성행, 세발토기, 장고형 그릇받침 등을 들 수 있다.
백제 토기는 색상 및 경도에 따라 적갈색연질토기, 회색토기, 회청색 경질토기로 나눌 수 있다. 이 가운데 적갈색 연질토기는 청동기시대의 무문토기에서부터 발전 변화해온 것으로 바탕흙이 거칠고 질이 좋지 않으며 화분모양의 그릇이 비교적 많으며 대체로 두드림 수법에 의한 삿무늬가 많이 남아 있다. 회색토기는 백제 초기부터 말기까지 비교적 오랜 기간 동안 사용되었으며 경도는 다소 약하고 흡수성이 강하다. 회청색 경질토기는 위 토기보다는 약간 늦게 나타나지만 1,000°C 이상의 높은 온도로 구워진 토기로서, 금강 이남지역에서는 형태적으로 가야토기와 비슷한 기종도 있다.

4) 가야 토기

굴가마에서 높은 온도에서 구운 회청색 경질토기와 실생활용인 적갈색 연질토기가 있는데, 모두 신라토기와 종류가 비슷하나 보다 세련되게 만들어졌다. 경질토기는 처음에 와질토기의 모양을 이은 둥근밑항아리, 귀달린항아리 등의 항아리를 중심으로 만들어지다가 점차 굽다리접시, 목항아리, 그릇받침 등 다양한 모양의 토기가 생산되며 김해, 함안, 고령 등 각 지역별로 각기 특색있는 토기가 만들어졌다. 그리고 토기의 종류는 다양한데 그 중에는 여러 가지 모양을 본 뜬 상형토기(象形土器)도 있다. 이 상형토기는 주로 죽은 자를 저승으로 보내는 장송(葬送)의 의미를 가지는 것으로 말, 멧돼지, 거북이 등의 동물장식을 붙이거나 수레, 신발, 배, 집 등을 사실적으로 묘사한 것이 있다.
562년 대가야의 멸망 이후 가야지역은 신라의 지방으로 편입되어 급격히 신라문화를 수용하게 된다. 신라의 지방제도인 군(郡), 성(城), 촌(村)으로 편제되고 신라양식의 토기와 굴식돌방무덤이 유행한다. 가야가 신라에 통합되어 갈 무렵 가야의 각 지역마다 특색있는 토기들은 신라양식으로 완전히 통일되면서 같은 토기문화로 바뀌어 갔다.

5) 신라 토기

초기의 신라토기는 가야토기와 뚜렷하게 구별되지 않지만 5세기가 되면 토기의 색깔이 회색을 띠며 그릇이 얇아지는 등 신라토기로서의 특징이 뚜렷해진다. 목항아리는 가야토기가 곡선미를 띠고 있는 것과는 달리 목과 어깨의 이음새가 각을 이루는 것이 특징이고, 굽다리접시는 대체로 굽이 날씬하다.
그리고 가야토기와 구별되는 보다 중요한 특징 중의 하나가 목항아리나 굽다리접시의 굽에 나 있

는 구멍으로 가야토기는 아래위 일렬로 배치되는 경향이 많은 데 비해, 신라토기는 네모난 구멍을 서로 엇갈리게 뚫은 것이 많다. 또한 가야토기에서 많이 볼 수 있는 토우장식토기와 상형토기가 신라토기에도 많으나 목항아리나 굽다리접시의 뚜껑에 동물이나 인물을 조그맣게 만들어 붙이는 것이 신라토기만의 특징이다.

〈그림 10-6〉 신라 도제 기마인물상

6) 통일신라 토기

통일기양식토기란 6~7세기경 신라가 자신의 영역으로 넓힌 한강이남과 강원도지역 및 가야의 전 지역에 걸쳐 출토되는 같은 모양과 세트의 토기를 말한다. 이 토기들은 굽다리가 짧고 무늬도 단순하며 규격화된 같은 모양을 한 것이 특징이다. 특히 껴묻히는 양상도 비슷하여 낮은 굽다리접시와 목꺾인항아리를 주된 조합으로 하여 출토된다.

통일신라시대의 대표적 토기인 도장무늬토기는 중국 수와 당 도자기의 퇴화문(堆花紋), 인화문(印花紋)에서 힌트를 얻어 나타난 것으로 알려져 있다. 그리고 당나라와 불교문화의 영향으로 화장이 성행하여 뼈항아리와 병 종류가 나타난다.

뼈항아리의 경우에는 8세기에 접어들면서 모양이 다양해지고 무늬판으로 찍어 만든 도장무늬(인화문)이 토기 표면을 화려하게 장식하며 연유(鉛釉; 납 성분의 유약)를 발라 구운 녹색, 황갈색, 황록색의 아름다운 토기들이 만들어졌다. 한편 회유를 입힌 황청색의 그릇이 제작되었는데 이는 청자 제작의 시도로 볼 수 있으며 당삼채법의 시도도 있었으나 완전하지 못하였다.

〈그림 10-7〉 통일신라 뼈항아리

7) 김해 토기

새로운 점토와 성형 방법이 시도되었는데 가마의 개량으로 소성법이 크게 발전하였다. 긴 목이 달린 장경호, 고배 등이 출토되고 있다.

2 도자기의 분류

우리나라는 9세기 전반 신라시대 중국과의 활발한 무역을 통하여 청자 제조기술을 받아들임으로써 토기 문화권을 벗어나 자기 문화권으로 진입하게 되었다. 그 후 통일신라 시대부터 만들기 시작한 청자는 12세기 고려시대로 접어들어 발전하여 당시 중국에서 "고려청자의 비색(翡色)은 천하제일"이라고 할만큼 세계에서 가장 아름다운 우리만의 독창적인 자기를 생산하게 되었다.

1) 청자

(1) 청자의 제작

청자가 제작된 배경은 옥(玉)과 관련이 있다. 옥은 생산량이 적어 값이 매우 비쌌으므로 옥을 흙으로 만들어 보려는 노력 중 전국시대를 걸쳐 삼국시대에 청자가 만들어지게 되었다. 우리나라에서는 4세기에서 6세기경의 고분에서 중국의 청자가 발견되었으며 이는 당시 중국의 청자를 왕실의 옥기(玉器)로서 수입하여 사용한 것으로 알 수 있다.

한국에서 청자를 만든 때는 9세기 중엽 경이었다. 청자는 오랜 고화도 경질도기의 전통을 기반으로 하여 중국 도자기의 새로운 기술을 수용함으로써 이루어졌다. 한국의 독자적인 창안인 상감기술이 개발되고 유약에서 산화동에 의한 붉은 색 발색을 최초로 내게 되는 등 고려인의 독창성은 세계 도자 문화를 윤택하게 하는 데 중요한 역할을 담당하였다.

초기 청자들은 태토의 유리질화가 그리 단단하지 못하고 색도 미진하였다. 11세기 전반에 본격적으로 청자가 만들어졌으며 12세기 전반까지는 문양이 없는 순청자의 전성기를 이루었다. 이때는 문양보다는 청자색 그 자체와 기형의 아름다움에 주안점을 두던 시대였다. 청자기의 대표적 예술품은 과형병방형대 등 소문청자군을 들 수 있다. 진사청자도 12세기 중엽부터 나타나기 시작했다. 고려청자의 제조 기법 중 가장 두드러지고 대표적인 것은 상감법이다. 상감법은 12세기 후반에 발생하였고 여성적이며 유선적이라는 기본적인 공통점을 가지고 있다. 13세기 후반이 되면 청자색이 종래의 색으로 변하고 14세기 말이 되면 탁한 회록색이 되어 청자의 전통은 거의 없어지게 된다.

토기에서 자기로의 이행은 커다란 혁신이었다. 자기를 만들기 위해서는 그릇을 만드는 바탕흙이 점토에서 자토(磁質, 白土)로 바뀌고 유약은 회유(灰釉) 대신 장석계 유약이 쓰이게 된다. 또한 높은 온도로 환원염 번조를 하기 위한 등요가 있어야 한다. 이러한 제반여건들은 이미 통일 신라말에 축적되었으며 그런 기반 위에 중국 청자 기술의 영향을 받아서 9세기 중엽 이후 청자가 만들어지게 된다.

고려청자는 주로 서남 해안에 분포되어 있는 가마에서 만들어졌는데 특히 전라도 지방에 많은 가마가 밀집되어 있었다. 전남 강진과 전북 부안은 청자의 주산지로 유명하다. 특히 부안에서는 청자뿐 아니라 세련된 고려백자도 다량 출토되었다. 청자 가마는 전라도 강진, 부안 외에도 경기도 양주군 장흥면 부곡리, 충남 서산군 성연면 오사리 등지에서도 발견되었다.

12세기부터는 고려적인 특징을 나타내기 시작하여 섬세하고 부드러운 곡선의 조형미를 지니게 된다. 11세기 말에서 12세기 전반에 걸쳐서는 이러한 특징을 갖춘 상형청자(象形青磁; 동물이나 식물 및 인물모양의 청자)가 널리 제작된다. 이처럼 다양하고 세련된 기형을 지니면서 푸른색의 유약은 광택이 은은하고 안정감을 주는 반투명의 비취색을 띠게 된다. 기형과 유약이 절정에 이른 시기에 고려자기를 대표하는 상감청자가 등장하게 된다. 상감기법은 처음에는 나전칠기와 금속공예에 사용되던 기법으로서 고려사기장인에 의해 최초로 고려도자기에 이 기법이 응용된 것이다. 상감청자의 출현으로 고려청자는 새로운 전환기를 맞이하였고 유약은 얇고 투명해져서 파르스름한 유약을 통해 상감무늬가 선명하게 드러나게 되었다.

무늬의 소재는 연당초, 모란당초, 운학, 포류수금 등이다. 또 흔히 접할 수 있는 그릇모양으로는 표주박모양 병 주전자, 참외모양 병, 향로, 탁잔, 꽃병, 매병, 불교 의식에 사용되는 정병, 연적 등을 비롯하여 일상생활용기인 대접, 접시 등이 있다. 고려자기는 동양 도자사에서 매우 독자적인 성격을 띠었으며 1231년 몽고의 침입 이후부터 쇠퇴하여 조선 초기의 분청사기로 계승된다.

(2) 청자의 종류

① **순청자** : 순청자는 상감이나 다른 물질에 의한 장식무늬가 들어가지 않은 청자를 말한다. 음각 · 양각 · 투각기법으로 장식된 청자들과 동 · 식물 등을 모방해 만든 상형청자 등도 여기에 속한다. 이러한 순청자는 고려시대 초기부터 점차로 세련되어 12세기 초에는 그 정점에 이르며 12세기 중엽 이후 상감청자가 만들어지는 때에도 꾸준히 제작되었다. 그 절정기인 12세기 초 중기의 순청자는 바탕흙이 매우 정선되었으며 유약 속에 작은 기포가 가득차 있어 반투명하며, 이러한 유약과 바탕흙이 서로 조화를 이루어 표면이 비취색이라고도 일컫는 청록색을 띠며 유약에는 빙렬이 없다. 또 경직된 윤곽선을 지닌 당시 중국의 영향에서 벗어나 점차 부드러운 선을 띠는 단정한 고려적인 형태를 나타내게 되었다.

② **상감청자 :** 청자에 상감기법으로 문양을 나타낸 것을 상감청자라 한다. 상감청자란 바탕흙으로 그릇모양을 만들고 그 표면에 나타내고자 하는 문양이나 글자 등을 파낸 뒤 그 패인 홈을 회색의 청자 바탕흙 또는 다른 백토나 자토로 메우고 표면을 고른 후 청자 유약을 입혀 구운 청자를 말한다. 이렇게 해서 구워내면 회색을 바탕으로 흑 · 백의 문양이 선명하게 돋보이게 된다.

상감기법에는 정상감과 역상감의 두 가지가 있다. 정상감은 앞에서 이야기한 방법으로 상감무늬를 나타낸 것이며 역상감은 이와 반대로 나타내고자 하는 문양 이외의 여백을 파고 백토나 자토로 상감하는 방법이다. 상감기법은 청동기에 상감으로 문양을 나타낸 것에서 비롯되었지만 이처럼 도자기에 상감한 것은 우리나라 고려시대에 처음 나타난 것이다. 고려시대 청자에 상감으로 문양을 나타내기 시작한 것은 대략 12세기 전반으로 추정되며 가장 세련미를 보인 시기는 12세기 중엽 무렵이다. 특히 1159년에 죽은 문공유의 무덤에서 출토된 상감청자는 정교한 기법과 짜임새 있는 문양의 구도, 맑고 투명한 유약 등이 조화롭게 어우러져 절정기 상감청자의 면모를 여실히 보여주는 것이다.

③ **철화청자 :** 고려청자의 일종으로 청자 바탕흙으로 그릇을 빚고 표면에 흑색의 산화철을 주성분으로 한 안료로 그림을 그린다. 그리고 그 위에 청자 유약을 입혀 구워낸 자기로 황갈색인 경우가 많다. 또 대개의 경우 유약이 얇고 바탕흙 속에 모래 등의 불순물이 섞인 것이 많아 표면이 매끄럽지 못하다. 철화청자는 중국 송 · 원나라의 자주요 계통의 영향을 받은 것으로 11세기 초에 만들어지기 시작하였다.

초기의 철화청자는 조그만 접시나 바래기 등의 안쪽면 사방에 세로선을 긋는 것에서부터 시작되어 성기(盛期)에는 병 종류에 당초무늬를 주로 하여 모란 무늬, 이형 초목무늬, 새무늬, 버들무늬, 시명 등이 그려지며 말기에는 간단한 당초무늬가 그려진다. 그릇모양은 매병과 광구장경병 주전자, 기름병 등이 많으며 발색이나 문양 등에도 전형적인 고려청자와는 다소 차이가 난다. 드물게 중국의 매병 모양이지만 무늬가 간결하고 필치가 활달하거나 아니면 중국적인 문양이면서도 소박한 필치와 구도에서 고려적인 특징이 엿보이는 것도 있다.

2) 분청

(1) 분청의 제작

14C 고려 후기 이전의 청자는 귀족적이며 종교적인 영향으로 실생활에서 사용하기에는 한계를 갖고 있었다. 사회의 변화에 따라 문양이 대범하고 표현기법도 간략한 분청의 모습으로 바뀌어 대중화되었다. 분청은 회청색의 몸체에 백토를 바르거나 또는 문양을 긁어내거나 산화철로 그림을 그린 것으로 한국인의 독자적인 창안에 의한 이채로운 심미(審美)감을 지니는 것이다. 15세기

에서 16세기를 거치며 하얗게 분장한 면 위에 철화(鐵畵), 선각(線刻), 박지(剝地) 등 다양한 기법을 사용하며 그 표현방식은 익살스러움이 있고 정돈되지 않은 듯 수더분하며, 그 형태와 문양은 자유롭고, 구애받을 것 없는 분방함, 박진감 넘치는 표현으로 현대적이면서도 가장 한국적인 미(美)의 원형을 간직한, 가장 사랑스럽고 자랑스러운 세계 어느 나라에서도 찾아볼 수 없는 문화유산으로 자리를 잡았다.

일본인들은 조선의 좋은 찻잔을 갖는 것을 부와 명예의 상징으로 여겼는데, 조선도공이 만드는 막사발은 보물(이도다완; 井戸茶碗)이 되어 일본인들이 도자기 전쟁이라 부르는 임진왜란을 일으키는 계기가 되었으며 조선 도자기에 대한 집착으로 인해 데려간 도공들은 일본 도자기 산업의 중심이 되었다. 그 후 조선의 분청사기는 임진왜란으로 인한 도공과 가마의 상실, 사회적 변화를 거치며 점차 백분화되어 가며 사라지게 되었다.

(2) 분청사기의 장식 기법

① **상감(象嵌) 기법** : 이 기법은 12세기 고려청자에서 처음 고안되어 15세기까지 애용되었다. 가는 선으로 무늬를 나타낸 선상감기법과 넓게 무늬를 새긴 면상감기법이 있는데, 특히 분청사기에는 면상감기법에서 특징적인 아름다움을 보여주는 작품이 많다.

② **인화(印花) 기법** : 꽃 모양의 도장을 찍는다고 하여 인화라고 했으나 모두 꽃 모양만을 찍는 것은 아니다. 이 기법은 도장을 찍어 오목하게 들어간 부분에 주로 백토를 넣는 것이기 때문에 넓은 의미로 볼 때는 상감기법의 범주에 속하지만, 나타나는 무늬의 효과는 일정한 도장을 반복해서 찍었기 때문에 느낌이 전혀 다르다.

③ **박지(剝地) 기법** : 백토로 분장을 한 뒤, 원하는 무늬를 그리고 무늬를 제외한 배경의 백토를 긁어 내어 백색 무늬와 회색의 배경이 잘 조화를 이루게 하는 기법을 말한다. 이 기법은 세종 때에 활달하게 발전했으며 전라도 지방에서 많이 제작되었다.

④ **조화(彫花) 기법** : 박지기법과 반대되는 개념으로 화장토로 분장한 뒤에 원하는 무늬를 선으로 조각하여 백색 바탕에 태토의 색이 무늬로 새겨지게 하는 기법이다.

⑤ **철화 기법** : 백토 분장을 한 뒤에 철분이 많이 포함된 안료를 사용하여 붓으로 무늬를 그리는 기법이다. 이것은 광주의 전문화원들이 아니라 계룡산의 일반 도공들이 무늬를 그려넣은 것으로 무늬는 도식적인 것, 추상적인 것, 회화적인 것, 익살스러운 것 등 다양한 서민들의 생활 감정이 표현되어 있다.

⑥ **귀얄 기법** : 귀얄이란 일종의 풀빗자루와 유사한 것으로 이 도구에 백토를 묻혀 그릇 표면을 바른다. 서예의 비백 효과와 같은 일회적인 손 놀림에서는 강한 생동감이 느껴진다.

〈그림 10-8〉 분청사기

〈그림 10-9〉 귀얄

⑦ **담금(덤벙)분장[1] 기법** : 백토물에 그릇을 덤벙 담궈 분장하므로 이 종류의 분청사기를 덤벙 분청이라고도 한다. 이 기법은 귀얄과 같은 붓 자국이 없어서 표면이 차분하며, 대접이나 접시의 경우에는 손으로 굽을 잡아 그릇을 거꾸로 백토물에 담갔다 꺼내므로 굽 언저리에는 백토가 묻지 않고 흘러내린 곳만 있게 되어 즉흥적이고 재미있는 추상성이 돋보인다. 백토와 비슷하게 느껴지도록 하기 위해서 담금 분장을 하기도 했다.

3) 백자

(1) 백자의 제작

14C 도자기는 청자에서 백자 중심으로 변화한다. 당시 중국과 더불어 유일하게 백자를 만들 수 있었던 우리나라는 왕실을 중심으로 은기(銀器)를 대신하여 백자를 사용하게 되었다. 조선시대가 시작되면서 유학을 중심으로 사대부들이 새 왕조의 중심세력을 이루면서 백자문화가 크게 성행하였다. 초기의 백자는 형체가 활달하고 당당하며 백자가 조선시대 도자기의 대표적인 존재로 정착하게 되었다.

17세기 일본은 임진왜란 이후 조선의 도예기술을 받아들여 아리타(유전) 도자기 문화를 발전시켰다. 이 과정에서 유럽인은 일본의 자기기술을 배워 18C 초 유럽 자기를 만드는 데 성공하며 거기에 소뼈를 태운 재를 첨가한 본차이나(Bone China)를 생산하게 된다.

문양으로는 여러 가지 상징적 의미를 갖는 용, 모란, 당초, 소나무, 매화, 학 등을 여백을 살리며 간결하게 표현하는 자연스러움과 간결함이 돋보인다. 이것이 바로 조선 백자의 특징이다.

조선시대 궁중이나 관청에서 사용하는 도자기를 제작하던 사옹원(司饔院)은 《세종실록》의 지리지를 보면 전국에 자기소(백자를 굽던 가마로 추정)가 139개, 도기소(분청을 굽던 가마로 추정)가 195개소나 기록되어 있어 조선 초기에 번성했던 도자기 생산의 양상을 알 수 있다.

1 분청의 화장기법으로 고(古) 최순우 선생에 의해 처음으로 쓰인 표현이다.

초기의 백자는 중국 원과 명의 자극을 받아 그 기술이 발전하였고 상감기법이 응용되기도 하였다. 조선시대의 질 좋은 백자는 분원이었던 경기도 광주군 일대에서 주로 만들어졌는데, 15세기 중엽부터는 청화백자가 만들어지기 시작한다. 17, 8세기에 오면서 흰색 바탕에 간결한 푸른색 그림과 무늬를 넣은 청화백자는 당시 미술의 동향과 마찬가지로 선비 문화에 바탕을 둔 우리나라 특유의 풍토 감각을 잘 살리고 있다. 한편 철화백자와 진사백자도 만들어진다.

(2) 백자의 종류

① **순백자** : 순백자란 흰색 이외에 다른 색깔의 장식 무늬가 없는 것을 말한다. 조선 초기 백자에는 두 가지 계통이 있다. 그 하나는 고려시대 백자의 전통을 이은 것이고 또 다른 하나는 중국 원과 명의 백자 영향을 받은 것으로, 후자가 조선 백자의 전통을 이룬다. 백자는 조선 초부터 세련되기 시작하여 15세기 후반부터는 사옹원이 맡아 도자기를 굽던 광주분원을 중심으로 발전하였다. 조선시대의 순백자는 단순한 형태와 흰색의 아름다움을 지니고 있으며 청화백자 등 모든 백자의 기본이 된다. 특히 이러한 백자의 아름다움은 한국 예술의 독특한 분위기를 잘 나타낸 것으로 손꼽힌다.

② **청화백자** : 백자에 푸른색을 내는 천연 코발트 안료로 무늬나 그림을 그려 구워낸 것이 청화백자이다. 우리나라에서는 15세기 중엽부터 청화백자를 굽기 시작했으나 코발트 안료는 페르시아 지방에서 가져온 것을 중국을 통하여 수입하여 썼다. 그래서 회청(回靑) 또는 회회청이라 부른다. 따라서 조선시대 전반기에는 이 회청을 구하기가 어려워 사실적이고 회화적인 무늬로 장식했는데, 후기에는 토청(土靑)이 개발되고 회청의 수입이 원활해져 무늬가 일부 지나치게 번잡스러워지기도 하였다. 그리고 후기의 청화백자에는 진사나 철화를 함께 사용하여 색깔을 내기도 하였다. 특히 조선시대에는 흰색과 청색의 간결한 무늬가 조화를 이룬 청화백자에 대한 기호가 매우 컸는데, 이것은 선비 문화의 특징으로 지적되기도 한다.

③ **철화백자** : 백자 바탕에 석간주 등 산화철 안료와 무늬를 넣은 것을 철화백자라 부른다. 산화철의 안료는 다갈색, 흑갈색, 녹갈색으로 나타나기 때문에 철화백자 또는 백자철회문이라고도 한다. 철화백자는 조선 초기부터 그 예가 나타나며 철화 무늬가 일반화되고 세련되는 것은 청화백자와 마찬가지로 17, 8세기였다. 이 철화백자는 그 무늬로 보아 청화백자의 대용으로 만든 것으로 보이는 것도 있지만, 힘차고 추상적이거나 익살스러움을 표현한 철화백자 나름대로의 맛을 지닌 것이 많다. 조선 후기에 오면서 철화는 진사와 함께 사용되는 경우가 많다.

④ **진사백자** : 산화동 성분을 안료로 쓰는 진사는 붉은 색으로 화려하게 발색한다. 우리나라 도자기에 진사의 사용은 흔하지 않지만 고려시대 때 처음으로 청자에 쓰여졌으며 조선 중기에 와서 백자에 조금씩 사용되다가 후기에는 비교적 그 예가 많아진다. 그리고 이 진사는 청화나 철

화를 함께 조금씩 사용하기도 하였다. 한반도의 도자기 출현은 신석기시대의 시작으로 보는 기원전 6000~5000년으로 보고 있다. 주로 해안지대에서 발견되었으며, 빗살무늬 토기, 무문토기, 홍도, 흑회색 토기 등이 있다.

토막 상식

도자기 이름 이해하기

도자기의 이름은 자기종류, 제작기법, 문양의 이름, 그릇의 용도별 이름의 순서로 작성된다. 예를 들어 '분청사기 박지 연꽃물고기무늬 병' 또는 '청자 상감 포도동자무늬 주자 및 받침'이라고 이름을 붙이고, 각 순서대로 자기의 특징을 이해 할 수 있다.

제 11 장

음식문화

한 나라의 문화를 좀 더 친근하고 직접적으로 보여주고 느끼게 하는 방법 중 음식을 체험하는 것도 매우 좋은 방법일 수 있다. 그 나라의 음식은 말과 인종, 그리고 의례의 방식이 나라마다 다르듯이 그 나라의 기후의 특성과 그 나라에서 살고 있는 사람들의 기호(嗜好)와 문화에 따라 모두 다르게 발달되어 방문한 나라의 특성이 잘 반영될 수 있는 좋은 관광자원이 되고 있다. 최근에는 이러한 경향이 여행에 많은 부분을 차지하는 음식여행을 즐기는 관광객이 증가하고 있다.

제 1 절 한국 음식의 특징

1 한국 음식의 역사

한반도 음식문화의 중심인 쌀은 기원전 1500년에서 2000년쯤부터일 것으로 추정하고 있다. 밥을 중심으로 하는 음식문화가 본격적으로 형성된 시기에 대해서는 농경기술이 발달한 철기시대부터로, 쌀을 조리하는 방식은 초기에는 시루를 이용한 쪄먹는 방식에서 점차 끓여먹거나 지금의 형태의 뜸을 들여서 먹는 방식으로 발달해 왔다. 이와 더불어 중국의 문헌에는 고구려 사람들이 장, 젓갈, 김치, 술 같은 발효식품을 잘 만들었다고 하여 발효식품에 대한 한반도인의 기호를 알 수 있다.

고려시대에는 중농정책을 실시하여 농기구를 개량하고 곡식을 비축하여 곡가(穀價)를 조절하였으며 양곡의 수확도 크게 늘었다. 고려 초기에는 살생을 금하고 육식을 절제하였으나 몽골의 지배를 받게 되면서부터 육식의 풍습이 다시 살아나 양고기, 돼지고기, 닭고기, 개고기 같은 것을 먹게 되었다. 요즘 버터와 비슷한 유락, 치즈와 비슷한 낙소 등의 유가공품도 이 시기에 전래된 것이다. 소금, 엿, 식초를 사용하였으며 설탕과 후추를 중국에서 수입하여 사용하였다.

조선시대에는 농경을 중시하여, 곡식과 채소의 생산이 늘어났고 품질 개선을 위한 농업관련 서적의 보급도 이루어졌다. 조선시대의 음식은 궁중 음식, 반가 음식, 상민 음식이 저마다 다른 특색을 가지고 있어 전체적으로 한국 음식의 수준이 다양해졌다. 격식을 중요시하는 궁중 음식이나 반가의 음식이 차별화되어 발달하면서 격에 맞는 그릇과 조리기구, 상차림, 그리고 식사예절이 함께 발달하였다. 상차림과 식사예법이 잘 다듬어져서 의례음식의 차림새나 명절음식의 종류가 전국적으로 통일되었으며 네 계절이 뚜렷하여 시식과 절식도 다양해졌다.

2 한국 음식의 특징

우리나라의 음식은 주변 국가인 중국과 일본의 영향을 받기도 하고 영향을 주기도 하는 과정을 거치면서도 한국만의 독특한 특징을 지니게 되었다. 그 특징을 살펴보면 다음과 같다.

첫째, 다양한 곡물을 주식으로 하고 있다. 한반도에서 생활하는 우리 민족은 농업을 중시하여 많은 종류의 곡물을 생산함은 물론, 다양한 곡물을 이용하여 음식을 해서 먹었다. 그 종류로는 밥, 국수, 떡, 만두, 수제비, 엿, 술, 장 종류 등 매우 다양하다. 농사의 작황이 좋지 못하거나 농사의 추수를 기다리는 시기에는 구황식물(救荒植物)로 감자와 고구마를 다양한 방식으로 이용하기도 하였다.

둘째, 주식과 부식이 확연히 구분되는데, 밥을 주식으로 하고 각종 반찬을 부식으로 하며 국물이 있는 음식을 즐겨먹었다. 반찬의 재료로는 채소, 육류, 어류, 해초류 등을 사용하였는데 재료에 따라서 그 조리방법을 달리한다. 이전에는 주 재료가 육류가 아닌 채소류로 반찬의 많은 부분을 차지하였으며 이때에는 두부나 각종 기름류(참기름, 들기름, 콩기름 등)를 이용해 부족한 단백질이나 지방을 보충하는 지혜를 볼 수 있다.

셋째, 조리법이 다양하여 구이, 조림, 볶음, 전, 생채(生菜), 숙채(熟菜), 젓갈, 장아찌, 김치, 국, 찌개, 전골 등 다양한 방법으로 음식을 만들어 먹었다. 종류로는 주식인 밥, 죽, 국수, 만두 등의 끓이는 조리법과 끓이거나 굽고 삶아 무치는 등의 다양한 조리법의 반찬류, 그리고 주식사 후에 먹게 되는 후식류의 끓이기, 발효기법, 그리고 튀기기 등의 기법을 가진 화채, 엿, 떡, 과자, 술 등의 차별화된 요리법을 확인할 수 있다.

넷째, 장류, 김치, 젓갈과 같은 발효음식을 많이 먹는다. 한반도에서의 발효음식의 발달은 4계절을 가지고 있어 음식의 재료를 긴 시간 보관하거나 저장해 두는 것이 어려운 기후조건을 이겨낸 선조들의 지혜라고 할 수 있다. 최근에는 발효과정에서 생기는 음식 속의 유산균에 대한 인식이 커

져 세계적으로 각광 받는 한국음식의 특징으로 들 수 있다.

다섯째, 음식에 대해 약식동원(藥食同原)이라는 사상을 지니고 있다. 몸의 기운(氣運)이나 병원(病原)에 대한 치료에 필요한 것이나 음식의 재료는 같은 것이라는 사상으로, 음식을 만들어 먹는 데에도 그 사람의 체질이나 몸 상태를 고려하는 습관이다. 일반적으로 몸에 좋다고 이야기되는 양생음식(養生飮食)을 많이 해서 먹었다. 꿀이나 인삼, 대추, 오미자, 구기자, 당귀 등을 음식의 재료로 적극적으로 활용하는 모습에서 알 수 있다.

여섯째, 음식의 재료와 향신료의 조화를 중요시하는 조리를 한다. 한국의 음식에는 다양한 향을 지닌 양념인 파, 간장, 설탕, 마늘, 깨소금, 각종 기름류들이 사용되는데 이렇듯 다양한 양념들이 원재료와 어우러져 원재료의 맛과 영양을 더욱 좋게 한다. 또 다른 방식의 음식과 양념의 조화는 곰국이나 백숙 종류이다. 이 경우에는 단순한 조리법을 사용한 후 소금, 후추, 파 정도의 간단한 양념만으로 즐기기도 한다.

일곱째, 음식의 중심이 그릇이나 그릇의 배치가 아닌 음식의 맛과 조리의 정성에 두고 있다. 이웃나라인 일본음식의 특징을 대표하는 것으로 보기에 좋은 음식, 즉 눈으로 즐기는 음식이라는 평가와는 달리 한국의 음식은 몸에 좋은 음식으로 평가할 수 있겠다.

여덟째, 상차림이나 식사의 예절에 유교적 영향이 크다. 이는 조선시대 이후의 영향으로 모든 사람이 각자의 밥상에서 식사를 하게 되는 독상문화, 어른과 아랫사람의 식사 순서를 규정하는 예절, 인생의 주기마다 그 격과 시기에 맞는 통과의례와 해당 의례에 맞는 음식의 장만 등에서 유교의 영향을 확인할 수 있다.

아홉째, 한반도에서 생활한 사람들의 명절과 시절에 맞는 명절식과 시식의 발달이다. 각 시절에 따른 음식의 발달은 한반도의 지역적 특성을 잘 보여주고 있다. 시절음식은 해당 시절에 가장 필요하거나 쉽게 구할 수 있는 재료를 활용하며, 그에 맞는 의미를 갖고 있어 우리 전통문화를 대표한다 할 수 있다.

3 한국의 김장문화(2013)

한국을 대표하는 반찬에는 야채를 양념과 젓갈로 버무린 김치가 있다. 그리고 긴 겨울을 대비해 저장을 위한 김장문화가 있다. 김장을 담그기 위해서는 1년이라는 긴 시간의 노력이 필요하다. 봄에는 새우젓, 멸치젓 등 다양한 젓갈을, 여름에는 천일염을, 늦여름에는 배추와 고춧가루를 준비해 두어야 한다. 늦은 가을이 되면 날을 정해 준비해둔 재료들과 사람들이 모여 길고 추운 겨울동안 먹을 김치를 담그는 최종적 행위가 김장이다. 김장은 오랜 시간 이어져오며 지역민의 단결과 우애,

그리고 창의적이고 자발적인 재료의 발전은 물론 김치를 담는 방식들도 발전하였다. 이러한 의미에서 유네스코는 2013년 "김장문화(Kimjang; Making and Sharing Kimchi in the Republic of Korea)"를 한국의 문화적 정체성이 잘 드러난 인류무형문화유산으로 등재하였다.

제 2 절 한국 음식의 종류

1 주식류

1) 밥

쌀을 잘 씻어 적당량의 물을 붓고 끓이다가 물을 잦힌 후 뜸을 들이는 방식으로 조리하는 밥을 쌀밥이라 하여 가장 선호되고 있다. 다른 곡식을 섞어서 조리하는 경우에는 혼합물의 이름을 붙여서 보리밥, 콩밥, 팥밥 등으로 부른다. 한국을 비롯한 중국 · 일본 및 동남아시아 민족의 대부분이 밥을 주식으로 하여, 한국의 경우 예전에는 지역의 주로 재배되는 곡물의 차이로 중부 이남지방에서는 보리를, 중부 이북지방에서는 조를 많이 섞은 잡곡밥을 상식(常食)하였다. 밥의 조리방법 중에는 곡물의 혼합뿐 아니라 감자, 굴, 육류 등의 혼합도 가능하여 계절에 따라서 제철에 나는 채소나 견과류 등을 섞어서 계절의 맛을 즐기는 감자밥 · 완두콩밥 · 콩나물밥 · 무밥 · 송이밥 · 밤밥 · 굴밥 등이 있다. 한국에서 대보름날 먹는 오곡밥과 약밥(약식), 그리고 겨울철에 즐겨 먹는 김치밥 등은 맛과 영양이 좋은 밥 중의 하나이다.

2) 국수

밀가루 · 메밀가루 · 감자녹말 등을 반죽하여 얇게 밀어서 가늘게 썰거나 국수틀에서 가늘게 빼낸 것을 삶아 국물에 말거나 비벼 먹는 음식의 총칭을 면(麵)이라고도 한다. 국수는 제조나 조리가 비교적 간단하기 때문에 빵보다도 역사가 깊어, 기원전 6000~기원전 5000년경에 이미 아시아 지방에서 만들기 시작했다고 한다. 한국에서도 아주 오래 전부터 국수를 만들어 먹었으나, 밀의 생산이 많지 않았기 때문에 상용음식이 되지는 못하였다.

한국의 전통적인 면요리에는 온면(국수장국) · 냉면 · 비빔국수 · 칼국수 · 콩국수 등이 있다. 궁중에서는 백면(白麵; 메밀국수)을 최고로 쳤다고 하며, 국물은 꿩고기를 삶은 육수를 썼다고 한다. 여름에는 동치미국과 양지머리 육수를 섞어 식혀서 만든 냉면을 만들어 먹었다고 한다. 메밀국수

나 밀국수는 생일 · 혼례 등 경사스러운 날의 특별음식이 되었는데, 이것은 국수의 길게 이어진 모양과 관련하여 생일에는 수명이 길기를 기원하는 뜻으로, 혼례에는 결연(結緣)이 길기를 기원하는 뜻으로 쓰였다.

3) 만두

밀가루나 메밀가루 반죽으로 껍질을 만들어 고기, 두부, 김치 등으로 버무린 소를 넣고 만드는 것으로 중국 남만인(南蠻人)의 음식에서 유래한다. 한국에는 조선 영조 때 이익(李瀷)의 글에 만두 이야기가 나오는 것으로 보아 조선 중기 이전에 중국에서 들어온 것으로 보인다. 한국에서는 겨울, 특히 정초에 먹는 절식이며, 경사스러운 잔치에는 특히 고기를 많이 넣은 고기만두를 만들어 먹었다.

익히는 방법에 따라 찐만두, 군만두, 물만두, 만두국 등으로 나뉘고, 모양에 따라 귀만두 · 둥근만두 · 미만두 · 병시(餠匙) · 석류탕 등으로 나누어진다. 특히 미만두는 예전에 궁중에서 해먹던 음식으로 해삼의 생김새처럼 주름을 잡아 만든 데서 생긴 이름이고, 병시는 숟가락 모양을 닮은 데서, 석류탕은 석류처럼 생긴 데서 붙은 이름인데, 옛날에는 궁중에서만 만들어 먹던 음식이다.

4) 떡국

맑은 장국에 가래떡을 얄팍하게 썰어 넣어 끓인 국으로 원래는 세단(歲旦)의 절식으로, 묵은 해가 가고 만물이 새로이 시작되는 새해의 첫날을 기념하는 의미가 있다. 예전에는 떡국을 끓일 때 꿩고기를 사용하였으나 근래에 와서는 꿩고기를 대신해 쇠고기나 닭고기를 사용한다. 바닷가 지역에서는 국물을 내는 재료로 굴이나 다른 해산물을 이용하기도 한다.

떡국 조리는 먼저, 쇠고기를 둘로 나눠 고명용은 도톰하게 썰어 갖은양념을 하여 구워 놓고, 장국용으로는 파를 넣어 국물을 만든다. 달걀은 황 · 백을 갈라 지단을 부치고 채쳐 놓는다. 흰떡을 얄팍하게 썰어서 팔팔 끓는 맑은 장국에 넣는다. 떡이 위로 떠오를 때 그릇에 담아 쇠고기 구운 것, 지단, 김, 잣 등을 고명으로 얹어 제공한다.

5) 죽, 미음, 응이

곡물을 이용해 만든 유동식 음식으로 죽은 곡식에 물을 6~7배 가량 붓고, 오래 끓여 무르익게 만든 유동식으로 한국 문헌에 수록되어 있는 죽만도 40여 종이다. 재료, 조리법 등에 따라서 보양음식, 별미음식, 구황음식 등으로 구분된다. 종류로는 백미로만 조리한 흰죽, 우유를 섞은 타락죽

(駝酪粥), 잣 · 깨 · 호두 · 대추 · 황률 등을 넣은 열매죽, 생굴 · 전복 · 홍합 · 조개 등을 넣은 어패류죽, 각종 조수육으로 쑨 고기죽 등이 있는데, 쇠고기에 홍합을 넣고 끓인 것을 따로 담채죽(淡菜粥)이라 한다.

미음은 곡물을 끓여 체로 걸러낸 유동식으로 주로 병자나 어린아이에게 먹었다. 쌀미음, 메조미음, 찹쌀미음, 차조미음 등이 있으며, 쌀미음과 메조미음은 쌀이나 메조에 물을 많이 붓고 걸쭉해질 때까지 끓여 고운 체로 걸러서 소금으로 간을 맞추어 먹는다. 찹쌀미음과 차조미음은 인삼 · 대추 · 황률 등을 첨가하는데, 찹쌀미음은 대추 · 황률을 잘게 썬 인삼으로 찹쌀과 함께 넣어 끓인 다음 다 퍼지면 체로 걸러 설탕을 타 마시고, 차조미음은 찹쌀 대신 차조로 하여 찹쌀미음과 같은 방법으로 하여 마실 때 소금을 타 마신다.

응이는 물에 녹말을 묽게 풀어서 쑤는 죽의 일종이다. 의이(薏苡)라고도 하는데, 의이는 본래 율무를 가리키는 것이었으나, 곡물을 갈아서 얻은 녹말로 쑨 죽을 통틀어 '의이' 또는 '응'이라 한다. 응이는 우리 나라 전통음식의 하나로 매우 부드럽게 마실 수 있는 유동식이므로, 노약자나 아기에게 적합하다. 종류로는 율무응이, 연뿌리응이, 칡응이, 마응이 등이 있다.

2 찬품류

1) 탕, 국

채소, 어류, 고기 등을 넣고 물을 많이 부어 끓인 국물요리를 탕(湯) 또는 국이라 한다. 국의 종류는 주재료나 국물맛을 내는 장 종류에 따라 나뉜다. 재료로는 쇠고기, 돼지고기, 닭고기 등의 육류와 생선, 조개류 등의 어패류, 배추, 무, 시금치 등의 채소류가 있다. 국물의 맛을 내는 장으로는 간장, 된장, 고추장 등이 있다.

국은 크게 3가지로 나눌 수 있는데, 육수나 장국에 간장 또는 소금으로 간을 맞추고 건더기를 넣어 끓인 맑은장국과, 장국을 된장 또는 고추장으로 간을 맞추고 건더기를 넣어 끓인 토장국, 고기를 푹 고아서 고기와 국물을 같이 먹는 곰국 · 설렁탕 등이다. 보통 국은 밥에 곁들여 먹지만 갈비탕이나 설렁탕처럼 진한 국에 밥을 말아서 탕반(湯飯)을 만들어 먹기도 한다. 이것은 일품요리로서 한국 고유의 음식이다.

2) 찌개, 감정 및 조치

찌개는 찌개의 국물맛을 내는 재료에 따라 된장찌개, 고추장찌개, 새우젓으로 간을 하여 끓이는

맑은 맛의 젓국찌개가 있다. 특히, 이 중에서 고추장으로 간을 한 찌개를 감정이라 하고 조치란 궁중에서 찌개를 가리키는 말이다. 찌개에는 대체적으로 두부, 채소, 감자 등의 다양한 부재료를 넣어 끓이게 되는데, 최근에는 다양한 찌개가 개발되고 있다.

3) 전골

전골이란 갖가지의 재료를 다양한 색깔로 준비하여 즉석에서 끓여 먹는 음식이다. 대표적으로는 신선로가 있다. 신선로는 임금님과 같은 높은 분들의 상에 오르는 고급스러운 음식으로 가운데 불구멍이 있는 그릇에 채소, 고기 등을 돌려 담고 장국을 부어 끓이는 탕을 말한다. 갖가지 재료를 넣은 데다가 정성도 많이 들어가는 음식이라서 '열구자탕'이라고 하는데 '입을 즐겁게 해주는 탕'이라는 뜻이다.

4) 구이, 적

어패류(魚貝類)나 수조육류(獸鳥肉類)를 간장, 기름, 파, 마늘 등의 양념을 하여 굽는 것과 소금과 기름으로 조미하여 굽는 방법 2가지의 기본법이 있다. 이 기본법에 생선이나 고기의 종류에 따라 다른 양념을 더하기도 한다. 굽는 방법이 조금씩 다른데, 몇 가지 방법으로 나누어보면 다음과 같다.

쇠고기를 얇게 저며 가로 세로로 잔칼집을 넣고 양념에 재워두었다가 간이 밴 다음 석쇠에 굽는 너비아니구이, 고기를 곱게 다져서 너비아니구이와 같은 방법으로 조미(調味)하여 둥글납작한 모양으로 만들어 굽는 섭산적구이, 쇠고기 · 닭고기 · 생선 등을 갸름하게 썰어 조미하여 파, 흰떡 등과 함께 꼬챙이에 꿰어서 굽는 산적구이는 주로 제사상에 쓰이며, 종류에 따라 파산적, 떡산적, 어산적 등이 있다. 그 외에도 재료에 따라 생선구이, 건어물 구이, 가지구이 등이 있다.

5) 찜과 선

찜이나 선은 조리를 하는 방법에 의한 명칭으로 국물을 적게 잡아서 약한 불로 재료를 부드럽게 될 때까지 익혀내는 음식이다. 재료로는 육류, 어패류, 채소 등 어느 것이나 가능한데 야채류를 재료로 하는 찜의 종류를 특별히 '선'이라 한다. 선의 경우에는 쇠고기나 계란을 이용한 지단 등을 함께 구비할 수 있다. 선은 주로 호박, 오이, 가지, 두부 등이 주재료로 사용된다. 육류의 경우에는 대체적으로 육질이 질긴 부위를 사용해 오랜 시간을 두고 익혀 부드럽게 하여 먹게 된다.

6) 전유어, 지짐

번철에 기름을 두르고 재료를 얄팍하게 썰어 밀가루를 묻혀서 지진 음식의 총칭으로 '전유어(煎油魚)' 또는 '저냐'라고도 하고 궁중에서는 '전유화'라고 하였다. 육류, 어패류, 채소류 등 각종 재료가 넓게 쓰이며, 반상 또는 잔칫상, 제례상, 주안상에 두루 잘 어울리는 음식이다. 한국요리에는 튀김은 별로 없고 부침이 많은데, 전은 부침요리로서 전감의 두께를 얇고 고르게 저미고 크기와 모양을 일정하게 하며, 밀가루와 달걀물을 씌워 부치는 것이 특색이다. 지짐은 밀가루를 푼 물에 섞어서 기름에 지져낸 음식을 가리킨다. 종류로는 재료에 따라 가지전, 감자전, 게전, 굴전, 애호박전, 풋고추전, 파전, 부추전, 김치전 등이 있다.

7) 생채(生菜)와 숙채(熟菜)

나물을 요리하는 것으로 생채는 계절에 나오는 제철 채소들을 익히지 않고 양념으로 무쳐낸 것을 말한다. 재료로는 무, 배추, 오이, 미나리, 더덕 등으로 채소와 더불어 미역, 파래, 오징어, 조갯살 등의 해산물을 함께 또는 해산물만으로 조리하기도 한다. 숙채는 채소를 끓는 물에 살짝 데쳐낸 후 갖은 양념으로 무쳐내거나 고사리 등과 같이 말려 보관하는 채소의 경우에는 불려 삶아낸 후 양념을 하여 내는 음식을 가리킨다. 일반적인 반상(飯床)에서 나물이라 하는 것은 숙채를 의미한다.

8) 조림, 조리개, 초

어패류, 육류, 두부, 채소, 건어물 등의 재료를 간을 하여 약한 불에서 오래 익힌 부식류로 궁중용어로는 '조리니'혹은 '조리개'라 하였다. 육장은 쇠고기를 청장에 끓이다가 장이 절반쯤 졸았을 때 천초, 생강을 넣는 것으로 이것은 오늘날의 장조림이다. 어장은 생선을 장에 끓이다가 기름, 간장을 더 넣고 끓여 즙액이 반응고 상태가 될 정도로 조려서 두고 먹는 것이다. 또 천리(千里)장 또는 초(炒)는 고기를 다져서 기름과 꿀에 볶아 익힌 것으로 저장성이 뛰어난 음식이라 하였다. 조림의 종류로는 재료에 따라 육장인 장조림, 닭고기조림, 제육조림, 풋고추조림, 생치조림, 붕어조림, 민어조림, 전복초 등 종류가 다양하다.

9) 회와 숙회

회는 생선이나 조개류, 쇠고기의 살, 간, 처녑, 염통 등을 날 것으로 또는 살짝 데쳐서 초고추장·겨자초장·소금 등에 찍어 먹는 것을 말한다. 생선을 살짝 익혀 만든 요리를 숙회(熟膾)라고 한다. 또 미나리나 파를 데쳐서 상투 모양으로 잡아 초고추장에 찍어 먹는 강회(康膾), 두릅을 데쳐서 초고추장에 찍어 먹는 두릅회, 날송이를 참기름 · 소금에 찍어 먹는 송이회도 있다.

10) 편육

쇠고기나 돼지고기를 삶아 눌러서 물기를 빼고 얇게 저며서 썬 것으로, 얇고 작은 조각으로 썬 고기라고 하여 붙은 이름이다. 편육은 공통적으로 우선 고기를 찬물에 담가 핏물을 빼고 두꺼운 냄비나 솥에 물을 많이 붓고 펄펄 끓을 때 넣어서 삶는데, 고기가 완전히 무른 다음 소금으로 간을 한다. 쇠고기를 삶을 때는 파 · 마늘을 통째로 넣고, 돼지고기를 삶을 때는 생강을 저며서 많이 넣으면 특유한 냄새를 모두 없앨 수 있다. 쇠고기편육에는 초간장을 곁들이고, 돼지고기편육에는 새우젓국이나 배추김치를 곁들인다.

11) 묵

메밀 · 녹두 등의 앙금을 풀처럼 쑤어 식혀서 굳힌 음식이다. 재료에 따라 메밀묵 · 녹두묵 · 노랑묵 · 도토리묵 등이 있다. 대개 간장 · 파 · 참기름 · 고춧가루 · 깨소금 등을 넣어 무쳐서 먹는데, 때로는 배추김치를 썰어서 넣기도 한다. 가장 유명한 묵요리로는 탕평채(蕩平菜)가 있다.

12) 장아찌

무, 오이, 마늘 등의 야채를 간장, 된장, 고추장 또는 식초 등에 담가 오래 두고 먹을 수 있게 만든 밑반찬이다. 장과라고도 하는데 오래 저장하지 않고 즉시 먹을 수 있는 것을 갑장과 또는 숙장과라고 한다. 장아찌는 그 재료에 따라 종류가 나뉜다. 재료로는 깻잎, 풋마늘, 고춧잎, 마늘종, 참외, 동아 등으로 다양하며 대개는 간장에 박아 두었다 꺼내어 잘게 썰어 참기름, 깨소금, 설탕 등으로 양념해서 먹는다.

13) 튀각과 부각

튀각은 마른 다시마, 미역, 파래, 호두 등을 잘라 끓는 기름에 튀긴 반찬으로 재료에 아무것도 바르지 않고 그대로 튀기는 것이 부각과 다른 점이다. 재료에 따라서 여러 가지 종류의 튀각을 만들 수 있다. 부각은 김 · 깻잎 등에 걸쭉하게 쑨 찹쌀풀을 발라 말려 두었다가 기름에 튀긴 요리로 반찬이나 술안주로 많이 쓰이며, 흔한 종류로는 고추부각, 깻잎부각, 김부각, 가죽나무순부각 등이 있다.

14) 김치

우리 민족만의 음식이지만 요즘은 세계에 수출할 만큼 인기 있는 음식으로 인정받고 있다. 김치는 배추나 무 등을 소금에 절여 고춧가루와 젓갈을 넣어 만든 음식으로 고춧가루가 들어오기 전에는 소금만으로 절여서 먹던 음식에서 300년 전쯤에 고춧가루가 들어오면서 오늘날의 김치 모습을 갖추게 되었다. 그 종류는 배추김치, 총각김치, 깍두기, 동치미 등 약 200여 가지나 되고 양념 또한 1백여 가지나 된다. 김치에는 비타민 C가 풍부하고 소화도 잘 되며, 마늘은 암을 예방해 주고, 젓갈에는 단백질도 가득 들어 영양소도 풍부하고 과학적인 식품이다.

3 떡과 한과

1) 떡

떡은 우리 민족이 농사를 짓던 시절부터 만들어진 것으로 쌀 농사를 짓기 시작한 때부터로 약 3천년 전부터 만들어 먹었던 것으로 추정한다. 오늘날에도 명절이나 제사 때에는 떡을 장만하게 된다. 떡은 들어가는 재료에 따라서는 멥쌀을 재료로 하는 메떡, 찹쌀을 사용하는 찰떡, 그 외로는 수수떡, 좁쌀떡, 쑥떡, 무떡, 느티떡, 상추떡 등으로 다양하며, 떡을 만들어 입히는 고물의 종류에 따라서는 팥떡, 녹두떡, 게피떡, 거피팥떡 등이 있다. 떡을 만드는 방법에 따른 종류로는 떡의 재료를 가루를 내어 시루에 넣고 쪄내는 시루편과 곡물을 가루에 물을 내려 찌거나 물을 넣어 반죽하여 형성된 것을 찌거나 삶아내는 물편이 있다. 그 외의 종류로는 쪄서 삶아내는 단자류, 쪄서 떡매로 쳐서 만드는 도병류, 가루를 반죽하여 기름에 지지는 전병류 등이 있다.

2) 화전

꽃을 넣고 지지는 전을 가리키는 말로 깨끗한 꽃을 따서 꽃술을 떼어, 찹쌀가루를 따뜻한 물로 반죽한 다음 밤톨만큼씩 떼어 내어 동글 납작하게 만들어 그 위에 꽃을 올려 지져내는 음식이다. 봄에 먹는 화전은 진달래전, 여름엔 노란장미를 올린 화전, 가을인 중양절에는 국화전 등 시절에 맞는 꽃으로 화전을 만들어 먹는다.

3) 한과 (과자)

한과는 양과(洋菓)와 구별하기 위해 붙여진 명칭으로 우리의 전통과자를 가리킨다. 정성과 많은 노력을 필요로 하는 음식으로 곡식가루를 반죽하여 기름에 지지거나 튀기는 유밀과, 가루를 꿀이

나 조청으로 반죽하여 다식판에 박아낸 다식, 익힌 과일이나 뿌리 등을 조청이나 꿀에 조려 만든 정과, 과일을 삶아 걸러 굳힌 과편, 과일을 익혀서 다른 재료와 섞거나 조려서 만드는 숙실과, 견과나 곡식을 중탕한 뒤 조청에 버무려 만든 엿강정 등이 있다. 유과는 떡과 함께 잔칫상이나 제사상에 빠지지 않는 음식이며, 명절 선물로 보내기도 했다.

4 음료

1) 녹차

발효시키지 않은 찻잎[茶葉]을 사용해서 만든 차로 녹차를 처음으로 생산하여 사용하기 시작한 곳은 중국과 인도이다. 그 후 일본, 실론, 자바, 수마트라 등 아시아 각 지역으로 전파되었으며, 오늘날에는 중국에 이어 일본이 녹차 생산국으로 자리잡고 있다. 차의 종류는 수확된 시기나 가공방법 · 발효정도에 따라 다른데, 가공방법에 따라서는 차잎을 따서 덖구고 말리는 전차, 차잎을 쪄서 절구에 찧어 동그란 틀에 박아넣어 말리는 병차 등이 있다. 제조과정에서의 발효 여부에 따라 녹차 · 홍차 · 우롱차로 나뉜다. 차는 음용 시 충분히 끓인 물을 60~70°C로 식혀 차를 우려내어 마시게 된다.

2) 감잎차

감나무의 잎을 따서 만든 것이다. 감잎에는 비타민 C, 비타민 A, 클로로필이 다량 함유되어 있어 예로부터 건강차로 애용되어 왔다. 차로 만들어 마실 때는 감잎을 따서 썬 다음 뜨거운 솥에서 살짝 볶아서 만들어 마셔야 한다. 괴혈병, 빈혈에 약효가 있으며 고혈압 환자가 오래 복용하면 혈압이 내리고 머리가 가벼워진다. 당뇨가 있어 갈증을 일으키는 사람에게도 좋다.

3) 결명자차

결명자는 콩과에 속하는 일년초의 열매로 결명자의 종자를 볶아 만든 것이 바로 결명자차다. 부차라고도 한다. 그냥 끓이면 비린내가 나서 먹을 수 없기 때문에, 반드시 볶아서 냄새가 나지 않게 되었을 때 사용해야 한다. 눈을 밝혀 주는 약차로서 간장질환으로 인하여 혈압이 상승하거나 시력이 감퇴될 때 쓰면 좋다.

4) 구기자차

예로부터 불로장수약으로 알려진 구기자는 한방이나 민간약으로 자주 이용되어 왔지만 만병통치약처럼 오용되는 경우도 종종 있다. 잎과 열매는 차를 만들어 먹거나 술을 담그며, 잎으로는 나물을 무쳐 먹기도 한다. 신경쇠약, 시력감퇴, 정력감퇴에도 효과가 있으며 생체호르몬의 촉진작용, 콜레스테롤의 침착 제거 외에도 간장에 축적되어 있는 지방을 분해시키며 혈액내의 혈당을 감소시킨다.

5) 국화차

먹을 수 있는 노란 국화가 차재료로 쓰이며 한방 약국에서는 말린 것을 판다. 생국일 때는 꽃만을 따서 소금을 넣은 물에 말갛게 데쳐내어 냉수에 헹군 다음 물기를 짜고 바싹 말려 쓴다. 국화에는 크리산테논 등의 정유와 아데닌, 콜린, 스타키드린, 그리고 황색색소인 크리산테민 등이 함유되어 있다. 따라서 해열, 해독, 감기로 인한 두통, 현기증, 이명, 부스럼 등에 효과가 있다.

6) 오미자차, 오미자화채

오미자는 홍적색을 띠고 있어서 색이 아름답고 향취가 있으면서 맛이 좋다. 신맛, 단맛, 짠맛, 매운맛, 쓴맛을 모두 가지고 있어서 오미자라고 하는데 실제로는 신맛과 단맛이 가장 두드러진다. 사람의 두뇌활동을 개선시키는 효과가 있고 당뇨병에는 혈당량을 하강시키며 간에 들어가서는 강장의 효소를 활성화시킨다.

오미자의 경우에는 따뜻하게 마실 수도 있으나 차게 하여 화채를 하여 마실 수도 있어, 이를 오미자화채라 부른다. 화채의 경우에는 냉수에 우려낸 오미자물을 체에 거르고 설탕으로 맛을 낸다. 이 물에 진달래, 햇보리, 배 썰은 것 등을 얹어 꾸밈을 하여 그냥 마시거나 녹말을 물에 풀어 쟁반에 얇게 부어서 중탕하여 익힌 다음 채로 썰어 오미자 국물에 띄어 먹을 수도 있다. 이를 창면, 화면, 착면이라고 부른다.

7) 식혜, 수정과, 배숙

식혜는 밥을 가지고 만드는 음식이다. 우선 밥을 만든 다음에 엿기름을 부어 따뜻하게 5~6시간 정도 삭히면 밥알이 동동 떠오르게 되는데 이 때 설탕을 넣고 끓여 식힌 후 잣을 띄우면 된다. 수정과는 곶감을 달인 물에 생강과 꿀을 넣고 끓여서 식힌 후에 건져 둔 곶감과 잣을 넣어 만든다. 또한 배숙은 배를 조각내어 통후추를 박아서 생강물에 넣고 익혀 차게 식혀 마실 수 있다.

8) 미수

여름철에 찹쌀이나 보리쌀을 쪄서 볶은 후 다시 빻아 가루로 만들어서 여름철에 찬물이나 꿀물에 타서 마신다.

9) 제호탕(醍胡湯)

궁중 내의원에서 여러 가지 한약제를 고운가루로 만들어 이를 꿀에 제어서 만든 것으로 원기를 돋우는 음식으로 사용하던 것이다. 주로 단오절에 임금께 진상하면 임금은 이를 기로소(耆老所)에 하사하였다.

제 3 절 한국 음식의 상차림

한국의 음식상은 그 시대의 정치 · 경제 · 문화 체제의 영향을 크게 받으며, 한편으로는 의복이나 주거양식과도 연계성이 크다. 상차림의 종류로는 일반적으로 밥을 중심으로 하는 반상, 죽이나 국수, 만두 등을 주요리로 하는 면상, 만두상 등이 있으며, 손님을 대접하는 교자상이나 술을 위한 주안상, 다과를 내는 다과상 등이 있다. 이외에도 의례를 위한 돌상, 가례상, 제례상 등이 있다.

1) 반상

밥상과 같은 뜻으로 밥과 여기에 알맞은 부식을 장만하여 상을 차린다는 뜻이다. 반상은 그 찬의 수에 따라서 첩수가 정해져 있다. 수라상은 십이첩반상, 사대부집 또는 양반집은 구첩반상을 최고의 상차림으로 한다. 구첩 이하는 보통 홀수로 하여 칠첩 · 오첩 · 삼첩 등으로 첩수를 정한다. 첩은 접시 또는 쟁첩이라는 뜻이며, 반찬은 주로 쟁첩에 담고, 쟁첩의 수효에 따라 반상의 이름이 정해진다. 식단 작성은 기본음식과 찬품으로 나누고 조리법별로 겹치지 않게 한다. 기본음식은 밥, 국 또는 탕, 찌개 또는 조치, 찜 또는 선, 전골, 김치, 장종지(맑은간장, 초장, 초고추장, 젓국 등 먹는 사람이 간을 맞추는 데 쓸 것들) 등이고, 찬품은 편육 또는 수육(熟肉), 전유어(저냐), 회(생회, 숙회, 강회 등), 달걀(수란, 열란) 등, 조림 또는 볶음, 구이(더운 구이, 찬 구이) 또는 적(炙), 나물(숙채), 생채(生菜) 또는 겉절이, 장아찌 또는 장과, 젓갈, 자반(佐飯) 또는 마른 찬류 등이다.

이상은 조리법을 원칙으로 배합한 상차림의 형식인데, 실제로 식단 작성을 할 때는 찬의 수를 결정하고, 조리법을 겹치지 않게 한 가지씩 선택하며, 같은 재료가 중복되지 않도록 한다.

반상을 차릴 때에는 놓는 위치가 늘 정해져 있다. 밥과 국은 맨 앞줄에 놓는데, 국은 밥의 오른쪽에 오도록 하고, 그 뒤에 장류와 반찬을 놓는다. 오른쪽에 더운 것과 육류가 오도록 하고 왼쪽에 차가운 것과 채소로 만든 찬류를 놓는다. 맨 뒤에 김치를 놓는데, 국물이 있는 김치는 오른쪽에 온다. 반상은 독상을 원칙으로 하지만 때로는 조부와 손주가 겸상을 하는 경우가 있기도 하다.

2) 면상, 만두상, 떡국상

밥을 대신하여 차려지는 상으로 명절이나 잔치 또는 간단한 식사를 위해 준비된다. 이때의 반찬으로는 전유어, 잡채, 배추김치, 나박김치 등이 함께 차려진다.

3) 주안상

손님의 접대를 위해 술을 대접하기 위한 상차림으로 술의 종류에 따라 반찬도 다르게 차려진다. 주로 뜨겁고 국물이 있는 찌개, 전골 종류와 회, 그리고 전류가 함께 상차림이 이루어진다.

4) 교자상

집안에 행사가 있을 때 주인과 중요한 손님들이 겸상을 하는 상차림으로 이때는 반상보다는 주로 면상, 떡국상, 만두상 등 행사의 성격이나 계절에 어울리는 것으로 중심 음식을 장만하고 그와 어울릴 수 있는 탕, 찜, 전유어, 편육, 적, 회 등의 반찬으로 상차림을 구성하게 된다. 교자상의 경우에는 후식을 위한 다과상이 이어지는 것이 일반적이다.

5) 다과상

후식을 위한 상차림 또는 가벼운 교제를 위한 상차림으로 이용되며 한과와 차 또는 화채 등을 차린다.

제 4 절 궁중음식과 향토음식

1 궁중음식(宮中飮食)

한국은 예로부터 의례를 중히 여겨, 각기 다른 성격의 의례에 따르는 특별한 음식도 많이 전래된다. 특히 조선시대에는 왕가의 음식과 그 제도가 우리 민족의 음식을 대표할 만큼 다채로웠다. 즉 조정이나 왕가 및 개인적인 의례에 차리는 음식이 구분되었고, 음식을 만드는 법과 또 음식을 진설(陳設)하는 법도 제도화되어 있었다. 조선시대 궁중음식에 대해서는 《진연의궤(進宴儀軌)》와 그 밖의 진연기록 및 각종 문헌에 의하여 그 내용을 알 수 있다.

조선왕조 궁중음식은 1970년 중요 무형 문화재 제38호로 지정되었다. 궁중에서 음식은 주방상궁과 대령숙수라는 요리사가 만들었다. 이 요리사들은 중전, 대비전, 세자빈의 각 전각마다 배치되어 있어 각각 따로 만들어 먹었다. 이 주방상궁은 약 20년 정도 궁중음식에 대해 비법을 전수 받아야 될 수 있는 자리였다. 대령숙수는 궁 밖에 살면서 잔치 때만 궁에 들어와 음식을 만드는, 지금으로 말하면 남자 출장 요리사와 같다고 할 수 있다.

1) 수라상

궁중음식 중 가장 중요시되는 부분으로 수라에는 흰수라(미역국), 팥수라(곰탕)가 있고, 찬품단자[1]에 의해서 만들어진다. 그리고, 궁중에서 차리는 12첩 정찬[2]은 왕과 왕비만을 위한 것이었다. 수라상은 왕과 왕비가 각각 받는데, 왕은 동쪽에 왕비는 서쪽에 앉게 된다. 수라상에 올리는 음식은 만드는 절차도 까다롭고, 정해진 사람만이 만들 수 있다.

2) 수라상단자

① **어상** : 큰상이라고도 불리는 어상은 국가의 즐거운 일이나 경축일에 임금이 받는 상이다. 이 상의 음식은 특별하고, 호화롭게 만들었으며, 형식을 중요하게 여겼다. 음식도 높게 쌓아 행사가 끝나면 모든 음식들은 한지에 싸서 종친이나 신하의 집으로 보내졌다.

② **진연상** : 국경일이나 외국에서 사신들이 왔을 때 환영의 뜻으로 차리는 상이다. 진연도감에서 의식절차를 계획하고, 찬품단자를 쓰고, 사전준비를 모두 맡아서 처리했으며 음식은 외주방에서 만들었다.

---

1 찬품단자란 잔치음식들을 음식발기라 하는 것에 모두 기록하여 올리는 것으로, 평범한 접시에 높이 쌓았다. 그 높이는 규정이 없었고, 최고 51cm에서 최하 30cm까지 있었다.

2 상의 규모를 나타내는 방식은 반찬의 가짓수를 세는 첩수와 장류의 그릇수를 제외한 나머지 그릇의 개수를 세는 "00기"로 표현하기도 한다.

③ **돌상** : 왕자나 공주의 돌에는 각색으로 편을 만들어 여러 궁에 보냈으며, 왕자의 돌상에는 장수, 부유, 무술, 문필 등이 능하기를 바라는 뜻에서 쌀, 실, 책, 돈 등을 돌상에 놓았고, 공주나 옹주 등의 돌상에는 청실 · 홍실, 자 등을 올려놓았다.

④ **명절상** : 조선왕실에서는 유교예법이 아니라 하여 중히 여기지 않았으나, 일반에서는 여전히 특별한 음식을 만들어서 절식을 차리기도 했다.

⑤ **제사상** : 제사의 종류로는 소상(小祥) · 대상(大祥) · 천신(薦新) · 차례(茶禮) · 기제사(忌祭祀) · 시제(時祭) 등이 있다. 선원전(璿源殿)에는 선왕의 어진(御眞)을 모시지만, 귀신이 아닌 사람으로서 모시는 제사이므로 제기를 사용하지 않았고 제식도 생전에 먹던 것으로 차렸다. 종묘에서의 제례에 사용하는 제물들은 날것으로만 사용한다. 기본 제물로는 오탕오적(五湯五炙) 또는 삼탕삼적(三湯三炙), 편 · 포 · 유과 · 당속 · 실과 등 제사에 쓰이는 음식들은 관수소(管守所)에서 만들었다.

2 지역별 향토음식

1) 서울 음식

서울은 오백년 동안 조선조의 수도였던 까닭에 조선시대 풍의 요리가 많이 남아 있다. 지역 자체에서 나는 산물은 별로 없으나 전국 각지에서 가져온 여러 가지 재료를 활용하여 사치스러운 음식을 만들었다. 음식의 간은 짜지도 맵지도 않은 적당한 맛을 지니고 있으며, 양반이 많이 살던 고장이라 격식이 까다롭고 맵시도 중히 여기며 의례적인 것 역시 중요시되었다. 또 궁중음식의 영향을 많이 받아 고급스럽고 화려한 요리도 많다.

대표적인 음식으로는 민간에 전해지는 대표적 궁중음식인 신선로, 선농제를 지내고 해먹였다는 유래가 있는 설렁탕, 홍합초, 전복초, 항아리에 간장에 절인 배추와 무우를 넣고 파, 마늘, 생강 등의 양념과 밤, 배, 표고버섯 등을 곁들이고 배추를 절였던 간장물에 물을 더 부어 간을 심심하게 한 다음 항아리에 붓고 일정기간을 익혀서 먹는 장김치, 등심이나 안심을 약간 도톰하게 저며 칼집을 내고, 간장, 설탕, 파, 마늘, 참기름, 후춧가루, 배즙, 육수로 만든 양념장에 재웠다가 숯불에 달군 석쇠나 불고기 구이판에 구워 먹는 너비아니 등이 있다.

2) 경기 · 개성 음식

경기도는 밭농사와 논농사가 고루 발달했으며 서해안과 접해 있고 산과 강이 어우러져 있어 농산

물은 물론 해산물과 산채도 풍부하다. 따라서 경기도 음식은 종류가 다양하나 서울 음식보다 소박하며 양념도 수수하게 쓰는 편이다. 그러나 고려시대의 수도였던 개성의 음식은 서울, 진주 음식과 더불어 우리나라 음식 가운데서 가장 호화스럽고 종류가 다양한 것으로 알려져 있다. 개성음식은 궁중요리에 비길 만큼 사치스러우며, 많은 노력과 여러 가지 재료를 필요로 한다. 대표적인 음식으로는 쇠고기, 돼지고기, 닭고기, 두부, 배추김치, 숙주 등의 재료로 만든 속을 많이 넣어 아기 모자처럼 둥글고 통통하게 빚어 이것을 끓는 장국에 익혀내어 초장에 찍어 먹거나 뜨거운 맑은장국에 넣어 먹는 개성편수, 조랭이 떡국, 찹쌀가루와 멥쌀가루를 섞은 것에 막걸리를 조금 넣고 반죽하여 반죽을 둥글게 빚고 기름에 튀겨 조청에 넣어 만드는 개성주악, 개성 모약과 등이 있다.

3) 강원도 음식

강원도는 동해와 접해 있고 태백산맥을 잇는 산과 골짜기, 분지가 어울려 있는 곳이다. 따라서 해안지방과 산악지방에서 나는 생산물이 특별하여 음식도 다르다. 산악지방에서는 감자, 옥수수, 메밀, 도토리가 많이 나서 이것들을 주식으로 삼았는데 이것들이 향토별미 음식이 되었다. 해안지방에서는 오징어, 황태, 미역 등이 많이 생산되어 이를 이용한 음식들이 많다. 대체로 강원도 음식은 매우 소박하며 감자, 옥수수, 메밀을 이용한 음식이 다른 지방보다 많다. 대표적인 음식으로는 감자경단, 감자송편, 오징어 불고기, 오징어 물회, 메밀막국수, 총떡 등이 있다.

4) 전라도 음식

전라도는 우리나라 제일의 곡창지대로 곡식이 풍부하며, 해산물과 산채도 풍부하다. 따라서 다양한 재료를 이용하여 다른 지방보다 음식에 정성을 들이며 음식이 매우 호사스럽다. 특히 조선왕조 전주 이씨의 본관인 전주를 비롯하여 전라도 각지의 부유한 토반들이 대를 이어 좋은 음식을 전수하고 있어 풍류와 맛의 고장이라 할 수 있다. 전라도는 기후가 따뜻하기 때문에 젓갈이 많으며, 음식의 간이 세고 고춧가루도 많이 써서 매운 것이 특징이다. 대표적인 음식으로는 홍어의 껍질을 벗겨 꾸덕꾸덕하게 말린 다음 짚을 사이에 넣고 쪄서 양념장에 찍어 먹거나, 아예 양념장을 발라서 찌기도 하는 홍어어시욱, 콩나물 맑은 탕과 함께 내는 전주비빔밥, 두루치기와 김 · 들깨송이, 동백잎, 감자, 다시마, 가죽나뭇잎 부각 등이 있다.

5) 경상도 음식

경상도는 좋은 어장인 남해와 동해를 끼고 있어 해산물이 풍부하고, 낙동강의 풍부한 수량으로 주위에 기름진 농토가 만들어져 농산물도 넉넉하다. 경상도에서는 물고기를 통칭 고기라 할 만큼 생선을 제일로 쳐서 해산물을 이용한 음식이 매우 많다. 음식은 멋을 내거나 사치스럽지 않으며, 맛은 입안이 얼얼할 정도로 맵고 간은 세게 하는 편이다. 대표적인 음식으로는 안동식혜, 헛제사밥, 간고등어요리, 건진국수, 제첩국, 대구탕, 벌떡게장 등이 있다.

6) 제주도 음식

제주도는 자연적 조건 때문에 쌀은 거의 생산하지 못하고 주로 잡곡을 주식으로 하며, 고구마, 감귤, 자리돔, 옥돔, 전복 등이 특산품이다. 제주도는 섬지방이므로 채소와 해초가 음식의 주된 재료가 되고, 육류는 주로 바닷고기가 사용된다. 제주도 음식의 특징은 각각의 재료가 가지고 있는 자연의 맛을 그대로 내려고 하는 것이다. 음식을 한 번에 많이 하지 않으며, 양념을 많이 넣거나 여러 가지 재료를 섞어서 만드는 음식이 별로 없는데, 이것은 제주도 사람들의 꾸밈없고 소박한 성품을 그대로 보여주는 것이라 할 수 있다. 더운 지방이기 때문에 간은 대체로 짠 편이다. 대표적인 음식으로는 자리물회, 옥돔구이, 고사리국, 양애산적 등이 있다.

7) 충청도 음식

충청도는 농업이 성하여 곡식과 채소 등의 농산물이 풍부하며, 충남 해안지방에서는 해산물이, 충북 내륙지방에서는 산채와 버섯 등이 풍부하다. 곡식의 생산이 많기 때문에 죽, 국수, 수제비, 범벅 같은 음식이 흔하다. 충청도 음식은 사치스럽지 않으며 양념도 많이 쓰지 않는다. 경상도 음식처럼 매운 맛도 적고, 전라도 음식처럼 감칠 맛은 없으며, 서울 음식처럼 화려하지도 않지만 담백하고 구수하고 소박하다. 대표적인 음식으로는 호박꿀단지, 호두짱아찌, 굴냉국, 쇠머리떡 등이 있다.

〈그림 11-1〉 호박꿀단지, 굴냉국, 쇠머리떡

8) 평안도 음식

평안도는 산세가 험하지만 서해안에 접해 있어 해산물이 풍부하고, 평야가 넓어 곡식과 산채도 많이 난다. 평안도는 옛날부터 중국과 교류가 많은 지역이었기 때문에 사람들의 성품이 대륙적이고 진취적이다. 따라서 음식도 큼직하고 먹음직스럽고 푸짐하게 만든다. 추운지방이어서 기름진 육류 음식을 즐겨 먹으며 메밀로 만든 냉면과 만두국 같은 음식도 많다. 평안도 지방에서는 평양 음식이 가장 널리 알려져 있는데 그 가운데에서도 특히 평양냉면, 순대, 온반이 유명하다.

9) 함경도 음식

함경도는 백두산과 개마고원이 있는 험악한 산간지대이기 때문에 논농사는 적고 밭농사가 많다. 특히 콩의 품질이 뛰어나고 잡곡의 생산량이 많다. 함경도와 닿아 있는 동해안은 세계 3대 어장의 하나로 명태, 청어, 대구, 연어 등의 해산물이 풍부하다. 음식의 생김새는 큼직하고 시원스러우며 장식이나 기교, 사치를 부리지 않는다. 간은 짜지 않으나 고추와 마늘 같은 양념을 많이 써서 강한 맛을 즐기기도 한다. '다대기'라는 말도 바로 이 고장에서 나온 고춧가루 양념의 별칭이다. 특별한 음식으로는 참가자미식혜, 동태순대, 감자국수 등이 있다.

제 5 절 절기음식과 통과의례음식

절기음식이란 1년을 24절기로 나누고, 이 절기에 따른 계절의 변화에 따라 생산되는 식품을 재료로 하여 거기에 의미를 부여해 가며 음식을 만들어 먹는 것을 말한다. 이러한 절식풍속은 설날, 중화, 단오, 유두, 추석, 상달, 납일 등이 있고, 벽사의 의미를 갖는 절식풍속으로 상원, 유두, 삼복, 동지 등이 있으며 계절적 생산성과 관계가 있는 절식풍속으로 입춘, 중삼, 중구가 있다. 또한 보신을 위한 절식 풍속으로는 삼복절식이 있다. 이밖에 종교문화를 배경으로 한 등석(초파일)절식도 있다. 이상과 같은 절식풍속을 좀 더 구체적으로 살펴보면 다음과 같다.

1 시식과 절식

1) 설날

설날에 먹는 대표적 절식은 떡국을 비롯하여 만두, 저냐, 편육, 빈대떡, 약식, 인절미, 단자, 식혜, 수정과 등으로 이들이 모두 세찬상에는 세주와 함께 나박김치, 장김치, 깍두기 등이 오르는데, 김치는 반드시 새로 한 햇김치여야 한다.

2) 입춘

입춘은 대한과 우수 사이에 오는 절기로 '입춘대길' 등 봄에 합당한 문자를 써서 문에 붙이는데 이를 춘련이라 하고 이런 행사를 춘축이라 한다. 입춘절식으로는 산개와 승검초를 들 수 있다. 이 중 산개는 이른 봄 눈이 녹을 때 산속에 자라는 개자를 말하는데, 더운물에 데쳐 초장에 무쳐 먹으면 맛이 매우 맵다. 또한 승검초는 움에서 기른 당귀의 싹으로 꿀을 찍어 먹으면 매우 맛이 좋다.

3) 대보름

음력 정월 보름을 상원이라 하며, 달이 일년 중 가장 밝다고 하여 대보름이라도도 한다. 대보름 전날인 정월 14일 저녁에는 오곡밥(찹쌀, 차수수, 차조, 검은콩, 붉은팥)을 지어 묵은 나물을 반찬으로 하여 먹는 풍속이 전해진다. 그리고 대보름 당일 아침에는 1년 내내 부스럼이 없도록 기원하며 부럼을 깨물고 아침상에는 귀가 밝아지라고 귀밝이술을 놓는다. 오곡밥과 함께 먹는 묵은 나물은 박나물, 가지, 호박, 무청 등 여름에 나오는 나물을 말려 묵혔다가 이날 삶아서 갖은 양념을 하여 볶은 것이다. 또한 부럼은 날밤, 호두, 은행, 잣 등의 견과류를 준비하고 귀밝이술은 데우지 않은 청주를 준비한다. 이 밖에도 복쌈이라고 하여 참취나물, 배춧잎, 김 등으로 밥을 싸서 먹는 풍속이 있는데, 이는 풍년들기를 기원하는 뜻에서 먹는 음식이다.

4) 중화

2월 초하룻날을 노비일(머슴날)이라 한다. 이 날은 볏가릿대에서 벼이삭을 내려다 노비송편을 만들어 노비의 나이 수대로 먹이는 풍속이 전해진다. 이는 이때부터 농사일이 시작되므로 노비들의 사기를 돋우기 위함이었을 것으로 보인다. 이날의 절식인 노비송편은 멥쌀가루를 익반죽하여 소를 넣고 손바닥만하게 송편을 빚어 솔잎을 깔고 찐 떡이다. 소의 재료로는 팥, 검은콩, 푸른콩, 꿀, 대추 등이 쓰이며 솔잎을 깔고 찐 떡은 물로 살짝 닦아 참기름을 발라 먹는다.

5) 삼짇날(중삼)

음력 3월 3일을 중삼, 또는 삼짇날이라고 하는데 이 날은 강남갔던 제비가 돌아온다고 하는 날이다. 산과 들에 진달래꽃이 만발할 때이므로 남녀 모두 야외로 나가 남정네들은 편을 갈라 활쏘기 대회를 하고 여인네들은 화전을 만들어 먹었으니 이를 '화전놀이'라 한다. 삼짇날에는 진달래화전과 함께 화면(花麵)이 절식으로 꼽히는데, 진달래꽃을 녹두가루에 반죽하여 익혀 가늘게 썰어서 오미자 국물에 띄운 다음, 꿀을 섞고 잣을 곁들인 음식이다.

6) 초파일(부처님탄신일)

음력 4월 8일은 석가모니의 탄생일로 초파일 또는 등석이라 한다. 이 날은 손님을 초청하여 음식을 대접하는데 느티떡, 볶은 콩, 미나리나물 등을 내놓는다. 이를 '부처 생신날 소밥(고기 반찬이 없는 밥)'이라 한다. 한편 민가에서는 이날 등불을 켜는데, 등석이라는 명칭은 바로 여기서 유래된 것이다. 등석의 절식인 느티떡은 이 때가 느티나무의 새싹이 나올 때이므로 연한 느티잎을 따다가 멥쌀가루에 섞어 설기떡으로 찐 떡이다. 또한 볶은 콩은 검은콩을 깨끗이 씻어 볶은 음식이며 예전에는 노상에서 사람을 만나면 이것을 권했는데, 이로써 결연을 삼았다고 한다. 혹은 삶은 미나리를 파에다 섞어 회를 만들고 후춧가루와 간장을 얹어 술안주로 쓰기도 한다.

7) 단오

음력 5월 5일로 수릿날이라고도 한다. 이날 아녀자들은 창포물에 머리를 감고, 창포의 뿌리를 깎아 비녀를 만들어 끝에 연지를 발라 머리에 꽂기도 한다. 단오의 절식으로는 수리취절편, 제호탕과 함께 각서를 들 수 있다. 이 중 수리취절편은 찹쌀가루를 쪄서 여기에 쑥을 새파랗게 데쳐 곱게 다져 섞은 다음 참기름을 발라가며 둥글넓적하게 빚어 떡살로 수레바퀴 모양으로 찍어낸 것이다. 그리고 제호탕은 오매육, 초과, 백단향, 축사 등의 약재를 곱게 빻아 꿀과 함께 고아서 찬물에 타서 마시는 청량음료이다. 이 밖에 각서는 밀가루 반죽을 둥글게 빚어 고기와 채소로 된 소를 넣고 양쪽에 뿔이 나게 끔 오무려 싼 만두의 일종이다.

8) 유두(유두절식)

음력 6월 보름을 유두라 한다. 이 날은 동쪽으로 흐르는 물에 머리를 감아 불길한 것을 씻어 버리는 풍속이 전해진다. 유두에는 수단, 건단, 상화병 등을 만들어 절식으로 삼는다. 이 중 수단은 멥쌀가루와 찹쌀가루를 쪄서 구슬처럼 둥글게 빚은 다음 이것을 다시 꿀물에 넣고 얼음에 채운 것이다. 수단은 이 때가 계절적으로 햇보리가 날 때이므로 보리로 만들기도 한다. 햇보리로 만들 때는 햇보리를 삶아 날알에 고르게 녹말가루를 묻혀 이것을 다시 살짝 데쳐 오미자국물에 띄운다. 그리고 건단은 수단과 같은 방법으로 하되 떡을 물에 띄우지 않는 것이다. 또한 상화병은 밀가루에 술을 넣고 반죽하여 부풀린 다음 콩이나 깨에 꿀을 섞어 만든 소를 싸서 찐 음식이다.

9) 삼복(三伏)

하지로부터 셋째 경일을 초복, 넷째 경일을 중복, 입추로부터 첫째 경일을 말복이라고 하는데, 이 초복 · 중복 · 말복을 가리켜 삼복이라고 한다. 삼복은 여름 중에서도 가장 무더운 때로 땀을 많이 흘리게 되므로 체력 소모가 크다. 따라서 개장국, 장어국, 육계장국, 삼계탕, 임자수탕 등 열량이 높은 음식들이 절식으로 전해진다. 여기서 개장국은 개고기를 삶아 파와 고춧가루를 넣고 푹 끓인 것이고, 육계장국은 개고기 대신 쇠고기를 넣어 끓인 국이다. 또한 장어국은 장어에 무청, 마늘, 박하잎, 고춧가루 등을 넣어 푹 고은 것이다. 그리고 임자수탕은 참깨와 잣을 갈아 만든 국물에 닭고기를 섞어 밀국수를 넣거나 배, 오이, 표고 등을 넣은 것이다.

10) 추석

음력 8월 15일을 추석이라 하여 설날과 함께 2대 명절로 지켜오고 있다. 추석의 절식으로 가장 대표적인 것이 송편이다. 송편은 멥쌀가루를 익반죽하여 콩, 팥, 밤, 대추, 깨 등으로 만든 소를 넣고 반달모양으로 빚어서 솔잎을 켜켜이 깔고 찐 떡이다. 추석의 절식으로는 또한 토란탕을 들 수 있다. 이때 쯤이면 토란이 많이 날 때이므로 이것으로 국을 끓여 먹는 것이다.

11) 중양일(중구)

음력 9월 9일을 중양절이라 하여 명절로 지켜오고 있다. 이날을 명절로 정하게 된 것은 음력 9월 9일이 일년 중 양수가 겹치는 마지막 날이기 때문이다. 중양절의 대표적인 절식으로는 국화전과 국화주가 있다. 이 때쯤이면 빛이 노란 황국이 필 때이므로 이것을 따다가 국화전을 지지고 국화주를 담그는 것이다. 중양절의 또 다른 절식으로는 또 유자화채를 꼽을 수 있다. 담황색으로 짙은 향기를 내는 유자가 중양절을 전후하여 알맞게 익기 때문이다.

12) 상달

10월 상달이라고 하여 일년 열두달 중 첫째 가는 달로 여겨왔다. 그것은 일년 내내 지어온 농사가

10월 이르러 끝이 나 햇곡식, 햇과일 등 농산물이 풍성해지는 시기이기 때문이다. 상달의 절식으로는 고사에 쓰이는 판시루떡이 가장 대표적이다. 이 떡은 떡가루에 무를 섞어 팥고물을 켜켜로 얹어가며 시루에 앉쳐 찐 떡으로 우리나라의 가장 전통적인 떡 중 하나이다.

상달에는 또 초가을의 추위를 막기 위한 절식으로 난로회가 있다. 난로회는 화로에 숯불을 활활 피워놓고 번철을 올린 다음 양념한 쇠고기를 구우면서 화롯가에 둘러앉아 먹던 음식이다. 이 난로회는 오늘날 쇠고기에 갖은 양념을 하여 불에 구워가며 먹는 불고기의 형태로 전해지고 있다. 상달의 절식은 이밖에도 각종 어육류와 채소를 신선로에 색스럽게 담아 끓이는 '신선로'를 비롯하여 두부를 가늘게 잘라 꼬챙이에 꿰어 기름에 지지다가 닭고기를 섞어 끓인 '연포탕' 등이 있다.

13) 동지

음력 11월 중순 경으로 일년 중 밤이 가장 긴 날이다. 우리 민족은 예로부터 이 동지를 아세(亞歲)[3]라 하여 명절로 지켜왔다. 동짓날의 절식으로는 팥죽과 함께 전약을 들 수 있다. 이 중 팥죽은 팥을 푹 삶아 으깨서 체에 걸러 쌀과 함께 끓이다가 새알심을 넣고 단 한 번 끓인 것이다. 그리고 전약은 쇠족과 쇠머리가죽을 삶아 뼈를 추린 다음 다려서 대추, 계피가루, 후추가루, 꿀 등과 함께 굳힌 음식으로 추위를 이기기 위한 일종의 보양식이다.

14) 납일(臘日)

동지가 지난 뒤 셋째 미일을 납일이라 한다. 이 날이 되면 궁에서는 종묘와 사직에 큰 제사를 지냈는데, 특히 사냥한 산돼지와 산토끼를 제물로 사용하였다. 납일의 절식으로는 골동반, 장김치, 골무떡 등을 꼽을 수 있다. 이 중 골동반은 흔히 비빔밥이라고도 하는 것으로 밥에다 볶은 고기와 나물 같은 것을 넣고 갖은 양념과 고명을 섞어 비빈 음식이다. 그리고 장김치는 무와 배추를 간장에 절여 미나리, 갓 등을 섞어 간장을 탄 물에 꿀을 쳐서 담근 김치이며, 골무떡은 멥쌀가루로 만들어 소를 넣고 골무 모양으로 빚은 것이다.

2 통과의례음식

통과의례는 인간이 태어나서 성장하고 생을 마칠 때까지 단계적으로 이루어지는 의례를 말하고, 공동체의 구성원에게 자기의 지위를 인정 받게 하는 기능을 한다. 이들 의례에는 각각 규범화된

3 다음 해가 되는 날이란 뜻 또는 작은 설이라 하여 명절로 지켜왔다.

의식이 있고, 그 의식에는 음식이 따르는데, 각 의례음식에는 의례를 상징하는 특별한 양식이 있다. 우리나라에서 전통적으로 시행하는 통과의례는 출생, 삼칠일, 백일, 첫돌, 관례, 혼례, 회갑, 희년, 회혼, 상례, 제례 등이며, 여기에 따르는 음식은 다음과 같다.

1) 출산 전 · 후

아기가 태어나면 산욕(産浴)을 시킨 다음, 삼신상을 준비한다. 삼신상에는 흰쌀밥과 미역국을 각각 3그릇씩 놓는데, 이는 삼신께 아기의 탄생과 순산을 감사한다는 뜻에서 행해지는 제의식이다. 한편 산모에게는 첫국밥을 대접한다. 첫국밥은 흰밥과 미역국으로 산모는 이것을 삼칠일까지 먹는다. 미역국은 아기의 수명장수를 기원하는 뜻에서 미역은 접거나 끊지 않는 긴 장각으로 끓이는 것이 일반적이다.

2) 삼칠일

출산 후 셋째 칠일이 되는 날로 삼신에게 흰밥과 미역국을 올려 감사를 드리고 금줄을 걷는다. 일가 친척들과 이웃들이 찾아오면 미역국과 밥을 대접한다. 외가에서 누비포대기, 찰떡, 시루떡을 해오는 풍속이 있다.

3) 백일

출생 후 백일이 되는 날이며, '백(百)'이라는 숫자에는 완전 · 성숙 등의 뜻이 있으므로 위태로운 고비는 다 넘기고 신생아가 사회화 단계에 들어가는 뜻에서 축하하였다. 백일상에는 흰밥과 미역국, 푸른색의 나물, 백설기, 붉은 팥고물 차수수경단, 오색송편 등의 떡이 오른다. 이 때의 백설기는 정결과 신성함을, 붉은 차수수경단은 액을 면하게 한다는 주술적인 뜻이 내포되어 있었다. 오색송편은 오행(五行), 오덕(五德), 오미(五味)와 같은 관념으로 만물의 조화라는 의미를 담고 있다. 한편 여러 집으로 나누어 먹는데 이는 아기가 수명 장수하고, 큰 복을 받게 된다는 뜻에서 비롯된 것이다.

4) 첫돌

아기의 첫 번째 생일을 첫돌이라 한다. 음식들은 아기의 장수, 자손의 번성, 다재다복의 의미를 담고 있다. 원형의 돌상에는 새로 마련한 밥그릇과 국그릇에 흰밥과 미역국을 담고, 푸른나물, 백설기, 인절미, 오색송편, 붉은팥 차수수경단, 생과일, 쌀, 국수, 대추, 흰무명실, 돈 등을 놓았다. 남

자아이에게는 칼, 화살, 책, 종이, 붓을, 여자아이에게는 실, 바늘, 가위, 자 등을 놓았다. 원형의 상은 원만하게 살라는 의미가 담겨 있고, 돌잡이에 따라 무명실과 국수는 장수, 쌀은 먹을 복, 대추는 자손 번영, 종이와 붓, 책은 학문, 활은 용감과 무술, 자와 실은 바느질을 의미하는 것으로 해석하였다. 이를 '돌잡이 한다'고 하는데, 이것으로 아기의 장래를 점쳐보기도 한다.

첫돌에는 이렇듯 대대적인 잔치를 베푸나, 해마다 오는 생일에는 조촐한 생일상을 차려 집안 식구들끼리 그 날을 기념한다. 생일상을 차릴 때는 반드시 흰밥과 미역국을 준비하며, 아이가 10살이 될 때까지는 붉은 팥고물 차수수경단을 빠뜨리지 않는다.

5) 관례(冠禮)

관례는 관을 쓰는 것이 인도(人道)의 처음이라 하여 대개 정월 중에 택일을 한다. 관례날이 정해지면 관례를 치른 장본인과 그의 아버지가 사당에 고하게 되는데. 이때 준비하는 음식은 주(酒), 과(果), 포(脯)이다. 관례 당일이 되어 초가례, 재가례, 삼가례의 절차를 마친 뒤에는 관례를 주례한 빈을 모시고 축하잔치를 하게 된다. 이때는 술을 비롯한 여러 가지 안주용 음식과 국수장국, 떡, 조과, 생과, 식혜, 수정과 등이 올려진다.

6) 혼례

혼례음식은 봉채떡, 교배상, 폐백, 큰상 등으로 이들 음식은 각기 다른 의식에 쓰이는 만큼 그 음식의 양식도 다르다. 봉채떡은 흔히 '봉치떡'이라고도 하는데, 찹쌀 3되와 붉은 팥 1되로 시루에 2켜만 안쳐 윗켜 중앙에 대추 7채를 둥글게 모아 놓고 함이 들어올 시간에 맞추어 찐 찹쌀시루떡이다.

교배상은 초례의식을 치르기 위하여 마련하는 상이다. 교배상을 차릴 때는 우선 맨 앞줄에 대추, 밤, 조과를 각각 두 그릇씩 배설한다. 이어 그 뒷줄에 황색 대두 두 그릇, 붉은팥 두 그릇, 달떡 21개씩 두 그릇을 놓고, 색편으로 암수 한쌍의 닭 모양을 만들어 수탉은 동쪽에, 암탉은 서쪽에 각각 배설한다. 폐백은 현구고례(見舅姑禮, 신부가 시부모를 비롯한 시댁의 여러 친척에게 인사드리는 예)를 행할 때 신부측에서 마련하는 음식이다. 지역에 따라 다소 차이가 있기는 하지만 대개는 대추와 편, 포로 한다. 큰상은 초례 치른 신랑, 신부를 축하하기 위하여 여러 가지 음식을 높이 고여 차리는 상이다. 이 큰상은 혼례뿐만 아니라 회갑, 희년, 회혼 등의 축의 때에도 차리는 것으로, 한국의 상차림 중 가장 성대하고 화려하다.

7) 회갑

태어난 해로 돌아왔다는 뜻의 환갑은 나이 61세를 말한다. 이를 회갑이라 하는데 '화(華)'자를 풀어서 분석하면 61이 된다고 하여 화갑이라고도 한다. 이때 차리는 큰상의 내용은 혼례 때의 큰상차림과 같다. 다만 신랑 · 신부를 축하하기 위한 큰상차림에는 동항렬의 친척이 들러리격으로 배석하는 반면, 회갑을 축하하는 큰 상차림에는 주빈의 숙부, 숙모 또는 형제, 자매되는 사람들이 배석하게 된다.

8) 회혼

혼례를 올리고 만 60년을 해로한 해를 회혼이라 한다. 이때는 처음 혼례를 치르던 것을 생각하여 신랑 · 신부 복장을 하고 자손들로부터 축하를 받으며, 그 의식도 혼례 때와 같다. 다만 자손들이 헌주하고 권주가와 음식이 따른다는 점이 다를 뿐이다. 이 때 차리는 큰상 또한 혼례 때 차리는 상차림과 같다.

제 6 절 전통주

우리 민족의 역사와 함께 면면이 이어져 왔던 우리나라 전래 민속주는 주로 쌀과 기타의 곡류, 식물약재 및 누룩 등을 사용하여 제조하여 왔으나, 1909년 주세령의 공포 시행에 따른 자가제조 소비와 판매를 엄격히 구분하고 해방 이후의 부족한 식량사정에 따른 양곡정책 등으로 인하여 우리나라 고유주라 할 수 있는 민속주의 명맥이 단절되었다. 그러나 88서울올림픽 개최를 계기로 우리나라 전통문화를 전수 · 보전하고 외부적으로는 외국인 관광객에게 우리나라 술을 널리 알리기 위하여 관련 법조항을 개정하여 전통민속주 제조의 길을 열게 되었다.
과거 문헌상에 나타난 전래 민속주를 대별하면 약주류, 탁주류, 소주류, 약용주류(가향주류) 등으로 분류할 수 있으며 일반적으로 유명하다고 하는 소위 지방민속주 또는 전래주는 대부분이 약주류와 약주 제조시 식물약재 등을 혼화하여 제조하는 약용주류에 속하는 것이 많았다. 이러한 민속주의 대부분이 그 제조에 있어 양조원료로는 백미를 주로 사용하고, 발효제로는 누룩만을 사용하였다. 급수비율도 현행보다 적은 것이 많으며 야생효모에만 의존하였다.

1 중요무형문화재로 지정된 술

1) 문배주(중요무형문화재 86호)

문배주는 밀 · 좁쌀 · 수수가 주재료가 되어 만들어진 증류주로 문배나무 과실 향기가 난다고 하여 붙여진 이름이다. 문배술은 고려시대부터 제조되어 내려온 함경도지방의 민속토속주로서 조 · 수수 · 밀 등을 발효시켜 가마솥 뚜껑을 뒤집어 증류시키는 구식 증류기를 이용하여 현재 극히 소량으로 생산, 시중에 공급되고 있다. 문배술 제조자는 인간문화재로 지정된 이경찬씨로 4대째 가문대대로 이어져 내려오고 있다.

40도를 넘는 알코올 도수에도 불구하고 마실 때 목구멍이나 혀에 저항감이 없고 입안에 밴 향기가 가득 퍼진다고 한다. 문배주는 곡류로 빚은 증류주이지만 소주나 일반 증류주와는 달리 상당히 부드럽다. 그렇기 때문에 아직도 계속해서 그 명맥을 이어나가며 외국에 수출도 하고 있다.

2) 면천두견주(중요무형문화재 86호)

면천두견주는 충남 면천의 진달래술을 말하는데, 담는 방법이 독특하다. 면천 읍성은 충남 당진에서 덕산온천으로 이어지는 중간쯤에 위치하는데, 야산들이 모여 산세를 이룬 아미산 자락의 해발 200~300m에 자리잡은 마을이다. 이른 봄이면 이 산허리마다 진달래가 피는데, 마을 사람들은 이 진달래를 따다가 꽃술을 빚어 마신다. 만드는 방법은 음력 정월이면 꽃술용 누룩을 준비하여 밑술을 만들어 놓고 기다리다가 진달래가 만개하면 그 밑술에 꽃잎과 술밥을 비벼 넣어 빚는 과정을 거친다. 진달래와 술밥을 비며 넣어 21일이 지나면 심짓불을 붙여 술독에 넣어 보고 완전히 익은 것을 확인하고 마신다. 그 내력이 1천년에 이르기 때문에 누룩과 담그는 환경에 따라 술맛이 집집마다 조금씩 다른 것이 특색이다.

두견주의 기원은 고려왕조의 개국공신 복지겸의 딸의 이야기로 시작된다. 복지겸이 면천 땅을 봉읍으로 받아 면천읍성에 내려왔으나 원인 모를 병에 결려 백약이 무효했다고 한다. 하는 수 없어 그의 딸이 아미산 승가암에 들어가 백일기도를 드리던 중 신령이 내려준 비법대로 술을 담아 봉양했더니 병이 씻은 듯이 나았다는 것이다. 그래서 지금도 두견주에 들어가는 진달래꽃은 아미산 것이어야 하고, 술빚는 물도 면천의 안샘물을 쓴다.

두견주는 조선시대에 들어와 천수만 뱃길을 통해 올라가는 면천 조창의 세곡과 조공품들 속에 실려 궁중은 물론 서울 장안까지 올라갔다. 이 술은 조선 말기와 일제때까지도 맥을 이어왔고, 6·25 전쟁으로 잠시 주춤했다가 5·16 이후 식량정책에 따라 곡주 제조가 금지되면서 그 명맥이 끊긴 적도 있다. 그러나 올림픽을 계기로 재현되어 지금은 민속 전통주로 지정되었다.

3) 경주 교동법주(중요무형문화재 86-3호)

경주법주란 경주 최씨 문중의 비주로 일정한 규격에 따라 빚는 술이란 뜻이다. 법주란 이름은《고려도경》이나《고려사》의 기록에 나와 이미 고려시대부터 있었음을 알 수 있다. 이 술은 조선시대에 널리 알려지게 되었는데 조선조 숙종 때 궁중음식을 감독하는 사옹원의 참봉으로 있었던 최국찬이란 인물이 있었다. 그는 숙종이 평소 즐겨 마시던 술의 제조비법을 터득한 후, 고향으로 돌아와 경주 최씨 가문의 비주로 전승시켰다. 지금은 배영신 할머니가 중요무형문화재로 지정 받음으로써 그 비법을 이어가고 있다. 만드는 방법은 찹쌀과 누룩, 배할머니 집뜰의 3백여 년 된 샘에서 나는 생수로 제조된다.

경주교동법주는 입에 착 감기는 맛과 은은하고 독특한 향기를 뿜어 조선시대 임금이 즐겨 마시던 술이며, 초대 주한미국대사는 한국에 부임한 후, 당시 이시영 부통령과 함께 일부러 경주까지 내려와 부임기념 만찬회를 개최했을 정도로 뛰어난 술맛을 즐겼다는 일화가 있다. 이 술은 최씨 가문에서는 교동법주의 주조법을 가문의 전통으로 잇기 위해 출가하는 딸들에게 비법을 가르치지 않고 3백여 년 동안 철저히 맏며느리에게만 비법을 전수해 지금도 장남 최경씨와 맏며느리 서정애씨 부부에 의해 전수되고 있다.

2 그 외의 전통주

1) 막걸리

찹쌀 · 멥쌀 · 보리 · 밀가루 등을 쪄서 누룩과 물을 섞어 발효시킨 한국 고유의 술로 탁주(濁酒) · 농주(農酒) · 재주(滓酒) · 회주(灰酒)라고도 한다. 한국에서 역사가 가장 오래된 술로, 빛깔이 뜨물처럼 희고 탁하며, 6~7도로 알코올 성분이 적은 술이다.

각 지방의 관인(官認) 양조장에서만 생산되고 있는데, 예전에 농가에서 개별적으로 제조한 것을 농주라 한다. 고려시대부터 알려진 대표적인 막걸리로 이화주(梨花酒)가 있는데, 가장 소박하게 만드는 막걸리용 누룩은 배꽃이 필 무렵에 만든다 하여 그렇게 불렀으나, 후세에 와서는 시기에 관계없이 만들게 되었고, 이화주란 이름도 점차 사라졌다. 중국에서 전래된 막걸리는《조선양조사》에 "처음으로 대동강(大同江) 일대에서 빚기 시작해서, 국토의 구석구석까지 전파되어 민족의 고유주(固有酒)가 되었다"라고 쓰여 있는데, 진위를 가리기는 어렵다.

제조방법은 주로 찹쌀 · 멥쌀 · 보리 · 밀가루 등을 찐 다음 수분을 건조시켜(이것을 지에밥이라고 한다) 누룩과 물을 섞고 일정한 온도에서 발효시킨 것을 청주를 떠내지 않고 그대로 걸러 짜낸다.

옛날 일반 가정에서는 지에밥에 누룩을 섞어 빚은 술을 오지그릇 위에 '井'자 모양의 정그레를 걸고 그 위에 올려놓고 체에 부어 거르면 뿌옇고 텁텁한 탁주가 되는데 이것을 용수를 박아서 떠내면 맑은 술(淸酒)이 된다. 이때 찹쌀을 원료로 한 것을 찹쌀막걸리, 거르지 않고 그대로 밥풀이 담긴 채 뜬 것을 동동주라고 한다. 좋은 막걸리는 단맛 · 신맛 · 쓴맛 · 떫은맛이 잘 어우러져 감칠맛과 시원한 맛이 나며, 땀 흘리고 일한 농부들의 갈증을 덜어주어 농주로서 애용되어 왔다.

2) 안동소주(경상북도 무형문화재 12호)

목정산의 맑은 물과 밀을 빻아 누룩을 만든 후 체에 넣고 일주일 동안 발효시킨 다음, 다시 일주일간 천천히 말려 잘게 부수고 멍석에 널어 며칠 동안 밤이슬을 맞히고, 또 쌀을 물에 불린 후 한 시간쯤 쪄서 누룩과 골고루 섞어 독에 넣어 10여 일 발효시키면 '전술'이 된다. 이것을 솥에 담아 그 위에 소주고리를 얹어 장작불을 지피면 증류된 소주가 고리의 입을 통해 흘러나오는데 처음 나오는 소주는 알코올 도수가 90도까지 되어 아주 높다. 그러나 차츰 도수가 내려가며 증류수에 술을 알맞게 혼합해 45도 정도의 안동소주를 만들어 내고 있다. 안동소주는 안동지방의 특유한 물로 쌀을 쪄서 술밑을 빚어 증류시킨 순곡주로 은은한 향취와 감칠맛이 나는 안동의 명물 중 하나이다. 안동소주가 만들어진 정확한 연대는 알 수 없지만 고려 때부터 시작된 것으로 전해지고 있다. 후에 안동소주는 민속주로 지정되었다.

3) 약주

(1) 오갈피술

오갈피술은 오가피를 넣고 빚는 약술로 오가피주라고도 한다. 단순히 술로 즐기기 위함만이 아닌 약을 복용하기 위하여 약재의 저장용으로도 이용하였다. 경상남도의 토속주로 대표적이다. 고려시대부터 빚어온 술로 《한림별곡》, 《산림경제》, 《증보산림경제》, 《규합총서》 등에 기록되어 있다. 오갈피술은 따뜻이 데워 마시면 팔 다리가 저리고 마비되는 증세, 반신불수증, 요통, 풍증에 좋으며, 장복하면 장수한다고 한다.

(2) 오메기술(제주도 무형문화재 3호)

제주 오메기술은 차좁쌀을 연자방아나 맷돌로 빻아 이 지역의 맑은 물로 빚어낸 순곡주이다. 흔히 청주는 맑은 술이고 탁배기는 빛이 맑지 않고 맛이 텁텁하여 알코올 성분이 적은 술로 알려져 있다. 이 술은 차좁쌀로 빚어낸 오메기떡이 주원료인 것과 숙성이 끝나면 웃국을 따라 낸 뒤에 희석하는 것이 특징이다. 오메기술은 감칠맛과 함께 톡 쏘는 텁텁한 맛이 나 이 지역의 특산물로서 자리를 지키고 있다.

(3) 이강주(전라북도 무형문화재 6호)

이강주는 전라도 전주, 익산과 완주지역에 전해 내려오는 우리나라 최고급에 속하는 술로서 옛날 상류사회에서 즐겨 마시던 술이다. 이강주의 유래는 정확하게 알 수 없으나 조선시대 중엽에 그 제조가 성행되었던 것으로 추정하고 있다. 서유거의《임원십육지》나 홍만선의《산림경제》에서 이강주에 대한 기록을 살펴볼 수 있다. 당시 조정에서는 황해도지방과 전북지방에만 울금을 재배토록 해 진상품으로 바치게 했다. 이 때문에 울금이라는 독특한 재료를 넣어 만든 이강주는 유일하게 전주에서만 만들어지고 있다. 1987년 무형문화재로 지정된 이강주는 이 고장의 명산인 배와 생강을 빚었다 하여 붙여진 이름이다.

조선 후기《경도잡지》와《동국세시기》에는 최고의 명주로 소개되어 있고, 고종 때는 한미통상과정에서 우리의 대표 술로 소개되기도 하였다고 한다. 이강주는 재래식 소주의 특유한 향에 생강의 매운 맛과 계피의 향이 조화되어 은근한 감칠맛이 난다. 배의 추출액은 청량미를 가미시킨다. 울금으로 인한 담황색의 색 또한 이 술의 가치를 높여준다. 또한 이것은 피로회복과 건위에 좋고 중화작용이 있어 몸의 기능 조절에 도움을 준다. 이강주에서 생강의 역할은 매운 맛을 내기도 하지만 위에 가는 자극을 덜하게 만드는 효과도 있다.

(4) 지리산 국화주

국화주는 중양절의 세시음식 중 하나였다. 국화주의 재료로는 해마다 지리산에서 피어나는 야생국화와 찹쌀, 생지황, 구기자 등이 사용된다. 알콜농도가 약 16% 정도라서 달짝지근한 맛과 은은한 국향이 국화주의 특징이다. 빚는 기간은 총 20일 정도이며 야생국화 등을 달인 다음 찹쌀이 발효된 술과 섞어 15일간 숙성시킨다. 동의보감에 따르면 국화주는 청혈과 해독의 약리작용이 있어 고혈압 예방에 효과가 있다고 한다. 지리산을 마주하고 있는 경상남도 함양읍 삼산리에서는 지리산 국화주가 빚어지고 있다. 이 술은 함양 출신 김광수씨가 동의보감을 토대로 수년간의 시행착오를 거쳐 지난 89년 민속주로 지정받았다. 중양절은 음력으로 9월 9일이며 양의 최고 숫자인 9가 겹쳐 양기가 가장 왕성하다고 하였다. 이날 양반들은 국화주를 들고 산 위에 올라 '풍즐거풍'을 하였다고 한다. 풍즐거풍이란 상투를 풀고 옷을 벗어 바람과 햇볕에 몸을 노출시키는 행위였다. 풍즐거풍은 몸밖의 음기를, 국화주를 마시는 것은 몸안의 음기를 내보내는 역할을 하였던 것이다.

4) 향토주

우리의 향토주를 지역별로 정리해 보면 다음과 같다.

① 북한지역에는 맑게 빚는 청주의 일종인 평안도의 벽향주, 관서지방에서는 감홍주라 불리는 평양의 감홍로가 있다.

② 강원도지역에는 붉은 빛이 감도는 담황색을 띠며 엿기름 향이 강한 원주엿술(강원원주), 감자를 쪄서 발효시킨 평창 감자술이 있다.

③ 서울 · 경기도 일원에는 문배주, 삼해주, 동동주, 동동주의 일종인 용인민속촌의 주의주, 삼해주와 비슷하여 상류의 사회계층 사람들이 즐겨 마셨던 약산주, 분곡을 사용해 담는 백주 등이 있다.

④ 충청도 지역에는 산성동 상당산성의 한옥마을에서 대대로 빚어오던 대추술, 술을 마시다 취해서 몸을 가누지 못했다 해서 '앉은뱅이술'이라는 별칭을 가진 한산소곡주, 쌀과 인삼 · 솔잎 · 약쑥으로 만드는 금산의 인삼주 등이 있다.

⑤ 전라북도 지방에는 지초주(芝草酒)라고도 하며 400년 동안 진도에서만 제조되고 있는 한국유일의 홍색을 띤 증류수인 진도 홍주, 울금나무의 뿌리인 울금은 조선왕실의 진상품으로 신경안정에 효과가 있는 약재. 술 색깔이 연한 노란색이며, 은은한 계피향이 입안에 감돌며 꿀 등이 들어가 첫 잔의 거부감이 없는 전주의 이강주가 있다.

⑥ 경상북도 지방에는 경주 최씨 가주(家酒)로 전해내려 오는 경주의 교동법주와 뒤끝이 깨끗하고 향기가 그윽하며 혈액순환 · 소화불량에 효능이 있다는 안동의 안동소주가 유명하다.

⑦ 제주도에는 청주를 빚을 때와 같이 오매기떡을 만들어 누룩과 같이 반죽하여 만드는 강주, 고려 때부터 전승되어 온 우리나라 삼대명주(제주소주 · 안동소주 · 개성소주) 중 하나인 고소리주(증류식 소주 · 제주소주), 음력 3월 보름날 바다에서 잡힌 게에 술을 부어 만든 강이(게)주, 마늘을 이용한 마늘주 등이 있다.

제 12 장

공예품과 과학유물

제 1 절 공예품

각 지역마다 전승되어 온 전통적 기법과 그 고장 산물을 이용하여 일상생활에 필요한 물건을 만들어내는 조형예술로 한국의 민속공예는 역사가 매우 오래 되어 토기제작, 목공예로부터 그 근원을 찾고 있다. 그 밖에 한국의 중요한 민속공예로는 화각공예(華角工藝; 쇠뿔공예), 나전공예(螺鈿工藝), 지공예(紙工藝), 자수공예(刺繡工藝), 초고공예(草藁工藝), 매듭공예 등이 있으며, 이들 민속공예기법의 보호 · 전승을 위하여 국가에서는 그 기능자를 중요무형문화재(重要無形文化財)로 지정하는 등 보존에 힘쓰고 있다. 다음에서 민속공예의 종류 및 기능장을 살펴보겠다.

1) 나전장

나전(螺鈿)은 고유어로 '자개'라 하며, 여러 무늬의 조개껍질 조각을 물체에 붙이는 것을 말한다. 나전칠기는 나전 위에 옻칠을 해서 만들어 낸 공예품을 말하며, 이러한 기술이나 만드는 사람을 나전장이라고 한다.

2) 매듭장

매듭장이란 끈목(多繪)을 사용하여 여러 가지 종류의 매듭을 짓고, 술을 만드는 기술 또는 그러한 기술을 가진 사람을 가리킨다. 끈목은 여러 가닥의 실을 합해서 3가닥 이상의 끈을 짜는 것을 말하는데, 그 종류에는 둘레가 둥근 끈으로 노리개나 주머니끈에 주로 쓰이는 동다회와 넓고 납짝한 끈으로 허리띠에 자주 사용되는 납다회가 있다. 복식이나 의식도구 장식으로 사용되는 매듭은 격답 · 결자라고 한다.

3) 낙죽장

낙죽장(烙竹匠)이란 불에 달군 인두를 대나무에 지져가면서 장식적인 그림이나 글씨를 새기는 기능 또는 그러한 기술을 가진 사람을 말한다. 낙죽이 물건에 사용되기 시작한 곳은 고대 중국에서부터이며 우리나라에서는 매우 드문 기술이었으나, 조선 순조(재위 1800~1834) 때 박창규에 의해 일제시대까지 전승되었다.

4) 조각장

조각장은 금속에 조각을 하는 기능이나 기능을 가진 사람으로, 조이장이라고도 한다. 금속조각은 금속제 그릇이나 물건의 표면에 무늬를 새겨 장식하는 것을 말한다. 출토된 유물에 의하면 금속조각은 청동기시대에 처음 발견되었고, 삼국시대에는 여러 가지 조각기법이 사용되었으며, 고려시대에 더욱 발전되었다. 그 후 조선시대에는 경공장(京工匠)의 금속공예 분야가 세분화되어 조각장이 따로 설정되어 있었다.

5) 궁시장

궁시장이란 활과 화살을 만드는 기능과 그 기능을 가진 사람을 말하는데, 활을 만드는 사람을 궁장(弓匠), 화살을 만드는 사람을 시장(矢匠)이라 한다.

6) 채상장

채상장(彩箱匠)은 얇게 저민 대나무 껍질을 색색으로 물들여 다채로운 기하학적 무늬로 고리 등을 엮는 기능 또는 기능을 가진 사람을 말한다. 언제부터 채상장이 있었는지 확실하지는 않지만 채상장은 고대 이래로 궁중과 귀족계층의 여성가구로서 애용되었고, 귀하게 여겨졌던 고급공예품의 하나였다. 조선 후기에는 양반사대부 뿐만 아니라 서민층에서도 혼수품으로 유행하였으며, 주로 옷 · 장신구 · 침선구 · 귀중품을 담는 용기로 사용되었다.

7) 대목장

2010년 유네스코 세계무형유산으로 등재된 대목장은 집을 짓는 일에서 재목을 마름질하고 다듬는 기술설계는 물론 공사의 감리까지 겸하는 목수로서 궁궐, 사찰, 군영시설 등을 건축하는 도편수로 지칭하기도 한다. 대목장은 문짝, 난간 등 사소한 목공일을 맡아 하는 소목장과 구분한 데서 나온 명칭이며, 와장 · 드잡이 · 석장 · 미장이 · 단청장 등과 힘을 합하여 집의 완성까지 모두 책임진다. 즉 현대의 건축가라고 할 수 있다.

8) 소목장

소목장은 건물의 창호라든가 장롱 · 궤 · 경대 · 책상 · 문갑 등 목가구를 제작하는 목수를 말한다. 기록상으로 보면 목수는 신라때부터 있었고, 소목장이라는 명칭은 고려때부터 사용되었다. 조선 전기까지는 목가구가 주로 왕실과 상류계층을 위해 만들어졌으나, 조선 후기에는 민간에 널리 보급되어 자급자족에 따른 지역적 특성이 나타나게 되었다.

9) 장도장

장도는 몸에 지니는 자그마한 칼로 일상생활이나 호신용 또는 장신구로 사용되었고, 장도를 만드는 기능과 그 기능을 가진 사람을 장도장이라 한다. 고려시대부터 성인 남녀들이 호신용으로 지니고 다녔으며 특히 조선시대 임진왜란 이후부터 사대부 양반 가문의 부녀자들이 순결을 지키기 위하여 필수적으로 휴대했다. 조선 후기부터는 장도가 몸단장을 하는 노리개로서 일종의 사치품이었기 때문에 제작과정이 정교하게 발달하였다.

10) 두석장

목가구나 건조물에 붙여서 가구의 결합부분을 보강하거나 열고 닫을 수 있는 자물쇠 등의 금속제 장식을 총칭하여 장석(裝錫)이라고 하며, 구리와 주석을 합금한 황동(놋쇠) 장석을 만드는 장인을 두석장(豆錫匠)이라고 부른다. 두석장은 엄밀한 의미에서 장식장이라 해야 옳지만, 장식이라는 말이 아주 광범위한 뜻을 가진 데다가 금속장식이라 하더라도 황동 이외에 철 · 은 · 오동 등 다양한 재료를 포함하고 있어서 장식이란 말 대신 장석이라 표기해 구별하고 있다. 두석장이라는 용어는 《경국대전》 공조(工曹)의 경공장(京工匠) 가운데 포함된 두석장에서 연유한다.

11) 망건장

망건은 갓을 쓰기 전에 머리카락이 흘러내리지 않도록 하기 위해 말총으로 엮어 만든 일종의 머리띠로, 고려말 · 조선초부터 만들어지기 시작하였다. 이러한 망건을 만드는 기술과 그 기술을 가진 사람을 망건장이라고 한다. 본래 한국에서 발달되어 중국에까지 전해진 것이 아닌가 하는 견해도 있고 혹은 명나라 사신에게 전래되었다고도 하나, 재료나 용도 · 형태가 중국의 것과 다르다.

그러므로 망건이 우리나라에 들어와 토착화된 뒤 말총을 재료로 사용하는 방법을 도리어 중국으로 전한 것으로 여겨진다.

12) 탕건장

탕건은 남자들이 갓을 쓸 때 받쳐 쓰는 모자의 일종으로, 사모(紗帽)나 갓 대신 평상시 집안에서 쓰며 말총이나 쇠꼬리털로 만든다. 이러한 탕건을 만드는 기술과 그 기술을 가진 사람을 탕건장이라고 한다. 조선시대에는 관직자가 평상시에 관을 대신하여 썼고, 속칭 '감투'라고도 하여 벼슬에 오른다는 뜻의 '감투쓴다'는 표현도 여기에서 유래되었다.

13) 유기장

유기장은 놋쇠로 각종 기물을 만드는 기술과 그 기술을 가진 사람을 말한다. 우리나라 유기의 역사는 청동기시대부터 시작되었고 신라시대에는 유기를 만드는 국가의 전문기관이 있었다. 고려시대에는 더욱 발달하여 얇고 광택이 아름다운 유기를 만들었다. 조선 전기에 기술이 퇴화한 듯하였으나 18세기에 이르러 다시 성행하여 사대부 귀족들이 안성에다 유기를 주문생산케하여 안성유기가 질적으로 발전하였다.

14) 방짜유기장

유기의 종류는 제작기법에 따라 방자(方字)와 주물(鑄物), 반방자(半方字) 등이 있다. 가장 질이 좋은 유기로 알려진 방자유기는 평안북도 정주 납청(納淸)유기가 가장 유명하다. 방자유기는 11명이 한 조를 이루어 조직적인 협동으로 제작된다. 먼저 구리와 주석을 합금하여 도가니에 녹인 엿물로 바둑알과 같은 둥근 놋쇠덩어리를 만든다. 이 덩어리를 바둑 또는 바데기라고 부르는데 이것을 여러 명이 서로 도우면서 불에 달구고 망치로 쳐서 그릇의 형태를 만든다. 방자는 독성이 없으므로 식기류를 만들 뿐만 아니라 징 · 꽹과리 같은 타악기도 만든다. 특히 악기는 방자기술만의 장점을 가장 잘 드러내는 것으로 손꼽힌다.

15) 옹기장

옹기는 질그릇(진흙만으로 반죽해 구운 후 잿물을 입히지 않아 윤기나지 않는 그릇)과 오지그릇(질그릇에 잿물을 입혀 구워 윤이 나고 단단한 그릇)을 총칭하는 말이었으나 근대 이후 질그릇의 사용이 급격히 줄어들면서 오지그릇을 지칭하는 말로 바뀌게 되었다. 옹기장은 옹기를 만드는 기술 또는 그 기술을 가진 사람을 말한다.

16) 입사장

입사란 금속공예의 일종으로 금속표면에 홈을 파고 금선(金線) 또는 은선(銀線)을 끼워넣어서 장식하는 기법을 말하며 이전에는 '실드리다'라는 말로 표현했다. 이러한 입사의 기술과 그 기술을 가진 사람을 입사장이라고 한다. 입사공예의 유래는 정확하지 않으나, 기원전 1, 2세기경의 낙랑(樂浪) 출토유물에서 처음으로 선보였고, 신라의 고분에서 나온 유물로 보아 신라시대에는 매우 발달했음을 짐작하게 한다.

17) 자수장

자수(刺繡)는 여러 색깔의 실을 바늘에 꿰어 바탕천에 무늬를 수놓아 나타내는 조형활동이다. 자수의 유래는 직조기술의 발달과 함께 한 것으로 여겨지나 기록상으로는 삼국시대부터 확인되며, 고려시대에는 일반 백성의 의복에까지 자수장식이 성행할 정도로 사치가 심해 여러 번 금지하기도 하였다. 조선시대에 들어서는 궁수(宮繡; 궁중에서 수방나인에 의해 정교하게 만들어진 수)와 민수(民繡; 민간에서 일반적으로 만들어진 수)로 크게 구분되는 뚜렷한 특징을 보이면서 발전하였다.

18) 바디장

바디는 베를 짜는 베틀의 한 부분으로 이를 만드는 기술과 그 기술을 가진 사람을 바디장이라 한다. 옷은 예부터 사람들의 의 · 식 · 주 생활에 있어서 중요한 부분을 차지해 왔으며, 신석기시대의 유적지에서 실을 뽑은 가락에 끼우는 방추자가 발견된 것으로 보아 이미 신석기시대에 베를 짜기 시작했음을 알 수 있다.

19) 침선장

침선이란 바늘에 실을 꿰어 꿰매는 것을 말하는 것으로, 복식의 전반이라 할 수 있다. 복식이란 의복과 장식을 총칭하므로 그 범위는 바늘에 실을 꿰어 바느질로써 만들 수 있는 모든 것을 포함한다. 이러한 침선기술과 그 기술을 가진 사람을 침선장이라 한다.

20) 소반장

소반(小盤)이란 음식을 담은 그릇을 받치는 작은 상으로, 한국의 식생활에서부터 제사의례에 이르기까지 여러 용도로 쓰이는 부엌가구이다. 이것을 만드는 기술 또는 그 장인(匠人)을 소반장이라 한다.

21) 한산모시장

저포 또는 저치라고 불리는 모시는 모시풀의 껍질을 벗긴 것을 재료로 하여 만드는 천으로 모시 중 품질이 우수하며 섬세한 것으로는 한산모시를 최고로 치고 있다. 한산은 충남 서천군 한산지역으로 연평균 강수량이 많아 습기가 높은 모시풀의 생장조건을 갖추고 있다. 모시의 제작과정은 재배와 수확, 태모시 만들기, 모시째기, 모시삼기, 모시굿 만들기, 모시날기, 모시매기, 모시짜기, 모시표백의 순서로 이루어진다. 이 과정은 특히 통풍이 되지 않는 움집에서 진행되는데 그 이유는 습기가 많아야 잘 끊어지지 않아 발이 고운 세모시(가는 모시)를 짤 수 있기 때문이다. 이 작업과정은 엄청난 인내심을 필요로 하는 작업으로 중요무형문화재 14호이며, 2011년 유네스코 세계무형유산으로 등재되었다.

22) 옥장

옥은 동양문화권에서 발달된 보석류로서 금 · 은과 함께 쓰여진 대표적인 보석이며, 음양오행의 다섯 가지 덕목인 인(仁) · 의(義) · 지(智) · 용(勇) · 각(角)을 상징하는 장신구로 쓰여 왔다. 또한 방위신에 예(禮)를 베푸는 예기(禮器)를 비롯하여 사회계급의 신분을 구분하는 드리개와 악기인 옥경(玉磬), 약재 및 의료용구 등 여러 가지로 쓰이고 있다.

23) 금속활자장

금속활자장은 금속으로 활자를 만들어 각종 서적을 인쇄하는 장인을 말한다. 금속활자 인쇄기술은 세계에서 처음으로 고려시대에 창안되었으나 정확한 시기는 알 수 없다. 고종 19년(1232) 강화도에 천도한 고려 조정이 개경의 서적점(書籍店)에서 찍은 금속활자본『남명천화상송증도가(南明泉和尙頌證道歌)』를 다시 새겨낸 것이 전하며, 국가전례서인『상정예문(詳定禮文)』을 금속활자로 찍은 것으로 보아, 이 시기 이전에 금속활자 인쇄가 발달했음을 알 수 있다. 조선시대에는 중앙관서를 중심으로 단계적으로 개량 · 발전시켰다.

24) 화각장

화각(華角)은 쇠뿔을 얇게 갈아 투명하게 만든 판을 말하며, 이러한 화각을 이용해서 공예품을 만드는 사람을 화각장이라 한다. 화각공예는 재료가 귀하고 공정이 까다로워 생산이 많지 않았으므로 특수 귀족층들의 기호품이나 애장품으로 이용되었고 일반대중에게는 별로 알려지지 않은 희귀 공예품이다.

25) 윤도장

윤도장(輪圖匠)은 24방위를 원으로 그려 넣은 풍수 지남침(指南針)을 제작하는 장인이다. 윤도는 남북방향을 가리키는 자석바늘을 이용하여 지관이 풍수(집터 또는 묘자리를 정함)를 알아볼 때나 천문과 여행분야에서 사용되는 필수도구이다. 명칭의 유래는 알 수 없으나 조선시대 문헌에 처음 나오고, 일명 나침반, 지남철, 지남반, 패철이라고도 한다.

제 2 절 과학유물

1 천문도

천문도란 천체에서 일어나는 모든 형상들을 나타낸 그림을 말한다. 지금까지 우리 나라에 현존하는 천문도는 크게 두 가지 부류가 있다. 하나는 중국 천문도의 전통을 이어받아서 만들어진 것으로 구법천문도로 분류했다. 여기에 속하는 천문도에는 조선 태조 때에 돌에 새긴 천상열차분야지도(天象列次分野之圖)와 이를 원본 삼아 숙종 때에 다시 돌에 새긴 것 그리고 이들을 모사한 각종 천문도들이 있다. 구법천문도 중 사대부 집에 전래되어 오는 것에는 종이에 필사된 것, 색을 칠한 것, 비단에 수놓은 것 등 매우 다양하며 심지어는 정자(亭子)의 천장에 그려져 있는 것도 있다. 또 하나는 중국에 들어와 있던 서양인 신부들에 의해서 만들어진 것으로 서양 천문학의 영향을 받은 천문도이다. 이들을 신법천문도로 분류했다. 이 신법천문도 중 대표적인 것이 법주사에 소장되어 있는 적도남북총성도(赤道南北總星圖)이다. 이밖에도 목판 인쇄된 혼천도, 신법천문도 등이 있다.

2 해시계

중국 문화의 영향을 받아 왔던 우리 나라에서도 '표'를 이용한 시간의 측정이 적어도 기원전부터 이루어졌으리라고 생각된다. 특히 맑은 날씨가 계속되는 우리 나라에서는 일찍부터 해시계가 쓰였을 것이다. 고구려의 '일자(日者)', 백제의 '일관(日官)'은 바로 이 '표'를 이용해서 시간을 측정하는 일을 맡아보던 관리였다. 현재 경주박물관에 보관되어 있는 신라시대의 해시계는 서기 6, 7세기경에 제작된 것으로 추정되는데 당시의 해시계가 어떤 형태였는지를 가늠할 수 있게 해 준다. 즉, 조선 세종 때 정밀한 해시계들이 제작되어 사용되기 이전에는 이와 같이 '표'를 이용한 간단한 해시계가 쓰였다고 볼 수 있다. 해시계 제작에 관한 공식적인 기록은《세종실록》에서 처음으로 발견된다. 이 기록에 따르면 세종의 명에 따라 정초, 장영실, 이무, 김돈 등의 과학기술자들이 7년 여에 걸친 긴 연구 끝에 세종 19년(1437) 4월에 정밀한 해시계들을 완성했다고 한다. 해시계는 인류의 역사가 시작된 이후 가장 먼저 사용된 시계이다. 중국에서는 기원전 11~13세기경부터 '표(表; 서양에서는 gnomon이라 부른다)'라는 막대기를 수직으로 세우고 해 그림자에 따라 시간을 측정했다고 한다.

〈그림 12-1〉 앙부일구 – 17세기 후반, 보물 제845호

앙부일구는 '하늘을 쳐다보는 솥 모양의 해시계'라는 뜻으로, 쉽게 말해서 오목해시계라 할 수 있다. 세종 19년(1437) 오랜 연구 끝에 앙부일구가 완성되자, 세종은 서울 혜정교(惠政橋)와 종묘 남쪽 거리에 돌로 대를 쌓아 그 위에 이것을 설치하고 백성들이 오가며 볼 수 있도록 하였다. 우리나라 최초의 공중(公衆) 해시계이다. 특히 세종은 글을 모르는 백성도 시간을 알 수 있도록 하기 위해서 시간마다 쥐, 소, 호랑이 같은 12지의 동물 그림을 그려 넣었다. 또한 하루를 96각으로 나누는 시제를 사용하고 있다.

이 앙부일구는 몇 개의 비슷한 다른 청동제 앙부일구와는 달리 그 빼어난 제작솜씨가 드러나는 최상급의 작품이다. 그리고 이것이 창덕궁에 수장되어 있었던 사실로 미루어 왕궁에 설치했던 것

임이 분명하다. 현재로서는 이 앙부일구가 정확히 언제 만들어졌는지는 알 수 없다. 96각법을 쓰고 있는 데서 시헌력이 도입된 1636년 이후에 만들어졌으리란 것을 알 수 있다. 또한 북극고도의 기록으로 더욱 구체적인 연대추정이 가능한데, 이 앙부일구엔 한양 북극고도가 37도 20분이라고 기록되어 있다. 숙종 39년(1713)에 실측한 바에 따라 1636년에서 1713년 사이에 제작되었음을 알 수 있다.

해시계의 종류는 다양하여 고정식의 앙부일구, 휴대용 앙부일구, 평면 해시계, 석각 평면 해시계, 선추 해시계, 양경규일의, 신법지평일구, 간평일구 등이 있다.

3 물시계(보루각의 자격루)

물시계는 해가 뜨지 않는 흐린 날이나 밤중에도 시간을 측정할 수 있다는 장점이 있다. 이런 장점 때문에 물시계는 일찍부터 밤중의 시간을 알려 주는 공식적인 시계로 정착해서 누각(漏刻) 또는 경루(更漏)로 불렸다. 누각이라는 물시계가 신라 성덕왕 17년(718)에 처음으로 만들어지고 물시계를 전담하는 부서인 누각전(漏刻典)이 설치되어 박사 6명, 사(史) 1명을 두었다고 한다. 조선시대에 들어오면 1398년(태조 7)에 경루라는 국가표준 물시계가 제작되었다는 기록이 있다.

물시계 제작은 조선 세종 때 들어와 획기적 발전을 이룩하였다. 《세종실록》의 기록에 의하면 자격루(自擊漏)라고 불린 이 자동 물시계는 장영실 등이 2년여의 노력 끝에 세종 16년(1434) 6월에 완성해 경복궁 남쪽에 세워진 보루각(報漏閣)에 설치되었다. 자격루는 그 해 7월 1일을 기하여 공식적으로 사용되기 시작하여 조선 왕조의 새로운 표준시계의 하나로 등장하였다. 그러나 자격루는 제작된 지 21년 만인 단종 3년(1455) 2월에 자동 시보장치의 사용이 중지되고 말았다. 장영실이 죽어 고장난 자동장치를 고칠 수 없었던 게 주요한 원인이었을 것이다.

〈그림 12-2〉 자격루

이후 여러 번의 보수가 시도되었지만 번번이 실패하다가 중종 31년(1536) 6월에 비로소 새 자격루가 완성되었다. 현재 덕수궁에 보존되어 있는 자격루의 유품들은 바로 이때 개량된 것이다. 이 자격루는 그 후 몇 차례의 수리와 개조를 거쳐 조선 후기까지 사용되었으나 효종 4년부터 종래의 하루 100각제의 시제가 96각 시제로 바뀌면서 자동 시보장치는 제거되고 말았다.

4 천문대

〈그림 12-3〉 천문대

경주 첨성대, 개성 첨성대, 현대사옥 앞 관천대, 창경궁 관천대 등이 있다. 우리나라에서 천문관측을 했던 천문대는 이미 삼국시대부터 존재했었다. 백제에는 일찍부터 점성대(占星臺)라는 천문대가 있었다고 하나 전하는 기록이 없어 자세한 내용은 알 수 없다. 신라의 첨성대는 일본과 중국에 영향을 미쳐 당나라 때 주공측경대(周公測景臺)가 축조되기도 했다.

신라의 첨성대는 고대 천문대로서는 세계에서 가장 오래된 것 중의 하나로서, 그 뛰어난 조형미와 견고한 축조기술은 모든 사람이 찬탄하는 바이다. 첨성대로 대표되는 삼국시대 천문대의 전통은 고려시대로 이어졌다. 개성 만월대 서쪽에 현존하는 첨성대가 그것을 말해 주는데, 이 천문대는 전하는 기록이 없어 설립년대나 설립과정은 자세히 알 수 없다.

조선시대에는 이와 같은 천문대의 전통을 이어받아 세종 때 여러 곳에 천문대가 만들어졌다. 특히 세종 때에는 두 종류의 천문관측대가 설립되었는데 하나는 경복궁에 설치된 대간의대(大簡儀臺)이고, 또 하나는 북부 광화방 관상감터(현재의 현대건설 사옥 앞)에 설치된 소간의대(小簡儀臺)이다. 대간의대는 1434년에 완성된 것으로 정확한 방향을 나타내는 정방안(正方案)을 남쪽에 두고 태양의 방향과 고도를 측정하는 규표를 서쪽에 두었으며, 혼천의(渾天儀)와 혼상(渾象) 등 여러 가지 천문관측기구가 부설된 최고 수준의 천문관측대였다. 그러나 이 대간의대는 임진왜란으로 파괴되어 현재는 남아 있지 않다.

소간의대는 대간의대의 축소판으로 천문관측기구인 소간의를 설치해 놓은 대(臺)이다. 이것도 임진왜란 때 불에 타서 손상되었으나 소간의를 설치했던 소간의대는 현재 그대로 남아 있다. 이것이 바로 현재의 현대건설 사옥 앞에 있는 관천대(觀天臺)이다. 이 관천대는 원래 휘문고등학교 교정에 있었는데 1984년에 현재의 자리로 옮겨졌다. 이로써 현재 서울에는 조선 시대에 축조된 두 개의 관천대가 남아 있다. 하나는 옛 북부 광화방(廣化坊) 관상감(觀象監; 당시의 국립천문대) 자리인 현대건설 사옥 앞에 있는 것이고, 다른 하나는 바로 창경궁 안에 있는 보물 851호 관천대이다. 두 관천대는 그 구조나 크기, 그리고 축조양식이 거의 같다.

5 측우기

농업을 근간으로 하는 조선사회에서 강우량의 정확한 측정은 농업 생산성 안정을 위해 매우 중요한 문제였다. 이러한 필요는 조선을 세계에서 가장 일찍 과학적 강우량 측정법을 확립시켰으며, 그 측량기가 바로 측우기(測雨器)와 수표(水標)에 의한 강우량 측정이다.

측우기가 처음 발명된 것은 1441년(세종 23) 8월경이었다. 이때의 측우기는 길이 42.5cm, 지름 17.0cm 크기의 원통형 철제 우량계였다. 그 전까지 강우량 측정은 땅 속에 스며든 빗물의 깊이를 재는 방식으로 이루어졌으나 이것은 빗물을 일정한 그릇에 받아서 측정하는 보다 과학적인 강우량 측정기기였다. 그 기기가 오늘날 우량계라 불리는 원통형 강우량 측정기, 즉 측우기인데 이는 세계 최초로 발명된 것이었다.

이와 아울러 하천의 수위를 측정하는 수표(水標)도 이 시기에 개발되었다. 이때의 수표는 높이 약 2.5m의 나무판에 척 · 촌 · 분의 눈금을 새겨 두 개의 돌기둥 사이에 묶어 놓은 것으로, 서울 중심부를 흐르는 청계천의 수표교 서쪽에 설치되었다. 또 비슷한 수표가 한강변에도 세워졌는데 그것은 바위를 깎아 눈금을 새긴 것이었다.

측우기와 수표가 최초로 발명된 다음 해인 1442년(세종 24) 5월 8일에는 보다 개량된 형식의 강우량 측정법이 공식적으로 정비되었다. '빗물을 재는 그릇'이라는 뜻의 측우기(測雨器)라는 이름도 이때 붙여졌다. 그리고 규격에 따라 각 지방에서는 기와나 자기(瓷器)로 측우기를 만들어 강우량을 측정하도록 했다. 측우기와 수표의 발명을 통해 비로소 강우량을 보슬비[微雨]부터 폭우(暴雨)까지 8등급으로 나누어 정확히 측정하게 되었다. 이렇게 세종 23년과 24년 사이에 확립된 과학적인 강우량 측정제도는 적어도 15세기 말 성종 때까지도 거의 그대로 시행되었다. 그러나 이후 임진왜란과 양대 호란을 겪으면서 측우기는 모두 유실되어 측우기에 의한 전국적인 강우량 측정은 불가능해지고, 단지 수표에 의한 측정만이 간신히 이루어졌다.

그러나 영조 때에 들어와서는 강우량 측정제도도 전국적으로 재정비되었다. 영조 46년(1770) 5월 1일 마침내 세종 때의 제도에 따라 측우기를 청동으로 다시 만들었는데 그것은 크기와 규격이 세종 때의 것과 동일했다. 영조 46년 이후에는 다시 복구한 측우기를 통해서 종래 5월부터 9월까

지의 논농사 기간 중에만 측정하던 것과는 달리 1년 내내 매일 하루 2회 강우량을 측정했다. 또 정조 15년(1791) 이후에는 매일 3회씩 강우량을 측정해서 보고하도록 했다고 한다. 한편 세종 때의 수표는 눈금을 새긴 부분이 나무였기 때문에 금방 마모되어 사용하기가 불편했다. 이 점을 개량하여 돌기둥에 직접 눈금을 새긴 수표가 만들어졌는데 언제 개량되었는지는 분명치 않다. 돌로 만든 개량된 수표는 수위가 척(尺) 단위로만 표시되어 분(分) 단위까지 표시되었던 세종 때의 것과 비교하면 정확도가 떨어졌다. 그러나 수위가 9척 이상이 되면 위험하다는 표시를 해 놓고 있어서 보다 발전된 면도 없지 않다.

6 인쇄술

인쇄와 출판은 그 나라의 문화 수준을 가늠하는 척도라고 할 수 있다. 우리나라는 무구정광대다라니경, 직지심체요절, 팔만대장경을 포함한 무척이나 오래된 인쇄와 출판역사를 가지고 있는 나라이다.

이 중 무구정광대다라니경(無垢淨光大陀羅尼經)은 1996년 경주 불국사의 석가탑 보수공사 중에 발견되었다. 다라니(陀羅尼)는 산스크리트어로 주문(呪文) 또는 참된 말(眞言)이란 뜻이다. 무구정광대다라니경은 한 줄에 평균 8자를 새긴 62줄짜리 목판 12장으로 704년에서 751년 사이에 인쇄된 것으로 알려져 있다. 구텐베르크 활자가 1455년 인쇄인 것에 비해 매우 이른 시기이다.

이러한 신라의 목판 기술은 계속 이어져 11세기 초 고려 현종 때, 6천 권에 달하는 대규모의 대장경 조판 사업을 벌여 거란의 침략을 불력에 호소하여 물리치려는 노력도 보였다. 그러나 11세기 초에 초판된 1만여 권에 달하는 초조대장경은 1232년 몽골의 침략으로 모두 불탔다. 그 후 1236년(고종 23) 대장도감(大藏都監)과 분사도감(分司都監)을 설치하고 몽골군 격퇴와 국태민안(國泰民安)을 기원하며 16년에 걸쳐 다시 대장경을 제작하였다. 경판의 규모는 8만 1258판으로 흔히 팔만대장경이라 불리며, 다시 완성했다하여 재조대장경으로 불리기도 한다. 본 경판은 국보 제 32호이며, 2007년에 해인사에서 대장경 보완을 위해 1098년~1958년에 걸쳐 제작한「재경판」(5,987판)과 함께 유네스코세계기록유산으로 등재되었다. 이를 보관하는 경판고는 5층의 판가를 설치하고, 각 판가는 천지현황(天地玄黃) 등의 천자문(千字文)의 순서로 함(函)의 호수를 정하여 분류·배치하고, 권차(卷次)와 정수(丁數)의 순으로 가장(架藏)하였다. 경판의 크기는 세로 24cm 내외, 가로 69.6cm 내외, 두께 2.6~3.9cm로 양끝에 나무를 끼어 판목의 균제(均齊)를 지니게 하였고, 네 모서리에는 구리판을 붙이고, 전면에는 얇게 칠을 하였다. 판목은 남해지방에서 나는 산벚나무, 돌배나무 등 10여 종이 쓰였으며, 하나의 경판은 한쪽 길이 1.8mm의 글자가 23행, 각 행에 14자씩 새겨 있는데, 그 글씨가 늠름하고 정교하여 고려시대 판각의 우수함을 보여주고 있다. 처음에는 강화 서문(江華西門) 밖 대장경판고에 두었고, 그 후 강화의 선원사(禪源寺)로 옮겼다가, 1398년(태조 7)에 다시 현재의 위치로 옮겼다. 2001년에는 세계기록유산으로 등재되기도 하였다.

이외에도 2001년 유네스코 세계기록유산으로 '금속활자본 영인본'인 「백운화상초록불조직지심체요절」이 등재되었다. 이는 고려 공민왕 21년(1372)년에 백운화상이 불교의 법맥을 계승하고자 저술한 책이다. 이 책은 1377년에 청주의 흥덕사(興德寺)에서 활자를 만들고 인쇄한 것으로 세계에서 가장 오래된 금속활자본으로 알려져 있다. 이 책은 조선 고종 때 주한 프랑스대리공사로 근무한 꼴랭 드 쁠랑시가 수집한 후 프랑스국립도서관에 보관되다 2011년 영구임대의 형식으로 반환되었다. 이 책은 우리나라의 《용재총화》나 《동국이상국집(東國李相國集)》과 같은 책에 나타나는 '12세기말, 13세기 초의 금속활자 발명'에 대한 설을 실재화시켜 준 귀중한 문화재이다.

7 훈민정음

훈민정음이란 백성을 가르치는 바른 소리라는 뜻으로 1443년 조선 4대 임금인 세종과 집현전 학자들에 의해 발명되었다. 세종28년(1446)에는 정인지 등이 세종의 명을 받아 설명한 한문해설서를 전권 33장 1책으로 발간하였다. 이 책의 이름은 훈민정음이며, 설명인 해례가 있어 훈민정음 해례본이라고도 한다. 세종(世宗) 창제 28자는 언문(諺文), 언서(諺書), 반절(反切), 암클, 아햇글, 가갸글, 국서(國書), 국문(國文), 조선글 등의 명칭으로 불리기도 하였다.

한글이라는 명칭은 주시경(周時經)이 신문관(新文館)에서 발행한 어린이 잡지 《아이들 보이(1913)》의 끝에 횡서(橫書) 제목을 '한글'이라 한 것이 그 시작이다. 1933년 조선어학회에서 제정한 '한글 맞춤법통일안'에 따르면, 한글은 자음(子音) 14자, 모음(母音) 10자, 합계 24자의 자모(字母)로 이루어져 있다. 1자 1음소(一字一音素)에 충실한 음소문자(音素文字)인 이 한글 자모 24자는 훈민정음 28자 가운데서 'ㆍ, ㅿ, ㆆ, ㆁ'의 네 글자가 제외된 것이다.

현행 한글자모의 명칭과 배열순서는 이미 최세진(崔世珍)의 《훈몽자회(訓蒙字會, 1527)》에서 그 대체의 윤곽이 정해졌다. 그는 훈몽자회 범례(凡例)에서 '속소위반절이십칠자(俗所謂反切二十七字)'라 하여 훈민정음에서 'ㆆ'을 제외하여 27자로 정하고 초성을 초성과 종성에 통용되는 8자와 초성에만 쓰이는 자음 8자를 다음과 같이 이름을 붙이고 배열하였다. 이는 점차 현대로 오면서 활용이 용이한 과학적 문자임이 알려져 한국인으로서의 문화적 자긍심뿐 아니라 컴퓨터시대에 걸맞는 과학적이며 실용성이 뛰어난 문자임이 증명되고 있다. 1997년 유네스코에서는 '세계기록유산'으로 한글을 등재하기도 하였다.

8 동의보감(세계기록문화유산, 2009)

보물 제 1085호, 선조 30년(1597) 어의(御醫) 허준(1546 ~1615)이 임금의 명을 받아 만든 한의학의 백과사전이라 일컬어 진다. 이 책은 기존의 중국과 조선의 의서(醫書)를 근간으로 하면서, 조선인의 체질과 조선에서 구하기 쉬운 약재를 우선 활용할 수 있도록 만든 의학서이다. 책은 총 25권 25책으로 이루어져 있으며, 모두 23편으로 내과학인 《내경편》《외형편》 4편, 유행병 · 곽란 · 부인병 · 소아병 관계의 《자편》 11편, 《탕액편》 3편, 《침구편》 1편과 이외에 목록 2편으로 되어있고, 각 병마다 처방을 각기 풀이하여 넣은 체계적인 의학서로 인정받고 있다. 광해군 3년(1611)에 완성하여 1613년에 금속활자를 활용해 간행하였다. 이 책은 중국과 일본에도 소개되었으며, 2009년에는 세계기록문화유산으로 등재되었다.

토막 상식

세계문화유산으로 등재된 우리의 문화재(괄호 안은 등재된 년도임)

- **세계유산 :** 창덕궁(1997), 수원화성(1997), 석굴암 불국사(1995), 해인사 장경판전(1995), 종묘(1995), 경주역사유적지구(2000), 고인돌 유적(2000), 제주 화산섬과 용암동굴(2007), 조선의 왕릉(2009), 안동 하회마을과 경주 양동마을(2010), 남한산성(2014), 백제역사유적지구(2015), 산사, 한국의 산지승원(2018), 한국의 서원(2019)
- **인류무형문화유산 :** 종묘제례 및 제례악(2001), 판소리(2003), 강릉단오제(2005), 처용무(2009), 강강술래(2009), 남사당놀이(2009), 제주 칠머리당영등굿(2009), 영산재(2009), 가곡(2010), 대목장(2010), 매사냥(2010), 줄타기(2011), 택견(2011), 한산모시짜기(2011), 아리랑(2012), 김장문화(2013), 농악(2014), 한국의 줄다리기(2015), 제주해녀문화(2016), 씨름(2018)
- **세계기록유산 :** 훈민정음(해례본)(1997), 조선왕조실록(1997), 승정원일기(2001), 불조직지심체요절 하권(2001), 조선왕조 의궤(2007), 고려대장경판 및 제경판(2007), 동의보감(2009), 일성록(2011), 5 · 18 민주화운동 기록물(2011), 난중일기(2013), 새마을운동 기록물(2013), KBS 특별생방송 '이산가족을 찾습니다' 기록물(2015), 한국의 유교책판(2015), 조선왕실 어보와 어책(2017), 조선통신사에 관한 기록(2017), 국채보상운동 기록물(2017)
- **잠정목록 :** 삼년산성, 공주무령왕릉, 강진도요지, 설악산 천연보호구역, 남해안일대 공룡화석지, 한양도성

※ 우리나라 유네스코 지정유산 지도(http://heritage.unesco.or.kr/)

2020~2021년도 문화관광축제 지정 현황

지역	축제명
강원	강릉커피축제
	원주다이내믹댄싱카니발
	정선아리랑제(신규)
	춘천마임축제
	평창송어축제
	평창효석문화제
	횡성한우축제
경기	수원화성문화제
	시흥갯골축제
	안성맞춤남사당바우덕이축제
	여주오곡나루축제
	연천구석기축제(신규)
인천	인천펜타포트음악축제
부산	광안리어방축제(신규)
대구	대구약령시한방문화축제
	대구치맥페스티벌
울산	울산옹기축제(신규)
광주	추억의충장축제
충남	서산해미읍성역사체험축제
	한산모시문화제
충북	음성품바축제
전남	담양대나무축제
	보성다향대축제
	영암왕인문화축제
	정남진장흥물축제
전북	순창장류축제
	임실N치즈축제
	진안홍삼축제(신규)
경남	밀양아리랑대축제
	산청한방약초축제
	통영한산대첩축제
경북	봉화은어축제
	청송사과축제(신규)
	포항국제불빛축제
제주	제주들불축제

출처 : 문체부 국내관광진흥과

제 13 장

한국의 풍수지리의식과 명당

제 1 절 풍수지리

1 풍수지리의 개념

고대의 중국에서 발생했다고 전하는 풍수지리는 자연과 인간의 조화로움을 찾고자 하여, 땅의 지기(地氣)를 살피고 그에 걸맞는 용도를 결정하는 것이다. 이는 심리적 및 생리적으로 안락하고, 흉한 일을 피하고자 하는 인간의 노력 방안이라 할 수 있다. 이 사상은 산형지세(山形地勢)를 기본으로 삼아 집터와 묘자리를 잡는 것으로 토지 이용과 연관된 현실세계의 길흉화복(吉凶禍福)을 논하는 것이다. 이때 필요로 하는 자리가 산 사람이 기거할 자리라면 양택(집터)풍수이고 죽은 자가 기거할 곳이라면 음택(무덤자리)풍수라 부른다. 이는 서구의 학술용어로 표현하자면 '입지결정론'이라 할 수 있다.

풍수지리(風水地理)의 기본원리는 동양의 음양오행사상과 자연숭배, 천문사상 등의 결합으로 볼 수 있다. 한 예로 음(陰)이 여성을 나타내는 것이라면, 양(陽)은 남성을 나타내는데 자연에서도 마찬가지로 산과 땅처럼 움직이지 않는 대상은 정적인 음(陰)을 나타내며 바람과 물 같이 활발하게 움직이는 대상은 남성을 나타내는데 서로 조화롭게 이루어져야만 비로소 견실(堅實)한 열매를 맺을 수 있다는 논리이다. 이처럼 음양(陰陽)의 조화로움에 바탕을 둔 것이다.

양택 풍수는 땅에 대한 용도 결정 후, 그 선정된 입지에 대한 공간구조 배치를 동양 고유의 사상들인 음양, 오행, 팔괘 및 풍수 등을 종합해 활용하게 된다. 주택의 경우 대문(현관), 안채, 사랑채, 사당 등의 주택 풍수와 마찬가지로 풍수 고유의 이론에 따라 정하는 것이다.

풍수지리의 기원에 대해서는 정확히 전해지는 바는 없으나 중국 진나라 당시에 생겨, 당나라 때 발전한 것으로 전하고 있다. 풍수학이 우리나라에 들어온 시기는 삼국시대로, 우리나라의 천문, 지리, 역학 등이 발달한 시대라고 할 수 있다. 이 때 들어온 풍수사상은 고려시대는 태조 이래 국가의 기본정책이론으로 활용되기에 이른다. 이 후 조선의 경우에는 도읍을 정하거나 도읍인 한양의 도성계획 전반에 활용되었다. 이미 고려시대부터는 일반 백성들에게까지 널리 퍼진 풍수에 대한 사고는 조선시대의 유교정신인 효(孝)와 결합해 음택에 대한 관심을 고조시켰다.

2 풍수지리의 분류

풍수지리는 대상과 연구방법에 따라 분류할 수 있으며, 대상에 따라 양택풍수와 음택풍수, 연구방법에 따라 형세론 · 이기론 · 형국론의 3가지로 분류할 수 있다.

1) 대상에 따른 분류

그 땅을 사용할 대상에 의한 분류로 살아 있는 사람을 위한 땅인 양택풍수(陽宅風水)와 죽은 사람을 위한 땅인 음택풍수(陰宅風水)로 나눌 수 있다.

(1) 양택풍수

살아 있는 사람을 위한 생활공간을 구성하고 조율하는 방식으로 주변의 산과 물의 기운을 살펴 맑은 정기가 서린 곳에 주거지를 구성하여 가족과 식솔들의 건강과 행복을 추구하고자 하는 풍수이다. 초기의 풍수는 지금과는 달리 살아있는 사람의 행복을 위해 구상된 사상이었다.
양택풍수에는 주거지를 중심으로 하여 주거지 내부를 구성, 즉 여성의 공간과 남성의 공간, 배향공간 등에 대한 주사용자와 공간 성향에 대해 연구하는 양택풍수(陽宅風水)와 거주지와 마을이나 도시와의 관계를 다루는 양기풍수, 도읍지를 선정하는 데 활용되는 왕기풍수 등으로 나누기도 한다. 특히, 양택풍수의 경우 유럽이나 일본의 많은 건축가들에 의해 실내장식이나 건물의 구조배치에 적극적으로 활용되고 있다.

(2) 음택풍수

주거지가 아닌 죽은 자의 공간인 무덤풍수로 죽은 자와 산 자의 관계가 계속적으로 유지되고 살아있는 사람에게 죽은 사람의 사후세계가 영향을 미친다는 사고에서 시작된다. 이는 시신과 관계되는 것으로 가장 좋은 음택의 명당은 시신의 소골(消骨)과정이 자연스럽고 주변의 기와 감응이 잘 이루어질 수 있는 공간을 의미한다. 이러한 공간에 조상을 모셨을 때 자손들이 행복할 수 있다는 의식이다.

제 2 절 한국의 대표적 명당

1 한양(서울)

태조 이성계(李成桂)는 조선왕조를 열며 조선의 이념, 제도를 새로이 정비 · 개혁하기 위해 즉위 당초부터 정도(奠都)문제에 우선적으로 큰 관심을 가지고 그 후보지로 한양(漢陽), 계룡산(鷄龍山), 무악(毋岳) 등을 친히 살피다가 드디어 한양으로 정도하게 되었다. 일반적으로 한양천도 및 한양도성 건설과정에 풍수지리사상의 영향이 큰 것으로 이야기되고 있다. 그러나 한양을 조선의 수도로 정하고 건물을 안치하는 과정은 풍수지리적인 측면뿐 아니라 도읍지로서 인문지리적인 입지조건과 유교적 도읍지로의 격을 갖추기 위한 노력을 간과할 수 없다.

그 과정을 살펴보면, 1392년 7월 17일 조선의 국왕으로 즉위한 태조는 8월 13일에 도평의사사(都評議使司)에 한양으로 이도(移都)할 것을 교시하였다. 풍수적으로 진산(鎭山)인 백악(白岳)을 중심으로 좌청룡 우백호를 따라 성(城)을 축조하여, 이를 안산인 목멱산에 연결하여(약18km) 도성의 범위를 결정한 다음, 백악(白岳)을 배경(背景)으로 주궁(主宮)인 경복궁을 앉히고, 부주산(副主山)격인 응봉(鷹峰)을 배경으로 창덕궁을 배치하였다.

한양의 궁실과 종묘, 사직의 배치는 유교이념을 바탕으로 이상국가를 건설하기 위하여『주례(周禮)』 고공기(考工記)의「좌묘우사(左廟右社) 전조후시(前朝後市)」라는 도성계획 기본원칙에 의하여 이루어진 것이지만 이러한 배치는 한양의 풍수지리적인 형국과 어우러져 이루어졌다. 건축의 예법으로는 좌묘우사(左廟右社), 즉 좌측에는 역대 왕들의 신위를 모시는 사당(祠堂)인 종묘를 두고 우측에는 농사와 땅의 신에게 제사를 지내는 공간인 사직(社稷)을 둔다. 그리고 궁궐의 앞에는 조정을 두고 뒤에는 시장을 둔다는 전조후시(前朝後市)의 경우에는 궁성 뒤 북쪽에 사람들의 통행을 금하지 않음을 뜻하는 것으로서, 도성에 풍수지리설을 적용한다고 할 때 상치되는 내용이었다. 그러나 조선의 한양도성은 풍수적 흐름을 중요시 여겨 궁궐의 후면의 통행을 제한하는 조치가 취해졌다. 이렇듯 한양도성은 정치이념과 지형의 기운을 어우르려는 조상의 지혜가 잘 드러나는 유적이라 할 수 있다. 최근 한양도성은 이러한 특성과 한양도성을 둘러싼 다양한 역사 및 사회문화의 흔적이 지닌 가치를 세계에 알리기 위해 세계문화유산 등재에 힘쓰고 있다.

〈그림 13-1〉 명당 한양

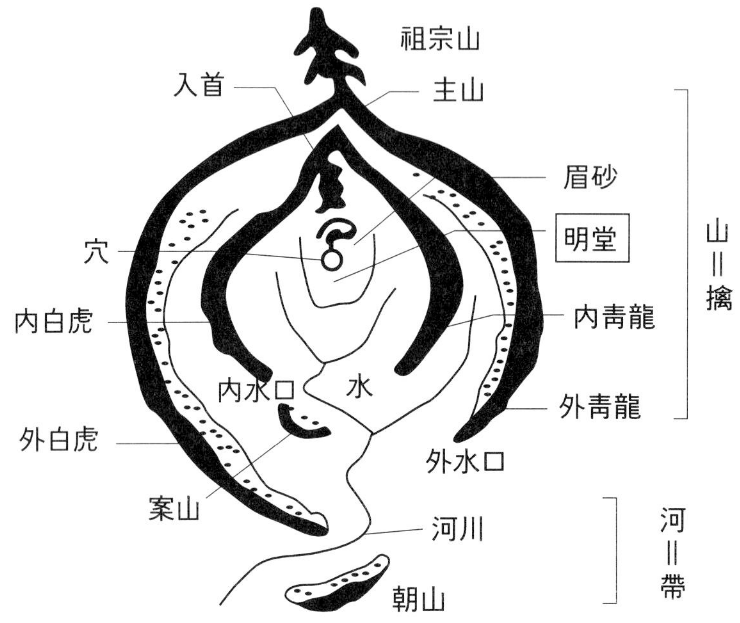

한양의 풍수형국은 혈(穴)로 흘러들어오는 조산(祖山)과 주산(主山), 혈과 명당을 에워싸고 있는 청룡과 백호, 주산과 조산을 앞에서 받아주고 있는 안산(案山)과 조산, 그리고 그 사이를 흐르는 내수(內水)와 외수(外水)에 의하여 이루어진다. 한양 명당의 혈은 경복궁으로서 경복궁 뒤 백악은 주산에, 삼각산(三角山, 北漢山)은 조산에 해당한다. 백악에서 좌우로 뻗어나간 타락산(駱駝山)과 인왕산(仁旺山)은 각각 청룡과 백호에 해당하며, 목멱산(木覓山)은 주산에 대한 안산, 그리고 그 뒤의 관악(冠岳)은 안산에 대한 조산에 해당한다. 이렇게 이루어진 풍수국면은 한양의 명당수(內明堂)와 외명당(外明堂)을 형성하며 그 사이로 내수인 청계천과 외수인 한강(漢江)이 흐르고 있다. 이렇게 형성된 한양의 풍수형국은 조산 – 주산 – 혈 – 내명당 – 명당수(內水) – 안산(案山) – 조수(朝水, 外水) – 외명당(外明堂) – 조산(朝山)으로 이어지는 상징적인 축을 형성하여 도읍지 구성이 전체적인 위계를 갖고 있다. 이를 좀 더 자세히 살펴보면,

① 穴(혈) : 명당보다는 작은 개념으로 기가 멈추어 생기가 응집된 타원형의 땅덩어리를 가리킨다. 그림에서 穴이라고 하는 부분에 사람이 살 집을 짓거나, 무덤을 쓰게 된다(경복궁/청와대).

② **청룡(靑龍), 백호(白虎)** : 穴의 왼쪽과 오른쪽 산으로 정면에서 보면 오른쪽과 왼쪽으로 보인다(청룡: 타락산, 백호: 인왕산).

③ **주작(朱雀), 현무(玄武)** : 혈의 앞쪽과 뒤쪽에 있는 산을 가리킨다(주작: 목멱산, 현무: 백악산).

④ **안산(案山)** : 혈 앞의 산(남산)

⑤ **주산(主山)** : 혈 뒤쪽의 산(북악산)

⑥ **명당** : 혈 앞에 펼쳐지는 넓고 평평한 땅으로 기가 응결된 곳이다(광화문/시청 일대).

⑦ **명당수** : 명당으로 흐르는 물로서 서쪽에서 발원하여 동쪽으로 흐르는 것이 좋다(청계천).

⑧ **좌향(坐向)** : 방위에 관한 개념으로 정면에서 명당을 바라보았을 때가 좌(左)이고 정면으로 바라다 보이는 방향이 향(向)이 된다.

⑨ **맥(脈)** : 산 혹은 산줄기의 흐름으로 기운의 흐름, 에너지 흐름의 줄기라고 할 수 있다.

2 안동 하회마을

풍천 화산(꽃뫼)으로 뒤를 두르고 화천(꽃내, 낙동강)으로 앞을 휘감듯 에두른 하회마을은 옛날부터 큰 인물이 많이 나온 명당 중의 명당으로 알려져 있다. 이 마을은 풍산유씨(豊山柳氏) 동족마을이며 그 터전이 낙동강의 넓은 강류가 마을 전체를 동 · 남 · 서 방향으로 감싸도는 태극형(太極形) 또는 연화부수형(蓮花浮水形)의 명기(名基)위에 위치해 있다. 유씨가 집단마을을 형성하기 이전에는 허(許)씨와 안(安)씨가 유력한 씨족으로 살아왔으나 1635년의 동원록(洞員錄)기록을 보면 삼성(三姓; 許 · 安 · 柳)이 들어 있고 조선 선조 때 벼슬을 하였던 류운룡 · 류성룡 형제의 유적이 마을의 중추를 이루고 있는 것으로 보아 고려 말~조선 초 사이에 현재의 모습을 갖춘 것으로 추정된다.

현재 안동의 하회마을은 경주의 양동마을과 함께 14~15세기에 조성된 한국의 대표적인 전통마을로 조선시대의 유교적 전통사상이 잘 반영된 건축양식으로 인정되어 2010년 세계문화유산으로 등재되었다. 이곳 안동의 하회마을의 형태는 물 하(河)자에 돌 회(回)자를 붙인 마치 물에 떠 있는 연꽃과 같은 연화부수형 지형으로 하회마을의 전경을 한 눈에 보려면 64m 높이의 부용대 정상에 올라가 보는 것이 좋다.

풍산으로부터의 진입도로와 연결된 큰길이 이 마을의 중심부를 동서로 관통하는데, 이 마을길의 북쪽을 북촌이라 부르고 남쪽은 남촌이라 부른다. 이 마을을 감싸도는 화천(花川)은 낙동강 상류이며 그 둘레에는 퇴적된 넓은 모래밭이 펼쳐지고, 그 서북쪽에는 울창한 노송림이 들어서 있어 경관이 아름답다. 강류의 마을쪽이 백사장인 데 반하여 건너편은 급준한 층암절벽의 연속이어서 여러 정대(亭臺)가 자리잡고 있어 승경(勝景)으로서의 면모도 잘 갖추고 있다. 강류의 북쪽 대안에는 이곳 자연의 으뜸인 부용대(芙蓉臺)의 절벽과 옥연정(玉淵亭) · 화천서당이 있으며, 서북쪽에서 강물이 돌아나가는 즈음에는 겸암정(謙菴亭)과 상봉정(翔鳳亭)이 자리잡고 있어 일련의 하회명구를 이루고 있다.

보물로 지정된 가옥은 보물 제306호인 안동양진당과 보물 제414호인 충효당이 있다. 중요 민속자료로는 하회북촌댁(제84호) · 하회원지정사(제85호) · 하회빈연정사(제86호) · 하회유시주가옥(제87호), 하회옥연정사(제88호), 하회겸암정사(제89호), 하회남촌택(제90호), 하회주일재(제91호) 등이 지정되어 있다. 또한 이 고장에는 오랜 민간전승놀이로써 음력 7월 보름에 부용대 밑에서 시회가 열렸으며, 시회와 아울러 유명한 줄불놀이가 벌어졌었다.

서애 류성룡 선생이 기거하던 옥연정사, 겸암 류운룡 선생이 기거하던 겸암정사

부용대에 올라서면 하회마을의 풍수가 한 눈에 들어온다. 물줄기에 포근하게 감싸인 마을의 모습이 주변 경관과 참 잘 어울린다. 부용대의 좌우에는 옥연, 겸암정사가 있는데 고색창연한 옥연정사는 서애 류성룡 선생이 만년에 기거하면서 임진왜란 때의 일을 기록한 국보 132호 《징비록》을 저술한 곳이다. 최근에는 영화 '조선남녀상열지사'의 촬영 장소로 이용되기도 했다. 겸암정사는 겸암 류운룡 선생이 학문을 연구하고 제자를 가르치던 곳으로 부용대에서 모두 15분 정도 걸린다.

〈그림 13-2〉 하회마을의 종가인 양진당과 삼신당

하회마을에 들어서면 조선시대 초기부터 후기에 이르기까지 다양한 양식의 살림집들이 옛모습을 간직한 채 남아 있다. 솟을대문을 세운 거대한 규모의 양진당, 충효당, 북촌댁, 주일재, 하동고택 등의 양반가옥인 기와집과 작은 규모에서부터 제법 큰 규모를 가지고 있는 서민가옥인 초가집들이 길과 담장을 사이에 두고 조화롭게 배치되어 있다.

3 경주 양동마을

안동의 하회마을과 함께 세계문화유산으로 등재된 경상북도 경주시 강동면의 양동마을은 경주와 포항 사이에 위치하고 있으며 지척거리인 안강읍에 풍산금속이 자리잡고 있어 생업에 문제가 없으며, 일제부터 고등교육에 몰두해 수많은 고위 공무원과 대학교수, 재벌사업가 등을 배출한 명당터이다.

마을의 지형을 우선 살펴보면, 넓고 비옥한 안강평야의 동쪽 구릉지에 위치한다. 앞으로는 설창산, 뒤로는 성주산에 기대어 터를 잡았고 북쪽에서 흐르는 안락천이 남에서 흘러오는 형산강과 역수 형태로 만나 영일만으로 빠진다. 마을을 이루는 낮은 구릉들은 4개의 맥을 형성하고 그 사이 3개의 골짜기를 이룬다. 이른바 물(勿)자 형국으로 명당 중의 명당으로 여겨졌다. 마을의 살림집들은 자연 지형인 3개의 골짜기 '물봉골, 안골, 장터골'에 몇 개의 영역을 형성하며 자리잡았다. 그 안에 자리한 건축물들은 다음과 같다.

〈그림 13-3〉 경주 양동 마을 배치도

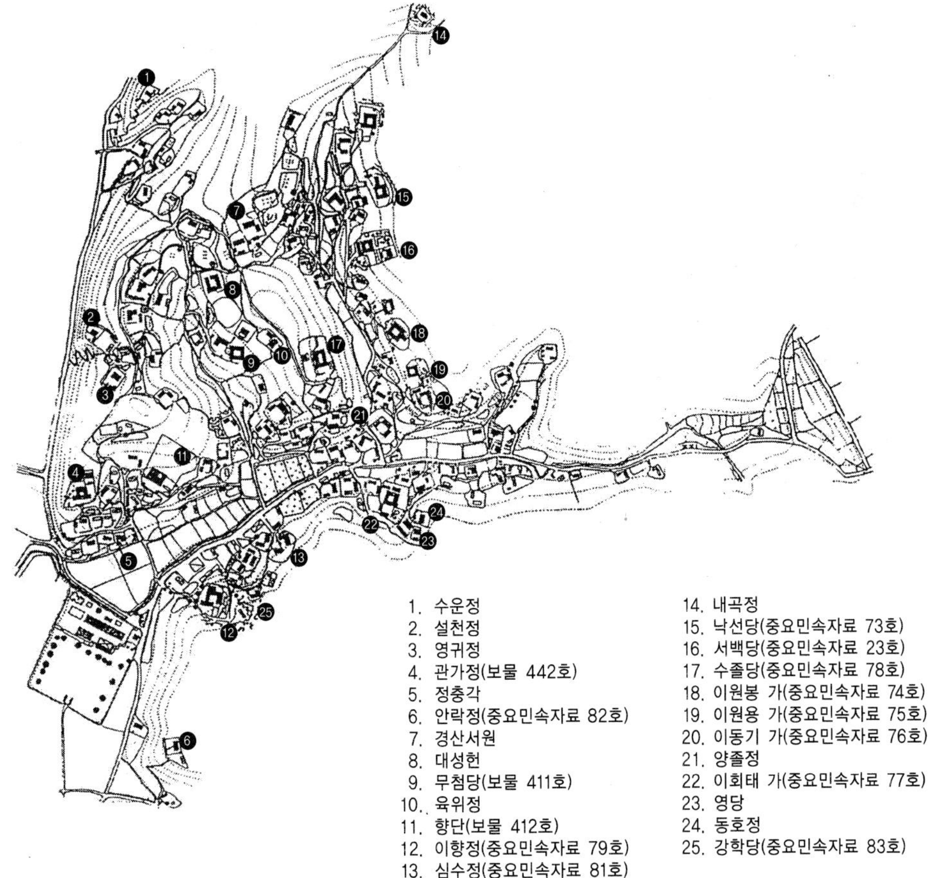

1) 향단(香檀, 보물 412호, 1540년대 건립)

이언적이 경상감사로 재직시 동생 이언괄을 위해서 지어준 집으로 여강 이씨 향단파의 종택이다. 이 건물의 특징은 일체의 장애물이 없어 건물 외관 전체를 노출시킴으로써 마을에서 가장 눈에 잘 띄며, 전면 지붕 위의 세 개의 박공면은 사대부가로는 유례없이 표현적인 형태이다. 집의 기둥은 행랑채까지 모두 원기둥을 사용했으며 기둥 위에는 섬세하게 조각된 익공을 달았고 대들보 위에는 공공건물에나 어울릴 화려한 복화반과 포대공을 올렸다. 사랑채의 지붕도 부연을 단 겹처마로 모두 민간 살림집에는 금기시되었던 최고의 장식들이다.

집의 구성은 一字형 행랑채와 日字형 몸채, 전체적으로 巴자형의 평면을 이룬다. 몸채에는 두 개의 중정이 있으며 하나는 안채부에 딸린 안마당이고, 서쪽의 것은 안행랑부에 딸린 노천 부엌용 중정이다. 이 역시 일반적인 살림집에는 전혀 나타나지 않는 예이다. 두 개의 중정은 자연스럽게 이 집의 기능을 구획한다. 안마당은 사랑채와 안채를, 부엌마당은 안채와 안행랑을 구획한다. 두 중정 사이, 이 집의 중심에는 안방이 자리잡아 모든 부분의 움직임을 감시할 수 있다. 외부적으로는 화려하고 웅장하지만 내부는 폐쇄적인 구조로 되어 있다.

2) 관가정(觀稼亭)

손중돈에 의해 1480년대 건축된 것으로 추정되며, 호명산(물봉의 서쪽)을 안대로 하고 있다. 손씨의 종가로 400년간 사용되고 있다. 건축의 특성으로는 논리적 · 규범적 · 폐쇄적이며, 소박하고 유교적 절제와 엄격함을 지닌 합리적인 공간활용을 들 수 있다.

관가정은 경사지를 넓게 깎아 단을 만들고 건물을 깊숙히 앉힌 까닭에 모습은 크게 두드러지지 않는다. 관가정은 살림집인 동시에 경관을 감상하기 위한 '정자'이다. 이 집의 이름은 '농사짓는 풍경을 보는 정자'란 뜻이다. 관가정 사랑채에 오르면 이름에 걸맞는 경관이 펼쳐진다. 안채에서는 중문을 통해 앞산만이 선택된 경관으로 들어오지만, 사랑채에서 앞산은 경관의 한 요소일 뿐, 아래로 전개된 들과 강의 풍광을 한눈에 볼 수 있다. 안채나 사랑채나 좌향은 같지만 경관을 끌어들이는 방법을 달리한 것이다.

3) 무첨당(보물 411호, 1500년대 건립)

이언적의 아버지 이번이 양동에 장가들어 어느 정도 기반을 잡은 후인 1508년에 살림채를 건립했고, 이언적이 경상감사 시절인 1540년경에 별당을 건립했다. 이언적의 본가이며 여강이씨 무첨당파의 파종가로서 또 여러 분파들의 맏집인 대종가로서 역할을 해왔다. 건축적 특징으로는 대

지의 중앙 가장 높은 곳에 사당영역을 마련하고 살림채와 별당채 사이에 직선의 가파른 계단을 설치해 사당이 이 집의 중심임을 보여준다. 별당과 사당은 살림채와 향을 달리하여 다른 안대를 취하고 있고, 사당 앞에 서면 일족의 서당인 강학당과 가문 정자인 심수정을 바라보게 된다. 무첨당 세 건물 사이의 공간관계는 독립적이며, 별당의 형태와 공간은 강렬하며 ㄱ자 건물로 누마루가 돌출, 모퉁이에 방을 배치하고 모서리 부분을 모두 마루로 처리하였으며, 적절한 비례를 가진 형태와 날렵한 처마선, 섬세하게 조각된 초익공과 화반대공을 갖는 등 최고로 장식적인 건물이다. 그러나 안채와 사랑채로 이루어진 살림채는 매우 소박하고 간결하다.

4) 강학당(講學堂, 중요민속자료 83호, 1867년 건립)

안락정에 대응하여 이씨들의 서당으로 지은 집이다. 심수정 뒤쪽 언덕 위에 위치하며 무첨당 사당을 안대로 삼아, 마을의 전경이 들어오는 곳이다. ㄱ자 건물 꺾이는 모퉁이에 방을 두어 2개의 마루를 구획했고, 각 칸살이는 필요에 따라 길이를 조절했다. 특징적인 것은 작은 마루에서 1/3칸 크기의 장판고를 가설해 서고로 사용했던 점이다. 서당 건물다운 기능과 규모다. 건물은 매우 간결하고 층고는 낮고 구조도 검소하다. 강학당 입구에 3칸 부속 행랑채를 두어 서당살림을 관리하였다. 이씨 문중은 이외에도 마을 북쪽에 경산서당을 갖고 있지만 이는 1970년 안계댐을 공사할 때 이전한 건물이다.

제 3 절 슬로우시티(Slow City)

슬로우 푸드(slow food)와 느리게 살기(slow movement)로부터 시작된 운동으로 1999년 10월 이탈리아의 그레베 인 키안티에서 시작했다. 슬로우시티는 이 운동을 실천하는 마을을 가꾸려는 시도에서 시작했다. 이탈리아에 국제슬로시티본부가 있으며, 전 세계 30개국 192개 도시가 참여하고 있다. 한국에는 담양 · 완도 · 신안 · 하동 · 예산 · 남양주 · 전주 · 상주 · 청송 · 영월 · 제천 · 태안 · 영양 · 김해 · 서천 등의 도시가 슬로시티에 가입했다. 한국슬로시티본부는 2005년 11월 17일 한국슬로시티추진위원회로 시작하여, 2008년 4월부터 사단법인 한국슬로시티본부로 운영되고 있는 비영리 단체이다.

제 14 장

특별 주제 (기출문제를 중심으로)

1 한국의 세시풍습

해마다 그 계절, 그 달, 그 날, 그 시(時)가 될 때 반복해서 행하는 관습을 세시풍습이라 한다. 우리 조상들은 세시에 맞추어 하는 풍속이기에 세시 풍속이라 불렀다.

1) 정월

새해의 첫날이다. 시작이 좋아야 일년 내내 복이 있다고 믿었던 우리 조상들은 새로운 몸 가짐과 마음가짐으로 설날을 맞았다. 윗어른들께 세배하고 성묘하여 사람된 도리를 다하였으며, 일가 친척을 찾아 혈연의 정을 두텁게 하였다. 또한 이웃과 교분을 깊게 해서, 그 해에도 서로 도우며 별 탈 없이 잘 지내고자 하였다.

(1) 복조리

설날 이른 새벽에 복조리 장수가 "복조리 사려!" 하고 지나가면 각 가정에서는 일년 동안 쓸 조리를 사서 벽이나 기둥에 걸어둔다. 설날 조리를 사면 그 해에 먹을 것이 넉넉해서 굶지 않고 복을 받는다해서 복조리라 한다.

(2) 설빔

설날 새로 갈아 입는 새옷을 설빔이라 부른다. 각 가정에서는 가을부터 옷감을 준비해 정성껏 만들어 둔다. 설빔은 살림 정도에 따라 마련하게 되는데 아이들은 설빔에 대한 기대로 밤잠을 설치기 일쑤였다.

(3) 차례

설날에는 객지에 사는 자손들까지 차례를 지내기 위해 종가에 모인다. 차례는 정성껏 마련한 제물을 차려놓고 윗대부터 차례로 지내는데, 보통 제사 때에는 술잔을 세 번 올리지만 차례 때에는 한 번만 올린다. 새해를 맞이했음을 조상께 알리고 세배 대신 차례로 후손의 도리를 다하는 것이다.

(4) 세배와 덕담

차례를 지낸 다음 어른께 새해 문안 인사를 드리는 것이 세배이다. 이때 아랫사람이 윗사람에게 새해 인사를 올리면 윗사람도 아랫사람에게 그 사람의 형편에 맞는 좋은 말을 해주는데 이를 덕담이라 한다.

(5) 널뛰기

널뛰기는 소녀들과 젊은 아낙네들의 대표적인 정초의 마당놀이이다. 긴 판자 한가운데에 짚단을 괴어 놓고 양쪽에 사람이 올라서서 다리에 힘을 주고 펄떡 뛰었다가 내리면 그 반동으로 상대편이 공중에 뜨게 하는 놀이이다.

(6) 연날리기

정초에 소년들이 즐기는 놀이 중의 하나가 연날리기이다. 주로 습기가 적고 바람이 불어 연이 잘 날리는 섣달 보름께부터 대보름까지 하는데, 그냥 날리기도 하고 상대 연과 싸움을 붙기도 한다. 대보름까지 날린 연은 대보름날 생년월일과 이름을 써서 높이 날려 보내는데, 그 해의 액을 싣고 멀리 날아가 버리라는 액막이의 의미가 담겨 있다.

(7) 윷놀이

윷놀이는 남녀노소가 함께 놀 수 있는 몇 안 되는 놀이 중의 하나이다. 겉이 검고 속이 흰 밤나무 따위로 만든 네 개의 윷가락을 가지고 방 안에 자리를 깔거나 마당에 멍석을 깔고 노는데, 윷을 던져 떨어진 상태로 말을 놓아서 승부를 겨룬다. 윷놀이는 백제시대부터 전해져 온 뿌리 깊은 민속놀이이다. 돼지(도), 개(개), 양(걸), 소(윷), 말(모) 다섯 가축의 이름을 따서 지은 윷을 던져 말을 진행시킨다.

(8) 입춘

입춘은 24절후의 첫 절후로 정월에 들어 있다. 이제 겨울이 가고 봄에 들어섰다는 뜻이다. 각 가정에서는 대문, 기둥, 대들보, 천장, 벽 등에 좋은 글귀를 써서 붙이는데, 이를 '춘국'이라 한다. 글귀로는 '입춘대길', '건양다경(建陽多慶)', '국태민안(國泰民安)', '가급인족(家給人族)', '소지황금출', '개문만복래(開門萬福來)' 등을 썼다.

(9) 작은보름

정월 14일, 즉 대보름 전날을 말한다. 이 날은 안택굿을 하여 일년 동안 집안이 태평하기를 빌고 낟가릿대를 세워 곡식의 풍작을 기원했다. 또한 부잣집 뜰의 흙을 몰래 파다가 제집 뜰에 뿌려 부자가 되기를 기원하기도 했다.

(10) 대보름

새해 들어 첫 만월이 되는 날로, 정월 대보름 또는 상원이라 불렀다. 대보름날 아침에는 쌀, 보리, 콩, 팥 등 다섯 가지 이상의 곡식을 섞어서 지은 오곡밥을 먹는데, 풍년을 비는 뜻이 담겨 있다. 이 밥은 아홉 그릇을 먹고 나무 아홉 짐을 해야 한다고 하는데, 이를 '아홉차례의 행동'이라 불렀다. 이는 한 해 동안 잘 먹고 일도 잘 하라는 뜻이 담겨있다. 그리고 아침나절의 또 다른 풍습으로 '부럼깨기와 귀밝기술'을 마시는데, 부럼깨기는 부럼이라 불리는 껍질이 단단한 과일, 밤, 호도, 땅콩 등을 단번에 딱 깨물어 뜰에 버린다. 이런 행동으로 치아가 단단해지고 부스럼이 나지 않는다고 믿었다. 또 이 날 아침에 찬 술을 한 잔씩 마시는데 이를 귀밝기술이라 부른다. 귀가 밝아지고 일 년 내내 좋은 소식만 들으라는 의미이다.
저녁에는 보름달이 막 솟을 때 소원을 빌면 이룰 수 있다고 믿어서 산으로 올라가 달맞이를 하였다. 개인적인 소원은 물론 마을에서는 달을 보며 산제, 서낭제, 당제 등을 지내 풍년을 빌기도 하였다. 또한 환한 달빛 아래 신명풀이로 줄다리기, 고싸움, 차전놀이, 기와 밟기, 농악놀이 등과 같은 놀이를 즐겼다.

(11) 더위팔기

옛날에는 한 여름의 더위를 이기기 위해 다른 사람에게 더위를 파는 풍속이 있었다. 대보름날 아침에 만나는 사람의 이름을 불러 무심코 대답을 하면 "내 더위 사가게"하고 외친다. 이 때 상대방이 대답을 하면 더위를 몽땅 사가는 셈이 되지만 상대편에서 눈치채고 도리어 "내 더위 사가게"하고 외치면 더위를 팔려다 더 사게 된다.

(12) 지신밟기

정월 대보름을 전후해 경상도 지방에서는 '땅의 신'을 위로해 그 해에 풍년이 들기를 바라는 지신밟기가 베풀어진다. 농악패를 앞세운 마을 사람들이 농사가 잘 된 집이나 부잣집을 돌며 축원을 하고 지신을 위로하면, 주인은 음식을 마련하여 대접한다.

(13) 석전(石戰)놀이

정월 대보름날 두 마을이 각각 한 채가 되어, 개울이나 큰길을 사이에 두고 서로 돌팔매질을 하며 싸운다. 이를 석전놀이라 하는데 돌에 맞아 피를 흘리면서도 마을의 명예를 걸고 용감하게 싸웠다. 서울 근교에서는 만리동 고개에서 염천교패와 애고개패가 해마다 싸운 바 있다. 이는 일본의 조선 점령기간에 폭력적이고 원시적인 놀이라 하여 금지된 후 현재까지 시행되지 않고 있다.

(14) 쥐불놀이

정월 대보름날에 마을 젊은이들이 횃불을 들고 논두렁, 밭두렁을 달리면서 불을 태우고 노는 것을 말한다. 해충을 죽이고 다음해에 풍년이 들라는 의식이 담긴 신명 놀이이다. 놀이 도중 이웃 마을 패들과 부딪치면 횃불을 휘두르고 싸우는 횃불싸움으로 번지기도 한다.

(15) 제웅

그 해에 액이 든 사람은 제웅을 만들어 길바닥이나 개천에 버린다. 제웅은 짚으로 사람 모양처럼 만든 인형으로 이 속에 쌀이나 돈을 넣고 짚으로 동여맨 뒤, 액이 든 사람의 생년월일을 적어 넣어 버린다. 그러면 액이 제웅을 주운 사람에게 옮아 그 해를 별탈 없이 보내게 된다고 한다.

(16) 낟가릿대

마당에 긴 소나무를 베어다 세우고 여기에 벼, 조리, 조, 콩, 팥, 등의 이삭을 매고 목화를 꽂아 장식을 한다. 2월 초에 헐어서 태우면서 “벼가 만석이오”, “콩이 천석이오”하고 외치며 곡식의 풍년을 기원한다.

(17) 원님놀이

명절에는 서당 훈장도 차례를 지내기 위해 고향에 가기 때문에 서당이 빈다. 이 때 학동들이 모여 백성들의 소청을 해결하는 모의재판을 하며 즐긴다. 학동 중에서 원님, 죄인 등의 역할을 정해 놀면서 장차 훌륭한 고을 원님이 되어 백성들을 잘 보살피는 지혜를 터득하게 된다.

2) 이월

이월에는 경칩과 춘분의 두 절후가 있어, 봄기운이 돌기 시작하는 때다. 농사를 짓기 위해 소에다 쟁기를 달아 논밭을 처음 가는 초경을 했고, 상일꾼인 머슴을 위로하였다. 또 영등할미에게 제사를 지내 바람이 없기를 빌었고 한식 · 청명에는 조상의 묘에 성묘하고 나무를 심고 이식하였다.

(1) 머슴날

이월 초하루가 머슴날이다. 한 해 농사를 시작하기에 앞서 머슴들을 위로하여 농사를 잘 짓도록 하는 날이다. 이날 동네 머슴들은 모여서 술과 음식을 배불리 먹고, 농악을 치면서 흥겹게 한바탕 논다. 이날은 또 20세가 되는 아이 농부가 동네 어른들에게 한턱을 내 그 해부터 품앗이를 하고 나서 받는 금액을 온품을 받을 수 있도록 했으니, 농부들의 성인식 날이기도 했다.

(2) 좀생이점

음력으로 이월 초하룻날 저녁에 좀생이별을 보고 일년 운수와 농사일을 미리 점친다. 좀생이별은 묘성의 속칭으로, 작은 별이 여러 개 보여 별무리를 이루고 있다. 좀생이별을 보고 운수나 농사일을 점치는 것을 '좀생이 본다'고 한다. 달과 좀생이별이 나란히 가거나 좀 앞서가면 좋은 징조이고, 멀리 떨어져 가면 흉년이 든다고 한다.

(3) 한식

조상의 묘를 손봐도 탈이 없는 날이라 하여 성묘를 한 후, 무덤의 잡풀을 뽑거나 떼를 새로 입히고, 제석을 세우기도 한다. 또 이 날은 찬 음식을 먹으며 농가에서는 새해 농사를 준비한다.

3) 삼월

삼월이 되면 산과 들에 꽃이 만발하고, 강남 갔던 제비도 돌아와 봄기운이 완연하다. 어른들은 산과 들을 찾아 화전놀이를 즐겼고, 꿩알을 주워 복을 받으려 했다. 아이들 또한 풀 각시를 만들어 소꿉놀이를 즐겼고, 여러 종류의 풀잎을 뜯는 풀놀이로 봄을 즐겼다.

(1) 삼짇날

음력 3월 3일을 삼짇날이라고 부른다. 지난 가을 강남에 간 제비들이 돌아와 봄 소식을 전하니, 이를 길조로 여기고 좋아했다. 이 날은 산에 가서 진달래꽃을 뜯어다 꽃지짐을 하고, 녹두가루를 반죽해서 잣을 넣고 꿀을 타서 화면을 만들어 먹었다.

(2) 길쌈내기

우리네 옛 여인들은 베틀로 한올한올 옷감을 짰다. 이를 길쌈이라고 하는데 여인들의 일 중 가장 고되었다. 그래서 일년 중 한때를 정해 온 동네 아낙들이 모여 길쌈내기를 하였는데, 진 편에서 음

식을 마련해 서로 나누어 먹고 흥겹게 놀았다. 늘 집안에 갇혀 지내던 여인들에겐 가장 신명나는 때가 바로 이 길쌈내기를 할 때였다.

(3) 활쏘기

활쏘기는 활을 쏘아 과녁을 맞히는 경기로 전쟁을 위한 훈련이며, 평소에는 사대부의 심신수양을 위한 활동이기도 하였다. 특히 우리민족은 주몽, 이성계를 비롯한 활쏘기에 탁월한 능력을 지닌 많은 영웅과 국가 시조(始祖)들의 일화가 남아있다. 조선 후기에는 무사와 사대부는 물론 중인, 기녀들까지도 즐긴 것으로 알려져 있다.

4) 사월

사월에는 불교와 관련된 세시 풍속이 많다. 부처가 탄생한 초파일엔 부처의 공덕을 기리기 위해 절을 찾아 제물을 올리고, 형형색색의 등을 만들어 달았다. 또 부처의 자비를 실천하기 위해 잡은 물고기를 살려 보내는 방생제를 하기도 하였다.

(1) 관등놀이

부처가 태어난 4월 8일을 초파일이라 하는데, 이 날은 집과 거리, 절마다 등을 달아 불을 밝혔다. 이렇게 등을 달아 부처의 공덕을 기리고 복을 비는 것을 관등놀이라 한다. 또한 이날 밤은 등불을 들고 다니면서 춤을 추고 흥겹게 놀기도 하였다.

(2) 탑돌이

초파일에 불자들이 절에 모여 탑을 도는 의식을 탑돌이라 한다. 탑을 돌며 부처의 공덕을 기리고, 저마다 소원과 극락왕생을 빌었다. 탑돌이는 불국사, 법주사, 월정사 같은 큰 절에서 전승되어 왔다.

(3) 방생제

사람에게 잡혀서 죽게 된 짐승을 살려 보내는 것을 방생이라 한다. 부처의 가르침인 자비를 행하고자 주로 삼짇날이나 초파일에 산 물고기를 사서 강물로 돌려보냈다. 방생하는 날은 고정된 것이 아니라 자비를 베풀고자 할 때 언제든지 할 수 있었다.

5) 오월

우리 조상들은 3월 3일, 5월 5일, 7월 7일 같은 홀수가 겹치는 날은 양기가 강해 좋다고 여겨 명절로 삼아왔다. 특히 5월 5일 단오는 양기가 가장 강한 날이라고 하여 여러 가지 세시 풍속이 행해졌다. 단오를 수릿날이라고도 하는데, '수리'란 고어로 '산의 날', '최고의 날'이란 의미가 담겨 있다.

(1) 단오제

단옷날 강릉에서 단오제를 지낸다. 4월 15일 대관령 마루에 있는 남서낭을 모셔다가 강릉에 있는 여서낭당에서 함께 제사를 지내고 무당을 불러 굿을 한다. 단옷날 절정에 이르는데 20여 일 동안이나 계속되는 영동 제일의 향토 제사이다. 강릉의 단오제는 2004년을 기해 세계적 수준의 무속에 관한 문화축제로의 발전을 시도하고 있다.

(2) 창포탕

단옷날 창포 삶은 탕물로 머리를 감으면 숱이 탐스럽고 윤기가 있다고 해서, 이 날 머리를 감는 풍속이 전승되었다. 또 창포 뿌리로 비녀를 만들어 아이들 머리에 꽂아준다. 이 때 비녀에 연지를 붉게 칠하는데, 붉은색은 악귀를 쫓는 벽사의 뜻이 담겨 있다.

(3) 천중부적

단옷날 나쁜 귀신을 쫓기 위해 부적을 만들어 붙였는데, 이를 천중부적이라 한다. 주로 귀신을 쫓는 내용을 붉은 글씨로 써서 문 위에 붙였다. 붉은 글씨 대신 처용의 얼굴을 그린 부적을 붙이기도 했고, 복숭아 나무 조각을 걸어 놓기도 했다.

(4) 봉숭아 물들이기

봉숭아 꽃잎을 따서 손톱을 빨갛게 물들이는 것을 봉숭아지염이라 한다. 여인들이 행했는데, 꽃과 잎을 따서 백반을 섞어 으깬 뒤 손톱에 붙여 실로 감았다가 이튿날 풀면 고운 물이 든다. 옛 사람들은 귀신이 빨간색을 싫어한다고 생각해서 매우 즐겼다.

(5) 그네뛰기

단옷날 여성들이 즐기는 놀이 중의 하나가 그네뛰기이다. 그네는 주로 거목의 옆으로 뻗은 굵은 가지나 굽은 소나무 등에 매는데 때로는 긴 기둥을 둘 세우고 매기도 한다. 그넷줄을 두 손으로 움켜 쥐고 발판을 밟고 발에 힘을 주어 앞으로 갔다 뒤로 갔다 하는데, 높이 올라갈수록 잘 뛰는 것이다. 혼자서 뛰면 외그네, 둘이서 뛰면 쌍그네라 불렀다.

6) 유월

유월에는 여름이 무르익어 무척 덥다. 우리 조상들은 더위를 이기는 방법으로 가까운 산이나 골짜기를 찾아 시원한 물에 발을 담그는 탁족을 즐겼다. 무더위에도 옷을 벗기를 꺼려하여 바다보다는 산에 가서 발을 물에 담그는 일로 더위를 식힌 것이다. 또 더위로 허약해진 몸을 보호하기 위해 삼계탕이나 보신탕을 먹었다.

(1) 유두

음력 6월 15일을 유두날이라 하는데, 이 날 동쪽 개울에 가서 머리를 감았다. 머리를 깨끗이 함으로써 재앙을 쫓고 여름 동안 별 탈없이 지내고자 하는 뜻에서였다. 또 이 날 농촌에서는 밀전병을 부쳐 들로 나가 본밭 등에 뿌리며 알곡이 잘 여물도록 기원하기도 하였다.

(2) 복날

하지에서 세 번째 경일(庚日)이 초복, 네 번째 경일이 중복, 입추에서 첫 번째 경일이 말복인데, 이 세 복을 합해 삼복이라 한다. 이 무렵이 일년 중 더위가 가장 심해 복더위라 했으며, 더위로 쇠약해지기 쉬운 몸을 보호하기 위해 삼계탕이나 보신탕을 먹는 풍속이 있었다.

(3) 천렵

더운 여름날 힘든 일을 하루 쉬며, 강이나 개울을 찾아 노는 것을 천렵이라 한다. 대개 한들에서 일하는 사람끼리 어울려 천렵을 하는데, 즉석에서 잡은 고기로 온갖 요리를 해 별미를 즐기며 결속을 다졌다.

(4) 소싸움

힘이 센 황소 두 마리를 넓은 빈터에 친 울에 가둔 뒤 싸움을 붙여 승부를 겨루는 놀이이다. 힘 센 황소 두 마리가 서로 뿔로 받아 밀고 밀리면서 뽀얀 먼지가 일어 장관을 이룬다. 힘이 모자라는 소가 밀려서 달아나면 진다. 경북 청도 · 경남 의령, 경남 진주의 소싸움은 하나의 문화축제로 자리 잡았다.

7) 칠월

칠월에는 비가 많이 오고 농사일이 조금 한가로워진다. 여인네들은 칠석날 저녁에 직녀성을 보며 바느질 솜씨가 늘기를 빌었고, 농사꾼들은 하루 일을 쉬며 가을걷이를 준비했다. 또 각 가정에서는 장마에 눅눅해진 옷가지 등을 말리고 조상께 햇것을 올려 감사를 표시했다.

(1) 포쇄와 천신

여름철 지루한 장마가 계속되면 옷, 이불, 책 등이 습기가 차서 눅눅해진다. 그대로 두면 책이나 생활도구가 모두 상해서 냄새가 나기 때문에, 날씨 좋은 날 햇볕에 내어 놓고 말리는데, 이를 포쇄라 한다. 또 첫 수확한 곡식이나 과일을 조상 사당에 먼저 올려 덕분에 농사가 잘 되었음을 알리니 이것이 천신이다.

(2) 백중날

음력 7월 15일을 백중날이라 하는데, 과일과 햇곡식을 거둬 백 가지 음식을 만들어 하늘에 고할 수 있어서 '백종'이라고도 불렀다. 이 날 머슴들은 하루 일을 쉬며 장에 가서 맛있는 음식을 사 먹고, 농사 잘 지을 사람을 뽑아 소에 태우고 마을을 한 바퀴 돌며 논다.

(3) 호미씻이

7월 1일을 호미 씻는 날이라 부른다. 김매기도 끝나 논일 밭일에 사용한 호미를 깨끗이 씻어 잘 간직해 두었다가 다음해에 다시 쓴다. 이 날 농사꾼들은 하루 일을 쉬며 농악을 치고 배불리 먹으며 신명나게 논다.

8) 팔월

팔월 보름은 일년 중 달이 가장 밝다고 해서 한가위라 부르며 큰 명절로 삼았다. 일가 친척이 모여 조상께 차례를 지내고 성묘를 한다. '더도 말고 덜도 말고 한가위만큼'이란 말이 있는데, 이 말은 한가위에는 먹을 게 많은 데다 즐거운 놀이로 밤낮을 지내므로, 늘 한가위 때 같이 지냈으면 좋겠다는 바람을 담은 것이다.

(1) 송편 빚기

한가위엔 조상께 올리기 위해 송편을 빚는다. 햅쌀로 송편을 빚어 오례송편이라고 부르는데, 예쁘게 빚어야 예쁜 배우자를 만난다고 해서 소녀들은 정성들여 빚는다.

(2) 차례지내기

추석 차례에는 햇곡으로 만든 떡과 햇곡으로 빚은 술, 새로 수확한 과일을 제물로 쓴다. 설날과 마찬가지로 흩어졌던 일가 친척들이 모여 핏줄의 의미를 다지고 이웃과도 음식을 나눠 먹는다.

(3) 벌초와 성묘

추석을 앞두고 조상의 무덤을 찾아가 풀을 뽑거나 떼를 다듬는 일을 벌초라 한다. 옛날에는 벌초가 잘 되었으면 그 후손들이 효성스럽다 했고, 안 되었으면 조상도 모르는 불효자손이라 지탄 하였다. 추석 차례를 마친 뒤에는 조상의 산소를 찾아가 술과 포를 차려 놓고 성묘를 하였다.

(4) 반보기

옛날에 출가한 여인네들은 바쁜 시집살이로 인해 친정에 갈 틈이 없었다. 그래서 친정어머니와 딸이 서로 날짜를 잡아 중간 지점에서 만나는데 이를 반보기라 하였다. 모처럼 만난 딸에게 친정어머니는 맛있는 음식을 권하며 시집살이의 어려움을 위로하였다.

(5) 소놀이

한가위 명절을 맞아 농촌이 한가할 때에 소놀이를 한다. 두 사람이 허리를 굽힌 뒷등에 멍석을 씌운다. 앞사람은 방망이 두 개를 들어 쇠뿔 시늉을 하고, 뒷사람은 새끼줄로 쇠꼬리 시늉을 하면 영락없는 소다. 이 소를 앞세우고 농악을 치며 부잣집이나 농사 잘 지은 집을 찾아 다니면서 한바탕 신명나게 놀고 주인은 술과 음식 대접을 한다.

(6) 가마싸움

한가위 명절을 맞아 서당이 쉬게 되면 학동들은 가마를 꾸며 이웃마을 서당의 가마와 싸우며 논다. 가마를 끌고 달음질쳐서 부딪히게 해 부서지는 쪽이 패한다. 승리한 서당에서는 다음 과거에 많이 등과한다고 전해져 학동들은 가마를 튼튼하게 만들고 힘을 내어 가마 싸움에 참가했다.

(7) 강강술래

전라남도 남서 해안지방에 전승되어 온 여성의 군무놀이이다. 추석날 달이 솟을 무렵 젊은 아낙네와 처녀들이 넓은 마당에 모여, 서로 손을 잡고 둥글게 원을 그리면서 춤을 춘다. 맨 앞사람이 사설을 읊으면 나머지 사람들은 '강강술래'를 후렴으로 반복한다. 휘영청 밝은 달 아래 펼쳐지는 여인들의 원무는 매우 아름답다.

9) 구월

땀 흘려 농사 지은 보람이 있는 계절이다. 과일과 햇곡식을 조상께 올려 그 은혜에 보답하고 여름 동안 열심히 일했으니 틈을 내어 산으로 들로 소풍을 간다. 농사꾼에게 이제야 두 다리를 뻗고 쉴 수 있는 시간이 돌아온 것이다.

(1) 중양절

9월 9일은 양의 수가 겹쳤다는 뜻에서 중양절이라 부른다. 국화꽃을 따서 화전을 만들고 술에 넣어 국화주를 만들어 먹고 마시며 하루를 즐긴다. 또한 이 때쯤에는 단풍이 들어 온산이 붉게 타올라 단풍놀이가 절정을 이룬다. 가까운 산이나 들로 나아가 계절을 음미하며 심신을 깨끗이 했던 조상들의 여유가 담겨 있는 세시 풍습이다.

10) 시월

시월은 상달이라 부른다. 일년 중 가장 높은 달이란 뜻이 담겨 있는데, 풍년도 들고, 몸도 건강하게 지냈으니 하늘에 감사하는 의미로 제사하는 달이기 때문이다. 옛날에는 하늘에 제사하는 제천의식을 올렸고, 근래에도 가을 고사의 관습으로 내려오고 있다.

(1) 시제

고조부모까지는 집의 사당에 위패를 모시고 기제사를 올렸으나, 그 윗대 조상에게는 시월에 한번 산소를 찾아가 제를 지냈다. 이를 시제라고 하는데 같은 날 여러 조상을 지내는 일도 있고 며칠씩 걸려 지내기도 했다.

(2) 김장

10월 들어 날씨가 추워지기 시작하면 무 · 배추가 얼기 전에 김장을 한다. 김장만 넉넉히 하면 봄까지 찬거리 걱정 없이 지낼 수 있어 한시름 놓게 된다. 아낙네들에게는 큰 행사이기 때문에 이웃끼리 도와가며 한다.

(3) 안택고사

집안에 탈이 없도록 터주신에게 비는 고사이다. 터주는 집을 지키는 여러 신 중 가장 큰 신으로 집안 사람들의 길흉화복을 관장한다. 그래서 연초나 가을에 터주를 위로하는 안택고사를 지내, 가족들이 무병하고 집안에 재앙이 없이 풍년이 들도록 빌었던 것이다. 무당을 청해 크게 벌이기도 하고 그 집 안주인이 간단히 빌기도 하였다.

(4) 이엉 엮기

해마다 추수가 끝나고 찬바람이 일기 시작하면 묵은 초가지붕을 걷어 내고 새 이엉을 엮는다. 볏짚은 물에 잘 견디고 따뜻하기 때문에 우리 조상들은 일찍부터 지붕으로 써 왔다. 탈곡이 끝나면 볏짚을 잘 추려 볕에 말렸다가 이엉을 엮고 용마루를 엮는다. 이엉을 엮는 일은 매우 힘든 작업이기 때문에 이웃끼리 도와 공동 작업을 한다.

11) 동짓달

십일월을 동짓달이라 부르는 것은 대설과 동지의 절후가 들어 있기 때문이다. 동짓날은 일 년 중에서 밤이 가장 길고 낮이 가장 짧은 날로서 이 날 이후부터는 해가 점차 길어지기 시작한다. 그래서 동지는 소생 · 부흥을 상징하는 날이 되었다. 동짓날 팥죽을 먹어야 진짜 나이를 한 살 더 먹는다는 말이 있다.

(1) 동지팥죽

동짓날은 악귀를 몰아내고, 새로운 출발을 하기 위해 팥죽을 먹었다. 이 때에 쑨 팥죽을 조상의 사당에 올리고 집안 곳곳에 뿌리며, 다음 해에도 별 탈 없이 지내기를 빌었다.

12) 섣달

섣달은 한 해를 마감하는 달이다. 묵은 해를 보내면서 새해를 정결하게 맞기 위해서 집 안팎을 청소하되, 뒤뜰에서 대문 앞으로 쓸어냈다. 이 대청소는 잡귀를 몰아내는 나례 의식과 같은 의미가 있었다. 아낙네들은 설을 맞이하기 위해서 설빔을 짓고 맛있는 음식을 마련하느라 매우 분주했다.

(1) 폭죽

대나무를 불에 태우면 큰 소리가 나는데, 이를 폭죽이라 한다. 섣달 그믐날 밤에 폭죽을 터뜨리는데, 큰 폭음 소리에 놀라서 집 안에 있는 잡귀가 도망가고 탈 없이 새해를 맞을 수 있다는 벽사의 의미가 담겨 있다. 가정에서는 폭죽을 했고, 나라에서는 남산 꼭대기에서 공포를 쏘아, 장안에 있는 잡귀를 쫓으려 했다.

(2) 납약

동지에서 세 번째 술(戌)일이 납일이다. 납일에는 일 년 동안의 일을 신에게 고하는 납향이라는 제사가 있고, 이 날 눈을 받아 그 녹은 물로 눈을 씻으면 안질이 낫는다고 했다. 그리고 대궐 내의원에서는 청심환 · 원소환 등의 환약을 만들어 임금께 올리면 임금은 이를 다시 신하에게 하사해 가정 상비약으로 두고 쓰게 했다.

(3) 묵은세배

섣달 그믐날 저녁에 조상 사당(祠堂)에 절하고, 집안 어른께도 찾아가서 절을 하는 것을 묵은세배라 한다. 설날 세배는 새해를 맞이하여 평안하고 건강하기를 바라는 인사를 하지만, 묵은세배는 한 해를 무사히 보냈음을 조상과 어른께 알리는 한 해의 마지막 인사였다.

(4) 수세

섣달 그믐날 밤 잠을 자지 않고 밤을 지켜 날이 새기를 기다리는 일을 수세라 한다. 이 수세에는 묵은 한 해를 보내고 새해를 맞아 경건한 마음으로 새 출발을 하려는 의미가 담겨 있다. 이 날 잠을 자면 눈썹이 하얗게 센다고 하여, 아이들은 졸린 눈을 비비며 잠을 쫓으려 했고, 잠자는 아이에게는 밀가루를 칠해 놀리기도 했다.

(5) 제기차기

구멍 뚫린 주화나 엽전을 종이나 헝겊으로 싸서 여러 갈래로 나풀거리게 한 다음, 발로 차며 노는 남자 아이들의 놀이이다. 한 쪽 발을 써, 제기를 땅에 떨어뜨리지 않고 오래 차는 사람이 이기게 된다.

(6) 팽이치기

주로 겨울철에 사내아이들이 즐기는 놀이이다. 팽이는 둥근 나무토막의 아래쪽을 비스듬하게 깎고 밑동에 쇠구슬을 박아 만든 것으로, 주로 얼음판에서 돌리고 논다. 팽이가 돌 때, 칡덩굴이나 헝겊으로 만든 채로 때리면 넘어지지 않고 계속 도는데, 오래 돌면 이기게 된다. 또 팽이끼리 부딪쳐 승부를 내기도 하는데, 쓰러지는 쪽이 지게 된다.

13) 윤달

윤달은 가외로 있는 공(空)달이다. 이런 달에는 무슨 일을 해도 탈나는 일이 없다고 하여 관을 거꾸로 세워도 탈이 없다는 말이 있다. 즉 궂은 일은 미루었다가 윤달에 했다. 집 수리를 하거나 수

의를 짓고, 액거리가 될 만한 일들을 했다.

(1) 수의 짓기

윤달에 하는 궂은 일 중의 하나가 죽은 사람에게 입히는 수의를 짓는 일이다. 수의는 삼베로 짓는다. 노부모를 모신 집에서는 갑자기 상을 당했을 때에 당황하지 않도록 대비하는 의미도 있다.

(2) 성 돌기

전북 고창 지방에서는 윤달에 성을 돌면 극락에 간다고 해서 성 돌기를 한다. 주로 아낙네들이 모여 열을 지어 성 위를 걸어 가는데 그 모습이 장관을 이룬다. 성 돌기는 집안에만 갇혀 지내는 여인네들에겐 모처럼 밖에 나가, 바람을 쐬며 마을을 굽어볼 수 있는 기회가 되기도 하였다. 전남 고창의 고창읍성의 성 돌기는 지역의 문화축제로 자리잡고 있다.

2 난중일기

『난중일기』는 한국에서 최고의 영웅으로 평가되는 이순신(1545~1598) 삼도수군통제사가 임진왜란(1592~1598, 조일전쟁이라고도 부름) 기간 중 군중(軍中)에서 직접 쓴 친필 일기이다. 이 일기는 모두 8권으로 임진왜란 발발(1592년 1월) 이후부터 이순신이 1598년 11월, 노량해전에서 전사하기 직전까지 7년 동안의 개인적 감회와 전장의 기록을 담은 친필본(親筆本)이다. 특히 임진왜란에 참전한 일본과 명(중국)은 모두 서양에서 전래된 각종 총포 등의 무기들을 사용하였으며, 조선에서는 세계 최초로 알려진 장갑선을 개발하여 전장에 투입하였다. 또한 동남아시아 여러 국가와 유럽의 용병이 참전한 사례도 발견되고 있다.

또한 전투상황에 대한 상세한 기록뿐 아니라 당시의 기후나 지형, 일반 서민들의 삶에 대한 기록도 전하고 있어 당시의 자연지형 및 환경, 서민의 생활상에 대한 중요한 연구 자료로도 활용되고 있다. 또한 『난중일기』는 문장이 간결하고 유려(流麗)하며, 현재까지도 한국 국민들이 애송하는 시(詩)도 다수 삽입되어 있어 문학사적 가치도 매우 높아 유네스코는 난중일기를 2013년 세계기록유산으로 등재하였다.

3 새마을운동 기록물(2013)

새마을운동은 일본 식민지배와 한국전쟁 이후의 어려운 상황에서 세계가 놀랄 괄목할 만한 경제

성장과 민주화를 동시에 이루는 첫 걸음이었다. 대한민국은 새마을운동을 통해 빈곤퇴치, 농촌개발, 경제발전 등을 이룩하였다. 특히 농가소득은 1970년 $825에서 1979년 $4,602로 급속히 향상되었을 뿐만 아니라 근면 · 자조 · 협동의 새마을정신이 마을주민들 사이에 확산되었으며, 위생환경 · 생활공간 · 농업시설 등 농촌사회의 생활구조가 크게 변화되었다. 따라서 새마을운동은 당시 최빈국 중 하나였던 대한민국이 세계 10대 경제대국이 되는데 초석이 되었으며 이러한 경험은 인류사의 소중한 자산이다. 이러한 과정을 정리한 기록물인 새마을운동 기록물은 대한민국 정부와 국민들이 1970년부터 1979년까지 추진한 새마을운동 과정에서 생산된 대통령의 연설문과 결재문서, 행정부처의 새마을 사업 공문, 마을단위의 사업서류, 새마을 지도자들의 성공사례 원고와 편지, 시민들의 편지, 새마을교재, 관련 사진과 영상 등의 자료를 총칭한다.

4 5·18 민주화운동 기록물

5·18 민주화운동 기록물은 광주 민주화 운동의 발발과 진압, 그리고 이후의 진상 규명과 보상 등의 과정과 관련해 정부, 국회, 시민, 단체 그리고 미국 정부 등에서 생산한 방대한 자료를 포함하고 있는 기록물로 2011년 유네스코 세계기록유산에 등재되었다. 우리나라의 민주화는 물론 필리핀, 태국, 베트남 등 아시아 여러 나라의 민주화운동에 커다란 영향을 주었으며 민주화 과정에서 실시한 진상규명 및 피해자 대상 보상 사례도 여러 나라에 좋은 선례가 되었다는 점이 높이 평가받았다. 국가폭력과 반인륜적 범죄행위에 대해 과거청산작업을 '진상 규명', '책임자 처벌', '명예회복', '피해 보상', '기념사업'의 5대 원칙을 가지고 관철하였다.

5·18 민주화운동 기록물은 3종류로 하나는 공공 기관이 생산한 문서, 다른 하나는 5·18 민주화운동 기간에 단체들이 작성한 문건과 개인이 작성한 일기, 기자들이 작성한 취재수첩 등, 마지막으로 1980년 5월 18일 민주화운동이 종료된 후 군사정부 하에서 진상규명과 관련자들의 명예회복을 위해 국회와 법원 등에서 생산된 자료와 주한미국대사관이 미국 국무성과 국방부 사이에 오고 간 전문이다.

5 백제역사유적지구

백제는 기원전 18년에 건국되어 660년에 멸망할 때까지 700년 동안 존속했던 고대 왕국으로, 한반도에서 형성된 초기 삼국 중 하나이다. 백제는 중국의 도시계획 원칙, 건축 기술, 예술, 종교를

수용하여 백제문화의 특성이 반영된 수도건설, 불교 사찰과 고분, 석탑 등의 건축방식을 백제화(百濟化) 하였다. 또한 백제 왕국은 발전된 탁월한 문화와 문화산물을 주변국과의 상호교류를 통해 전해주었다.

백제역사유적지구는 공주시, 부여군, 익산시 3개 지역에 분포된 8개 고고학 유적지로 이루어져 있으며, 2015년 유네스코에 의해 세계문화유산에 등재 되었다.

8개의 고고학 유적지를 살펴보면, 공주 웅진성(熊津城)과 연관된 공산성(公山城)과 송산리 고분군(宋山里 古墳群), 부여 사비성(泗沘城)과 관련된 관북리 유적(官北里遺蹟, 관북리 왕궁지) 및 부소산성(扶蘇山城), 정림사지(定林寺址), 능산리 고분군(陵山里古墳群), 부여 나성(扶餘羅城), 그리고 끝으로 사비시대 백제의 두 번째 수도였던 익산시 지역의 왕궁리 유적(王宮里 遺蹟), 미륵사지(彌勒寺址) 등이다. 이들 유적은 475년~660년 사이의 백제 왕국의 역사를 보여주고 있다. 현재 연속 유산이 분포된 8개의 유적지는 대부분 정도의 차이는 있지만 복구와 복원에 있어 전통의 모습과 방식을 따르고 있다.

6 KBS특별생방송 '이산가족을 찾습니다' 기록물(2015)

〈KBS특별생방송 이산가족을 찾습니다〉 프로그램은 KBS가 1983년 6월 30일 밤 10시 15분부터 11월 14일 새벽 4시까지 방송기간 138일, 방송시간 453시간 45분 동안 생방송한 텔레비전을 활용한 세계 최대 규모의 이산가족찾기 프로그램이었다. 당시 대한민국에는 일제강점기(1910~1945)와 한국전쟁(1950.6.25)으로 인해 약 1천만 명에 이르는 이산가족이 있었다. 이에 KBS는 한국전쟁 33주년과 휴전협정(1953.7.27) 30주년을 즈음하여 프로그램을 기획하고 대한민국의 비극적인 냉전 상황과 전쟁의 참상을 고스란히 담아 전했다. 혈육들이 재회하여 얼싸안고 우는 장면은 이산가족의 아픔을 치유해 주었고, 남북이산가족 최초상봉(1985.9)의 촉매제 역할을 하며 한반도 긴장완화에 기여했다. 또한 더 이상 이와 같은 비극이 생겨나서는 안 된다는 평화의 메시지를 전 세계에 전달했다.

등재유물로는 비디오 녹화원본 테이프 463개와, 담당 프로듀서 업무수첩, 이산가족이 직접 작성한 신청서, 일일 방송진행표, 큐시트, 기념음반, 사진 등 20,522건의 기록물이 있다.

7 한국의 유교책판(儒教册版, Confucian Printing Woodblocks in Korea, 2015)

'유교책판'은 조선시대(1392~1910)에 718종의 서책을 간행하기 위해 판각한 책판으로, 305개

문중과 서원에서 기탁한 총 64,226장이 현재는 한국국학진흥원에서 보존 · 관리하고 있다. 이는 책을 통하여 후학(後學)이 선학(先學)의 사상을 탐구하고 전승하며 소통하는 '텍스트 커뮤니케이션(text communication)'의 원형이다. 유네스코 기록유산에 등재된 유교책판은 각각이 단 한 질만 제작되어 서책을 인쇄할 수 있는 유일한 판목(板木)들로 오늘날까지 전해지고 있는 '유일한 원본'이다.

수록 내용은 유교의 인륜공동체(人倫共同體) 실현이라는 주제의식을 지닌 다양한 분야(문학, 정치, 경제, 철학, 대인관계 등)를 다루고 있다. 유교책판을 활용한 출판의 과정은 문중–학맥–서원–지역사회로 연결되는 네트워크를 형성한 지역의 지식인 집단으로 '공론(公論)[1]'을 통해 인쇄할 서책의 내용과 출판여부를 결정하였다. 제작 과정부터 비용은 네트워크의 구성원들이 서로 분배하여 부담하는 '공동체 출판'형식이었다. 또 이 네트워크의 구성원들은 20세기 중반까지 지속적으로 스승과 제자의 관계로 서로 밀접하게 연관되었고, 이러한 관계는 500년 이상 지속되면서 '집단지성(集團知性)[2]'을 형성하였다.

8 조선왕실 어보(御寶)와 어책(御冊)

2017년 유네스코 세계기록유산 등재. 유네스코 세계기록유산에 등재된 내용은 금, 은, 옥에 아름다운 명칭을 새긴 어보, 오색 비단에 책임을 다할 것을 훈계하고 깨우쳐주는 글을 쓴 교명, 옥, 금 또는 대나무에 직위 책봉 내용이나 명칭을 수여하는 글을 새긴 옥책, 금책 그리고 죽책 등이다. 이들은 살아서는 왕조의 영속성을 상징하고 죽어서도 죽은 자의 권위를 보장하는 신물이며, 거기에 쓰인 보문과 문구의 내용, 작자, 문장의 형식, 글씨체, 재료와 장식물 등은 매우 다양하여 당대의 정치, 경제, 사회, 문화, 예술 등의 시대적 변천상을 보여준다. 이것은 인류문화사에서 볼 때 매우 독특한(unique) 문화양상이라 할 수 있다.

9 조선통신사에 관한 기록

2017년 유네스코 세계기록유산 등재. 조선통신사는 16세기 말 일본의 도요토미 히데요시가 조선국을 침략한 이후 단절된 국교를 회복하고, 양국의 평화적인 관계구축 및 유지하기 위해 1607

1 당대의 여론 주도층인 지역사회의 지식인 계층의 여론을 의미.
2 서로 다른 시대를 살았던 각각의 저자들은 자신의 학문적 성과를 출간하였으며, 후학들은 부단한 토론과 비판을 거치며 스승의 내용을 반영하며 전승하였다. 유교책판은 조선의 유학자집단이 구현하고자 했던 보편적인 가치와 철학을 전하고 있다.

년부터 1811년까지 일본 에도막부의 초청으로 12회에 걸쳐, 조선국에서 일본국으로 파견되었다. 본 기록물은 외교기록, 여정기록, 문화교류의 기록으로 외교뿐만 아니라 학술, 예술, 산업, 문화 등의 다양한 분야에 있어서 활발히 교류했음을 보여주는 것은 물론 한일 간의 항구적인 평화공존 관계와 타문화 존중을 지향해야 할 인류공통의 과제를 해결하는데 있어서 현저하고 보편적인 가치를 지닌 것으로 평가되고 있다.

10 국채보상운동 기록물

2017년 유네스코 세계기록유산에 등재되었으며, 1907년부터 1910년에 걸쳐 국가가 진 빚을 국민이 갚기 위해 일어난 운동의 전 과정이 기록되어 온전히 현재까지 전해지고 있다. 19세기 말 제국주의 열강의 식민지배 방식 중 피식민지 국가에 엄청난 규모의 빚을 지우고 그것을 빌미로 지배력을 강화하는 방식을 동원하였다. 당시 한국도 마찬가지로 일본의 외채로 망국의 위기에 처해 있었다. 이에 한국 국민은 남성은 술과 담배를 끊고, 여성은 반지와 비녀를 내어놓았으며, 기생과 걸인, 심지어 도적까지도 의연금을 내는 등 전 국민의 약 25%가 이 운동에 자발적으로 참여해 국민으로서의 책임을 다 하려 하였다.

한국의 국채보상운동은 해외 언론에 알려지면서 중국(1909년), 멕시코(1938년), 베트남(1945년) 등의 유사 국채보상운동의 시작에 자극제가 되었다. 그 후로도 한국에서는 1997년 국가의 외환위기 발생에 '금모으기 운동'이라는 제2의 국채보상운동이 일어났다.

11 한국 철도의 시작

화륜거(火輪車)라 불리던 우리나라 최초의 철도는 1800년대 후반부터 논의되어 오다 1897년 3월 22일 철도부설권을 획득한 미국인 Morse에 의해 우각동역터(현재 인천광역시 남구)에서 역사적인 한국 최초의 철도공사 기공식이 거행되었다. 그러나 여러 가지 시대적, 개인적인 문제들로 인해 결국은 일본인들이 결성한 '경인철도인수조합'으로 모든 권한이 넘어 갔다. 이후 1899년 4월 23일 인천에서 다시 기공식을 거행하고 1899년 9월 18일에는 임시개통을 하였다. 당시 설치된 역은 인천역, 축현역, 우각동역, 부평역, 소사역, 오류동역, 노량진역 등 7개 역이었다.

경인철도는 한강철교가 1900년 7월 5일 개통됨에 따라 7월 8일 용산역(龍山驛), 남대문역(南大門驛), 경성역(京城驛)을 추가하여 인천~경성 간 전구간이 개통되었으며, 11월 12일 경성역에서

경인철도 개통 기념식을 거행하였다.

세계 각국 철도의 개통시기는 1830년 미국, 1832년 프랑스, 1834년 아일랜드, 1835년 독일, 1836년 캐나다, 1837년 러시아, 1850년 멕시코, 1853년 인도, 1860년 남아프리카, 1872년에는 일본이 철도를 개통하였다.

12 지역의 성향과 뛰어난 명승지를 묶어서 부르는 이름들

① **한국팔경** : 설악산 / 오대산 / 경주 / 경포대 / 해운대 / 외도 / 안면도 / 남이섬

② **대한팔경** : 백두산 천지 / 금강산 일만이천봉 / 부전 고원 / 압록강 / 모란봉 / 경주 석굴암 일출 / 해운대 달맞이고개 저녁달 / 제주 한라산 고봉

③ **관동팔경** : 간성의 청간정 / 강릉의 경포대 / 고성의 삼일포 / 삼척의 죽서루 / 양양의 낙산사 / 울진의 망양정 / 통천의 총석정 / 평해의 월송정

④ **단양팔경** : 상선암 / 중선암 / 하선암 / 사인암 / 도담삼봉 / 옥순봉 / 구담봉 / 석문

⑤ **삼척팔경** : 환선굴 / 죽서루 / 촛대바위 / 새천년 해안도로 / 덕풍 계곡 / 미인폭포 / 두타산 / 관음굴

⑥ **동해팔경** : 무릉계곡 / 천곡동굴 / 추암 해수욕장 / 삼화사 / 두타산성 / 관음사 / 청옥산 / 문간재

⑦ **강릉팔경** : 경포대 / 오죽헌 / 경포 해수욕장 / 경포 호수 / 정동진 / 대관령 / 오대산 / 소금강

⑧ **강원팔경** : 설악산 / 환선굴 / 월정사 / 남이섬 / 정동진 / 죽서루 / 경포대 / 태백산

⑨ **경포팔경** : 녹두일출 / 죽도명월 / 강문어화 / 초당취연 / 홍장야우 / 증봉낙조 / 환선취적/한송모종

⑩ **태백팔경** : 삼수령 / 구문소 / 장성하부 고생대 화석산지 / 황지연못 / 검룡소 / 태백산 / 정선카지노 / 절골마을 관리휴양지

⑪ **동강12경** : 가수리느티나무와 마을풍경 / 운치리수동(정선군 신동읍) 섶다리 / 나리소와 바리소(신동읍 고성리~운치리) / 백운산(고성리~운치리, 해발 882.5m)과 칠족령(덕천리소골~제장마을) / 고성리 산성(고성리 고방마을)과 주변 조망 / 바새마을 앞뼝창(절벽) / 연포마을과 황토담배 건조막 / 백룡동굴(평창군 미탄면 마하리) / 황새여울과 바위들 / 두꺼비바위와 어우러진 자갈 / 모래톱과 뼝대(영월읍 문산리 그무마을) / 어라연(거운리) / 된꼬까리와 만지(거운리)

⑫ **화암팔경** : 화암약수 / 거북바위 / 용마소 / 화암동굴 / 화표주 / 설암(소금강) / 몰운대 / 광대곡

⑬ **변산팔경** : 웅연조대 / 직소폭포 / 소사모종 / 월명무애 / 서해낙조 / 채석범주 / 지포신경 / 개암고적

⑭ **남해십이경** : 금산과 보리암 / 남해대교와 충렬사 / 상주 해수욕장 / 창선교와 원시어업 죽방렴 이락사(이충무공 전몰유허) / 남면해안 관광도로와 가천 암수바위 / 노도(서포 김만중유허) 송정 해수욕장 / 망운산과 화방사 / 물건방조 어부림과 물미해안 관광도로 / 용문사(호구산)창선~삼천포 연륙교

⑮ **거제팔경(기성팔경(岐城八景))** : 黃砂落雁(황사낙안), 竹林捿鳳(죽림서봉), 水晶暮鍾(수정모종), 烏岩落照(오암낙조), 燕津歸帆(연진귀범), 內浦漁火(내포어화), 五松起雲(오송기운), 角山夜雨(각산야우)

⑯ **부산팔대** : 해운대 / 신선대 / 의상대 / 강선대 / 경효대 / 오륜대 / 몰운대 / 태종대

⑰ **부산팔경** : 해운대 / 광안리 / 국제시장 / 남포동 / 자갈치시장 / 태종대 / 오륙도 / 달맞이고개

⑱ **울산12경** : 가지산의 사계 / 간절곶 일출 / 강동주전해안의 자갈밭 / 대왕암 송림 / 대운산 내원암계곡 / 무룡산에서 바라본 울산 공업단지 공단 야경 / 문수체육공원 / 반구대 / 신불산의 억새평원 / 작괘천 / 태화강 선바위와 십리대밭 / 파래소폭포

⑲ **제주12경(영주12경)** : 성산일출 / 사봉낙조 / 영구춘화 / 귤림추색 / 정방하폭 / 녹담만설 산포조어 / 고수목마 / 영실기암 / 산방굴사 / 용연야범 / 서진노성

⑳ **조선8경** : 한려수도(해금강) / 속리산 법주사 / 지리산 계곡 / 토함산 일출 / 부산 해운대 / 가야산 계곡(홍류동) / 변산반도 / 적벽(화순)

㉑ **양산8경** : 강선대 / 용암 / 함벽정 / 여의정 / 봉황대 / 영국사 / 비봉산 / 구선대

> **TIP**
> 대한민국의 국보, 보물, 사적, 중요무형문화재, 천연기념물 등에 대한 정보는 문화재청사이트(www.cha.go.kr/)에서 확인할 수 있습니다.

13 현장 가이드를 위한 간략한 현장 매뉴얼

: 교재 내용에서 언급되지 못했던 강화도와 원구단을 소개해 놓았습니다.

강화도(인천광역시)

1. 강화도 소개

우리나라에서 다섯 번째로 큰 섬으로 11개의 유인도와 17개 무인도로 이루어져 있다. 해안선의 길이만 약 99km. 옛날에는 뱃길로 다녔지만 강화대교가 생기면서 섬이지만 육지처럼 자동차를 이용한 통행이 가능하다. 강화도는 원래 김포반도와 연결된 육지였으나, 오랜 침식작용으로 평탄화된 뒤 침강운동으로 김포반도와 떨어진 섬으로 분리되었다고 한다. 기후는 해양성 기후의 특징을 띠고, 같은 위도의 내륙지방보다 더 따뜻한 특징을 가지고 있다. 온화한 기후 덕분에 남부 지방에서 볼 수 있는 동백나무나 탱자나무 등을 볼 수 있는 곳이다.

2. 주요 답사 장소의 소개

가. 강화역사관

전시주제 : 석기 시대부터 이어진 선조들의 생활흔적, 팔만대장경 제작 모습 등의 문화전시실과 병인양요, 신미양요를 거쳐 운요호사건까지의 과정이 전시되어 있다.

제1실 (구석기시대 – 통일신라시대) | 석기시대 선조들의 생활흔적인 돌도끼, 돌칼, 환석, 유문토기 등을 전시했으며 지석묘와 청동기시대 생활상 등을 볼 수 있다.

제2실 (고려시대 – 조선시대) | 고려시대부터 조선시대에 이르는 문화전시실로 고려 고종 19년(1232)에 강화로 천도한 때부터 불심으로 몽고의 침입을 막기 위한 노력인 팔만대장경 제작과정, 그 외에 강화에서 출토된 유물들이 전시되어 있다.

제3실 (몽고침입 – 병자호란) | 몽고침입에서 병자호란 때까지의 유품 등이 전시되어 있다.

제4실 (신미, 병인양요 – 3 · 1 운동) | 1866년 병인양요와 1871년 신미양요 전투의 생생한 모습과 1875년 운요호 사건으로 인한 강화도조약 체결 이후 1910년 한일합방, 그리고 강화의 3 · 1 운동사에 관한 자료가 전시되어 있다.

나. 갑곶돈대

고려시대에 만들어진 요새로 강화 53개의 돈대 중의 하나이다. 몽골과 싸울 때 염하를 지키던 중요한 요새로 조선 인조 22년(1644년)과 숙종 5년(1679년)에 다시 만들어졌다. 고종 3년(1866년) 병인양요 때는 프랑스 극동함대 600여 명의 병력이 이곳으로 상륙하였다. 조선시대의 대포가 전시되어 있고, 정자에 오르면 염하을 한눈에 볼 수 있는 곳이다.

다. 고려궁터

고려가 몽고에 대항하기 위해 고종 19년(1232년)부터 39년간 머물렀던 궁궐이었다. 비록 규모는 작지만 개경의 궁궐과 비슷하게 지었으며, 이 곳의 뒷산 이름도 고려 개성 궁궐의 뒷산과 이름을 같이 하여 송악산이라 불렀다. 궁궐터는 1977년에 발굴했으며, 현재는 조선시대 건물만 남아 있다.

강화유수부 동헌(東軒) | 조선시대의 관아 건물로 인조 때 이방청과 함께 지어졌었다. 바닥 중앙에는 대청마루가 깔려 있고, 일반 한옥의 특징을 가지고 있다.

강화유수부 이방청 | 이방청은 이방, 예방, 호방, 병방, 형방, 공방의 육방 중 하나인 이방이 사무를 보던 곳이다. 이방은 법전과 군사를 제외한 일반적인 업무를 보았으며, 몇 차례 다시 지어져 원형을 알 수는 없다. 현재까지 전하는 조선시대 관청건물 중 이방청을 살펴보는 데 귀중한 자료가 되고 있다.

강화동종 (참고: 파루와 인정) | 고려궁터 안에 있는 이 종은 성문을 여닫는 시각을 알리던 것이었다. 숙종 때 강화유수 윤지완이 만들었다고 전한다. 위쪽에 쌍룡이 좌우로 조각되어 있고 한국종의 특색을 벗어나 음통이 없다. 병인양요 때 프랑스군이 약탈하려고 하다가 너무 무거워 배에 싣지 못했으며, 현재는 훼손이 심해 1999년 10월에 모양과 크기가 같은 종을 만들어 놓고 원래 종은 강화역사관으로 옮겨 놓았다.

외규장각터 | 인조 때 행궁을 지을 때 강화도에 규장각을 지어 책들을 보관하게 했다. 외규장각을 포함해 강화행궁이 병인양요 때 완전히 폐허가 되고, 외규장각도 불탔다.

외규장각에 보관되어 있던 도서들은 프랑스 박물관에 보관되어 있다. 현재 외규장각은 발굴 중에 있으며 2001년까지 복원할 계획이다.

라. 부근리 고인돌

북방식 고인돌로 한반도 청동기 문화의 흔적을 보여준다. 껴묻거리로 북방문화의 대표적인 유물인 비파형 청동검이 발견되었기 때문에 북방에서 내려온 민족에 의해 만들어졌다는 북방설이 있다. 고인돌은 세계 전역에 분포하는데 그 분포지역은 해변에 밀집해 있으며, 아시아에는 일본에 600여기, 중국에 300여기, 우리나라에 3만여 기가 있다. 강화도를 비롯해 경기도 일대, 그리고 남방식 고인돌 형태의 것들이 전남 지역의 고창, 화순지역에 집중적으로 분포되어 있다.

마. 전등사

* 정족산(鼎足山)에 위치한 전등사는 현존하는 한국 사찰 중 가장 오랜 역사를 지닌 사찰로, 〈세종실록지리지〉에 기록된 바와 같이 삼랑성은 단군이 세 아들(三郎, 부소(扶蘇), 부우(扶虞), 부여(扶餘))을 시켜 쌓았던 고대의 토성이다.

* 창건의 역사는 서기 381년(고구려 소수림왕 11년)으로 진나라에서 건너온 아도 화상에 의해 "진종사(眞宗寺)"라는 이름으로 지어졌다고 전해진다.
* 1232년, 고려 왕실에서는 몽골의 침략에 대응하기 위해 강화도로 임시 도읍을 정하고 궁궐을 지었으며, 고려 고종 46년 때인 1259년에는 삼랑성 안에 가궐(假闕)을 지었다.
* 고려의 강화도 도읍은 1232년부터 1270년까지 이어진다.
* 고려 왕실에서는 삼랑성 안에 가궐을 지은 후 진종사를 크게 중창시켰다.(1266년)
* 1282년(충렬왕 8년)에는 왕비인 정화궁주가 진종사에 송나라에서 펴낸 대장경과 옥등을 시주한 것을 계기로 "전등사"라 사찰 명칭을 바꾸었다.
* 조선 광해군 때인 1614년에도 화재로 인해 건물이 모두 소실되었다가, 지경 스님을 중심으로 한 대중이 재건을 시작해 1621년 2월에는 전등사의 옛 모습을 되찾았다.
* 숙종 때인 1678년, 조선왕조실록을 전등사에 보관하기 시작하면서 전등사는 왕실종찰로서 더욱 성장했다.
* 1726년에는 영조 임금이 직접 전등사를 방문해 "취향당"편액을 내렸는가 하면 1749년에는 영조가 시주한 목재를 사용해 전등사의 중수(重修) 불사가 이뤄지기도 했다. 이 때 대조루도 함께 건립되었다. 조선 후기에 들어서면서 전등사는 더욱 빈번하게 왕실의 지원을 받는 사찰로 부각되었다.
* 조선말기로 접어들면서 전등사는 그 지형적 특성으로 인해 국난을 지키는 요충지 구실을 하기도 했다. 1866년, 프랑스 함대가 조선에 개항을 요구한다는 명목으로 강화도를 점령했다. 이에 맞서 조정에서는 순무영을 설치하고 양헌수 장군 등을 임명하여 프랑스 함대를 물리치게 했다.

대조루 | 인천문화재자료 제7호로 전등사의 남동쪽으로는 멀찌감치 일명 "염하"라 불리는 강화해협이 내려다 보인다. 전등사의 남문이나 동문으로 올라와 두 길이 합쳐지는 지점에 이르면 2층 건물이 보이고, 1층 이마에는 "전등사"라는 편액이 걸려 있다. 이 건물이 바로 전등사의 불이문 구실을 하는 대조루이다.
지금의 대조루는 1932년에 중건된 것으로 알려지고 있는데 대조루에서 대웅전을 바라볼 때의 시선은 25도쯤 위쪽으로 향하게 된다. 대웅전의 석가모니불을 가장 존경하는 시선으로 보게 하는 각도로, 이런 부분까지 섬세하게 고려해 지어진 건물이 대조루이다.

대조루에는 1726년 영조 임금이 직접 전등사를 방문해서 썼다는 "취향당"이라는 편액을 비롯해 추사가 쓴 "다로경권" 등 많은 편액이 보관되어 있다.

기타건물

– 대웅전(보물 제178호), 목조삼존불좌상(인천유형문화재 제42호), 수미단

– 약사전(보물 제17호), 현황탱과 후불탱(인천유형문화재 제43호, 제44호)

– 삼성각, 남문, 종루(보물 제393호), 전등사의 청동수조, 전등사 업경대, 명부전

바. 양헌수비

인천기념물 제36호로 지정된 양헌수승전비는 병인양요 때 프랑스군을 물리치고 나라를 위기에서 구한 양헌수(1816~1888) 장군의 공적을 기념하기 위해 1873년(고종 10)에 건립된 것이다. 이 때는 아직 양헌수 장군이 살아있을 때였지만 대원군이 병인양요와 신미양요를 겪은 뒤 외침을 물리친 것을 널리 알리기 위해 기념비를 세운 것으로 추측되고 있다.

사. 정족사고

사고란 고려 및 조선시대에 나라의 역사 기록과 중요한 서적 및 문서를 보관한 전각을 일컫는 말이다. 실록이 처음으로 사찰에 보관되었던 것은 고려 때인 1227년(고종 14)의 일이다. 이때 고려 왕실에서는 합천 해인사에 사고를 마련하여 실록을 보관하였다.

본래의 정족산 사고는 1931년 무렵 주춧돌과 계단석만 남긴 채 없어졌다. 다만 사고에 걸려 있던 "장사각"과 "선원보각"이라는 현판만 전등사에 보존되어 있어 당시의 실상을 알려주고 있다. 폐허가 되었던 장사각 건물은 1999년 복원되어 원래의 모습을 되찾았다.

조선왕조실록은 한 왕조의 역사적 기록으로는 가장 긴 시간에 걸쳐서 작성되었고, 가장 풍부하면서도 엄밀한 기록을 담고 있다. 또한 국왕에서부터 서민에 이르기까지 조선인들의 일상적인 생활상을 자세히 보여 주며, 세계에서 유일하게 활자로 인쇄되었고, 보관과 관리에도 만전을 기했다는 특징을 가지고 있다. 이에 따라 조선왕조실록은 1973년 12월 31일에 국보 제151호로 지정되었고, 1997년 10월 1일에는 유네스코 세계기록유산으로 등록되었다.

진(鎭)과 보(堡), 돈대(墩臺)

진과 보는 신라 말, 고려시대, 조선시대에 둔전병(평시에는 토지 경작과 군량을 공급하고, 전시에는 전투원으로 동원되는 병사)이 주둔하던 무장 성곽 겸 군사적 지방행정구역이다. 강화에 설치된 5진과 7보는 비슷하여, 특별히 구분하지 않고 12진보라고 부르기도 한다. 1개의 진에는 3~6개의 돈대를 하나의 단위로 하여 진, 보에 소속시켜 대부분 관할했고, 돈대에는 대포가 있는 포대

를 설치하였다. 돈대는 외침의 방비를 위하여 강화도 섬 전체에 걸쳐 들락날락한 모양의 성벽형태를 하고 있다.

5진 : 월곶진, 제물진, 용진진, 덕진진, 초지진

7보 : 인화보, 승천보, 철곶보, 정포보, 장곶보, 선두보, 광성보

광성보 _ 인천광역시 강화군 불은면 덕성리 833

사적 제 227호. 강화해협을 지키는 중요한 요새로 감포와 마주보고 있으며, 강화 12진보(鎭堡)의 하나이다. 고려가 몽골의 침략에 대항하기 위하여 강화도로 천도 한 후에 돌과 흙을 섞어 해협을 따라 길게 쌓은 성의 외성으로 조선 광해군10년(1618)에 헐어진 데를 다시 고쳐 쌓았으며, 1658년(효종 9)에 강화유수 서원이 광성보를 설치하였다. 그 후 숙종 때(1679)에 이르러 완전한 석성(石城)으로 축조하였다. 1745년에는 성문인 안해루(按海樓)를 설치해 강화도 외성에서 강화도로 들어오는 관문으로 사용하게 되었다.

이곳 광성보에서는 1871년 4월에 일어난 신미양요 당시 가장 치열했던 격전지이다. 통상을 요구하며 강화해협을 거슬러 올라오는 미국의 로저스가 이끄는 1,230명의 극동함대를 초지진 · 덕진진 · 덕포진 등의 포대에서 일제사격을 가하여 물리쳤다. 그러나 4월 23일 미국 해병대가 초지진에 상륙하고, 24일에는 덕진진을 점령한 뒤, 여세를 몰아 광성보로 쳐들어왔다. 이 전투에서 우리 조선군은 미약한 병력으로 분전하다가 포로가 되기를 거부, 몇 명의 중상자를 제외하고 전원이 순국하였다. 이 때 파괴된 문루와 돈대(墩臺)를 1976년에 복원하였으며, 당시 전사한 무명용사들의 무덤과 어재연(魚在淵) 장군의 전적비 등을 보수 · 정비하였다. 매년 음력 4월 24일에는 신미양요 당시 순국한 분들의 넋을 기리기 위하여 광성제가 봉행된다.

광성돈대(손돌목돈대)

강화해협을 지키는 조선시대의 중요한 요새로서 화도돈대와 함께 1658년(효종 9년)에 설치되었다. 광성보의 각 돈대는 신미양요 때 파괴되어 1977년에 복원되었다.

손돌의 여울(손돌목) 전설

손돌이라는 나룻배 사공이 있었다. 정묘호란 이 후 이괄의 난으로 배를 타고 피난길을 서둘러야 하는 인조(1623~1649) 앞에는 물살이 센 여울이 있었고, 배는 여울을 향해 전진하고 있었다. 배는 여울목에 휘말려 빠질 것 같았고 눈앞의 물살은 위험하지만 사공은 자꾸만 물살을 향하여 배를 몰고만 있었다. 왕은 점차 불안하여 견딜 수 없게 되어, 결국 손돌을 처형하기로 결심하였다. 이때 손돌은 죽음을 앞두고 "폐하, 이 손돌이 죽은 후 뱃길을 볼 수 없게 될 것입니다. 그때 이 바가지를 물에 띄워 흐르는 데로 배를 가게 하면 반드시 무사히 섬에 건너게 될 것입니다." 하고 죽음을 맞았다. 결국 물살의 흐름이 손돌의 예언되로 되자, 바가지를 띄어 그 길을 따라가게 하였다. 이러한 방법으로 무사히 여울목를 빠져나가 목적지인 강화도에 다다랐다.

왕은 비로소 손돌의 올바른 마음씨를 깨닫고 후회하였다. "강화섬에 사당을 세워 매년 음력으로 10월 20일을 지정하여 제사를 올려 사공 손돌의 원혼을 위로하도록 해라" 하고 왕은 명령을 내렸다. 그 후 이상하게도 손돌의 제삿날이 되면 반드시 거센 바람이 불어 후세 사람들은 10월 20일의 거칠고 거센 바람을 손돌이 탄식하는 숨소리라고 하여 이를 손돌바람이라고 한다. 그리고 손돌이 죽은 여울을 손돌목이라 부르게 되었다.

초지진 인천 강화군 길상면(吉祥面) 초지리

사적 제225호로 강화도 해안을 따라 만들어진 진, 돈대, 포대 중에서 한강으로 들어오는 첫 번째 길목에 위치한 중요한 방어진지이다. 이곳은 조선 효종 7년(1656)에 구축한 요새로 강화유수(江華留守) 홍중보(洪重普)가 처음 설치하였으며, 면적은 4,233m^{2}이다. 1666년(현종 7)에는 병마만호(兵馬萬戶)를 두었다.

초지진에는 초지돈, 장평돈, 섬암돈이 소속되어 있는데 이 돈대들은 숙종 5년(1679) 함경도, 강원도, 황해도의 승군 8천명과 어영군 4천3백명을 동원하여 40일 동안에 걸쳐 49개의 돈대를 축성할 때 함께 이루어진 것이다. 그리고 1763년(영조 39)에는 첨사(僉使)로 승격시켰다.

1866년(고종 3) 10월 천주교 탄압을 구실로 침입한 프랑스 함대의 로즈 소장과 싸웠으며, 이를 병인양요(丙寅洋擾)라 한다. 또한 이 곳에서는 1871년(고종 8) 4월 23일에 통상교역을 요구하며 내침한 미국 아시아함대의 로저스 중장이 이 곳에 침입하여 신미양요(辛未洋擾)를 격기도 하였다. 이때 조선군은 필사의 방어전을 전개하다 함락된 바 있었고, 1875년(고종 12) 8월 21일에는 일본 군함 운요호[雲揚號, 운양호]가 초지진 포대와 격렬한 포격전을 벌여 운요호 사건을 일으켜 결국 다음해 1876년(병자년) 강압에 의한 "강화도 수호조약(병자수호조약)"을 체결해 인천, 원산, 부산

항을 개항하게 되었고, 또한 우리나라의 주권을 상실하게 되는 계기가 되기도 하였다.

이 초지진은 모두 허물어져 돈(墩)의 터와 성의 기초만 남아 있었던 것을 1973년 초지돈만 복원하였다. 돈에는 3곳의 포좌(砲座)가 있고, 총좌(銃座)가 100여 곳 있다. 성은 높이 4m 정도에 장축이 100m쯤 되는 타원형의 돈이다.

원구단(圜丘壇) _ 서울 중구 소공동 87-1

원구단은 천자가 하늘에 제사를 드리는 제천단(祭天壇)이다. 일명 원단(圜壇)이라고도 불린다. 이 명칭은 하늘에 제사를 지내는 단을 둥글게 쌓은 것에서 유래했다.

우리 나라에서 하늘에 제사를 지내는 풍습은 농경문화의 형성과 더불어 시작되었으며, 삼국시대부터는 국가적인 제천의례로 시행되었다. 《삼국사기》에 인용된 〈고기(古記)〉에 의하면 "고구려 · 백제가 다같이 하늘과 산천에 제사 지내다", "단(壇)을 설치하고 천지에 제사 지낸다" 라는 내용으로 미루어, 이때부터 이미 제천단이 있었음을 알 수 있다.

《고려사》 성종 2년(983) 정월조에는 "왕이 원구(圜丘)에서 기곡제(祈穀祭)를 올리고, 몸소 적전(籍田)을 경작하였다"는 고려의 원구제는 5방의 방위천신(方位天神)과 전체 위에 군림한다는 황천상제(皇天上帝)에게 제사를 드리는 것으로 천자국인 중국과 다름없는 제도로 시행되었음을 보여주고 있다.

그러나 고려말 우왕(禑王) 11년(1385) 고려의 국가적인 의례는 제후의 의례에 따라야 한다는 주장에 의해, 당시 친명정책(親明政策)을 펴 나가던 중이어서 부득이 제천의례는 폐지되었다.

조선 초에 제천의례는 천자가 아닌 제후국으로서는 행하는 것이 합당하지 않다 하여 설치와 폐지를 거듭하였다. 《조선왕조실록》의 기록에 의하면 태조 3년(1394)에 조선의 동방신인 청제(靑帝)에 제를 올리기 위한 원단이 설치되었고, 세종 원년(1419)에 실시된 원구제(圜丘祭)도 오랫동안 계속되던 가뭄을 극복하기 위해 일시적으로 시행하였던 것으로 기록되어 있다. 조선 초부터 억제된 제천의례는 세조 2년(1456년) 일시적으로 제도화되었다가 중단되었다.

원구단이 다시 설치된 것은 고종 34년, 1897년 2월 20일 조선이 대한제국이라는 황제국임을 선포한 후 이다. 고종은 광무(光武) 원년(1897) 10월 고종 황제의 즉위를 앞두고 남별궁(南別宮) 터에 원구단을 쌓았고, 9월 17일(음) 원구단에 나아가 천지에 고하는 제사를 드리고 황제에 즉위하였다.

그러나 1911년 2월부터 원구단의 건물과 터를 조선 총독부가 관리하게 되면서, 1913년 일제는 원구단을 헐고 그 자리에 580여평 규모의 철도호텔을 세웠고, 철도호텔은 그 뒤 조선호텔이 되었다. 현재 이곳에는 황궁우(皇穹宇)와 돌로 만든 북인 석고(石鼓) 3개가 남아 있다.

황궁우

원구단 북쪽에 있는 건물로 1899년에 축조 되었다. 화강암제 기단 위에 세워진 3층 건물로 신위판(신위판)을 봉안하던 곳이다. 건물은 익공양식이며 청나라의 영향을 받아 복잡한 장식이 있다. 1, 2, 3층이 통층으로 되어있으며, 중앙에 신위판을 봉안하고 3층에는 각면에 3개의 창을 내고 있다. 천장에는 황제를 상징하는 두 마리의 칠조룡이 조각되어 있다.

석고

한편 1902년에는 고종 즉위 40년이자 연세가 51세가 되는 것을 기념하기 위하여 석고(石鼓)를 세웠다. 이는 제천을 위한 악기를 상징하듯 3개의 석고로 화려한 용무늬가 조각되어 있다.

|참고사항|

을사오적 : 을사늑약을 맺은 5명의 적이라는 뜻. 이들은 이완용, 이지용, 박제순, 이근택, 권중현이다.

관광특구 지정 현황

(2019. 4.12. 기준)

지역	특구명	지정 지역(소재지)	면적(㎢)	지정일
서울(6)	명동 · 남대문 · 북창	명동, 회현동, 소공동, 무교동 · 다동 각 일부지역	0.87	2000.03.30
	이태원	용산구 이태원동 · 한남동 일원	0.38	1997.09.25
	동대문 패션타운	중구 광희동 · 을지로 5~7가 · 신당1동 일원	0.58	2002.05.23
	종로 · 청계	종로구 종로 1가~6가 · 서린동 · 관철동 · 관수동 · 예지동 일원, 창신동 일부 지역(광화문 빌딩~숭인동 4거리)	0.54	2006.03.22
	잠실	송파구 잠실동 · 신천동 · 석촌동 · 송파동 · 방이동	2.31	2012.03.15
	강남	강남구 삼성동 무역센터 일대	0.19	2014.12.18
부산(2)	해운대	해운대구 우동 · 중동 · 송정동 · 재송동 일원	6.22	1994.08.31
	용두산 · 자갈치	중구 부평동 · 광복동 · 남포동 전지역, 중앙동 · 동광동 · 대청동 · 보수동 일부지역	1.08	2008.05.14
인천(1)	월미	중구 신포동 · 연안동 · 신흥동 · 북성동 · 동인천동 일원	3.00	2001.06.26
대전(1)	유성	유성구 봉명동 · 구암동 · 장대동 · 궁동 · 어은동 · 도룡동	5.86	1994.08.31
경기(4)	동두천	동두천시 중앙동 · 보산동 · 소요동 일원	0.40	1997.01.18
	평택시 송탄	평택시 서정동 · 신장1 · 2동 · 지산동 · 송북동 일원	0.49	1997.05.30
	고양	고양시 일산 서구, 동구 일부 지역	3.94	2015.08.06
	수원 화성	경기도 수원시 팔달구, 장안구 일대	1.83	2016.01.15
강원(2)	설악	속초시 · 고성군 및 양양군 일부 지역	138.2	1994.08.31
	대관령	강릉시 · 동해시 · 평창군 · 횡성군 일원	428.3	1997.01.18
충북(3)	수안보온천	충주시 수안보면 온천리 · 안보리 일원	9.22	1997.01.18
	속리산	보은군 내속리면 사내리 · 상판리 · 중판리 · 갈목리 일원	43.75	1997.01.18
	단양	단양군 단양읍 · 매포읍 일원(2개읍 5개리)	4.45	2005.12.30
충남(2)	아산시온천	아산시 음봉면 신수리 일원	3.71	1997.01.18
	보령해수욕장	보령시 신흑동, 응천읍 독산 · 관당리, 남포면 월전리 일원	2.52	1997.01.18
전북(2)	무주 구천동	무주군 설천면 · 무풍면	7.61	1997.01.18
	정읍 내장산	정읍시 내장지구 · 용산지구	3.45	1997.01.18
전남(2)	구례	구례군 토지면 · 마산면 · 광의면 · 신동면 일부	78.02	1997.01.18
	목포	북항 · 유달산 · 원도심 · 삼학도 · 갓바위 · 평화광장 일원 (목포해안선 주변 6개 권역)	6.90	2007.09.28
경북(3)	경주시	경주 시내지구 · 보문지구 · 불국지구	32.65	1994.08.31
	백암온천	울진군 온정면 소태리 일원	1.74	1997.01.18
	문경	문경시 문경읍 · 가은읍 · 마성면 · 농암면 일원	1.85	2010.01.18
경남(2)	부곡온천	창녕군 부곡면 거문리 · 사창리 일원	4.82	1997.01.18
	미륵도	통영시 미수1,2동 · 봉평동 · 도남동 · 산양읍 일원	32.90	1997.01.18
제주(1)	제주도	제주도 전역 (부속도서 제외)	1,809.56	1994.08.31
13개 시 · 도 31개소		–	2,636.47	

고순호 / 1980 / 불교학개론 / 선문출판사
강인희 / 1988 / 한국의 맛, 서울 / 대한교과서
국사편찬위원회 / 1980 / 조선전기 서원과 향약 / 한국사론 8
그루터기 / 2001 / 유적지에 간 아이들, 세손교육
김경애 / 2004 / 한국의 전통음식 / 전남대학교출판사
김동현 / 1998 / 가나아트 61호 / 가나아트
김봉열 / 1985 / 한국의 건축-전통건축편 / 공간사
김봉렬 / 답사자료집 / 한국예술종합학교 건축과
네이버 사전
동국대 불교문화대학, 불교교제편찬위원회 / 1999 / 불교 사상의 이해 / 불교시대사
문화관광부 / 2000 / 2000 문화축제 인지도 조사 Ⅳ
문화재연구회 / 1999 / 중요무형문화재 2 (연극과 놀이) / 대원사
민병하 / 1968 / 조선서원의 경제구조 / 대동문화연구 5
민병하 / 1970 / 조선시대서원정책고 / 성균관대학교논집 15
박도화 / 1990 / 보살상 / 대원사
박석희 / 1999 / 나도 관광자원해설가가 될 수 있다 / 백산출판사
박정혜 / 2000 / 조선시대 궁중기록화 / 일지사
박정혜 / 2003 / 서울 역사 박물관 강의 노트
박정혜 / 2005 / 조선왕실의 행사그림과 옛지도 / 일지사
박희주 / 2001 / 관광자원해설효과분석
박희주, 박석희 / 2001 / 종묘방문자들의 관광자원해설 효과분석 / 공원휴향학회지
반영환, 최진연 / 1997 / 한국의 성곽 / 대원사
반영환 / 2000 / 「松都의 古蹟, 한국의 성곽」 / 세종대왕기념사업회
심우성 편저 / 1990 / 한국의 민속극 / 창작과 비평사제
영남대학교출판부 / 1979 / 한국서원교육제도사연구
원병오 / 1994 / 천연기념물 동물편 / 대원사
원병오 / 1998 / 한국의 새 / 다른세상
유홍렬 / 1980 / 조선사회사상사논고 / 일조각
유홍준 / 1993 / 나의 문화유산답사기 / 창작과비평사
이상희 / 2002 / 朝鮮朝初 漢陽都城의 奠都過程과 風水地理的 特性 / 강의 자료
이태진 / 1975 / 사림과 서원 / 한국사 12
이태호 / 2002 / 강의 자료
임경빈 / 1993 / 천연기념물 식물편 / 대원사
장경수, 김영경, 서철현 / 2005 / 관광자원해설론 / 대왕사
장기인 / 1982. 6 / 양동마을 민가들 / 건축문화
정영호 / 1989 / 석탑 / 대원사

정영호 / 1990 / 부도 / 대원사

조용헌 / 500년 내력의 명문가 이야기 / 푸른역사

차용걸, 최진연 / 2002 / 한국의 성곽 / 눈빛

최완기 / 1975 / 조선서원일고 / 역사교육 18

한복진 / 1989 / 팔도음식, 서울 / 대원사

황수영 / 1974 / 불탑과 불상 / 세종대왕기념사업회

황혜성, 한복려 / 2000 / 한국의 전통음식 / 교문사

1979 / 경상북도, 양동마을조사보고서

2002. 1. 12(토) / 제44회 우리문화사랑방

「조선왕조실록, 선원보감, 신증동국여지승람」

「조선왕조실록, 속대전, 퇴계전서, 대전통편」

한국의 지역축제

〈두산대백과 사전〉

〈브리태니커백과사전〉

naver 백과사전

Burkart, A. J., & Medlik, S. (1975). The Management of tourism a selection of readings. London: Heinemann.

Gunn, Clare A. (1988). Vacationscape: Designing tourist regions, 2nd ed. New York: Van Nostrand Reinhold.

http://210.95.52.1/bgoguma/국사용어사전/1조선의%20도자기.htm

http://210.217.245.140/susuk/kart/chos.htm

http;//www.cosguide.com/culture/hawsung (수원화성 홈페이지)

http://www.cha.go.kr (문화재청 사이트)

http://www.ghps.co.kr/

http://www2.kongju.ac.kr

http://www.knto.or.kr (한국관광공사 사이트)

http://www.kwangsu.com/home/source/main.htm

http://myhome.naver.com/namguana

http://www.mw.or.kr

http://www.npa.or.kr

http://www.ocp.go.k r(문화재청 사이트)

http://sca.visitseoul.net (서울문화재 사이트)

http://www.sanyaro.com

http://www.scienceall.com

http://www.unesco.or.kr/heritage (유네스코와 유산 사이트)

http://www.much.go.kr (대한민국 역사박물관 홈페이지)

http://railroadmuseum.cafe24.com/xe/main5 (철도박물관 홈페이지)

박희주

• 관광학 박사, 경기대학교
• 관광스토리텔링 연구소, 문화의 향기 대표
• 전 문화관광해설사 양성과정 주임교수, 경기대학교 사회교육원
• 미술사과정 이수, 홍익대학교
• 문화재청, 경기도 해설사 대회 등 심사위원
• 한국관광교육원, 서울시 공무원 관광교육 전문강사
• 경기대학교 등에서 자원해설 및 여가에 관한 강의
• 경기도 시흥시, 양주시, 충남체험마을협의회 등 자문위원

관광자원해설서

2020년 3월 10일 개정판 1쇄 인쇄
2020년 3월 15일 개정판 1쇄 발행

저　자 박희주
펴 낸 이 이장희
펴 낸 곳 삼영서관
디 자 인 디자인클립

주　소 서울 동대문구 한천로 229, 3F
전　화 02) 2242-3668
팩　스 02) 6499-3658
홈페이지 www.sysk.kr
이 메 일 syskbooks@naver.com
등 록 일 2018년 7월 5일
등록번호 제 2018-000032호
책　값 19,000원
ISBN 979-11-90478-00-7 13980